建筑企业专业管理人员岗位资格培训教材

建筑工程施工组织与项目管理

赵毓英　饶　巍　李梦婕　编

中国环境出版社·北京

图书在版编目（CIP）数据

建筑工程施工组织与项目管理/赵毓英等编. —北京：中国环境出版社，2012.9（2015.3 重印）

建筑企业专业管理人员岗位资格培训教材

ISBN 978-7-5111-1121-0

Ⅰ．①建…　Ⅱ．①赵…　Ⅲ．①建筑工程—施工组织—技术培训—教材②建筑工程—工程项目管理—技术培训—教材　Ⅳ．①TU7

中国版本图书馆 CIP 数据核字（2013）第 042709 号

出　版　人	王新程
责任编辑	辛　静
责任校对	尹　芳
封面设计	马　晓

出版发行　中国环境出版社
（100062　北京市东城区广渠门内大街 16 号）
网　　　址：http://www.cesp.com.cn
电子邮箱：bjgl@cesp.com.cn
联系电话：010-67112765（编辑管理部）
　　　　　010-67112739（建筑图书出版中心）
发行热线：010-67125803，010-67113405（传真）

印　　刷	北京市联华印刷厂
经　　销	各地新华书店
版　　次	2012 年 9 月第 1 版
印　　次	2015 年 3 月第 9 次印刷
开　　本	787×1092　1/16
印　　张	21.25
字　　数	485 千字
定　　价	53.00 元

建筑与市政工程施工现场专业人员培训教材

编审委员会

出版说明

　　住房和城乡建设部 2011 年 7 月 13 日发布，2012 年 1 月 1 日实施的《建筑与市政工程施工现场专业人员职业标准》（JGJ/T 250—2011），对加强建筑与市政工程施工现场专业人员队伍建设提出了规范性要求。为做好该《职业标准》的贯彻实施工作，受贵州省住房和城乡建设厅人事处委托，贵州省建设教育协会组织贵州省建设教育协会所属会员单位 10 多所高、中等职业院校、培训机构和大型国有建筑施工企业与中国环境科学出版社合作，对《建筑企业专业管理人员岗位资格培训教材》进行了专题研究。以《建筑与市政工程施工现场专业人员职业标准》和《建筑与市政工程施工现场专业人员考核评价大纲》（试行 2012 年 8 月）为指导，面向施工企业、中高职院校和培训机构调研咨询，对相关培训人员及培训授课教师进行回访问卷及电话调查咨询，结合贵州省建筑施工现场专业人员的实际，组织专家论证，完成了对该培训教材的编审工作。在调查研究中，广大施工企业和受培人员及授课教师强烈要求提供与大纲配套的培训、自学教材。为满足需要，在贵州省住房和城乡建设厅人教处的领导下，在中国环境科学出版社的大力支持下，由贵州省建设教育协会牵头，组织建设职业院校、施工企业等有关专家组成教材编审委员会，组织编写和审定了这套岗位资格培训教材供目前培训所使用。

　　本套教材的编审工作得到了贵州省住建厅相关处室、各高等院校及相关施工企业的大力支持。在此谨致以衷心感谢！由于编审者经验和水平有限，加之编审时间仓促，书中难免有疏漏、错误之处，恳请读者谅解和批评指正。

建筑与市政工程施工现场专业人员培训教材编审会
2012 年 9 月

前　　言

本书是建筑与市政工程施工现场专业人员培训系列教材之一。

随着建筑行业的不断发展、科学技术的不断进步，建筑施工企业的管理必须适应时代发展和进步的变化。近些年来国家住房和城乡建设部颁布了一些有关建筑工程项目管理的法规、标准和规范，对建筑施工企业的管理也提出了新的要求。因此，我们编写了此书。以便建筑施工项目管理人员学习。

本书的编写依据了当前现行的有关法律、法规、标准、规范，并参考了一些文献资料。

本书共分为两篇十五章。第一篇"建筑施工项目施工组织"阐述了基本建设的概念和程序，流水施工和网络计划技术的知识，施工组织设计的内容、方法和步骤。第二篇"建筑施工项目施工管理"讲述了现代先进的管理技术和方法；如：施工现场的管理、施工技术管理、施工项目质量管理及控制、施工项目的职业健康安全的管理、施工项目进度管理、施工合同管理、资源的管理、施工项目成本管理、施工项目信息管理等。本书每章后附有复习思考题，以便巩固所学的知识。

限于编者的水平有限，书中的缺点和错误在所难免，诚恳读者批评指正。

编　者

2012 年 9 月

目　　录

第一篇　建筑工程项目施工组织

第一章　建筑工程项目施工组织概述

建筑工程项目的施工是一项多工种、多专业的复杂系统工程。要使施工全过程顺利进行，以达到预期的控制目标，就必须要用科学的方法进行施工组织。这对提高工程质量、合理安排工期、降低工程成本、实现安全文明施工起到了重要的作用。

建筑工程项目的施工组织是研究和制定组织建筑安装工程施工全过程既合理又经济的方法和途径。现代的建筑工程是许许多多施工过程的组合体，每一个施工过程都能用多种不同的方法和机械来完成，施工组织就是要善于在每一个独特情况下找到最合理的施工方案和组织方法，并善于应用它。

第一节　基本建设项目及基本建设程序

一、基本建设项目及其组成

按一个总体设计组织施工，建成后具有完整的系统，可以独立地形成生产能力或使用价值的建设工程，称为基本建设项目，简称建设项目。在工业建设中，一般以一个企业为一个建设项目，如一个钢铁公司、一个食品公司、一个纺织厂等。在民用建设中一般以一个机关或事业单位为一个建设项目，如一个医院、一个学校等。大型分期建设的工程，如果分为几个总体设计，则就有几个建设项目。

一个建设项目，按其复杂程度，一般可由以下工程内容组成：

（一）单项工程（又称工程项目）

具有独立的设计文件，竣工后可以独立发挥生产能力或效益的工程，称为一个单项工程。一个建设项目可由一个单项工程组成，也可由若干个单项工程组成，例如：工业建设项目中各个独立的生产车间、实验楼等；民用建设项目中的教学楼、图书馆、门诊楼等。这些都可以称为一个单项工程。单项工程内又包括建筑工程、设备安装工程及设备、工具、仪器等的购置。

（二）单位工程

凡单独设计，可以独立施工，但完工后不能独立发挥生产能力或效益的工程，称为一个单位工程。一个单项工程一般由若干个单位工程组成。例如：一个生产车间，一般由土建工程、管道安装工程、设备安装工程、电气安装工程等单位工程组成。

（三）分部工程

组成单位工程的若干个分部，称为分部工程。例如：一幢房屋的土建单位工程，按结构或构造部位来划分，可以分为基础、主体、屋面、装修等分部工程；按工种来划分，可分为土石方工程、桩基工程、混凝土工程、砌筑工程、防水工程、抹灰工程等分部工程。

（四）分项工程（又称施工过程）

一个分部工程又可划分为若干个分项。可以按不同的施工内容或施工方法来划分，以便专业施工班组来施工。例如：房屋的基础分部工程可划分为挖土、混凝土垫层、砖砌基础、回填土等分项工程。

综上所述，在同一个建设项目中，基本建设项目与其各组成部分之间有以下的关系：建设项目≥单项工程＞单位工程＞分部工程＞分项工程。

二、基本建设程序

基本建设程序是指基本建设项目（建设项目）在整个建设过程中必须遵循的先后顺序，它是我国几十年来基本建设实践经验的科学总结，是拟建建设项目在整个建设过程中必须遵循的客观规律。

基本建设程序分为建设项目的决策、准备和实施三个阶段。

（一）第一阶段：基本建设项目的决策阶段

1. 建设项目的提出

建设项目是以"项目建议书"的文件形式提出的，是向地方政府或国家提出建设项目的建议。项目建议书对拟建项目建设的必要性、可行性、获得利益的可能性等方面进行论述。

项目建议书根据拟建项目的规模，报送有关部门审批。小型和限额以下项目的项目建议书，由项目隶属的部门或地方发展和改革委员会审批。大、中型及限额以上项目的项目建议书经地方由行业归口主管部门初审同意后报国家发改委审批。重大项目的项目建议书由国家发改委报国务院审批。项目建议书批准后，可进行可行性研究。

2. 可行性研究

项目建议书批准后，对拟建项目所需的资源、技术、经济、产品销售、环境保护、综合利用等方面进行调查、研究、分析，多方案进行比较论证，并确定拟建项目的地址。最后编写"可行性研究报告"（简称"可行性报告"或"可研报告"）。一般可行性报告中含有拟建项目的投资估算的内容。

可行性报告需报送有关部门审批。一般是报送审批项目建议书的部门审批。可行性报告批准后，拟建项目则正式立项，故批准后的可行性报告是建设项目的决策性文件。

（二）第二阶段：基本建设项目的工程准备阶段

可行性研究报告批准后，即建设项目正式立项后，可进行工程勘察及设计。民用建筑工程设计一般分为方案设计、初步设计和施工图设计三个设计阶段。

方案设计文件应满足初步设计文件的需要。设计中含有建设项目的投资估算。

初步设计文件应满足施工图设计文件的需要，其中要含有技术设计和建设项目的工程概算。经有关主管部门同意，并且在合同中有不做初步设计的约定时，可在方案设计审批后，直接进入施工图设计。

施工图设计文件应满足设备和材料的采购、非标准设备制作及施工的需要。施工图设计阶段应含有合同要求的工程预算书。

2

对于工业设计来讲，一般分为初步设计和施工图设计两个设计阶段。

（三）第三阶段：基本建设项目的实施阶段

该阶段是按施工图设计文件进行建筑、安装的施工、做好生产或使用的准备、进行竣工验收和交付生产或使用。

第二节　建筑工程项目施工程序

处于实施阶段的建设工程项目我们一般称之为"建筑工程项目"。建筑工程项目的施工程序是指从承接建设项目的施工任务开始到竣工验收为止的整个施工过程必须遵循的先后顺序。施工程序大约有以下五个步骤：

一、承接施工任务

施工单位承接施工任务的方式有三种：其一是国家或上级主管部门正式下达的工程施工任务；其二是接受建设单位邀请而承接的工程施工任务；其三是施工单位通过投标，在中标后承接的工程施工任务。施工单位无论是以何种方式承接工程施工任务，都要检查其施工项目是否有批准的正式文件，投资是否落实等。

二、签订施工合同

承接施工任务后，建设单位与施工单位应根据《中华人民共和国合同法》的有关规定及要求签订施工合同。签订的合同自合同订立时生效，具有法律效力，双方必须共同遵守。

施工合同的内容包括工程范围、建设工期、中间交工工程的开工和竣工时间、工程质量、工程造价、技术资料、工程交付时间、材料和设备供应责任、拨款和结算、竣工验收、质量保修范围和质量保证期、双方相互协作等条款。

施工合同是编制建设工程施工组织设计的重要依据。

三、全面统筹安排，做好施工准备，提出开工报告

施工合同签订后，施工单位应开始了解工程的性质、规模、特点、工期等，进行技术、经济等调查，收集有关资料、编制施工组织总设计。

施工组织总设计批准后，施工单位要与建设单位密切配合，开始做施工准备，如图纸会审、编写单位工程施工组织设计、落实材料和构件、劳动力、施工机具及施工现场要在"三通一平"的基础上使排水、供热、供气、电信等畅通。具备开工条件后，提出开工报告，经审查批准后，即可正式开工。

四、精心组织施工，加强管理

工程项目开工后，应按施工组织设计的安排组织施工，并加强管理。首先在施工现场按一定的施工顺序，如先全面后个别、先整体后局部、先场外后场内、先地下后地上等原则组织施工。与此同时，要加强各单位、各部门的配合与协作，协调解决好各方面的问题。

在施工过程中，应加强技术、材料、质量、安全、进度及施工现场等各方面的管理工作，落实施工单位内部承包经济责任制，全面做好各项经济核算与管理工作，严格执行各项技术、质量检验制度，抓紧工程收尾和竣工。

五、工程验收、交付生产或使用

工程验收是施工的最后阶段。施工单位事先要先做好内部的预验收，检查各分部分项工程的施工质量，整理好交工验收的各项技术经济资料。在此基础上，向建设单位交工验收。验收合格，办理验收签字，并向建设单位交付使用。

第三节　建筑工程项目的招标和投标

在第二节中，我们曾叙述了施工单位承接工程施工任务有三种方式，其中最常见的是施工单位通过投标，在中标后承接工程施工任务。

根据《中华人民共和国招标投标法》的规定，2003 年由国家发展计划委员会、建设部、铁道部、交通部、信息产业部、水利部、中国民航总局联合颁发了《工程建设项目施工招标投标办法》，以规范工程建设项目施工的招标和投标活动。

一、招标

（一）工程建设项目招标的范围和规模

在《工程建设项目招标范围和规模标准规定》（国家计委令第 3 号）中对要招标的工程建设项目的范围和规模作了如下的明确规定：

（1）关系社会公共利益、公众安全的基础设施项目要进行施工招标。例如：煤炭、石油、天然气、电力、铁路、公路、航空、水利、通信、邮政、信息网络、生态环境保护等。

（2）关系社会公共利益、公众安全的公用事业项目要进行施工招标。例如：供水、供电、供气、供热、科技、教育、卫生、福利、商品住宅等。

（3）使用国有资金投资的项目要进行招标。

（4）国家融资的项目要进行招标。

（5）使用国际组织或者外国政府资金的项目要进行招标。

（6）工程项目的重要设备和材料采购要进行招标。例如：采购单项合同估算价在 100 万元人民币以上的。

（二）招标的条件和方式

1. 招标的条件

依法必须招标的工程建设项目，应当具备下列条件才可进行施工招标：

（1）招标人已经依法成立。

（2）初步设计及概算应当履行审批手续，已经批准。

（3）招标范围、招标方式和招标组织形式等应当履行核准手续，已经批准。

（4）有相应资金或资金来源已落实。

（5）有招标所需的图纸及技术资料。

2. 招标的方式

工程施工招标分为公开招标和邀请招标两种方式。

国家和地方的重点工程建设项目，以及全部使用国有资金或国有资金占控股或主导地位的工程建设项目，应当公开招标。有特殊情况的，经有关部门批准可以进行邀请招标。例如：受自然地域环境限制、涉及国家安全、法律和法规规定等不宜公开招标的，经相关部门批准后进行邀请招标。

（三）招标的程序

1. 招标文件的内容

招标人根据招标项目的特点和需要编制招标文件。招标文件一般包括以下内容：

（1）投标邀请书。

（2）投标人须知。

（3）合同主要条款。

（4）投标文件格式。

（5）采用工程量清单招标的，应提供工程量清单。

（6）技术条款。

（7）设计图纸。

（8）评标标准和方法。

（9）投标的辅助材料。

2. 招标公告

采用公开招标方式的，招标人必须在国家指定的报刊和信息网络上进行施工招标项目的招标公告。采用邀请招标方式的，招标人应向三家以上具有承接招标项目的能力、资信良好的特定法人或其他组织发出投标邀请书。

3. 资格预审

招标人在投标前对潜在的投标人进行资格审查。资格预审合格的潜在投标人由招标人向其发出资格预审合格的通知书；同时，招标人应向资格预审不合格的潜在投标人告知资格预审的结果。此外，招标人还可以在国家指定的报刊和信息网络上发布资格预审公告。

4. 组织踏勘、解答问题

招标人根据招标项目的具体情况，组织潜在投标人踏勘项目现场，向其介绍工程场地和相关环境的有关情况。

对于潜在投标人对招标文件和现场踏勘中提出的疑问，招标人可以用书面形式或召开投标预备会解答，同时将解答以书面形式通知所有购买招标文件的潜在投标人。

（四）标底

招标项目可以不设标底，进行无标底招标。招标人可以根据项目的特点决定是否要编制标底。任何单位和个人不得强制招标人编制或报审标底，或干预其确定标底。

二、投标

（一）投标程序

（1）编制投标文件。投标人应按照招标文件的要求编制投标文件。投标文件一般包括以下内容：

①投标函；

②投标报价；

③施工组织设计；

④商务和技术偏差表。

（2）投标人按招标文件的要求提交投标文件和投标保证金。

（3）投标人若需补充、修改、替代或撤回已提交的投标文件，可在招标文件规定的时间内进行，并书面通知招标人。

（二）联合投标

两个以上的法人或者其他组织可以组成一个联合体，以一个投标人的身份共同投标。联合体参加资格预审并获通过的，其组成的任何变化都必须在提交投标文件截止日前征得招标人的同意。

三、开标、评标和定标

（一）开标

招标文件中规定的提交投标文件截止时间为开标时间；开标地点按招标文件中确定的地点。

（二）评标

评标可按以下程序进行：

（1）评标委员会可以以书面形式要求投标人对投标文件中含义不明确、对同类问题表述不一致等作出必要的澄清、说明或补正。

（2）评标委员会进行评标时，对招标人设有标底的，标底应当作为参考，但不作为评标的唯一依据。

（3）评标委员会向招标人提出书面评标报告。评标报告由评标委员会全体成员签字。

（4）评标委员会推荐的中标候选人应当限定在 1～3 人，并标明排列顺序。

（三）定标

定标可按以下程序进行：

（1）招标人应当按照评标委员会推荐的中标候选人顺序确定中标人。不得在评标委员会推荐的中标候选人之外确定中标人。

（2）招标人向中标人发中标通知书。中标通知书对招标人和中标人具有法律效力。

（3）中标通知书发出之日起 30 日内，招标人和中标人按照招标文件和投标文件订立书面合同。

（4）招标人与中标人签订合同后五个工作日内，应当向未中标的投标人退还投标保证金。

（5）招标人应当自发出中标通知书之日起 15 日内，向有关行政监督部门提交招标投标情况的书面报告。

第四节　建筑业企业资质

建筑业企业是指从事土木工程、建筑工程、线路管道设备安装工程、装修工程的新建、扩建、改建活动的企业。

根据建设部颁布的建建〔2001〕82号文《建筑施工企业资质等级标准》和建字〔2007〕72号文《施工总承包企业特级资质标准》，建筑业企业资质分为施工总承包、专业承包和劳务分包三个序列。每个序列按照工程性质和技术特点分为若干资质类别。例如：施工总承包企业资质分为房屋建筑工程施工总承包企业资质等级标准、公路工程施工总承包企业资质等级标准、市政公用工程施工总承包企业资质等级标准等十二个类别。每个类别中按照规定的条件又划分为若干个等级。例如：房屋建筑工程施工总承包企业资质等级标准中又分为特级、一级、二级、三级四个等级，其资质标准分别是：

（一）特级资质标准：

特级资质是从企业资信能力、企业主要管理人员和专业人员要求、科技进步水平、代表的工程业绩等方面作出了规定，如企业资信能力要求：

（1）企业注册资本金3亿元以上。

（2）企业净资产3.6亿元以上。

（3）企业近3年上缴建筑营业税均在5 000万元以上。

（4）企业银行授信额度近3年在5亿元以上。

（二）一级资质标准：

（1）企业近5年承担过下列6项中的4项以上工程的施工总承包或主体工程承包，工程质量合格。

①25层以上的房屋建筑工程；

②高度100m以上的构筑物或建筑物；

③单体建筑面积3万 m^2 以上的房屋建筑工程；

④单跨跨度30m以上的房屋建筑工程；

⑤建筑面积10万 m^2 以上的住宅小区或建筑群体；

⑥单项建安合同额1亿元以上的房屋建筑工程。

（2）企业经理具有10年以上从事工程管理工作经历或具有高级职称；总工程师具有10年以上从事建筑施工技术管理工作经历并具有本专业高级职称；总会计师具有高级会计职称；总经济师具有高级职称。

企业有职称的工程技术和经济管理人员不少于300人，其中工程技术人员不少于200人；工程技术人员中，具有高级职称的人员不少于10人，具有中级职称的人员不少于60人。

企业具有的一级资质项目经理不少于12人。

（3）企业注册资本金5 000万元以上，企业净资产6 000万元以上。

（4）企业近3年最高年工程结算收入2亿元以上。

（5）企业具有与承包工程范围相适应的施工机械和质量检测设备。

（三）二级资质标准：

（1）企业近5年承担过下列6项中的4项以上工程的施工总承包或主体工程承包，工程质量合格。

①12层以上的房屋建筑工程；

②高度50m以上的构筑物或建筑物；

③单体建筑面积 1 万 m² 以上的房屋建筑工程；

④单跨跨度 21m 以上的房屋建筑工程；

⑤建筑面积 5 万 m² 以上的住宅小区或建筑群体；

⑥单项建安合同额 3 000 万元以上的房屋建筑工程。

（2）企业经理具有 8 年以上从事工程管理工作经历或具有中级以上职称；技术负责人具有 8 年以上从事建筑施工技术管理工作经历并具有本专业高级职称；财务负责人具有中级以上会计职称。

企业有职称的工程技术和经济管理人员不少于 150 人，其中，工程技术人员不少于 100 人；工程技术人员中，具有高级职称的人员不少于 2 人，具有中级职称的人员不少于 20 人。

企业具有的二级资质以上项目经理不少于 12 人。

（3）企业注册资本金 2 000 万元以上，企业净资产 2 500 万元以上。

（4）企业近 3 年最高年工程结算收入 8 000 万元以上。

（5）企业具有与承包工程范围相适应的施工机械和质量检测设备。

（四）三级资质标准：

（1）企业近 5 年承担过下列 5 项中的 3 项以上工程的施工总承包或主体工程承包，工程质量合格。

①6 层以上的房屋建筑工程；

②高度 25m 以上的构筑物或建筑物；

③单体建筑面积 5 000m² 以上的房屋建筑工程；

④单跨跨度 15m 以上的房屋建筑工程；

⑤单项建安合同额 500 万元以上的房屋建筑工程。

（2）企业经理具有 5 年以上从事工程管理工作经历；技术负责人具有 5 年以上从事建筑施工技术管理工作经历并具有本专业中级以上职称；财务负责人具有初级以上会计职称。

企业有职称的工程技术和经济管理人员不少于 50 人，其中，工程技术人员不少于 30 人；工程技术人员中，具有中级以上职称的人员不少于 10 人。

企业具有的三级资质以上项目经理不少于 10 人。

（3）企业注册资本金 600 万元以上，企业净资产 700 万元以上。

（4）企业近 3 年最高年工程结算收入 2 400 万元以上。

（5）企业具有与承包工程范围相适应的施工机械和质量检测设备。

不同资质的企业承包工程范围是：

特级企业：可承担各类房屋建筑工程的施工。

一级企业：可承担单项建安合同额不超过企业注册资本金 5 倍的下列房屋建筑工程的施工：

①40 层及以下、各类跨度的房屋建筑工程；

②高度 240m 及以下的构筑物；

③建筑面积 20 万 m² 及以下的住宅小区或建筑群体。

二级企业：可承担单项建安合同额不超过企业注册资本金 5 倍的下列房屋建筑工程的

施工：

①28 层及以下、单跨跨度 36m 及以下的房屋建筑工程；

②高度 120m 及以下的构筑物；

③建筑面积 12 万 m^2 及以下的住宅小区或建筑群体。

三级企业：可承担单项建安合同额不超过企业注册资本金 5 倍的下列房屋建筑工程的施工：

①14 层及以下、单跨跨度 24m 及以下的房屋建筑工程；

②高度 70m 及以下的构筑物；

③建筑面积 6 万 m^2 及以下的住宅小区或建筑群体。

注：房屋建筑工程是指工业、民用与公共建筑（建筑物、构筑物）工程。工程内容包括地基与基础工程，土石方工程，结构工程，屋面工程，内、外部的装修装饰工程，上下水、供暖、电器、卫生洁具、通风、照明、消防、防雷等安装工程。

获得施工总承包资质的企业，可对工程实行施工总承包或者对主体工程实行施工承包。承担施工总承包的企业可以对所承接的工程全部自行施工，也可以将非主体工程或劳务作业分包给具有相应专业承包资质或劳务分包资质的其他建筑企业。

获得专业承包资质的企业可以承接施工总承包企业分包的专业工程或建设单位按规定发包的专业工程。专业承包企业可以对承接的工程全部自行施工，也可以将劳务作业分包给具有相应劳务分包资质的劳务分包企业。

获得劳务分包资质的企业可以承接施工总承包企业和专业承包企业分包的劳务作业。

第五节　项目经理责任制及项目经理部

一、项目经理

项目经理是建筑业企业法定代表人在施工项目上负责管理和合同履约的一次性授权代理人。项目经理只宜在一个施工项目上担任管理工作，当其负责管理的施工项目临近竣工阶段且经建设单位同意，可以兼任另一项工程的项目管理工作。

（一）项目经理的地位

项目经理是项目管理实施阶段全面负责的管理者，在整个施工活动中有举足轻重的地位。确定施工项目经理的地位是搞好施工项目管理的关键。

（1）从企业内部看，项目经理是施工项目实施过程中所有工作的总负责人，是项目管理的第一责任人。从对外方面来看，项目经理代表企业法定代表人在授权范围内对建设单位直接负责。由此可见，项目经理既要对有关建设单位的成果性目标负责，又要对建筑业企业的效益性目标负责。

（2）项目经理是协调各方面关系，使之相互紧密协作与配合的桥梁和纽带。要承担合同责任、履行合同义务、执行合同条款、处理合同纠纷、受法律的约束和保护。

（3）项目经理是各种信息的集散中心。通过各种方式和渠道收集有关的信息，并运用这些信息，达到控制的目的，使项目获得成功。

（4）项目经理是施工项目责、权、利的主体。这是因为项目经理是项目中人、财、物、技术、信息和管理等所有生产要素的管理人。项目经理首先是项目的责任主体，是实现项目目标的最高责任者。责任是实现项目经理责任制的核心，它构成了项目经理工作的压力，也是确定项目经理权力和利益的依据。其次，项目经理必须是项目的权力主体。权力是确保项目经理能够承担起责任的条件和手段。如果不具备必要的权力，项目经理就无法对工作负责。项目经理还必须是项目利益的主体。利益是项目经理工作的动力。如果没有一定的利益，项目经理就不愿负相应的责任，也不会认真地行使相应的权力，项目经理也难以处理好国家、企业和职工的利益关系。

（二）项目经理的任职要求

根据《建设工程项目管理规范》（GB/T50326—2006）和《建设工程项目经理执业导则》（RISN-TG012—2011）的规定，对项目经理做出以下几方面的任职要求：

1. 执业资格的要求

项目经理必须取得建设工程类相应的建造师执业资格。

2. 知识方面的要求

（1）项目经理具有与工程规模相适应的专业技术、管理、经济的综合知识。

（2）接受过项目管理知识方面的专门培训，掌握现代项目管理知识体系、有实现项目管理要求的能力。

（3）掌握国家关于工程项目管理的法律、法规和政策。熟悉地方关于工程管理方面的法规、政策、制度和要求。熟悉企业内部所有基本管理程序和规章制度。

3. 能力方面的要求

（1）具有质量意识、成本意识、职业健康和安全生产意识及相应的项目管理经验和业绩。

（2）具有较强的组织能力和沟通能力。

（3）有较强的语言表达能力和文字处理能力。

（4）有处理意外事件的应急反应能力、解决冲突的能力和谈判能力。

（5）能运用各种管理方法，有效控制和规避风险

4. 素质方面的要求

（1）在工作中能注重社会公德，保证社会的利益，严守法律和规章制度。

（2）具有良好的职业道德，不谋私利、坚持以顾客为关注焦点。

（3）积极进取，勇于创新，勇担责任，不畏困难，严谨求实，工作热情高。

（4）有良好的团队精神和良好的合作精神。

（5）责任心强，有大局意识。

（三）项目经理的责、权、利

1. 项目经理的职责

项目经理的职责如下：

（1）贯彻执行国家和地方政府的法律、法规和政策，执行建筑业企业的各项管理制度，维护企业的整体利益和经济利益。

（2）严格遵守财经制度，加强成本核算，积极组织工程款回收，正确处理国家、企业和项目及其单位个人的利益关系。

（3）签订和组织履行"项目管理目标责任书"，执行企业与业主签订的"项目承包合同"中由项目经理负责履行的各项条款。

（4）对工程项目施工进行有效控制，执行有关技术规范和标准，积极推广应用新技术、新工艺、新材料和项目管理软件集成系统，确保工程质量和工期，实现安全、文明生产，努力提高经济效益。

（5）组织编制施工管理规划及目标实施措施，组织编制施工组织设计并实施之。

（6）根据项目总工期的要求编制年度进度计划，组织编制施工季（月）度施工计划，包括劳动力、材料、构件及机械设备的使用计划，签订分包及租赁合同并严格执行。

（7）组织制定项目经理部各类管理人员的职责和权限、各项管理制度，并认真贯彻执行。

（8）科学地组织施工和加强各项管理工作。做好内、外各种关系的协调，为施工创造优越的施工条件。

（9）做好工程竣工结算，资料整理归档，接受企业审计并做好项目经理部解体与善后工作。

2. 项目经理的权力

为了保证项目经理完成所担负的任务，必须授予相应的权力。项目经理应当有以下权力：

（1）参与企业进行施工项目的投标和签订施工合同。

（2）用人决策权：项目经理应有权决定项目管理机构班子的设置，选择、聘任班子内成员，对任职情况进行考核监督、奖惩，乃至辞退。

（3）财务决策权：在企业财务制度规定的范围内，根据企业法定代表人的授权和施工项目管理的需要，决定资金的投入和使用，决定项目经理部的计酬方法。

（4）进度计划控制权：根据项目进度总目标和阶段性目标的要求，对项目建设的进度进行检查、调整，并在资源上进行调配，从而对进度计划进行有效的控制。

（5）技术质量决策权：根据项目管理实施规划或施工组织设计，有权批准重大技术方案和重大技术措施，必要时召开技术方案论证会，把好技术决策关和质量关，防止技术上决策失误，主持处理重大质量事故。

（6）物资采购管理权：按照企业物资分类和分工，对采购方案、目标、到货要求，以及对供货单位的选择、项目现场存放策略等进行决策和管理。

（7）现场管理协调权：代表公司协调与施工项目有关的内外部关系，有权处理现场突发事件，事后及时报公司主管部门。

3. 项目经理的利益

施工项目经理最终的利益是其行使权力和承担责任的结果，也是市场经济条件下责、权、利、效相互统一的具体体现。项目经理应享有以下的利益：

（1）获得基本工资、岗位工资和绩效工资。

（2）在全面完成《项目管理目标责任书》确定的各项责任目标，交工验收并结算后，接受企业考核和审计，可获得规定的物质奖励外，还可获得表彰、记功、优秀项目经理等荣誉称号和其他精神奖励。

（3）经考核和审计，未完成《项目管理目标责任书》确定的责任目标或造成亏损的，按有关条款承担责任，并接受经济或行政处罚。

二、项目经理责任制

项目经理责任制是指以项目经理为主体的施工项目管理目标责任制度。用以确保项目履约，用以确立项目经理部与企业、职工三者之间的责、权、利关系。

项目经理责任制是以施工项目为对象，以项目经理全面负责为前提，以项目目标责任书为依据，以创优质工程为目标，以求得项目的最佳经济效益为目的，实行的一次性、全过程的管理。

（一）项目经理责任制的作用和特点

1. 项目经理责任制的作用

实行项目管理，必须实现项目经理责任制。项目经理责任制是完成建设单位和国家对建筑业企业要求的最终落脚点。因此，必须规范项目管理，通过强化建立项目经理全面组织生产诸要素优化配置的责任、权力、利益和风险机制，更有利于对施工项目、工期、质量、成本、安全等各项目标实施强有力的管理，使项目经理有动力和压力，也有法律依据。

项目经理责任制的作用如下：

（1）明确项目经理与企业和职工三者之间的责、权、利、效关系。

（2）有利于运用经济手段强化对施工项目的法制管理。

（3）有利于项目规范化、科学化管理和提高产品质量。

（4）有利于促进和提高企业项目管理的经济效益和社会效益。

2. 项目经理责任制的特点

项目经理责任制有以下特点：

（1）对象终一性：以工程施工项目为对象，实行施工全过程的全面一次性负责。

（2）主体直接性：在项目经理负责的前提下，实行全员管理，指标考核、标价分离、项目核算，确保上缴集约增效、超额奖励的复合型指标责任制。

（3）内容全面性：根据先进、合理、可行的原则，以保证工程质量、缩短工期、降低成本、保证安全和文明施工等各项指标为内容的全过程的目标责任制。

（4）责任风险性：项目经理责任制充分体现了"指标突出、责任明确、利益直接、考核严格"的基本要求。

（二）项目经理责任制的原则和条件

1. 项目经理责任制的原则

实行项目经理责任制有以下原则：

（1）实事求是：实事求是的原则就是从实际出发，做到具有先进性、合理性、可行性。不同的工程和不同的施工条件，其承担的技术经济指标不同，不同职称的人员实行不同的岗位责任，不追求形式。

（2）兼顾企业、责任者、职工三者的利益：企业的利益放在首位，维护责任者和职工个人的正当利益，避免人为的分配不公，切实贯彻按劳分配、多劳多得的原则。

（3）责、权、利、效统一。尽到责任是项目经理责任制的目标，以"责"授"权"、以"权"保"责"，以"利"激励尽"责"。"效"是经济效益和社会效益，是考核尽"责"水平的尺度。

（4）重在管理：项目经理责任制必须强调管理的重要性。因为承担责任是手段，效益是目的，管理是动力。没有强有力的管理，"效益"不易实现。

2. 项目经理责任制的条件

实施项目经理责任制应具备下列条件：

（1）工程任务落实、开工手续齐全、有切实可行的施工组织设计。

（2）各种工程技术资料齐全、劳动力及施工设施已配备，主要原材料已落实并能按计划提供。

（3）有一个懂技术、会管理、敢负责的人才组成的精干、得力、高效的项目管理班子。

（4）赋予项目经理足够的权力，并明确其利益。

（5）企业的管理层与劳务作业层分开。

（三）项目管理目标责任书

在项目经理开始工作之前，由建筑业企业法定代表人或其授权人与项目经理协商、编制"项目管理目标责任书"，双方签字后生效。

1. 编制项目管理目标责任书的依据

（1）项目的合同文件。

（2）企业的项目管理制度。

（3）项目管理规划大纲。

（4）建筑业企业的经营方针和目标。

2. 项目管理目标责任书的内容

（1）项目的质量、进度、成本、职业健康和安全、环境保护、绿色施工等管理目标。

（2）项目管理过程方法、技术、材料、设备、制度等方面的创新要求。

（3）企业与项目经理之间的职责、权限和利益的分配。

（4）项目设计、采购、施工、试运行等管理的内容和要求。

（5）项目所需要资源的提供方式和核算办法。

（6）企业法定代表人向项目经理授权的内容和权限。

（7）项目经理应承担的风险。

（8）项目管理目标评价的原则、内容和方法。

（9）项目经理部进行奖惩的依据、标准和办法。

（10）项目经理解职和项目经理部解体的条件及办法。

三、项目经理部

（一）项目经理部的作用

项目经理部是施工项目管理的工作班子，置于项目经理的领导之下。在施工项目管理中有以下作用：

（1）项目经理部在项目经理的领导下，作为项目管理的组织机构，负责施工项目从开工到竣工的全过程施工生产的管理，是企业在某一工程项目上的管理层，同时对作业层负有管理与服务的双重职能。

（2）项目经理部是项目经理的办事机构，为项目经理决策提供信息依据，当好参谋。同时又要执行项目经理的决策意图，向项目经理负责。

（3）项目经理部是一个组织体，其作用包括：完成企业所赋予的基本任务——项目管理与专业管理等。要具有凝聚管理人员的力量并调动其积极性，促进管理人员的合作；协调部门之间、管理人员之间的关系，发挥每个人的岗位作用；贯彻项目经理责任制，搞好管理；做好项目与企业各部门之间、项目经理部与作业队之间、项目经理部与建设单位、分包单位、材料和构件供方等的信息沟通。

（4）项目经理部是代表企业履行工程承包合同的主体，对项目产品和业主全面、全过程负责；通过履行合同主体与管理实体地位的影响力，使每个项目经理部成为市场竞争的成员。

（二）项目经理部建立的基本原则

（1）要根据施工项目的规模、复杂程度和专业特点设置项目经理部。项目经理部规模大、中、小的不同，职能部门的设置相应不同。

（2）项目经理部是一个弹性的、一次性的管理组织，应随工程任务的变化而进行调整。工程交工后项目经理部应解体。不应有固定的施工设备及固定的作业队伍。

（3）项目经理部的人员配置应面向现场，满足现场的计划与调度、技术与质量、成本与核算、劳务与物资、安全与文明施工的需要，而不应设置研究与发展、政工与人事等与项目施工关系较少的非生产性管理部门。

（4）应建立有益于组织运转的管理制度。

（三）项目经理部的部门设置和人员配置

项目经理部的部门设置和人员的配置与施工项目的规模和项目的类型有关，要能满足施工全过程的项目管理，成为全体履行合同的主体。

项目经理部一般应建立"五部一室"的设置，即技术部、工程部、质量部、经营部、物资部及综合办公室等。复杂及大型的项目还可设机电部。项目经理部人员由项目经理、生产或经营副经理、总工程师及各部门负责人组成。管理人员持证上岗。项目经理应对项目经理部人员的资格和能力按有关规定进行审核。

项目经理部的人员实行一职多岗、一专多能、全部岗位职责覆盖项目施工全过程的管理，不留死角，亦避免职责重叠交叉，同时实行动态管理，根据工程的进展程度，调整项目的人员组成。

（四）项目经理部的管理制度

项目经理部管理制度应包括以下各项：

（1）项目管理人员岗位责任制度。

（2）项目技术管理制度。

（3）项目质量管理制度。

（4）项目安全管理制度。

（5）项目计划、统计与进度管理制度。

（6）项目成本核算制度。

（7）项目材料、机械设备管理制度。

（8）项目现场管理制度。

（9）项目分配与奖励制度。

（10）项目例会及施工日志制度。

（11）项目分包及劳务管理制度。

（12）项目组织协调制度。

（13）项目信息管理制度。

项目经理部自行制定的管理制度应与企业现行的有关规定保持一致。如项目部根据工程的特点、环境等实际内容，在明确适用条件、范围和时间后自行制定的管理制度，有利于项目目标的完成，可作为例外批准执行。项目经理部自行制定的管理制度与企业现行的有关规定不一致时，应报送企业或其授权的职能部门批准。

（五）项目经理部的建立步骤和运行

1. 项目经理部设立的步骤

（1）根据企业批准的"项目管理规划大纲"，确定项目经理部的管理任务和组织形式。

（2）确定项目经理部的层次，设立职能部门与工作岗位。

（3）确定人员、职责、权限。

（4）由项目经理根据"项目管理目标责任书"进行目标分解。

（5）组织有关人员制定规章制度和目标责任考核、奖惩制度。

2. 项目经理部的运行

（1）项目经理应组织项目经理部成员学习项目的规章制度，检查执行情况和效果，并应根据反馈信息改进管理。

（2）项目经理应根据项目管理人员岗位责任制度对管理人员的责任目标进行检查、考核和奖惩。

（3）项目经理部应对作业队伍和分包人实行合同管理，并应加强控制与协调。

（4）项目经理部解体应具备下列条件：

①工程已经竣工验收；

②与各分包单位已经结算完毕；

③已协助企业管理层与发包人签订了"工程质量保修书"；

④"项目管理目标责任书"已经履行完成，经企业管理层审计合格；

⑤已与企业管理层办理了有关手续；

⑥现场最后清理完毕。

复 习 思 考 题

1. 何谓基本建设项目？一般情况下基本建设项目由哪些工程内容组成？

2. 基本建设的程序是什么？建筑工程项目施工的程序是什么？

3. 什么样的工程建设项目必须要进行招标？进行招标的项目应具备哪些条件？招标可采用哪些方式？

4. 招标和投标各有哪些程序？

5. 开标、评标、定标各有何规定？
6. 建筑业企业资质是如何规定的？
7. 项目经理在施工项目实施中处于怎样的地位？
8. 简述项目经理的任职要求及其责、权、利。
9. 什么是项目经理责任制？
10. 何谓项目经理部？项目经理部应如何设置？

第二章 施 工 准 备

第一节 施工准备概述

现代建筑工程的施工是一项综合性很强、非常复杂的大型生产活动。工程的施工不但要耗用大量的物资，而且还存在着复杂的技术问题要处理；施工现场各工种的施工人员众多，涉及分包方等多方面的社会关系。为了使工程能顺利开工、连续施工有各方面的条件保证，在施工前必须要周密地做好各项准备，否则易造成施工中的被动、混乱和严重后果。

一、施工准备的任务

施工准备的任务就是要为工程施工的顺利进行取得必需的法律依据、创造必要的技术条件、物资条件，组织施工人员等。施工准备的具体任务如下：

（一）取得工程施工的法律依据

工程项目的施工要涉及国家的计划、地方行政、城市规划、交通、消防、公用事业和环境保护等各方面。因此，工程项目开工前要办好各种施工的申请和批准手续，以取得施工的法律依据。

（二）掌握工程的特点和关键

由于每一项工程项目都有自己的个性特征，于是在施工准备阶段要熟悉所有的设计文件及有关的工程资料，了解设计意图，了解基础、结构主体、设备安装和装修方面的特殊要求；研究、分析并掌握工程项目的特点和关键，以便采取相应的施工措施，保证工程项目施工的顺利进行。

（三）调查并创造各种施工条件

工程项目的施工是在一定的环境下进行的，其中包括了社会条件、经济条件、技术条件、自然条件、施工现场的条件、资源供应的条件等。在施工前要对现有的各种条件进行调查研究，分析对施工有利和不利的条件；积极创造技术、物资、资金、人员、场地等必备条件，以保证满足施工的要求。

（四）部署和调配施工人员

认真确定分包单位、合理调配施工人员、完善劳动组织、按施工要求对施工人员进行培训。

（五）预测施工中可能发生的变化（或风险），提出相应措施，做好应变准备

由于施工的复杂性及施工周期一般较长的特点，在施工过程中施工现场可能会发生情况的变化，因此，在施工准备阶段要预测可能发生的变化，并考虑应采取的措施和对策，尽可能防止和减少损失。

二、施工准备的内容和要求

（一）施工准备的内容

1. 调查研究及收集资料

调查、收集工程项目的情况、项目建设地区的自然条件和经济状况等。

2. 技术准备

技术准备包括熟悉施工图纸、参加施工图会审、编制施工组织设计、编制施工预算等。

3. 现场准备

施工前要拆除施工现场的障碍物、做好"七通一平"、测量放线、搭建临时设施等。

4. 物资准备

要做好建筑材料的估算、供应和储存，施工机械及机具能满足连续施工的要求。

5. 人员准备

要组建好施工组织机构、确定分包单位和各工种人员等。

6. 季节性施工准备

要确定冬、雨季施工措施，做好各项准备工作。

7. 安全及其他准备

（二）施工准备的要求

要做好施工准备工作，应注意做好以下几点：

1. 编制施工准备工作计划

施工准备工作的内容繁多，各项准备工作之间又有相互依存的关系。因此，要编制详细的工作计划，明确施工准备工作的内容、责任人及要求完成的工期。计划表格可参照表 2-1。

表 2-1　施工准备工作计划表

序　　号	项　　目	施工准备工作内容	要　　求	负责单位及负责人	配合单位	要求完成日期	备　　注

由于各项准备工作之间有相互依存关系，单纯的计划表格还难以表达，还应编制施工准备工作网络计划，明确搭接关系并找出关键工作，在网络图上进行施工准备期的调整，尽量缩短时间。作业条件的施工准备工作计划，应当在施工组织设计中予以安排，作为施工组织设计的基本内容之一，同时注重施工过程中短安排。

2. 建立施工准备工作的责任制和检查制度

为保证施工准备工作的落实，必须建立严格的施工准备工作责任制，由于施工准备工作项目多，范围广，因此，必须按计划将责任落实到有关部门，甚至个人，同时明确各级技术负责人在施工准备工作中所负的责任。各级技术负责人应为各阶段施工准备工作的负责人，负责审查施工准备工作计划和施工组织计划，督促检查各项施工准备工作的实施，及时总结经验教训。在施工准备阶段，也要实行单位工程技术负责制，将建设、设计、施工三方组织在一起，并组织土建、专业协作配合单位，共同完成施工准备工作。

施工准备工作不但要有计划、有分工，而且要有布置、有检查，因此要建立施工准备工作检查制度。检查的目的在于督促、发现薄弱环节，不断改进工作。一是要做好日常检查；二是在检查施工计划完成情况时，应同时检查施工准备工作的完成情况。

3. 提出开工报告

在做好开工前的各项施工准备工作后才能提出开工报告，经申报上级批准方能开工。单位工程应具备的开工条件如下：

（1）施工图纸已经会审并有记录。

（2）施工组织设计已经审核批准并已进行交底。

（3）施工图预算和施工预算已经编制并审定。

（4）施工合同已签订，施工执照已经审批办好。

（5）现场障碍物已清除，场地已平整，施工道路、水源、电源已接通，排水沟渠畅通，能满足施工需要。

（6）材料、构件、半成品生产设备等已经落实并能陆续进场，保证连续施工的需要。

（7）各种临时设施已经搭设，能满足施工和生活的需要。

（8）施工机械、设备的安排已落实，先期使用的已运入现场、已试运转并能正常使用。

（9）劳动力安排已经落实，可以按时进场。

（10）现场安全守则、安全宣传牌已建立，安全、防火的必要设施已具备。工程开工报告格式见表 2-2。

表 2-2　工程开工报告

申请开工施工单位：　　　　　　　　　　　　　　　　　　　　　　　　　　　编号：

工程名称		工程地点		建设单位		设计单位	
工程结构		建筑面积		层数		建筑造价	
工程 简要内容				申请开工日期			
				批准		负责人	
施工准备 工作情况				会签		××科	
						××科	
						⋮	

第二节　资料收集及技术准备

一、调查及资料的收集

为了给编制施工组织设计提供必要的依据、做好各项施工准备，应有计划有目的地调查收集相关资料。调查收集资料的主要内容如下：

（1）向建设单位和设计单位调查的内容（表 2-3）。

（2）对建设地区自然条件调查的内容如（表 2-4）。

（3）对地方建筑材料及构件生产企业调查的内容（表 2-5）。

（4）地方资源情况调查的内容（表 2-6）。

表2-3　建设单位、设计单位调查表

序号	调查单位	调查内容	调查目的
1	建设单位	1. 建设项目设计任务书、有关文件 2. 建设项目性质、规模、生产能力 3. 生产工艺流程、主要工艺设备名称及来源、供应时间、分批和全部到货时间 4. 建设期限、开工时间、交工先后顺序、竣工投产时间 5. 总概算投资、年度建设计划 6. 施工准备工作内容、安排、工作进度	1. 施工依据 2. 项目建设部署 3. 主要工程施工方案 4. 规划施工总进度 5. 安排年度施工计划 6. 规划施工总平面 7. 占地范围
2	设计单位	1. 建设项目总平面规划 2. 工程地质勘察资料 3. 水文勘察资料 4. 项目建设规模、建筑、结构、装修概况、总建筑面积、占地面积 5. 单项（单位）工程个数 6. 设计进度安排 7. 生产工艺设计、特点 8. 地形测量图	1. 施工总平面规划 2. 生产施工区、生活区规划 3. 大型暂设工程安排 4. 概算劳动力、主要材料用量、选择主要施工机械 5. 规划施工总进度 6. 计算平整场地土石方量 7. 地基、基础施工方案

表2-4　建设地区自然条件调查表

序号	项目	调查内容	调查目的
1		气象资料	
(1)	气温	1. 全年各月平均温度 2. 最高温度、月份；最低温度、月份 3. 冬天、夏季室外计算温度 4. 霜、冻、冰雹期 5. 小于 −3℃、0℃、5℃ 的天数，起止日期	1. 防暑降温 2. 全年正常施工天数 3. 冬季施工措施 4. 估计混凝土、砂浆强度增长
(2)	雨、雪情况	1. 雨季起止时间；降雪时间；降雪量 2. 全年降水量、一日最大降水量 3. 全年雷暴日数、时间 4. 全年各月平均降水量	1. 雨季施工措施 2. 现场排水、防洪 3. 防雷 4. 雨天天数估计
(3)	风情	1. 主导风向及频率（风玫瑰图） 2. 大小8级风全年天数、时间	1. 布置临时设施 2. 高空作业及吊装措施
2		工程地形、地质	
(1)	地形	1. 区域地形图 2. 工程位置地形图 3. 工程建设地区的城市规划 4. 控制桩、水准点的位置	1. 选择施工用地 2. 布置施工总平面图 3. 计算现场平整土方量 4. 障碍物及数量

20

序号	项目	调查内容	调查目的
(2)	工程地质	1. 钻孔布置图 2. 地质剖面图、各层土的类别、厚度 3. 地质稳定性：滑坡、流沙、冲沟 4. 地基土强度的结论，各项物理力学指标；天然含水率、孔隙比、塑性指数；地基承载力 5. 膨胀土、湿陷性黄土 6. 最大冻结深度 7. 防空洞、枯井、土坑、古墓、洞穴 8. 地下管网、地下构筑物	1. 土方施工方法的选择 2. 地基处理方法 3. 基础、地下结构施工措施 4. 障碍物拆除计划 5. 复核地基基础设计
(3)	地震	地震级别、烈度大小	对地基、结构影响、施工注意事项
3	工程水文地质		
(1)	地下水	1. 最高、最低水位及时间 2. 流向、流速、流量 3. 水质分析 4. 抽水试验、测定水量	1. 基础施工方案的选择 2. 降低地下水位方法、措施 3. 判定侵蚀性质及施工注意事项 4. 使用、饮用地下水的可能性
(2)	地面水 （地面河流）	1. 临近的江河湖泊及距离 2. 洪水、平水、枯水时期，其水位、流量、流速、航道深度，通航可能性 3. 水质分析 4. 最大、最小冻结时间及深度	1. 临时给水方案的确定 2. 航运组织方式的确定 3. 水工工程施工方案的确定 4. 确定防洪方案

注：资料来源：当地气象台、站及地震局设计的原始资料、勘察报告等。

表 2-5　地方建筑材料及构件生产企业调查表

序号	企业名称	产品名称	规格质量	单位	生产能力	供应能力	生产方式	出厂价格	运距	运输方式	单位运价	支援的可能性
1	2	3	4	5	6	7	8	9	10	11	12	13

注：企业及产品名称栏按构件厂，木工厂，金属结构厂，砂石厂，建筑设备厂，砖、瓦、石灰厂等填列。

表 2-6　地方资源情况调查表

序号	材料名称	产地	储存量	质量	开采（生产）量	开采费	出厂价	运距	运费	供应的可能性
1	2	3	4	5	6	7	8	9	10	11

注：材料名称栏按块石、碎石、砾石、砂、工业废料（包括冶金矿渣、炉渣、电站粉煤灰）填列。

（5）材料及主要设备调查的内容（表2-7）。

表 2-7　材料及主要设备调查表

序号	项 目	调 查 内 容	调 查 目 的
1	三大材料	1. 钢材订货的规格、钢号、数量和到货时间 2. 木材订货的规格、等级、数量和到货时间 3. 水泥订货的品种、标号、数量和到货时间	1. 确定临时设施和堆放场地 2. 确定木材加工计划 3. 确定水泥储存方式
2	特殊材料	1. 需要的品种、规格、数量 2. 试制、加工和供应情况	1. 制订供应计划 2. 确定储存方式
3	主要设备	1. 主要工艺设备名称、规格、数量和供货单位 2. 分批和全部到货时间	1. 确定临时设施和堆放场地 2. 拟定防雨措施

（6）交通运输资料的收集（表2-8）。

交通道路和运输条件是进行建筑施工输送千万吨物资、设备的动脉，也与现场施工和消防有关，特别是在城区施工，场地狭小，物资、设备存放空间有限，运输频繁，往往与城市交通管理存在矛盾，因此，要做好建设项目地区交通运输条件的调查，收集有关资料，以便统筹规划，尽量减少交通阻塞和场内倒运。收集交通运输资料，主要是收集建设地区邻近的铁路、公路、航运情况。

表 2-8　建设项目地区交通运输条件调查表

序号	项 目	调 查 内 容	调 查 目 的
1	铁路	1. 邻近铁路专用线、车站至工地的距离及沿途运输条件 2. 站场卸货线长度，起重能力和储存能力 3. 装载单个货物的最大尺寸、重量的限制 4. 运费、装卸费和装卸力量	
2	公路	1. 主要材料产地至工地的公路等级，路面构造宽度及完好情况，允许最大载重量，途径桥涵等级，允许最大载重量 2. 当地专业运输机构及附近村镇能提供的装卸、运输能力，汽车、畜力、人力车的数量及运输效率、运费、装卸费 3. 当地有无汽车修配厂、修配能力和至工地距离	1. 选择施工运输方式 2. 拟订施工运输计划
3	航运	1. 货源、工地至邻近河流、码头渡口的距离，道路情况 2. 洪水、平水、枯水期时，通航的最大船只及吨位，取得船只的可能性 3. 码头装卸能力，最大起重量，增设码头的可能性 4. 渡口的渡船能力；同时可载汽车、马车数，每日次数，能为施工提供的能力 5. 运费、渡口费、装卸费	

（7）建设地区社会劳动力和生活设施的调查内容（表2-9）。

表 2-9 建设地区社会劳动力和生活设施调查表

序号	项目	调查内容	调查目的
1	社会劳动力	1. 少数民族地区的风俗习惯 2. 当地能提供的劳动力人数、技术水平和来源 3. 上述人员的生活安排	1. 拟订劳动力计划 2. 安排临时设施
2	房屋设施	1. 必须在工地居住的单身人数和户数 2. 能作为施工用的现有的房屋栋数，每栋面积，结构特征，总面积、位置、水、暖、电、卫设备状况 3. 上述建筑物的适宜用途，用做宿舍、食堂、办公室的可能性	1. 确定现有房屋为施工服务的可能性 2. 安排临时设施
3	周围环境	1. 主副食品供应，日用品供应，文化教育，消防治安等机构能为施工提供的支援能力 2. 邻近医疗单位至工地的距离，可能就医情况 3. 当地公共汽车、邮电服务情况 4. 周围是否存在有害气体、污染情况，有无地方病	安排职工生活基地，解除后顾之忧

（8）供水、供电、供热、供气条件的调查（表 2-10）。

建筑施工的用水量较大，高层建筑施工时用水的扬程高。施工时所用的电量也较大，启动电流大，负荷变化多，施工时还需要供热、供气。于是，要对水源及供应情况、电源及供电情况、供热和供气情况调查了解，搜集相关的资料。表 2-10 是供水、供电、供热、供气条件的调查内容。

表 2-10 供水、供电、供热、供气条件调查表

序号	项目	调查内容
1	供水排水	1. 与当地现有水源连接的可能性，可供水量，接管地点、管径、管材、埋深、水压、水质、水费，至工地距离，地形地物情况 2. 临时供水源：利用江河、湖水可能性、水源、水量、水质、取水方式，至工地距离、地形地物情况；临时水井位置、深度、出水量、水质 3. 利用永久排水设施的可能性，施工排水去向，距离坡度；有无洪水影响，现有防洪设施、排洪能力
2	供电	1. 电源位置，引入的可能性，允许供电容量、电压、导线截面、距离、电费；接线地点，至工地距离，地形地物情况 2. 建设、施工单位自有发电、变电设备的型号、台数、能力 3. 利用邻近电信设备的可能性，电话、电报局至工地距离，增设电话设备和线路的可能性

23

序号	项 目	调 查 内 容
3	供热、供气	1. 蒸汽来源，可供能力、数量，接管地点、管径、埋深，至工地距离，地形地物情况，供气价格 2. 建设、施工单位自有锅炉型号、台数、能力、所需燃料、用水水质 3. 当地、建设单位提供压缩空气、氧气的能力，至工地的距离

注：1. 资料来源：当地城建、供电局、水厂等单位及建设单位。
　　2. 调查目的：选择供水、供电、供气方式，作出经济比较。

（9）参加施工的各单位能力的调查内容（表2-11）。

表2-11　参加施工的各单位能力的调查表

序号	项 目	调 查 内 容
1	工人	1. 工人数量、分工种人数，能投入本工程施工的人数 2. 专业分工及一专多能的情况、工人队组形式 3. 定额完成情况、工人技术水平、技术等级构成
2	管理人员	1. 总数，所占比例 2. 其中技术人员数，专业情况，技术职称，其他人员数
3	施工机械	1. 机械名称、型号、能力、数量、新旧程度、完好率；能投入本工程施工的情况 2. 总装备程度（马力/全员） 3. 分配、新购情况
4	施工经验	1. 历年曾施工的主要工程项目、规模、结构、工期 2. 习惯施工方法，采用过的先进施工方法，构件加工、生产能力、质量 3. 工程质量合格情况、科研、革新成果
5	经济指标	1. 劳动生产率，年完成能力 2. 质量、安全、降低成本情况 3. 机械化程度、设备、机械的完好率、利用率

注：1. 资料来源：参加施工的各单位。
　　2. 调查目的：明确施工力量，技术素质，规划施工任务分配、安排。

（10）障碍物的调查。

障碍物是指施工区域现有的建筑物、构筑物、沟渠、水井、树木、土堆、高压输变电线路、地下沟道、人防工程、上下水管道、埋地电缆、煤气及天然气管道等。对这些障碍物调查、了解清楚，才可采取有效措施，及时进行拆、迁、保护及合理布置施工平面图。

（11）参考资料的收集。

在编制施工组织设计时，为弥补调查收集的原始资料的不足，有时还可以借助一些相关的参考资料来作为编制的依据。这些参考资料可以是施工定额、施工手册、相似工程的技术资料或平时实践活动所积累的资料等。

二、技术准备

技术准备的内容包括：熟悉图纸、图纸会审、签订承包合同、编制施工组织设计、做好技术交底、优化劳动组合与技术培训、编制施工图预算和施工预算。技术准备一般称为"内业"。它是现场施工准备的基础。

（一）熟悉和会审图纸

一个建筑物或构筑物的施工依据就是施工图纸、施工的工程技术人员在施工前必须熟悉施工图中各项技术要求，在熟悉施工图的基础上，由建设单位、施工单位、设计单位及工程监理单位共同对施工图纸进行会审。

1. 熟悉施工图纸

由施工单位承担工程项目施工的项目经理部组织有关的工程技术人员认真熟悉施工图，了解工程施工的要求及应达到的技术标准。

（1）熟悉施工图的要求。熟悉图纸的要求应遵循以下原则：

①先精后细。先看平面图、立面图、剖面图，对整个工程的概貌有一个了解，对总的长、宽尺寸，轴线尺寸、标高、层高、总高有一个大体的印象。然后再看细部做法，核对总尺寸与细部尺寸、位置、标高是否相符，门窗表中的门窗型号、规格、形状、数量是否与结构相符等。

②先小后大。先看小样图，后看大样图。核对在平面图、立面图、剖面图中标注的细部做法，与大样图的做法是否相符；所采用的标准构件图集号、类型、型号，与设计图纸有无矛盾，索引符号有无漏标之处，大样图是否齐全等。

③先建筑后结构。先看建筑图，后看结构图，把建筑图和结构图相互对照，核对其轴线尺寸、标高是否相符，有无遗漏尺寸，有无构造不合理之处。

④先一般后特殊。先看一般部位和要求，后看特殊部位和要求。特殊部位一般包括地基处理方法、变形缝的设置、防水处理要求和抗震、防火、保温、隔热、防尘、特殊装修等技术要求。

⑤图纸与说明相结合。在看图时要对照设计总说明和图中的细部说明，核对图纸和说明有无矛盾之处，规定是否明确，要求是否可行，做法是否合理等。

⑥土建与安装结合。看土建图时，要有针对性地看一些安装图，核对与土建有关的安装图是否有矛盾，预埋件、预留洞、槽的位置、尺寸是否一致，了解安装对土建的要求。

⑦图纸要求与实际情况结合。核对图纸与施工实际是否有不符合之处，对一些特殊施工工艺，施工单位能否满足等。

（2）熟悉施工图纸的重点。施工图纸的重点包括以下几部分内容：

①基础及地下室部分：核对建筑、结构、设备施工图中关于基础留口、留洞的位置及标高，地下室排水的去向，变形缝及人防出口的做法，防水体系的包圈及收头要求等。

②主体结构部分：各层所用砂浆、混凝土的强度等级，墙、柱与轴线的关系，梁、柱（包括圈梁、构造柱）的配筋及节点做法，悬挑结构的锚固要求，楼梯间构造，设备图和土建图上洞口尺寸及位置的关系。

③屋面及装修部分：结构施工应为装修施工提供的预埋件或预留洞，内、外墙和地面的材料做法，屋面防水节点等。

在熟悉图纸过程中，对发现的问题应做出标记，做好记录，以便在图纸会审时提出。

2. 自审图纸

为了能有准备地参加图纸会审，在熟悉施工图的基础上，由承担工程项目施工的单位组织其内部和分包单位的工程技术人员对施工图进行审查。

自审图纸的要求如下：

（1）审查拟建工程的地点和建筑总平面图与国家、城市或地区的规划是否一致。建筑物或构筑物的设计功能和使用要求是否符合环境保护、防火等方面的要求。

（2）设计图纸是否齐全，是否能满足施工的要求。设计图纸和资料是否符合国家有关技术规范要求。

（3）建筑、结构、设备安装图纸是否有错、漏、碰、缺，内部结构和工艺设备有无矛盾。

（4）地基处理与基础设计同拟建工程的地点的工程地质和水文地质等条件是否相符。建筑物或构筑物与原地下构筑物及管线之间有无矛盾。深基础的防水方案是否可靠，材料及设备能否解决。

（5）明确拟建工程结构形式和特点，复核主要承重结构的承载力、刚度和稳定性是否满足要求，审查设计图纸中的形体复杂、施工难度大和技术要求高的分部分项工程或新结构、新材料、新工艺，在施工技术和管理水平上能否满足质量和工期要求，选用的材料、构配件、设备等能否解决。

（6）明确建设期限，分期分批投产或交付使用的顺序和时间，以及工程所用的主要材料、设备的数量、规格、来源和供货日期。

（7）明确建设单位、设计单位、施工总承包单位和分包单位等之间的协作、配合。

（8）建设单位可以提供的施工条件。设计是否考虑了施工的需要。

3. 图纸会审

一般工程由建设单位组织并主持会议，设计单位进行设计交底，施工单位和监理单位参加。重点工程或规模较大及结构、装修复杂的工程，可邀请各主管部门、消防及有关的协作单位参加。

图纸会审一般先由设计人员对设计图纸中的技术要求和有关问题先作介绍和交底，对各方提出的问题，经充分协商达成共识后，由建设单位汇总成文，各单位会签、盖章，形成图纸会审纪要，作为与设计图纸同时使用的技术文件。

图纸会审的主要内容包括：

（1）施工图的设计是否符合国家有关技术规范。

（2）图纸及设计说明是否完整、齐全、清楚；图纸中的尺寸、坐标、轴线、标高、各种管线和道路的交叉连接点是否准确；一套图纸的前、后各图纸及建筑与结构施工图是否吻合一致，有无矛盾；地下与地上的设计是否有矛盾。

（3）施工单位技术准备条件能否满足工程设计的有关技术要求；采用新结构、新工艺、新技术或工程的工艺设计与使用的功能要求，对土建施工、设备安装、管道、动力、电器安装，在要求采取特殊技术措施时，施工单位技术上有无困难，是否能确保施工质量和施工安全。

（4）设计中所选用的各种材料、配件、构件（包括特殊的、新型的），在组织采购时，其品种规格、性能、质量、数量等方面能否满足设计规定的要求。

（5）对设计中不明确或疑问处，请设计人员解释清楚。

（6）图纸中的其他问题，并提出合理化建议。

（二）签订分包合同

工程施工单位（乙方）在与建设单位（甲方）已签订工程承包合同的基础上，确定专业工程（如地基与基础工程、钢结构工程、建筑防水工程、建筑装修装饰工程等）的分包方，并与之签订分包合同。此外，还签订物资供应合同、构件半成品加工订货合同等。

（三）编制施工组织设计

施工组织设计是全面安排施工生产的技术经济文件，是指导施工的主要依据。

编制施工组织设计是施工准备中一项很重要的施工准备工作。在收集资料和图纸会审的基础上编制施工组织设计。在本书第四章将施工组织设计的内容、编制等作专题叙述。

（四）技术交底

按施工技术管理的程序要求，在单位工程或分部分项工程开工前要逐级进行技术交底。技术交底的内容涉及设计图纸、施工组织设计、设计变更及洽商、分项工程技术等。通过技术交底，使参与施工的人员了解设计和施工的要求、质量标准、技术安全措施、规范要求和采用的施工方法。

工程技术交底一般要做好记录。记录的格式由各企业作出规定，使之规范。

（五）优化劳动组合与技术培训

为了保证施工项目进度计划实现及保证工程的施工质量，工程项目开工前要对劳动力进行优化组合。做好专业工程的技术培训，提高对新工艺、新材料使用操作的适应能力。

（六）编制施工图预算和施工预算

施工组织设计被批准后，即可着手编制单位工程施工图预算和施工预算，以确定人工、材料和机械费用的支出，并确定人工数量、材料消耗数量及机械台班使用量。

第三节　施工现场准备

工程开工之前，除了做好各项技术准备工作外，还必须做好现场的各项施工准备工作，其主要内容包括"三通一平"、测量放线和搭设临时设施三大部分。

一、"三通一平"

在建设工程的用地范围内平整施工场地、接通施工用水、用电和道路，这项工作简称"三通一平"（实际上可能不止三通）。如工程规模较大，这段工作可以分阶段进行，保证在第一期开工的工程用地范围内完成，再依次进行其他的，为第一期工程项目的尽早开工创造条件。

（一）拆除障碍物

施工现场内的地上或地下一切障碍物应在开工前拆除。这项工作一般是由建设单位来完成，有时也委托施工单位来完成。如果委托施工单位来完成这项工作，一定要先摸清情况，尤其是原有障碍物情况复杂，而且资料不全时，应采取相应措施，防止发生事故。

架空电线及埋地电缆、自来水、污水、煤气、热力等管线拆除，都应与有关部门取得联系并办好手续后，方可进行，一般最好由专业公司来进行。场内的树木，需报请园林部门批准后方可砍伐。一般平房只要把水源、电源截断后即可进行拆除，若房屋较大较坚固，则有可能采用爆破方法，这需要专业施工队来承担，并且必须经过主管部门的批准。

（二）平整施工场地

拆除障碍物后，全场性平整，要根据设计总平面图确定的标高，通过测量方格网的高程（水平）基准点及经纬方格网，计算出挖方与填方的数量，按土方调配计划，进行挖、填、运土施工。

（三）修通道路

必须首先修通铁路专用线与公路主干道，使物资直接运到现场，尽量减少二次或多次转运。其次，修通单位工程施工的临时道路（也尽可能结合永久性道路位置）。

（四）通水与通电

用水包括生产、消防、生活用水三部分。一般尽可能先建成永久性给水系统，尽量利用永久性供排水管线。临时管线的铺设也要考虑节约的原则。整个现场排水沟渠也应修通。电信设施也要接通，以保证施工现场通信设备的正常运行。

供电包括施工用电及生活用电两部分。电源首先考虑从国家供电网路中获得（需有批准手续）。如果供电量不足，可考虑自行发电。

施工中如需要蒸汽，压缩空气等能源时，也应按施工组织设计要求，事先做好铺设管道等工作。

二、测量放线

为了使建筑物或构筑物的平面位置和高程符合设计要求，施工前应按总平面图，设置永久性的经纬坐标桩及水平坐标桩，建立工程测量控制网，以便建筑物在施工前的定位放线。建筑物定位、放线，一般通过设计定位图中平面控制轴线来确定建筑物四周的轮廓位置。测定经自检合格后，提交有关技术部门和监理方验线，以保证定位的正确性。沿红线（规划部门给定的建筑红线，在法律上起着建筑四周边界用地作用）放线后，还要由城市规划部门验线，以防止建筑物压红线或超红线。

三、搭设临时设施

各种生产、生活需用的临时设施，包括各种仓库、搅拌站、预制构件厂（站、场）、各种生产作业棚、办公用房、宿舍、食堂、文化设施等均应按施工组织设计规定的数量、标准、面积位置等要求组织修建。现场所需的临时设施，应报请规划、市政、消防、交通、环保等有关部门审查批准。为了施工方便和行人安全，指定的施工用地周界，应用围墙围挡起来。围挡的形式和材料应符合市容管理的有关规定和要求。在主要出入口处应设标牌，标明工程名称、施工单位、工地负责人等。

第四节　物　资　准　备

施工的物资准备是指施工中必须有的劳动手段（施工机械、工具）和劳动对象（材料、配件、构件）等的储备。材料、构（配）件、制品、设备和施工机具是保证施工顺利进行的物质基础。

建筑施工所需要的材料、构（配）件、制品、设备及施工用的机具需要的品种多且数量大，能否按计划供应，对整个施工工期、质量和成本影响很大。因此，必须将所需用的物资运到施工现场，并有一定的储备后，才具备开工条件。于是，这些物资的准备工作必须在工程开工之前完成。现场施工的管理人员根据施工各阶段物资的需要量计划，落实货源，确定交货地点和方式，安排运输和储备，使其满足连续施工的要求。

一、物资准备的工作内容

物资准备的具体内容主要包括建筑材料的准备、构（配）件及制品的加工订货、施工机具准备、生产工艺设备的准备、运输设备和施工物资价格管理等。

（一）建筑材料的准备

（1）根据施工预算进行分析，按施工进度计划要求，按照材料名称、使用时间、材料储备定额和消耗定额进行汇总，编制出材料需用量计划。为组织备料、确定仓库、场地堆放所需的面积和组织运输等提供依据。

（2）根据材料用量计划，做好材料申请、订货和采购，使材料用量计划能落实。

（3）按计划组织材料进场，按施工平面图和相应位置堆放，并做好合理储备和保管工作。

（4）材料进场时，应严格验收；检查和核对材料的数量和规格，做好材料的试验和检验，保证工程的施工质量。

（二）构（配）件、制品的加工准备

（1）根据施工预算和施工进度计划，提供构（配）件、制品的名称、规格、质量和消耗量，确定加工方案和供应渠道以及进场后的储存地点和方式，编写构（配）件、制品需要量计划，为组织运输、确定堆场面积等提供依据。

（2）根据需用计划，向有关厂家提出加工订货要求，并签订订货合同。

（3）按计划组织构（配）件、制品进场，按施工平面图的位置做好存放和保管工作。

（4）构（配）件、制品进场时要做好验收、检查、核实名称、规格、数量和质量。

（三）施工机具的准备

（1）各种土方机械、混凝土和砂浆搅拌设备、垂直及水平运输机械、钢筋加工设备、木工机械、焊接设备、打夯机、排水设备等应根据施工方案对施工机具配备的要求、数量及施工进度安排编制施工机具需用量计划。

（2）根据施工机具需用量计划，在企业内部解决施工机具，或与有关方签订订购合同进行购置机具，或与有关单位签订租赁合同租赁机具，确保按期供应。

（3）对塔式起重机、挖土机、桩基设备等大型施工机械，可与有关方面（如专业分包单位）联系，提出要求，在落实后签订有关的分包合同，并做好设备按期进场的各项准备工作。

（4）按施工机具需用量计划、组织施工机具进场。根据施工总平面图的布置，将施工机具安置在规定的地方或仓库。施工机具要进行就位、搭棚、接电源、保养、调试等项工作。对所有的施工机具在使用前都必须进行检查和试运转。

（四）生产工艺设备的准备

按照拟建工程项目的工艺流程及工艺设备的布置图提出工艺设备的名称、型号、生产能力和需用量，确定生产工艺设备分期分批进场的时间和保管方式，编制工艺设备需用量计划，为组织运输、确定堆场面积提供依据。

在做生产工艺设备准备时，要考虑庞大的设备安装往往与土建施工穿插进行。否则，土建全部完成或封顶后，会给设备安装带来困难，将会影响建设工期，故各种设备到货时间要与设备安装时间密切配合。

（五）运输准备

根据上述的物资需用量计划明确的进场日期，联系、调配和落实运输工具，确保施工所需的材料、构（配）件、制品、施工机具等按期进场。

（六）加强施工物资价格管理

建立市场信息管理制度。定期收集和公布市场物资价格信息。在市场价格信息的指导下，"货比三家"、选优进货。对大宗物资采购时，要采取招标采购的方式。在保证物资质量和工程质量的前提下，降低成本，提高效益。

二、物资准备的工作程序

物资准备的工作程序是做好物资准备的重要手段。通常按如下程序进行物资准备：

（1）根据施工预算、分部分项工程的施工方法和施工进度安排，拟订国拨材料、统配材料、地方材料、构（配）件及制品、施工机具和生产工艺设备等物资用量计划。

（2）根据各种物资需要量计划，组织货源，确定加工、供应点和供应方式，签订物资供应合同。

（3）按照施工总平面图的要求，组织物资按计划时间进入现场，在指定地点，按规定方式进行储存或堆放。

第五节　劳动组织准备

工程项目能否按预定的目标完成，很大程度上决定于承担工程项目的施工队伍的人员素质。施工人员包括施工管理人员和具体操作人员两大部分。合理选择和配备施工人员，将直接影响工程质量与安全、施工进度及工程成本。因此，劳动组织准备是开工前必不可少的一项准备工作。

劳动组织准备内容如下：

一、项目管理机构的组建

组建项目管理机构就是建立项目经理部。项目经理部组建的是否合理，关系到拟建工程能否顺利进行。要根据工程项目的规模、结构特点和复杂程度、施工条件、建设单位的要求及有关的规定，将有施工经验，有创新精神、工作效率高、善经营、懂技术的人员选到管理机构中来。要尽量压缩管理层次，要因事设职、因职选人。做到管理人员精干、一职多能、人尽其才、恪尽职守，以适应市场变化的要求。

二、建立精干的施工队组

建立施工队组要认真考虑专业工种的合理配合。技工和普工的比例要满足合理的劳动组织方式的要求。确定建立混合施工队组或专业施工队组及其数量。组建施工队组要坚持合理、精干的原则。同时，要制订出工程的劳动力需要量计划。

三、集结施工力量，组织劳动力进场

根据开工日期和劳动力需要量计划，组织劳动力进场，并根据工程实际进度需求，动态增减劳动力数量。需要外部施工力量，可通过签订专业施工分包合同或劳务分包合同，与其他建筑队伍共同完成施工任务。

四、施工队伍的教育

施工前，要对施工队伍进行劳动纪律、质量意识及安全、防火、文明施工等教育，要求施工人员遵守劳动纪律、坚守工作岗位、遵守操作规程，要求施工人员增强质量观念，保证工程质量，要求施工人员保证施工工期，做到安全、防火、文明施工。

施工前，还要对技术管理人员和操作人员进行新技术、新工艺等方面的技术培训，以便从根本上保证工程的施工质量。

五、向施工队组、工人进行施工组织和技术交底

在单位工程或分部分项工程开工前，应向施工队组和工人进行技术交底，以保证工程严格地按设计图纸、施工组织设计、安全操作规程和施工验收规程等要求进行施工。

技术交底的内容有：工程施工进度计划、月（旬）作业计划、施工组织设计，尤其是施工工艺、质量标准、安全技术措施、降低成本措施和施工验收规范的要求；新结构、新材料、新技术和新工艺的实施方案和保证措施；图纸会审中所确定的有关部位的设计变更和技术核定等事项。

技术交底工作由项目经理部的技术负责人组织，按项目管理系统逐级进行，由上而下，直到施工工人的队组。交底方式有书面形式、口头形式和现场示范形式等。技术交底要做好记录。

队组、工人接受技术交底后，要组织其成员进行认真的分析研究，弄清关键部位、质量标准、安全措施和操作要领等。必要时应该进行示范，并明确任务及做好分工协作，同时建立健全岗位责任制和保证措施。

六、建立健全各项管理制度

施工现场的各项管理制度是否建立健全，直接影响其各项施工活动的顺利进行。有章不循其后果严重，无章可循更是危险，所以，必须建立健全各项施工的管理制度。

施工现场通常有以下管理制度：

项目管理人员岗位责任制度；项目技术管理制度；项目质量管理制度；项目安全管理制度；项目计划、统计、进度管理制度；项目成本核算管理制度；劳务管理制度；项目组织协调制度；项目信息管理制度等。

项目经理部自定的制度与企业现行制度不一致时，要报送企业或授权职能部门批准。

七、职工生产后勤保障准备

职工的衣、食、住、行、医疗、文化生活等后勤供应和保障工作，必须在施工队伍集

结前做好充分的准备工作。

第六节　季节性施工准备

一般工程的施工多要跨越冬期、雨期和夏季。为了保证工程的施工质量和施工进度，要做好冬期、雨期和夏季的施工准备工作。

一、冬期施工准备

应从以下几方面做好冬期施工准备：

（一）合理安排冬期施工项目

冬期施工条件差，技术要求高，费用要增加，为此，应考虑既能保证施工质量，而且费用增加不多的项目安排在冬期施工，如蓄热法养护的混凝土工程、吊装工程、打桩工程、室内粉刷、装修工程等。而费用增加很多，又不易确保工程质量的土方工程、屋面防水工程、混凝土预制工程、砖砌工程、室外粉刷工程和道路施工工程等，尽可能安排在晴暖的时期完成。因此，从施工组织安排上要综合研究，明确冬期施工项目的安排，做到冬期不停工，而且冬期施工的费用增加较少。

（二）落实各种热源供应和管理

为保证施工顺利进行，并尽可能节约能源，各种热源供应渠道、热源设备和冬期用的各种保温材料的储存和供应均应得到保证。还要做好司炉工的培训等工作。

（三）做好保温防冻工作

冬期来临前，安排好室内的保温施工项目，如先完成供热系统、安装好门窗玻璃等项目，保证室内其他项目能顺利施工。室外各种临时设施要做好保温防冻，如防止给排水管道冻裂，防止道路积水结冰，及时清扫道路上的积雪，以保证运输顺利。

（四）做好测温组织工作

冬期施工昼夜温差大，为保证施工质量，应做好测温工作，防止砂浆、混凝土在达到临界强度前遭到冻结而破坏。测温要按规定的部位、时间要求进行，并要如实填写测温记录。

（五）做好停止部位的安排和检查

要做好各部位的完成安排，避免分块留尾，如基础完工后应及时回填土至基础同一高度；砌完一层楼后，将楼板及时安装完成；室内装修抹灰要一层一室一次完成等。

（六）加强安全教育，严防火灾发生

冬期施工要有防火安全技术措施，并要经常检查落实，要保证各种热源设备完好。做好职工培训及冬季施工的技术操作和安全施工的教育，确保施工质量，避免发生安全事故。

二、雨期施工的准备工作

雨期施工应做好以下几项准备工作：

（1）防洪排涝，做好现场排水工作。工程地点若在河流附近，上游有大面积山地丘陵，应有防洪排涝准备。施工现场雨期来临前，应做好排水沟渠的开挖，准备好抽水设备，防止场地积水和地沟、基槽、地下室等泡水，造成损失。

（2）做好雨期施工安排，尽量避免雨期窝工造成的损失。一般情况下，在雨期到来之前，应多安排完成基础、地下工程、土方工程、室外及屋面工程等不宜在雨期施工的项目；多留些室内工作在雨期施工。

（3）做好道路维护，保证运输畅通。雨期前检查道路边坡排水，适当提高路面，防止路面凹陷，保证运输畅通。

（4）做好物资的储存。雨期到来前，材料、物资应多储存，减少雨期运输量，以节约费用。要准备必要的防雨器材，库房四周要有排水沟渠，防水物品淋雨浸水而变质。

（5）做好机具设备等防护。雨期施工，对现场的各种设施、机具要加强检查，特别是脚手架、垂直运输设施等，要采取防倒塌、防雷击、防漏电等一系列技术措施。

（6）加强施工管理，做好雨期施工的安全教育。要认真编制雨季施工技术措施，认真组织贯彻实施。加强对职工的安全教育，防止各种事故发生。

三、夏季施工

夏季施工条件差、气温高、干燥，针对夏季施工的这一特点，应编制夏季施工的施工方案及采取的技术措施，如对于大体积混凝土在夏季施工，必须合理选择浇筑时间，做好测温和养护工作，以保证大体积混凝土的施工质量。

夏季经常有雷雨，施工现场应有防雷装置，特别是高层建筑和脚手架等要按规定设临时避雷装置，并确保施工现场用电设备的安全运行。

夏季施工，必须做好施工人员的防暑降温工作，调整好休息时间。从事高温工作的场所及通风不良处，应加强通风和降温措施，做到安全施工。

复习思考题

1. 施工准备的任务、内容和要求是什么？
2. 原始资料调查的目的是什么？应收集哪几方面的资料？有哪些相关资料？
3. 单位工程开工的必需条件是什么？
4. 熟悉图纸的要求是什么？
5. 图纸会审包括哪些内容？
6. 资源准备包括哪些方面？如何进行准备？
7. 施工现场准备包括哪些内容？何谓"三通一平"？
8. 如何做好季节性准备工作？

第三章　流水施工与网络计划技术

第一节　建筑工程流水施工

流水施工来源于工业生产中的流水作业，它是组织施工的一种科学方法。组织流水施工，可以充分地利用时间和空间（工作面），连续、均衡、有节奏地进行施工，从而提高劳动生产率，加快工期，节省施工费用，降低工程成本。

在建筑工程流水施工中，建筑产品的位置是固定的，生产工人和机具等在建筑物的空间上进行移动加工产品，二者之间形成相对的流动效果。

一、流水施工的基本概念

（一）施工组织的三种组织方式对比

通常采用的施工组织方式有依次施工、平行施工和流水施工三种组织方式。

例如：有四幢相同的砖混结构房屋的基础工程，根据施工图设计、施工班组的构成情况及工程量等，其施工过程划分、班组人数及工种构成、各施工过程的工程量、完成每幢房屋一个施工过程所需时间等，见表3-1所示。

表3-1　每幢房屋基础工程的施工过程及其工程量等指标

施工过程	工程量		每工产量	劳动量/工日		每班工人数	每天工作班数	施工天数	班组工种
	数量	单位		需要	采用				
基槽挖土	130	m³	4.18	31	32	16	1	2	普工
混凝土垫层	38	m³	1.22	31	30	30	1	1	普工、混凝土工
砖砌基础	75	m³	1.28	59	60	20	1	3	普工、砖工
基槽回填土	60	m³	5.26	11	10	10	1	1	普工

根据上述基础工程和施工任务，按三种组织施工方式加以分析比较：

1. 依次施工

依次施工也称顺序施工。即一幢房屋基础工程各施工过程全部完成后，再施工第二幢，依次完成每幢施工任务。这种施工组织方式的施工进度安排，见图3-1所示。图下为它的劳动力动态变化曲线，其纵坐标为每天施工班组人数，横坐标为施工进度（d）。将每天各投入施工的班组人数之和连接起来，即可绘出劳动力动态变化曲线。

如果用 t_i（$i=1，2，\cdots，n$）表示每个施工过程在一幢房屋中完成施工所需时间，则完成一幢房屋基础工程施工所需时间为 $\sum t_i$，完成 m 幢房屋基础工程所需总时间为：

$$T_L = m \sum t_i \tag{3-1}$$

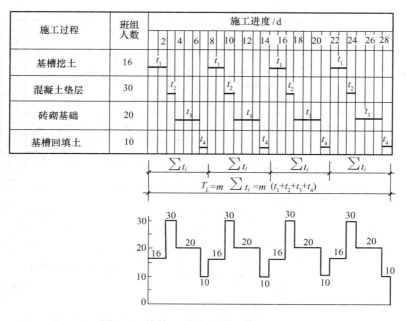

图 3-1　按幢（或施工段）依次施工

式中　m——房屋幢数（或施工区段数）；

$\quad\quad t_i$——一幢房屋完成某一施工过程所需时间；

$\quad\sum t_i$——一幢房屋完成各施工过程所需时间之和；

$\quad\quad T_L$——完成 m 幢工程任务所需总时间。

依次施工的组织，还可以采取依次完成每幢房屋的第一个施工过程后，再开始第二个施工过程的施工，依次完成最后一个施工过程的施工任务。其施工进度安排见图 3-2。按施工过程依次施工所需总时间与按幢依次施工相同，但每天所需的劳动力不同。

其完成 m 幢房屋基础工程所需总时间为：

$$T_L = \sum mt_i \tag{3-2}$$

式中　mt_i——一个施工过程完成各幢房屋所需时间。

从图 3-1、图 3-2 中可以看出，依次施工的组织方法有以下特点：

（1）没有充分地利用工作面进行施工，工期长。

（2）若按专业成立工作队，各专业队不能连续作业，有时间间歇、劳动力和物资的使用不均衡。

（3）若由一个工作队完成全部施工任务，不能实现专业化生产，不利于提高劳动生产率和工程质量。

（4）每天投入施工的劳动力、材料和机具的种类比较少，有利于资源供应的组织工作。

（5）施工现场的组织、管理比较简单。

2. 平行施工组织方式

平行施工组织方式，是将同类的工程任务，组织几个工作队，在同一时间，不同的空

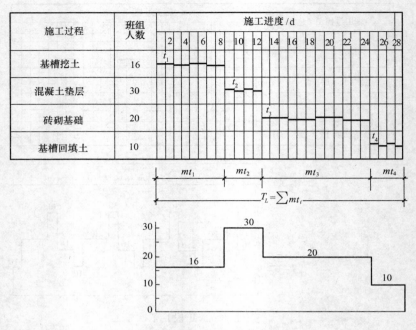

图 3-2　按施工过程依次施工

间上，完成同样的施工任务的施工组织方式。平行施工组织方式，一般在工程任务紧迫，工作面和资源供应充分保证的条件下，被采用。按照平行施工组织方式，组织上述工程施工，其施工进度、工期和劳动力需要量动态曲线如图 3-3 所示。

从图 3-3 可知，完成四幢房屋基础所需时间等于完成一幢房屋基础的时间，即

$$T_L = \Sigma t_i \tag{3-3}$$

平行施工组织方式具有以下特点：

（1）充分地利用了工作面进行施工，工期短。

（2）若每个工程都按专业成立工作队，各专业队不能连续流水作业，劳动力和物资的使用不均衡。

（3）若由一个工作队完成一个工程的全部施工任务，不能实现专业化生产，不利于提高劳动生产率和工程质量。

（4）每天投入施工的劳动力、材料和机具数量成倍地增加，不利于资源供应的组织工作。

（5）施工现场的组织、管理比较复杂。

3. 流水施工

流水施工是将各工程对象划分为若干施工过程，每个施工过程的施工班组从第一个工程对象开始，连续地、均衡地、有节奏地一个接一个，直至完成最后一个工程的施工任务。不同的施工过程，按照工程的施工工艺要求先后相继投入施工，并尽可能相互搭接平行施工。

图 3-4 为上例四幢房屋基础工程施工任务，按流水施工的组织方式的进度安排及劳动力动态变化曲线。

36

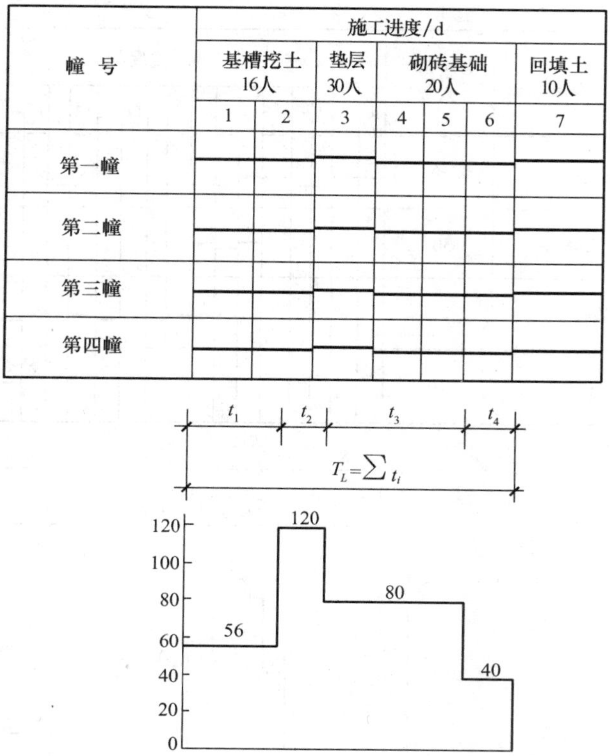
施工进度/d
幢 号
基槽挖土 16人
垫层 30人
砌砖基础 20人
回填土 10人
1
2
3
4
5
6
7
第一幢
第二幢
第三幢
第四幢
t_1
t_2
t_3
t_4
$T_L=\sum t_i$
120
100
80
60
40
20
0
56
120
80
40

图 3-3　平行施工

图 3-4 的流水施工组织，其施工的总时间可按下式计算：

$$T_L = \Sigma K_{i,i+1} + mt_{n,i} \tag{3-4}$$

式中　$K_{i,i+1}$——两个相邻的施工过程相继投入第一幢房屋施工的时间间隔；

i——表示前一个施工过程；

$i+1$——表示后一个施工过程；

m——幢数（施工区段数）；

$t_{n,i}$——最后一个施工过程完成每幢（施工区段）施工所需时间；

T_L——完成工程任务所需总时间。

流水施工的组织方式，从图 3-4 可知：它吸收了依次施工和平行施工的优点，克服了前两种施工组织中的不足之处。工期比依次施工短，各施工过程投入的劳动力比平行施工少；各施工班组都连续地、均衡地实行流水施工；前后施工过程尽可能实行平行搭接施工，比较充分地利用了施工工作面；机具、设备、临时设施等比平行施工少，节约施工费用支出，材料等组织供应均匀。

图 3-4 的流水施工组织，还没有充分利用施工工作面。例如：第一个施工段基槽挖土，直到第三施工段挖土以后，才开始垫层施工，浪费了前两幢挖土完成后的工作面等，为了充分利用工作面，可按图 3-5 所示进行。

这样，工期比图 3-4 所示流水施工减少了 3d。其中，垫层施工班组虽然作间断安排（回填工施工班组不论间断或连续安排，对减少工期没有影响），但应当指出，在一个分

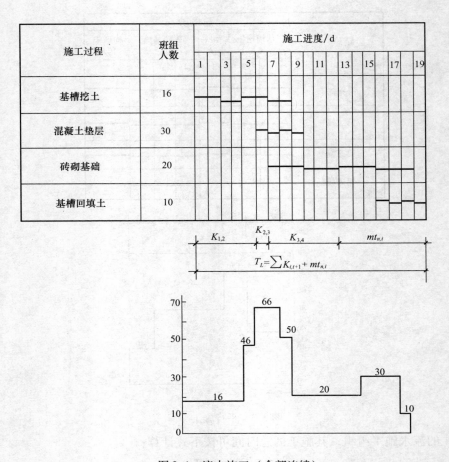

图 3-4　流水施工（全部连续）

部工程若干个施工过程的流水施工组织中，只要安排好主要的几个施工过程，即工程量大，时间延续较长者（本例为挖土、砖基础），组织它们实行流水施工；而非主要的施工过程，根据有利于缩短工期的要求，在不能实现连续施工情况下，也仍应认为这是流水施工的组织方式。

流水施工组织方式具有以下特点：

（1）尽可能地利用了工作面进行施工，工期比较短。

（2）工作队实现了专业化生产，有利于提高技术水平和改进使用的机具，劳动生产率高，工程质量好。

（3）专业工作队能够连续作业，相邻专业工作队的开工时间能实现最大限度的搭接。

（4）每天投入施工资源量较为均衡，有利于资源供应的组织工作。

（5）为施工现场的文明施工和科学管理创造了有利条件。

（二）流水施工的经济效果

从三种施工组织方式的对比中，可以看出，流水施工组织方式是一种先进的、科学的施工组织方式。因此，应用这种施工组织方式进行施工，必然会体现出优越的技术经济效

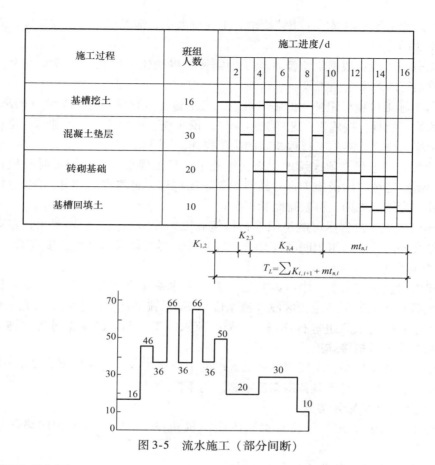

图 3-5 流水施工（部分间断）

果。其主要表现如下：

（1）流水施工能合理地、充分地利用工作面，争取时间，加速工程的施工进度，从而有利于缩短工期。

（2）流水施工进入各施工过程的班组专业化程度高，为工人提高技术水平和改进操作方法及革新生产工具创造了有利条件，因而促进劳动生产率不断提高和工人劳动条件的改善，同时使工程质量容易得到保证和提高。

（3）流水施工，单位时间完成工程数量，对机械操作过程是按照主导机械生产率来确定的，对手工操作过程是以合理的劳动组织来确定的，因而可以保证施工机械和劳动力得到合理和充分的利用。

（4）流水施工劳动力和物资消耗均衡，加速了施工机械、架设工具等的周转使用次数，而且可以减少现场临时设施，从而节约施工费用支出。

（5）流水施工有利于机械设备的充分利用，也有利于劳动力合理安排和使用，有利于物资资源的平衡、组织与供应，做到计划化和科学化，从而促进施工技术与管理水平不断提高。

（三）组织流水施工的要点和条件

1. 组织流水施工的要点

（1）划分分部分项工程：将拟建工程，根据工程特点及施工要求，划分为若干分部工程；每个分部工程又根据施工工艺要求、工程量大小、施工班组的组成情况，划分为若干施工过程（即分项工程）。

（2）划分施工段：根据组织流水施工的需要，将拟建工程在平面或空间上，划分为工程量大致相等的若干个施工段。

（3）每个施工过程组织独立的施工班组：每个施工过程尽可能组织独立的施工班组，配备必要的施工机具，按施工工艺的先后顺序，依次地、连续地、均衡地从一个施工段转移到另一个施工段完成本施工过程相同的施工操作。

（4）主要施工过程必须连续地、均衡地施工；对工程量较大、施工时间较长的施工过程，必须组织连续、均衡施工；对其他次要施工过程，可考虑与相邻的施工过程合并。如不能合并，为缩短工期，可安排间断施工。

（5）不同的施工过程尽可能组织平行搭接施工；按施工先后顺序要求，在有工作面条件下，除必要的技术与组织间歇（如养护等）外，尽可能组织平行搭接施工。

2. 组织流水施工的条件

从上述组织流水施工要点中可以知道，组织流水施工必要条件是：划分工程量（或劳动量）大致相等的若干个施工区段（流水段）；每个施工过程组织独立的施工班组；安排主要施工过程的施工班组进行连续、均衡的流水施工；不同的施工过程按施工工艺要求，尽可能组织平行搭接施工。

对一个工程规模较小、不能划分施工区段的工程任务，且没有其他工程任务可以与它组织流水施工，则该工程不具备组织流水施工的条件。

（四）流水施工的表示方式

流水施工的表示方式，一般有水平图表（横道图）、垂直图表和网络图三种表示方式。

1. 水平图表的表示方式（如图 3-6 所示）

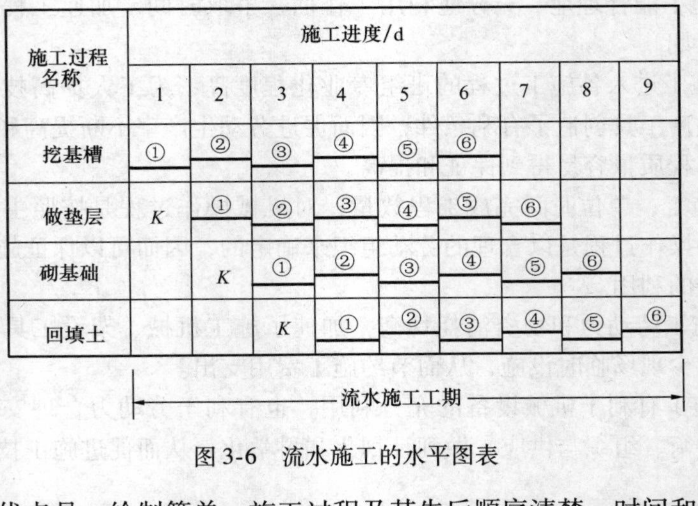

施工过程名称	施工进度/d								
	1	2	3	4	5	6	7	8	9
挖基槽	①	②	③	④	⑤	⑥			
做垫层	K	①	②	③	④	⑤	⑥		
砌基础		K	①	②	③	④	⑤	⑥	
回填土			K	①	②	③	④	⑤	⑥

流水施工工期

图 3-6　流水施工的水平图表

水平图表的优点是：绘制简单，施工过程及其先后顺序清楚，时间和空间状况形象直观，进度线的长度可以反映流水施工速度，使用方便，在实际工程中，常用水平图表编制施工进度计划。

2. 垂直图表的表示方式（如图 3-7 所示）

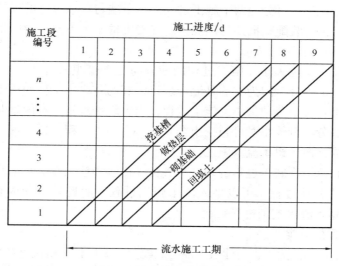

图 3-7　流水施工的垂直图表

垂直图表的优点是：施工过程及其先后顺序清楚，时间和空间状况形象直观，斜向进度线的斜率可以明显地表示出各施工过程的施工速度；利用垂直图表研究流水施工的基本理论比较方便，但编制实际工程进度计划不如横道图方便，一般不用其表示实际工程的流水施工进度计划。

3. 网络图的表示方式

流水施工的网络图表示方式，详细内容见本章第二节。

二、流水施工参数

在组织建筑工程流水施工时，用以表达流水施工在工艺流程、时间及空间方面开展状态的参数，统称为流水施工参数。流水施工参数，按其作用的不同，一般可分为工艺参数、空间参数和时间参数三种。

（一）工艺参数

工艺参数主要是指在组织流水施工时，用以表达流水施工在施工工艺方面进展状态的参数。通常有施工过程和流水强度。

1. 施工过程

施工过程是建筑产品由开始建造到竣工整个建筑过程的统称。

一个工程的施工由许多施工过程组成，例如：挖土、支模、扎筋、浇筑混凝土等。

（1）施工过程划分的数目多少、粗细程度，一般与下列因素有关：

①施工计划的性质和作用。对工程施工控制性计划，长期计划及建筑群体、规模大、结构复杂、施工期长的工程的施工进度计划，其施工过程划分可粗些，综合性大些。对中、小型单位工程及施工期不长的工程的施工实施计划，其施工过程划分可细些、具体些，一般分至分项工程。对月度作业性计划，有些施工过程还可分解为工序，如安装模板、绑扎钢筋等。

②施工方案及工程结构。厂房的柱基础与设备基础挖土，如同时施工，可合并为一个施工过程；如先后施工，可分为两个施工过程。承重墙与非承重墙的砌筑，也是如此。砖混结构、大墙板结构、装配式框架与现浇钢筋混凝土框架等不同结构体系，其施工过程划分及其内容也各不相同。

③劳动组织及劳动量大小。施工过程的划分与施工班组及施工习惯有关。如安装玻璃、油漆施工可合也可分，因为有的是混合班组，有的是单一工种的班组。施工过程的划分还与劳动量大小有关。劳动量小的施工过程，当组织流水施工有困难时，可与其他施工过程合并。如垫层劳动量较小时可与挖土合并为一个施工过程，这样可以使各个施工过程的劳动量大致相等，便于组织流水施工。

④劳动内容和范围。施工过程的划分与其劳动内容和范围有关。如直接在施工现场与工程对象上进行的劳动过程，可以划入流水施工过程，而场外劳动内容（如预制加工、运输等）可以不划入流水施工过程。

（2）施工过程的分类

①制备类施工过程。为了提高建筑产品的装配化、工厂化、机械化和生产能力而形成的施工过程称为制备类施工过程。如砂浆、混凝土、构（配）件、门窗框等的制备过程。制备类施工过程一般不占施工对象的空间和工作面，不影响工期，因此，不在项目施工进度计划表上列出。只有当其占有施工对象空间并影响项目工期时，才列入项目施工进度计划表。

②运输类施工过程。将建筑材料、构（配）件、半成品、成品和设备等运到项目工地仓库或现场操作使用地点而形成的施工过程称运输类施工过程。它一般不占施工对象空间、不影响工期，通常不列入施工进度计划表。只有当其占有施工对象的空间并影响项目的工期时，才被列入项目施工进度计划表。

③砌筑安装类施工过程。砌筑安装类施工过程是指在施工对象的空间上直接进行最终建筑产品加工而形成的施工过程，它占有施工对象空间并影响工期，必须列入施工进度计划。

砌筑安装类施工过程，按其在工程项目过程中的作用、工艺性质和复杂程度不同，可分为主导施工过程和穿插施工过程、连续施工过程和间断施工过程、复杂施工过程和简单施工过程。

（3）施工过程数目的确定

施工过程数目以 n 表示。施工过程数目，主要依据项目施工进度计划在客观上的作用，采用的施工方案、项目的性质和业主对项目建设工期的要求等进行确定，其具体确定方法和原则，详见第四章第三节。

2. 流水强度 V

每一施工过程在单位时间内所完成的工程量称流水强度，又称流水能力或生产能力。

（1）机械施工过程的流水强度按下式计算：

$$V = \sum_{i=1}^{x} R_i S_i \tag{3-5}$$

式中　R_i——某种施工机械台数；

　　　S_i——该种施工机械台班生产率；

　　　x——用于同一施工过程的主导施工机械种数。

（2）手工操作过程的流水强度按下式计算：

$$V = RS \qquad\qquad (3-6)$$

式中　R——每一施工过程投入的工人人数（R 应小于工作面上允许容纳的最多人数）；

　　　S——每一工人每班产量。

（二）空间参数

在组织流水施工时，用以表达流水施工在空间布置上所处状态的参数，称为空间参数。空间参数主要有：工作面、施工段和施工层三种。

1. 工作面

某专业工种的工人在从事建筑产品施工生产加工过程中，所必须具备的活动空间，这个活动空间称为工作面。它的大小，是根据相应工种单位时间内的产量定额、建筑安装工程操作规程和安全规程等的要求确定的。根据施工过程不同，它可以用不同的计量单位表示。例如，挖基槽按延长米（m）计量；墙面抹灰按平方米（m²）计量等。施工对象的工作面的大小，表明能安排作业人数的或机械台数的多少。每个作业的人或每台机械所需的工作面的大小，取决于单位时间内完成工程量的多少和安全施工的要求。主要工种的合理工作面参考数据见表 3-2。

表 3-2　主要工种的合理工作面参考数据表

工　作　项　目	每个技工的工作面	说　　　明
砖基础	7.6m/人	以 $1\frac{1}{2}$ 砖计，2 砖乘以 0.8，3 砖乘以 0.55
砌砖墙	8.5m/人	以 1 砖计，$1\frac{1}{2}$ 砖乘以 0.7，2 砖乘以 0.57
毛石墙基	3m/人	以 60cm 计
毛石墙	3.3m/人	以 40cm 计
混凝土柱、墙基础	8m³/人	机拌、机捣
混凝土设备基础	7m³/人	机拌、机捣
现浇钢筋混凝土柱	2.45m³/人	机拌、机捣
现浇钢筋混凝土梁	3.20m³/人	机拌、机捣
现浇钢筋混凝土墙	5m³/人	机拌、机捣
现浇钢筋混凝土楼板	5.3m³/人	机拌、机捣
预制钢筋混凝土柱	3.6m³/人	机拌、机捣
预制钢筋混凝土梁	3.6m³/人	机拌、机捣
预制钢筋混凝土屋架	2.7m³/人	机拌、机捣
预制钢筋混凝土平板、空心板	1.91m³/人	机拌、机捣
预制钢筋混凝土大型屋面板	2.62m³/人	机拌、机捣
混凝土地坪	40m²/人	机拌、机捣
外墙抹灰	16m²/人	
内墙抹灰	18.5m²/人	
卷材屋面	18.5m²/人	
防水水泥砂浆屋面	16m²/人	
门窗安装	11m²/人	

2. 施工段（流水段）

施工段是组织流水施工时将施工对象在平面上划分为若干个劳动量大致相等的施工区

段。它的数目以 m 表示。它是流水施工的主要参数之一。

施工段的作用是为了组织流水施工，保证不同的施工班组在不同的施工段上同时进行施工，并使各施工班组能按一定的时间间隔转移到另一个施工段进行连续施工，既消除等待、停歇现象，又互不干扰。

施工段内的施工任务是专业工作队依次完成的。两个施工段之间形成一个施工缝。同时，施工段数量的多少，也将直接影响流水施工的效果。为使施工段划分的合理，一般应遵循以下原则：

（1）各施工段上的工程量（或劳动量）应大致相等，相差幅度不宜超过 10% ~ 15%，以保证各施工班组连续、均衡地施工。

（2）为充分发挥工人（或机械）的生产效率，不仅要满足专业工程地面工作的要求，而且要使施工段所能容纳的劳动力人数（或机械台数）满足劳动组织优化的要求。

（3）施工段划分界限应结合建筑物平面布置特点，尽可能使每一个施工段的平面形状比较规则。通常可以在房屋变形缝处划分施工段或以住宅的单元来划分。

（4）划分施工段时应考虑垂直运输设施如塔吊、井架的能力和服务半径。

（5）施工段数目的多少要满足合理流水施工的组织要求，即有时应使 $m \geqslant n$。（其中，m：施工段数；n：流水施工过程或专业工作队数）否则当 $m < n$ 时，施工班组不能连续施工而窝工。

3. 施工层

在组织流水施工时，为了满足专业工种对操作高度和施工工艺的要求，将拟建工程项目在竖向上划分为若干个操作层，这些操作层称为施工层。施工层一般以 j 表示。

施工层的划分，要按工程项目的具体情况，根据建筑物的高度、楼层来确定。如砌筑工程的施工层高度一般为 1.2m，室内抹灰、木装饰、油漆、玻璃和水电安装等，可按楼层进行施工层划分。

当组织流水施工对象有层间关系时，应使各队能够连续施工。即各施工过程的工作队做完第一段，能立即转入第二段；做完第一层的最后一段，能立即转入第二层的第一段。因而每层最少施工段数目 m 应满足：$m \geqslant n$。否则，施工班组不能连续施工而窝工。

（三）时间参数

时间参数是指在组织流水施工时，用以表达流水施工在时间上开展状态的参数。时间参数主要有流水节拍、流水步距、工期、技术间歇和组织间歇等。

1. 流水节拍

流水节拍是指一个施工班组在一个施工段上完成施工任务所需的持续时间，以符号 t_i 表示（$i = 1, 2, \cdots, n$），单位为天（d）。

（1）流水节拍的确定：流水节拍是流水施工的主要参数之一，它表明流水施工的速度和节奏性。流水节拍也决定着单位时间内资源供应量。同时，流水节拍也是区别流水施工组织方式的主要特征。同一施工过程的流水节拍，主要由采用的施工方法和施工机械以及在工作面允许的前提下投入施工的人数或机械台数和采用的工作班次等因素确定。流水节拍可按下式计算：

$$t_i = \frac{Q_i}{S_i R_i b} = \frac{Q_i H_i}{R_i b} = \frac{P_i}{R_i b} \tag{3-7}$$

44

式中　t_i——某施工过程的流水节拍；

　　　　Q_i——某施工过程在某施工段上的工程量；

　　　　R_i——某施工过程施工班组人数或机械台数；

　　　　S_i——某施工过程的每工日（或每台班）产量定额；

　　　　H_i——某施工过程采用的时间定额；

　　　　P_i——在一个施工段上完成某施工过程所需的劳动量或机械台班量；

　　　　b——每天工作班数。

（2）确定流水节拍的要点包括以下几个方面：

①施工班组人数应符合该施工过程最少劳动组合人数的要求。

②要考虑工作面的大小或某种条件的限制，施工班组合人数也不能很多，否则不能发挥正常的施工效率或者不安全。

③要考虑机械台班效率（吊装次数）或机械台班产量大小。例如，完成一层楼的砌砖、安装楼板等施工任务，如果按施工班组人数及工效计算 8d 可以完成。但 8d（按一班制）内，要吊运大量砖、砂浆、梁、板、混凝土、模板、钢筋等，只有一台机具（井字架或塔吊），是否能完成吊运提升任务，必须计算复查机械效率。如果一班制不够，则应改为两班制工作或增加机械数量。

④要考虑各种材料、构件等施工现场堆放量、供应能力及其他有关条件的制约。

⑤要考虑施工及技术条件的要求。例如不能留施工缝必须连续浇筑的钢筋混凝土工程，有时要按三班制工作的条件决定流水节拍，以确保工程质量。

⑥确定一个分部工程各施工过程的流水节拍时，首先应考虑主要的、工程量大的施工过程的节拍（它的节拍值最大，对工程起主要作用），其次确定其他施工过程的节拍值。

⑦节拍值一般取整数，必要时可保留 0.5d（台班）的小数值。

2. 流水步距

流水步距是指施工工艺上前后两个相邻的施工过程（班组），先后投入同一个流水段所间隔的时间。用符号 $K_{i,i+1}$ 表示（i 表示前一个施工过程；$i+1$ 表示后一个施工过程）。

一般情况下，当有 n 个施工过程，并且施工过程数和专业工作队数相等时，则有 $(n-1)$ 个流水步距。每个流水步距的值是由两个相邻施工过程在各施工段上的节拍值而确定的。

一般确定流水步距应满足以下基本要求：

（1）各施工过程按各自流水速度施工，始终保持工艺先后顺序。

（2）各施工过程的专业队都应该连续施工。

（3）前面的专业队能为相邻后续专业队创造足够的工作面。

（4）相邻两个专业工作队开始投入施工的时间要最大限度地搭接。

流水步距的大、小，对工期的长短有较大的影响。步距越大，工期越长；步距越小，工期越短。流水步距的大、小，与前后两个相邻施工过程节拍的大小、施工工艺技术要求、是否需要有技术与组织间歇时间、流水段数目、流水施工组织的方式等有关。

流水步距的大小，按流水施工组织方式不同，其计算也不相同，简述如下：

（1）全等节拍流水施工的步距计算：全等节拍流水施工是指一项工程任务（一般指一个分部工程）的各个施工过程在全部流水段上的节拍全部相等。其流水步距按下式计

算确定:

$$K_{i,i+1} = t_i + (t_j - t_d) \tag{3-8}$$

式中 $K_{i,i+1}$——流水步距;

        t_i——流水节拍;

        t_j——技术与组织间歇时间;

        t_d——前后两施工过程相同流水段容许搭接施工时间。

例如,某分部工程分 A、B、C、D 四个施工过程,划分为四个流水段。各流水段节拍为4d。其中,A 施工过程每段完成任务后需要两天技术与组织间歇;D 施工过程每段施工可与 C 施工过程搭接一天施工。该分部工程流水施工进度,见图3-8。

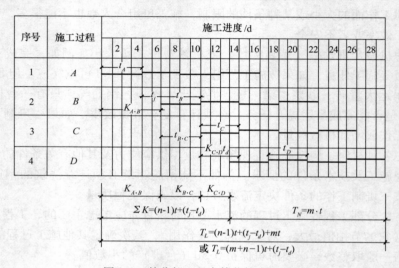

图 3-8   某分部工程全等节拍流水施工

根据上述条件及公式(3-8)计算如下:

$$K_{AB} = t_A + (t_j - t_d) = 4 + (2 - 0) = 6(d)$$

$$K_{BC} = t_B + (t_j - t_d) = 4 + (0 - 0) = 4(d)$$

$$K_{CD} = t_C + (t_j - t_d) = 4 + (0 - 1) = 3(d)$$

(2)不等节拍流水施工的步距计算:不等节拍流水施工是指同一个施工过程每段节拍相等,不同施工过程节拍互不相等(或有若干个施工过程相等)。其各相邻施工过程之间的流水步距可按下述公式计算确定:

$$K_{i,i+1} = \begin{cases} t_i + (t_j - t_d) & (\text{当 } t_i \leqslant t_{i+1} \text{ 时}) \\ t_i + (t_i - t_{i+1})(m-1) + (t_j - t_d) & (\text{当 } t_i > t_{i+1} \text{ 时}) \end{cases} \tag{3-9}$$

式中 t_i——前一个施工过程节拍;

        t_{i+1}——后一个施工过程节拍;

        m——流水段的数目;

其他符号含义同公式(3-8)。

3. 工期

工期是指完成一项工程任务或一个流水组施工所需的时间,一般可采用下式计算:

46

$$T_L = \sum K_{i,i+1} + T_N = \sum K + mt_{i+1} \tag{3-10}$$

式中　$\sum K_{i,i+1}$——流水施工中各流水步距之和；

　　　　T_N——流水施工中最后一个施工过程的持续时间。

例如，某分部工程分为四个施工过程，各分四段流水施工，各施工过程的节拍分别为：$A = 3\text{d}$，$B = 4\text{d}$，$C = 5\text{d}$，$D = 3\text{d}$；B 过程完成后需有 2d 技术间歇时间。该分部工程流水施工进度，见图3-9所示，求各施工过程之间的流水步距及该分部工程工期。

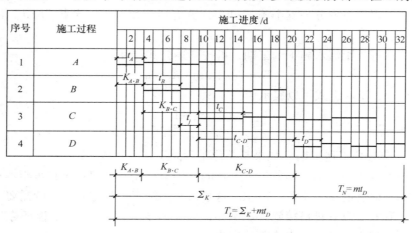

图 3-9　某分部工程不等节拍流水施工

根据上述条件及公式（3-9），计算如下：

因为 $t_A < t_B$，所以 $K_{AB} = t_A + (t_j - t_d) = 3 + 0 = 3(\text{d})$

因为 $t_B < t_C$，$t_j = 2$，$t_d = 0$，所以：

$$K_{BC} = t_B + (t_j - t_d) = 4 + (2 - 0) = 6(\text{d})$$

因为 $t_C > t_D$，$t_j = 0$，$t_d = 0$，所以：

$$K_{CD} = t_C + (t_C - t_D)(m - 1) + (t_j - t_d) = 5 + (5 - 3)(4 - 1) + (0 - 0) = 11(\text{d})$$

该分部工程工期，计算如下：

$$T_L = \sum K + mt_D = (3 + 6 + 11) + (4 \times 3) = 32(\text{d})$$

以上分析、计算三种流水参数——工艺参数、空间参数、时间参数，在流水施工的基本原理中，是很重要的概念，我们在工程对象组织流水施工时，经常要应用。

三、流水施工的组织方法

（一）流水施工的分类

1. 按组织流水施工的范围大、小划分

（1）施工过程流水：即组织一个施工过程（或一个施工工序）的流水施工。亦称细部流水。

（2）分部工程流水：即组织一个分部工程的流水施工。亦称专业流水、工艺组合流水。

（3）单位工程流水：即一个单位工程组织它的流水施工。亦称工程对象流水。

（4）群体工程流水：即多幢建筑物或构筑物组织大流水施工。亦称工地工程流水。

2. 按流水节拍的特征不同划分

（1）全等节拍流水：指各个施工过程各流水段节拍全部相等的一种流水施工。即同一工序在不同施工段上的流水节拍相等，不同工序间流水节拍也相等的流水施工。它可以有下述两种情况：

①等节拍等步距流水。即各流水步距的值等于流水节拍的值。没有技术与组织间歇时间（$t_i = 0$），也不安排相邻施工过程在同一流水段上搭接施工（$t_d = 0$）。

例如，某工程任务划分为五个施工过程，分五段流水施工，节拍为 $3d$。其施工进度安排见图 3-10。

这种等节拍等步距流水施工的工期，可按下述公式计算：

$$T_L = （n-1）\cdot K + mt \tag{3-11}$$

因为，$K = t$，所以上式可以表示为：

$$T_L = （n-m-1）K \tag{3-12}$$

或

$$T_L = （n-m-1）t \tag{3-13}$$

式中 T_L 为一个分部工程工期（如果是单位工程总工期，写成 T）。

②等节拍不等步距流水。即各施工过程的节拍全部相等，但各流水步距不相等，有的步距等于节拍，但有的步距不等于节拍。这是由于各施工过程之间，有的需要有技术与组织间歇时间，有的可以安排搭接施工。例如，前述图 3-10 所示的某工程任务为等节拍流水，四个施工过程之间三个流水步距分别为：

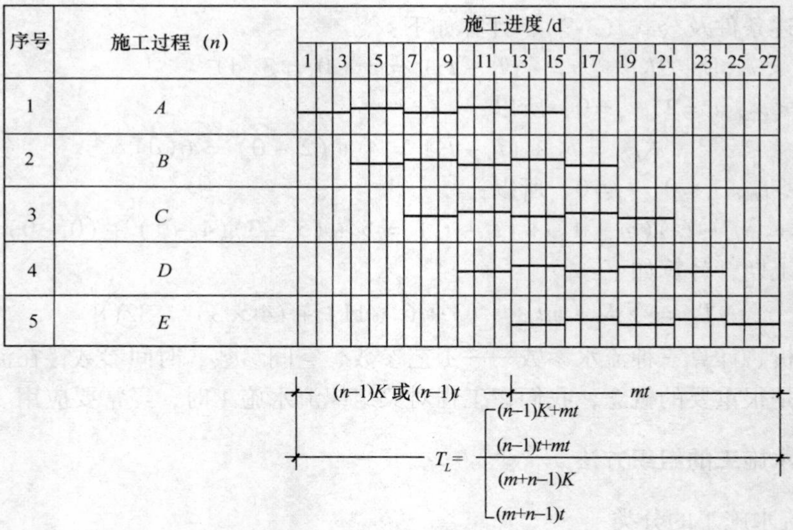

序号	施工过程（n）	施工进度 /d													
		1	3	5	7	9	11	13	15	17	19	21	23	25	27
1	A														
2	B														
3	C														
4	D														
5	E														

$$
\begin{array}{l}
\underbrace{\qquad}_{(n-1)K \text{ 或 } (n-1)t} \quad \underbrace{\qquad}_{mt} \\
T_L = \left\{ \begin{array}{l} (n-1)K+mt \\ (n-1)t+mt \\ (m+n-1)K \\ (m+n-1)t \end{array} \right.
\end{array}
$$

图 3-10　某工程任务组织全等节拍流水

$$K_{A \cdot B} = t_A + t_j$$

$$K_{B \cdot C} = t_B$$

$$K_{C \cdot D} = t_C - t_d$$

因为各施工过程节拍相等，所以流水步距之和为：

$$\sum K = （n-1）t + （t_j - t_d） \tag{3-14}$$

则该工程任务的工期为：

$$T_L = (n-1)\,t + (t_j - t_d) + mt \tag{3-15}$$

或
$$T_L = (m+n-1)\,t + (t_j - t_d) \tag{3-16}$$

（2）不等节拍流水：指同一施工过程节拍相等，不同施工过程节拍不相等（或有若干个相等）的一种流水施工组织方式。这种方式是常见的，因为各施工过程之间工程量（或劳动量）相差很大，节拍很难组织得相等。例如前述图3-11所示，就是不等节拍流水。

序号	施工过程名称	劳动量			施工进度 /d
		工种	总工日	每天人数	2 4 6 8 10 12 14 16 18 20 22 24 26 28 30 32 34 36 38 40
1	挖土及垫层	普工	25	6	
2	砌砖基础	砖工 普工	14 16	4 4	
3	基础、室内回填	普工	23	6	
4	砌墙、立门窗框	砖工 木工	33 3 41	8 1 10	
5	天棚、屋面木基层、封檐	普工 木工	33	8	
6	瓦屋面	砖工 普工	13 14	4	
7	层板天棚、板条墙、门窗扇	木工	32	8	
8	地面垫层、找平层	普工	22	6	
9	天棚、内墙面抹灰	抹灰工 普工	42 38	10 10	
10	地面面层、踢脚线	抹灰工 普工	46	6 6	
11	窗台、勒脚、明沟、散水	抹灰工 普工	39	5 5	
12	刷白、油漆、玻璃	油漆工 玻璃工 普工	16 17 15	3 4 3	

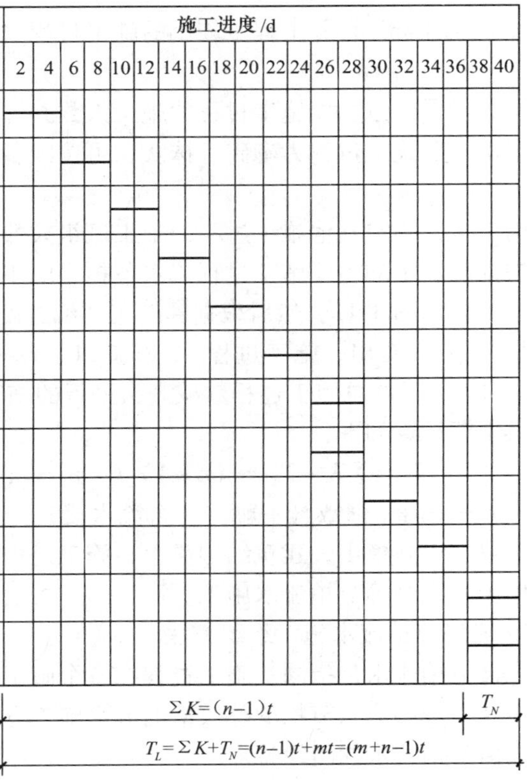

$$\Sigma K = (n-1)t \qquad T_N$$
$$T_L = \Sigma K + T_N = (n-1)t + mt = (m+n-1)t$$

图 3-11　某单层宿舍等节拍施工进度表

（3）成倍节拍流水：指各施工过程的流水节拍互成整数倍。其倍数就是组织该施工过程施工的班组数，则这项工程任务可以组织为成倍节拍等步距流水施工，其流水步距等于最小一个流水节拍值。这种流水施工方式及应用，待后面叙述。

（4）分别流水：是指同一工序在各施工段上的流水节拍不尽相等，不同工序的流水节拍彼此不尽相等。

（二）流水施工的组织方法

下面介绍四种流水组织方法。

1. 全等节拍流水组织方法

这是一种各施工过程节拍固定，全部相等的流水施工组织。

全等节拍流水的组织特点：

（1）同一专业工种连续逐渐转移，无窝工。

（2）不同专业工种按工艺关系对施工段连续施工，无作业面空闲。

（3）流水步距相等且等于流水节拍。

在组织全等节拍流水施工时，首先划分施工过程，应将劳动量小的施工过程合并到相邻施工过程中去，以使各流水节拍相等；其次确定主要施工过程的施工班组人数，计算其流水节拍；最后根据已定的流水节拍，确定其他施工过程的施工班组人数及其组成。

例如有某幢一层集体宿舍工程，形式为清水墙、瓦屋面。

第一步：划分施工过程

经研究分析，合并工程量较小的施工过程（如挖土及垫层），划分为12个施工过程，见图3-11。

第二步：确定主要施工过程的施工人数并计算其流水节拍

本例主要施工过程为砌砖、抹灰，可按配备施工班组的人数，由式（3-6）确定流水节拍为4d。

第三步：确定其他施工过程的施工班组人数

根据已确定的主要施工过程流水节拍、应用式（3-7）可得其他施工过程的施工班组人数，结果如图3-11。然后根据施工工艺编进度表。

从图3-11看出，施工过程7、8和11、12均安排为平行施工，则施工过程数目$n = 12 - 2 = 10$个（即总施工过程数减齐头平行的施工过程个数）。

其工期计算如下：

$$T_L = \sum K + T_N = (n-1)\,t + mt = (10-1) \times 4 + 1 \times 4 = 40 \text{（d）}$$

式中　m——房屋幢数（一幢为一个流水段）。

一般工程规模小，建筑结构简单，施工过程不多的房屋工程或构筑物工程，或分部工程适用于组织全等节拍流水施工。

2. 成倍节拍流水施工组织方法

成倍节拍流水是指同一施工过程在各个施工段的流水节拍相等，各施工过程的流水节拍均为其中最小流水节拍的整数倍的流水施工方式。

成倍节拍流水的组织特点：

（1）同一专业工种连续逐渐转移，无窝工。

（2）不同专业工种按工艺关系对施工段连续施工，无作业面空闲。

（3）流水节拍大的工序要成倍增加施工队组。

（4）流水步距相等且等于流水节拍的最小公约数。

成倍节拍流水施工组织方法为：

（1）根据工程对象和施工要求，划分若干个施工过程。

（2）根据施工过程的内容和要求及每个流水段的工程量、劳动定额等，计算每个施工过程在每个流水段所需的劳动量。

（3）确定劳动量最少的施工过程的流水节拍。

（4）确定其他劳动量较大的施工过程的流水节拍，用调整施工班组人数或其他技术组织措施的方法，使它们的节拍值分别等于最小节拍值的整倍数。

流水节拍大的施工过程所需班组数可由下式确定：

$$b_i = \frac{t_i}{t_{\min}} \tag{3-17}$$

50

式中　b_i——某施工过程所需施工班组数；

　　　t_i——某施工过程的流水节拍；

　　　t_{min}——所有流水节拍中的最小流水节拍。

成倍节拍流水施工中，任何两个相邻施工班组间的流水步距均等于所有流水节拍中的最小流水节拍，即

$$K = t_{min} \tag{3-18}$$

例：某管敷设工程共 1 500m，地势平坦，土质性质基本一致。组织成倍节拍流水施工。

经分析研究，划分为开挖管沟土方、敷设管子及接管头、回填土三个施工过程。每 50m 长为一个流水段，1 500÷50＝30 个流水段。根据沟槽挖土断面、管径等，计算出各段各施工过程的工程量，再根据劳动定额计算出各施工过程的劳动量。其中，回填土施工劳动量最小，确定节拍为 $t_3 = 2d$；其次是敷设管子施工，确定节拍为 $t_2 = 4d$（2d×2），挖土劳动量最大，确定节拍为 $t_1 = 6d$（2d×3）。

根据式（3-16）、式（3-17）确定挖土、敷管、回填土三个施工过程所需班组数分别为：

$$b_1 = \frac{t_1}{t_{min}} = \frac{6}{2} = 3 \text{ 组}$$

$$b_2 = \frac{t_2}{t_{min}} = \frac{4}{2} = 2 \text{ 组}$$

$$b_3 = \frac{t_3}{t_{min}} = \frac{2}{2} = 1 \text{ 组}$$

该敷设管道工程组织成倍节拍流水的进度安排如图 3-12 所示，图下为劳动力动态曲线示意。

该工程总工期为：

$$T = \sum K + T_N = (n-1) K + m t_N = (6-1) \times 2 + 15 \times 4 = 70 \text{ (d)}$$

式中　T_N——最后一个施工班组完成其承担的各流水段施工任务所需时间；

　　　n——各施工过程全部班组数；

　　　m——最后一个施工班组承担的流水段数；

　　　t_N——最后一个施工过程的流水节拍。

这种成倍节拍流水施工组织方法，不仅适用于线性工程（如道路、管道等），同样也适用于房屋建筑工程的施工。

3. 分别流水的施工组织方法

有时由于各施工段的工程量不等，各施工班组的施工人数又不同，使每一个施工过程在各施工段上或各施工过程在同一施工段上的流水节拍无规律性。组织全等节拍或成倍节拍流水若有困难时，则可以组织分别流水。

分别流水是指各施工过程在同一施工段上的流水节拍不相等不成倍，每一施工过程在各施工段上的流水节拍也可以不相等的流水施工方式。分别流水的基本要求是：各施工班组尽可能依次在各施工段上连续施工，容许有些施工段出现空闲，但不容许多个施工班组在同一施工段交叉作业，更不容许发生工艺顺序颠倒的现象。

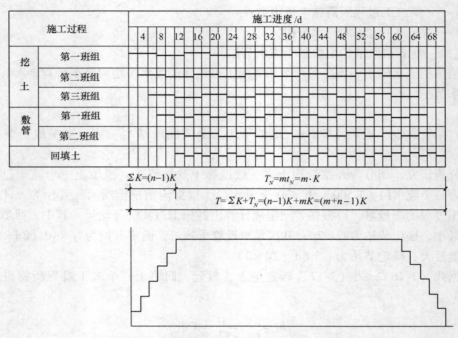

施工过程		施工进度/d																
		4	8	12	16	20	24	28	32	36	40	44	48	52	56	60	64	68
挖土	第一班组																	
	第二班组																	
	第三班组																	
敷管	第一班组																	
	第二班组																	
回填土																		

$$\Sigma K = (n-1)K \qquad T_N = mt_N = m \cdot K$$

$$T = \Sigma K + T_N = (n-1)K + mK = (m+n-1)K$$

图 3-12 某敷管工程成倍节拍流水施工组织

分别流水的施工组织方法是：将拟建工程对象，划分为若干个分部工程，分别组织每个分部工程的流水施工，然后将若干个分部工程流水，按照施工顺序和工艺要求搭接起来，组织成一个单位工程（或一个建筑群）的流水施工。

第二节　网络计划技术

用网络图编制和管理施工计划的方法叫网络计划技术或网络计划法。

网络计划技术是一种有效的系统分析和优化技术。广泛地应用于各个领域，并在缩短时间、降低成本、提高效率、节约资源等方面取得了显著的成效。

在建筑工程施工中，应用网络计划技术编制施工进度计划具有以下特点：

（1）能正确表达一项计划中各项工作开展的先后顺序及相互之间的关系；

（2）通过网络图的计算，能确定各项工作的开始时间和结束时间，并能找出关键工作和关键线路；

（3）通过网络计划的优化寻求最优方案；

（4）在计划的实施过程中进行有效的控制和调整，保证以最小的资源消耗取得最大的经济效果和最理想的工期。

网络计划有双代号网络计划和单代号网络计划两大类。

一、双代号网络计划

（一）网络图的组成

双代号网络图由工作、节点、线路三个基本要素组成。

1. 工作

工作就是计划任务按需要粗细程度划分而成的、消耗时间或同时也消耗资源的一个子项目或子任务。双代号网络图中用一根箭线（一端带箭头的实线）及其两端节点表示一项工作（施工过程）。双代号网络图工作的表示方法如图 3-13，工作名称标注在箭线之上，持续时间标注在箭线之下，箭线的箭尾节点 i 表示该工作的开始，箭线的箭头节点表示该工作的结束。由于是由两个代号表示一项工作，故称为双代号表示法，由双代号表示法构成的网络图称为双代号网络图。

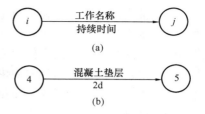

图 3-13 双代号网络图工作的表示方法

工作通常可以分为三种：需要消耗时间和资源（人力、材料、机械设备等）；只消耗时间而不消耗资源（如混凝土的养护过程、砂浆找平层的干燥等）；既不消耗时间，也不消耗资源。前两种是实际存在的工作，在网络图中都要用一端带箭头的实线表示；后一种是虚拟工作，在网络图中只表示前后相邻工作之间的逻辑关系，以一端带箭头的虚线表示。当虚拟工作的箭线很短，不易用虚线表示时，则可以用实箭线表示，但其持续时间应用零标出，虚拟工作表示方法如图 3-14。

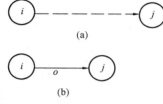

图 3-14 虚拟工作表示方法

在网络计划中工作划分的粗细程度、大小范围是不同的，在总控制性网络计划中，一项工作可表示一个单位工程或一个单项工程；在单位工程控制性计划中，一项工作可表示一个分部工程（如基础工程、主体工程、装修工程等）；在实施性网络计划中，一项工作可表示一个分项工程（如挖土、垫层、砌砖等）。

在非时标网络图中，箭线的长度不直接反映该工作所占用的时间长短。箭线宜画成水平直线，也可以画成折线或斜线。水平直线投影的方向应自左向右，表示工作的进行方向。

2. 节点

在双代号网络图中箭线前后的圆圈称为节点。节点表示某项工作开始或结束的瞬间。节点不需要消耗时间和资源，在双代号网络图中，它表示工作之间的逻辑关系。网络图中所有节点都必须编号，标注在节点内。编号不允许重复，并应使箭尾节点的编号小于箭头节点的编号。

网络图的节点有起点节点、终点节点和中间节点。起点节点是网络图的第一个节点，表示一项任务的开始。终点节点是网络图的最后一个节点，表示一项任务的完成。其余的节点称中间节点。在图 3-15 中，①节点是某基础工程的起点节点，⑥节点是该工程的终点节点，其余的节点是中间节点。图中②节点表示挖、垫 1 工作结束时刻，也表示挖、垫 2 和砖基 1 两项工作的开始时刻。

任何一个中间节点既是紧前工作（紧排在本工作之前的工作）的结束点，又是紧后工作（紧排在本工作之后的工作）的开始点。

3. 线路

线路就是网络图中从起点节点开始，沿箭头方向顺序通过一系列箭线与节点，最终达到终点节点的通路。

每一条线路都有自己确定的完成时间，它等于该线路上各项工作持续时间的总和，也是完成这条线路上所有工作的计划工期。线路上总的工作持续时间最长的线路称为关键线路。位于关键线路上的工作称为关键工作。也可以说自始至终全部由关键工作组成的线路称为关键线路。关键工作完成的快慢直接影响整个计划工期的实现，关键线路用双箭线或粗箭线连接。如图 3-15 所示的网络图，从①到⑥可有下述三条不同线路，其持续时间之和分别计算如下：

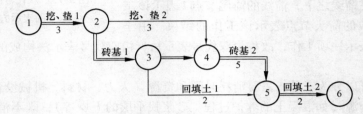

图 3-15　某基础工程双代号网络计划

第一条线路：1→2→4→5→6

持续时间之和是：$3+3+5+2=13d$；

第二条线路：1→2→3→4→5→6

持续时间之和是：$3+5+0+5+2=15d$；

第三条线路：1→2→3→5→6

持续时间之和是：$3+5+2+2=12d$。

从以上计算可知，在三条线路中，以第二条持续时间最长，为 $15d$，即关键线路。

4. 线路段

网络图中线路的一部分叫线路段。如图 3-17 所示的槽 1—槽 2—垫 2、槽 2—垫 2—基 2 等为线路段。

（二）逻辑关系、工艺关系、组织关系

1. 逻辑关系

工作之间的先后顺序关系称逻辑关系。逻辑关系包括工艺关系和组织关系。

2. 工艺关系

生产性工作之间由于工艺过程决定的非生产性工作之间由于工作程序决定的先后顺序关系称工艺关系。如图 3-16 所示，"支模 1→扎筋 1→浇混凝土 1"为工艺关系。

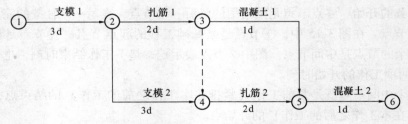

图 3-16　某混凝土工程双代号网络计划

3. 组织关系

工作之间由于组织安排需要或资源（劳动力、原材料、施工机具等）调配需要而规定的先后顺序关系称为组织关系。

（三）紧前工作、紧后工作、平行工作、先行工作、后续工作

1. 紧前工作

紧排在本工作之前的工作称为本工作的紧前工作，本工作和紧前工作之间可能有虚工作。如图3-17所示，槽1是槽2的组织关系上的紧前工作；垫1和垫2之间虽有虚工作，但垫1仍然是垫2的组织关系上的紧前工作。槽1则是垫1的工艺关系上的紧前工作。

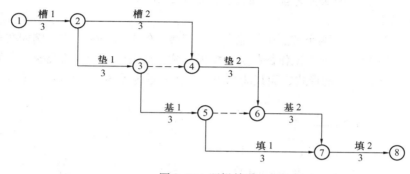

图3-17　逻辑关系

2. 紧后工作

紧排在本工作之后的工作称为本工作的紧后工作。本工作和紧后工作之间可能有虚工作。如图3-17所示，垫2是垫1的组织关系上的紧后工作。垫1是槽1的工艺关系上的紧后工作。

3. 平行工作

可与本工作同时进行的工作称为本工作的平行工作。如图3-17所示，槽2是垫1的平行工作。

从某节点引出的箭线称为该节点的外向箭线，如图3-18所示。

4. 先行工作

自起点节点至本工作之前各条线路段上的所有工作称为本工作的先行工作。紧前工作是先行工作，但先行工作不一定是紧前工作。

5. 后续工作

本工作之后至终点节点各条线路段上的所有工作称为本工作的后续工作。紧后工作是后续工作，但后续工作不一定是紧后工作。

（a）内向箭线；（b）外向箭线

图3-18　内向箭线和外向箭线

（四）虚工作及其应用

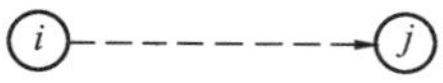

双代号网络计划中，只表示前后相邻工作之间的逻辑关系，既不占用时间，也不耗用资源的虚拟的工作称为虚工作。虚工作用虚箭线表示，其表达形式可垂直方向向上或向下，也可水平方向向右，如图3-19所示，虚工作起着联系、区分、断路三个作用。

图3-19　虚工作表示法

1. 联系作用

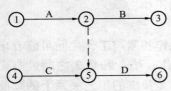

图 3-20 虚工作的应用

虚工作不仅能表达工作间的逻辑连接关系，而且能表达不同幢号的房间之间的相互联系。例如，工作 A、B、C、D 之间的逻辑关系为：工作 A 完成后可同时进行 B、D 两项工作，工作 C 完成后进行工作 D。不难看出，A 工作完成后，其紧后工作为 B，C 工作完成后，其紧后工作为 D，很容易表达，但 D 又是 A 的紧后工作，为把 A 和 D 联系起来，必须引入虚工作 2-5，逻辑关系才能正确表达，如图 3-20 所示。

2. 区分作用

双代号网络计划中，两个节点中只能有一根箭线，仅表示一项工作。例如在实际混凝土施工中的预埋和钢筋安装两项工作都起始于模板安装，结束后开始浇筑混凝土，但不能表示为图 3-21 中 (a)、(d) 的形式，而只能利用虚工作表示为图 3-21 中 (b)、(c) 的形式。

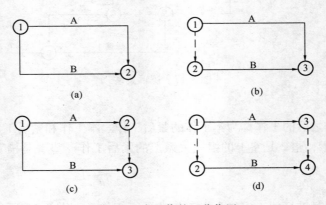

图 3-21 虚工作的区分作用

3. 断路作用

网络图绘制时如果不采用虚工作，其逻辑关系就出现错误，此时需要利用虚工作将其线路中的某些工作断开，此时改变其逻辑关系。如图 3-22 中的虚工作，③--►④ 和 ⑤--►⑥。

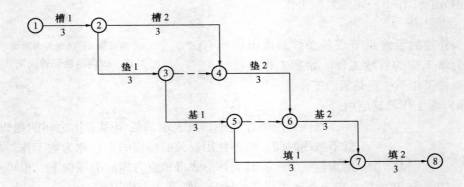

图 3-22 双代号网络计划

（五）双代号网络图绘制

1. 绘图原则

（1）双代号网络图必须正确表达已定的逻辑关系。例如：

①如果工作 A、B、C 依次完成，应表示为图 3-23 的逻辑关系。

②如果工作 B、C 在 A 完成后才开始，应表示为图 3-24 的逻辑关系。

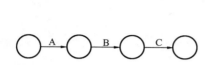

图 3-23　A、B、C 依次施工的逻辑关系

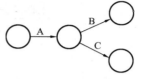

图 3-24　A 完成后 B、C 才开始的逻辑关系

③如果施工过程 C、D 在 A、B 完成后才开始，应表示为图 3-25 的逻辑关系。

④如果工作 C 在 A、B 完成后才开始，而工作 D 则在 B 完成后就可开始，即 C 受控于 A 和 B，而 D 与 A 无关。此时应引进虚箭线反映它们的逻辑关系，如图 3-26。

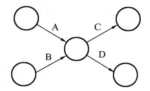

图 3-25　A、B 完成后 C、D 才能开始的逻辑关系

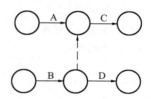

图 3-26　虚箭线的逻辑连接

⑤如果工作 C 随 A 后、E 随 B 后，而工作 A、B 完成后 D 才能开始，即 D 受控于 A、B，而 C 与 B 无关，E 与 A 无关。此时应分别引入虚箭线连接 A、D 和 B、D，才能正确反映它们的逻辑关系，如图 3-27 所示。

⑥用网络图表示流水施工时，在两个没有关系的施工过程之间，有时会产生有联系的错误。此时，必须用虚箭线切断不合理的联系，消除逻辑上的错误。

例如，某主体工程有砌墙、浇筑圈梁、吊装楼板三个施工过程，分三个施工段组织流水施工。画成如图 3-28 所示的网络图，则是错误的。

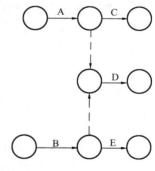

图 3-27　虚箭线的逻辑连接

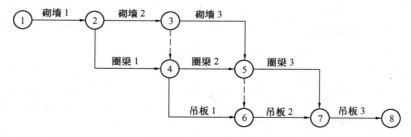

图 3-28　逻辑关系错误的画法

因为吊板 1 与砌墙 2、吊板 2 与砌墙 3 之间本来没有逻辑关系，而该图却表明有联系。

消除这种错误的方法，是用虚箭线切断错误的联系，其正确的网络图如图 3-29 所示。这里增加了③--▶⑤和⑥--▶⑧两个虚箭线，起到了逻辑间断的作用。

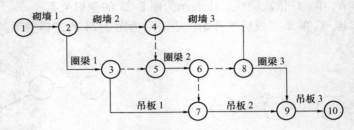

图 3-29　逻辑关系正确的画法

表 3-3 列出了常见的网络图中各工作逻辑关系的表示方法。

（2）双代号网络图中，严禁出现循环回路。

表 3-3　网络图中各工作逻辑关系表示方法

序号	工作之间的逻辑关系	网络图中表示方法	说　明
1	有 A、B 两项工作按照依次施工方式进行		B 工作依赖着 A 工作，A 工作约束着 B 工作的开始
2	有 A、B、C 三项工作同时开始工作		A、B、C 三项工作称为平行工作
3	有 A、B、C 三项工作同时结束		A、B、C 三项工作称为平行工作
4	有 A、B、C 三项工作只有在 A 完成后，B、C 才能开始		A 工作制约着 B、C 工作的开始。B、C 为平行工作
5	有 A、B、C 三项工作 C 工作只有在 A、B 完成后才能开始		C 工作依赖着 A、B 工作。A、B 为平行工作
6	有 A、B、C、D 四项工作只有当 A、B 完成后 C、D 才能开始		通过中间事件 j 正确地表达了 A、B、C、D 之间的关系
7	有 A、B、C、D 四项工作 A 完成后 C 才能开始，A、B 完成后 D 才开始		D 与 A 之间引入了逻辑连接（虚工作）只有这样才能正确表达它们之间的约束关系

58

序号	工作之间的逻辑关系	网络图中表示方法	说　　明
8	有 A、B、C、D、E 五项工作 A、B 完成后 C 开始，B、D 完成后 E 开始	A → j → C ; B → i → D → k → E	虚工作 i、j 反映出 C 工作受到 B 工作的约束；虚工作 i、k 反映出 E 工作受到 B 工作的约束
9	有 A、B、C、D、E 五项工作 A、B、C 完成后 D 才能开始，B、C 完成后 E 才能开始	A → D; B → E; C	这是前面序号 1、5 情况通过虚工作连接起来，虚工作表示 D 工作受到 B、C 工作制约
10	A、B 两项工作分三个施工段，平行施工	A₁ A₂ A₃; B₁ B₂ B₃	每个工种工程建立专业工作队，在每个施工段上进行流水作业，不同工种之间用逻辑搭接关系表示

在网络图中不容许出现循环回路，即不容许从一个节点出发，沿着箭线形成的回路，又返回到原来出发的节点。图 3-30 中，2→3→5→2 就组成了循环回路，就是违背工艺顺序造成的错误。

（3）双代号网络图中应只有一个起点节点；在不分期完成任务的网络图中，应只有一个终点节点；而其他所有节点均应是中间节点。

图 3-31 中，出现了①、②两个起点节点是错误的，出现⑦、⑧两个终点节点也是错误的。

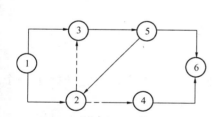

图 3-30　不容许出现的循环回路

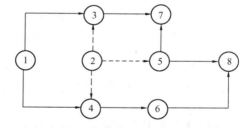

图 3-31　出现两个起点节点和两个终点节点的错误画法

（4）双代号网络图中，严禁出现带双向箭头或无箭头的连线。

如图 3-22 所示，②—⑤双向箭头，③—⑤无箭头的连线都是不容许出现的。

（5）双代号网络图中，不容许出现重复编号的箭线。

如图 3-33（a）中，A、B、C 三项工作均用①→②表示是错误的，应引入节点④和⑤表达。正确的表达应如图 3-33 中（b）或（c）所示。

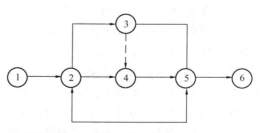

图 3-32　不容许出现双向箭头及无箭头

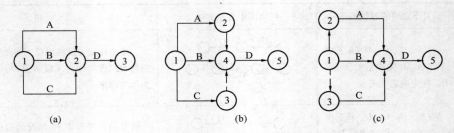

（a）错误；（b）、（c）正确

图 3-33 不容许出现重复编号的箭线

（6）双代号网络图中，严禁出现没有箭头节点或没有箭尾节点的箭线。

（7）绘制网络图时，箭线不宜交叉；当交叉不可避免时，可用过桥法或指向法。当交叉少时，采用过桥法，当箭线交叉过多时，使用指向法，见图 3-34。

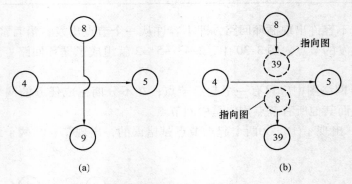

（a）过桥法；（b）指向法

图 3-34 箭线交叉的表示方法

2. 绘图方法

（1）依据各工作之间的逻辑关系确定无紧前工作的开始工作，使它开始于一个节点。

（2）依据其余各工作的紧前工作和紧后工作关系，采用以下方法绘制草图：

①当紧前工作只有一项工作时，则直接在该项工作的紧前工作的节点画出箭线，然后标注好工作名称、工作时间和结束节点。

②当紧前工作有多项工作时，则在该工作的紧前工作结束节点之间以虚工作合并至一个节点，然后绘制该工作的箭线和结束节点，并标注清楚。

③网络图应只有一个结束节点，当结束工作有多项工作且其中某些工作始于同一节点时，则这些始于同一节点工作的结束节点应以虚工作合并至其中一个工作的结束节点，其余工作也就结束于该节点，该节点也是网络图的结束节点。

④节点标注时，可采用连续编号；也可采用不连续编号，以备增加工作而改动整个网络图的节点编号。

⑤检查草图无误后绘制正式网络图并注意图面美感。

3. 绘图示例

【例3-1】 已知网络图的资料，见表3-4，试绘制出网络图。

表3-4 网络图资料

工 作	A	B	C	D	E	G
紧 前 工 作	—	—	—	B	B	C、D

解 ①列出关系表，确定出紧后工作和节点位置号，见表3-5。
②绘出网络图如图3-35所示。

表3-5 关系表

工 作	A	B	C	D	E	G
紧前工作	—	—	—	B	B	C、D
紧后工作	—	D、E	G	G	—	—
开始节点的位置号	0	0	0	1	1	2
开始节点的位置号	3	1	2	2	3	3

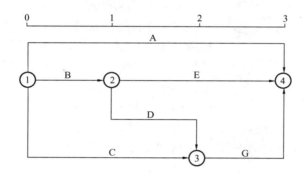

图3-35 例3-1的网络图

（六）双代号网络计划时间参数的计算

时间参数是工作或节点所具有的各种时间值。

网络计划时间参数的计算目的在于确定网络图上各项工作和各个节点的时间参数，为网络计划的优化、调整和执行提供明确的时间概念。网络图计算的主要内容包括：各个节点的最早时间和最迟时间；各项工作的最早开始时间、最早结束时间、最迟开始时间、最迟结束时间；各项工作的有关时差以及关键线路的持续时间。

网络图时间参数的计算有多种方法，在此仅介绍按工作计算法计算时间参数。所谓工作计算法是指在双代号网络计划中直接计算各项工作的时间参数的方法。

1. 工作持续时间和工期

（1）工作持续时间：工作持续时间是指一项工作从开始到完成的时间。工作 $i \sim j$ 的持续时间用 $D_{i \sim j}$ 表示。对一般肯定型网络计划的工作持续时间，其主要计算方法有：参照以往经验估算，经过试验推算，有标准可查，按定额进行计算。

（2）工期：工期泛指完成任务所需的时间，一般有以下三种。

①计算工期：根据时间参数计算所得到的工期，用 T_c 表示。

②要求工期：任务委托人所提出的指令性工期，用 T_r 表示。

③计划工期：根据要求工期和计算工期所确定的作为实施目标的工期，用 T_p 表示。

网络计划的计划工期 T_p 的计算应按下列情况分别确定：

①当已规定了要求工期时：

$$T_p \leq T_r \tag{3-19}$$

②当未规定要求工期时，可令计划工期等于计算工期，即

$$T_p = T_c \tag{3-20}$$

2. 网络计划各项时间参数及其符号

$ES_{i\sim j}$——工作 $i \sim j$ 的最早开始时间；

$LS_{i\sim j}$——在总工期已经确定情况下，工作 $i \sim j$ 的最迟开始时间；

$EF_{i\sim j}$——工作 $i \sim j$ 的最早完成时间；

$LF_{i\sim j}$——在总工期已确定情况下，工作 $i \sim j$ 的最迟完成时间；

$TF_{i\sim j}$——工作 $i \sim j$ 的总时差；

$FF_{i\sim j}$——工作 $i \sim j$ 的自由时差。

3. 时间参数计算

按工作计算法计算时间参数应在确定各项工作的持续时间之后进行。虚工作必须视同工作进行计算，其持续时间为零。时间参数计算结果应标注在箭线之上，如图 3-36 所示。

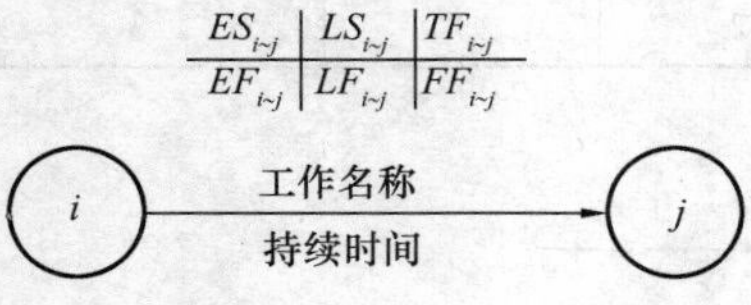

图 3-36 按工作计算法的标注内容
（注：当为虚工作时，图中的箭线为虚箭线。）

（1）最早开始时间的计算：最早开始时间是各紧前工作全部完成后，本工作有可能开始的最早时刻。

①工作 $i \sim j$ 的最早开始时间 $ES_{i\sim j}$ 应从网络计划的起点节点开始顺着箭线方向依次逐项计算；

②以起点节点 i 为箭尾节点的工作 $i \rightarrow j$，当未规定其最早开始时间 $ES_{i\sim j}$ 时，其值应等于零，即

$$ES_{i\sim j} = 0 (i = 1) \tag{3-21}$$

③当工作 $i \sim j$ 只有一项紧前工作 $h \sim i$ 时，其最早开始时间 $ES_{i\sim j}$ 应为：

$$ES_{i\sim j} = ES_{h\sim i} + D_{h\sim i} \tag{3-22}$$

④当工作 $i \sim j$ 有多个紧前工作时，其最早开始时间 $ES_{i\sim j}$ 应为：

$$ES_{i\sim j} = \max\{ES_{h\sim i} + D_{h\sim i}\} \tag{3-23}$$

式中　$ES_{h\sim i}$——工作 $i \sim j$ 的各项紧前工作 $h \sim i$ 的最早开始时间；

$D_{h\sim i}$——工作 $i \sim j$ 的各项紧前工作 $h \sim i$ 的持续时间。

（2）最早完成时间的计算：最早完成时间是各紧前工作全部完成后，本工作有可能完成的最早时刻。

工作 $i \sim j$ 的最早完成时间 $EF_{i\sim j}$ 按下式计算：

$$EF_{i\sim j} = ES_{i\sim j} + D_{i\sim j} \tag{3-24}$$

（3）网络计划的计算工期的计算：网络计划的计算工期 T_c 按下式计算：

$$T_c = \max\{EF_{i\sim n}\} \tag{3-25}$$

式中　$EF_{i\sim n}$——以终点节点（$j=n$）为箭头节点的工作 $i\sim n$ 的最早完成时间。

（4）最迟完成时间的计算：最迟完成时间是在不影响整个任务按期完成的前提下，工作必须完成的最迟时刻。

①工作 $i\sim j$ 的最迟完成时间 $LF_{i\sim j}$ 应从网络计划的终点节点开始，逆着箭线方向依次逐项计算。

②以终点节点（$j=n$）为箭头节点的工作的最迟完成时间 $LF_{i\sim n}$，应按网络计划的计划工期确定，即

$$LF_{i\sim n} = T_p \tag{3-26}$$

③其他工作 $i\sim j$ 的最迟完成时间 $LF_{i\sim j}$ 应为：

$$LF_{i\sim j} = \min\{LF_{j\sim k} - D_{j\sim k}\} \tag{3-27}$$

式中　$LF_{j\sim k}$——工作 $i\sim j$ 的各项紧后工作 $j\sim k$ 的最迟完成时间；

　　　$D_{j\sim k}$——工作 $i\sim j$ 的各项紧后工作 $j\sim k$ 的持续时间。

（5）最迟开始时间的计算：最迟开始时间是在不影响整个任务按期完成的前提下，工作必须开始的最迟时刻。

工作 $i\sim j$ 的最迟开始时间 $LS_{i\sim j}$ 按下式计算：

$$LS_{i\sim j} = LF_{i\sim j} - D_{i\sim j} \tag{3-28}$$

（6）总时差的计算：总时差是在不影响总工期的前提下，本工作可以利用的机动时间。

工作 $i\sim j$ 的总时差 $TF_{i\sim j}$ 按下式计算：

$$TF_{i\sim j} = LS_{i\sim j} - ES_{i\sim j} \tag{3-29}$$

或

$$TF_{i\sim j} = LF_{i\sim j} - EF_{i\sim j} \tag{3-30}$$

（7）自由时差的计算：自由时差是在不影响其紧后工作最早开始时间的前提下，本工作可以利用的机动时间。

①当工作 $i\sim j$ 有紧后工作 $j\sim k$ 时，工作 $i\sim j$ 的自由时差 $FF_{i\sim j}$ 按下式计算：

$$FF_{i\sim j} = ES_{j\sim k} - ES_{i\sim j} - D_{i\sim j} \tag{3-31}$$

或

$$FF_{i\sim j} = ES_{j\sim k} - EF_{i\sim j} \tag{3-32}$$

式中　$ES_{j\sim k}$——工作 $i\sim j$ 的紧后工作 $j\sim k$ 的最早开始时间。

②以终点节点（$j=n$）为箭头节点的工作，其自由时差 $FF_{i\sim j}$ 应按网络计划的计划工期 T_p 确定，即

$$FF_{i\sim n} = T_p - ES_{i\sim n} - D_{i\sim n} \tag{3-33}$$

或

$$FF_{i\sim n} = T_p - EF_{i\sim n} \tag{3-34}$$

从总时差和自由时差的定义可知：自由时差等于或小于总时差，自由时差不可能大于总时差，总时差为零时，自由时差必然为零。

（七）关键工作和关键线路的确定

（1）关键工作：网络计划中总时差最小的工作。

（2）关键线路：自始至终全部由关键工作组成的线路或线路上总的工作持续时间最长的线路。

在网络图上关键线路应用粗线、双线或彩色线标注，突出重点，以示重要，使工程施工的组织者和指挥者便于抓住重点，指明方向。

在关键线路上每项工作都没有机动灵活的使用时间，如果哪一项工作拖延了开始（或完成）时间，就必定造成该项工程计划总工期的延长。要想缩短工程施工的总工期，就必须在关键工作中采取措施；或在非关键工作中挖潜力，即在劳动力及机械设备等总需用量不变的条件下或作适当减少的条件下，将非关键工作中安排的人力或设备等调整到关键工作中去，在非关键工作的机动时间范围内延长其施工时间，缩短关键工作的持续时间，便可达到缩短（优化）工程施工总工期的目的。

【例3-2】 某项计划的工作及其逻辑关系、工作持续时间如表3-8，请按工作计算法编制双代号网络计划。

解 （1）按表3-6所列的工作及其逻辑关系，遵照绘图规则，绘制该项计划任务的双代号网络图，并在各项工作的箭线之上标注工作名称，箭线下方标注持续时间，如图3-37。

表3-6　某网络计划工作逻辑关系及持续时间表

工　作	紧　前　工　作	紧　后　工　作	持　续　时　间
A_1	—	A_2、B_1	2
A_2	A_1	A_3、B_2	2
A_3	A_2	B_3	2
B_1	A_1	B_2、C_1	3
B_2	A_2、B_1	B_2、C_1	3
B_3	A_3、B_2	D、C_2	3
C_1	B_1	C_2	2
C_2	B_2、C_1	C_3	4
C_3	B_3、C_2	E、F	2
D	B_3	G	2
E	C_3	G	1
F	C_3	I	2
G	D、E	H、I	4
H	G	—	3
I	F、G	—	3

（2）按工作计算法计算时间参数。按工作计算法计算时间参数，其计算结果标注在箭线之上，见图3-37。

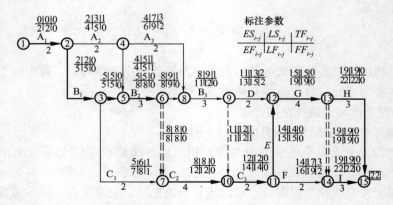

图3-37　某项任务双代号网络计划

①最早开始时间计算。工作 1～2 的最早开始时间 $ES_{1\sim2}$ 从网络计划的起点节点开始，顺着箭线方向依次逐项计算；因未规定其最早开始时间 $ES_{1\sim2}$，故按公式（3-20）确定：

$$ES_{1\sim2} = 0$$

其他工作的最早开始时间 $ES_{i\sim j}$ 按公式（3-21）和公式（3-22）计算：

以下各项工作只有一项紧前工作，按公式（3-21）计算：

$$ES_{2\sim3} = ES_{1\sim2} + D_{1\sim2} = 0 + 2 = 2$$
$$ES_{2\sim4} = ES_{1\sim2} + D_{1\sim2} = 0 + 2 = 2$$
$$ES_{3\sim5} = ES_{2\sim3} + D_{2\sim3} = 2 + 3 = 5$$
$$ES_{3\sim7} = ES_{2\sim3} + D_{2\sim3} = 2 + 3 = 5$$
$$ES_{4\sim5} = ES_{2\sim4} + D_{2\sim4} = 2 + 2 = 4$$
$$ES_{4\sim8} = ES_{2\sim4} + D_{2\sim4} = 2 + 2 = 4$$

工作 5～6 有两项紧前工作，即工作 3～5 和工作 4～5，按公式（3-22）计算：

$$\begin{aligned}
ES_{5\sim6} &= \max\{ES_{3\sim5} + D_{3\sim5}, ES_{4\sim5} + D_{4\sim5}\} \\
&= \max\{5 + 0, 4 + 0\} \\
&= \max\{5, 4\} \\
&= 5 \\
&\cdots\cdots
\end{aligned}$$

依次类推，算出其他工作的最早开始时间。

②最早完成时间计算。工作的最早完成时间就是本工作的最早开始时间 $ES_{i\sim j}$ 与本工作的持续时间 $D_{i\sim j}$ 之和。按公式（3-23）计算：

$$EF_{1\sim2} = ES_{1\sim2} + D_{1\sim2} = 0 + 2 = 2$$
$$EF_{2\sim3} = ES_{2\sim3} + D_{2\sim3} = 2 + 3 = 5$$
$$EF_{2\sim4} = ES_{2\sim4} + D_{2\sim4} = 2 + 2 = 4$$
$$EF_{3\sim5} = ES_{3\sim5} + D_{3\sim5} = 5 + 0 = 5$$
$$EF_{3\sim7} = ES_{3\sim7} + D_{3\sim7} = 5 + 2 = 7$$
$$EF_{4\sim5} = ES_{4\sim5} + D_{4\sim5} = 4 + 0 = 4$$
$$EF_{4\sim8} = ES_{4\sim8} + D_{4\sim8} = 4 + 2 = 6$$
$$EF_{5\sim6} = ES_{5\sim6} + D_{5\sim6} = 5 + 3 = 8$$

依次类推，算出其他工作的最早完成时间。

③网络计划的计算工期的计算。网络计划的计算工期 T_C 取以终点节点 15 为箭头节点的工作 13～15 和工作 14～15 的最早完成时间的最大值，按公式（3～24）计算：

$$\begin{aligned}
T_C &= \max\{EF_{13\sim15}, EF_{14\sim15}\} \\
&= \max\{22, 22\} \\
&= 22
\end{aligned}$$

网络计划计算未规定要求工期，故计划工期 T_P 按公式（3-19）确定，即

$$T_P = T_C = 22$$

④最迟完成时间的计算。

a. 以终点节点（$j = n$）为箭头节点的工作最迟完成时间 LF_{i-n} 按公式（3-25）确定：

$$LF_{13 \sim 15} = T_P = 22$$
$$LF_{14 \sim 15} = T_P = 22$$

b. 网络计划其他工作 $i \sim j$ 的最迟完成时间 $LF_{i \sim j}$ 均按公式（3-26）计算：

$$LF_{13 \sim 14} = \min\{LF_{14 \sim 15} - D_{14 \sim 15}\} = 22 - 3 = 19$$

$$LF_{12 \sim 13} = \min\{LF_{13 \sim 15} - D_{13 \sim 15}, LF_{13 \sim 14} - D_{13 \sim 14}\}$$
$$= \min\{22 - 3, 19 - 0\} = \min\{19, 19\} = 19$$

$$LF_{11 \sim 14} = \min\{LF_{14 \sim 15} - D_{14 \sim 15}\} = 22 - 3 = 19$$

$$LF_{11 \sim 12} = \min\{LF_{12 \sim 13} - D_{12 \sim 13}\} = 19 - 4 = 15$$

$$LF_{10 \sim 11} = \min\{LF_{11 \sim 12} - D_{11 \sim 12}, LF_{11 \sim 14} - D_{11 \sim 14}\}$$
$$= \min\{15 - 1, 19 - 2\} = \min\{14, 17\} = 14$$

依次类推，算出其他工作的最迟完成时间。

⑤最迟开始时间计算。工作的最迟开始时间就是本工作的最迟完成时间 $LF_{i \sim j}$ 与本工作的持续时间 $D_{i \sim j}$ 之差。按公式（3-27）计算：

$$LS_{14 \sim 15} = LF_{14 \sim 15} - D_{14 \sim 15} = 22 - 3 = 19$$
$$LS_{13 \sim 15} = LF_{13 \sim 15} - D_{13 \sim 15} = 22 - 3 = 19$$
$$LS_{12 \sim 13} = LF_{12 \sim 13} - D_{12 \sim 13} = 19 - 4 = 15$$
$$LS_{13 \sim 14} = LF_{13 \sim 14} - D_{13 \sim 14} = 19 - 0 = 19$$
$$LS_{11 \sim 14} = LF_{11 \sim 14} - D_{11 \sim 14} = 19 - 2 = 17$$
$$LS_{11 \sim 12} = LF_{11 \sim 12} - D_{11 \sim 12} = 15 - 1 = 14$$
$$LS_{10 \sim 11} = LF_{10 \sim 11} - D_{10 \sim 11} = 14 - 2 = 12$$

依次类推，算出其他工作的最迟开始时间。

⑥总时差的计算。工作 $i \sim j$ 的总时差 $TF_{i \sim j}$ 按公式（3-28）计算：

$$TF_{1 \sim 2} = LS_{1 \sim 2} - ES_{1 \sim 2} = 0 - 0 = 0$$

$$TF_{2 \sim 3} = LS_{2 \sim 3} - ES_{2 \sim 3} = 2 - 2 = 0$$

$$TF_{2 \sim 4} = LS_{2 \sim 4} - ES_{2 \sim 4} = 3 - 2 = 1$$

$$TF_{4 \sim 5} = LS_{4 \sim 5} - ES_{4 \sim 5} = 5 - 4 = 1$$

$$TF_{3 \sim 5} = LS_{3 \sim 5} - ES_{3 \sim 5} = 5 - 5 = 0$$

$$TF_{3 \sim 7} = LS_{3 \sim 7} - ES_{3 \sim 7} = 6 - 5 = 1$$

$$TF_{4 \sim 8} = LS_{4 \sim 8} - ES_{4 \sim 8} = 7 - 4 = 3$$

$$TF_{5 \sim 6} = LS_{5 \sim 6} - ES_{5 \sim 6} = 5 - 5 = 0$$

依次类推，算出其他工作的总时差。

⑦自由时差的计算。

a. 当工作 $i \sim j$ 有紧后工作 $j \sim k$ 时，其自由时差 $FF_{i \sim j}$ 按公式（3-31）计算：

$$FF_{1\sim2} = ES_{2\sim3} - EF_{1\sim2} = 2 - 2 = 0$$

$$FF_{2\sim3} = ES_{3\sim5} - EF_{2\sim3} = 5 - 5 = 0$$

$$FF_{2\sim4} = ES_{4\sim5} - EF_{2\sim4} = 4 - 4 = 0$$

$$FF_{4\sim5} = ES_{5\sim6} - EF_{4\sim5} = 5 - 4 = 1$$

$$FF_{3\sim5} = ES_{5\sim6} - EF_{3\sim5} = 5 - 5 = 0$$

$$FF_{3\sim7} = ES_{7\sim10} - EF_{3\sim7} = 8 - 7 = 1$$

$$FF_{4\sim8} = ES_{8\sim9} - EF_{4\sim8} = 8 - 6 = 2$$

$$FF_{5\sim6} = ES_{6\sim8} - EF_{5\sim6} = 8 - 8 = 0$$

$$FF_{6\sim7} = ES_{7\sim10} - EF_{6\sim7} = 8 - 8 = 0$$

依次类推，算出其他工作的自由时差。

式中虚箭线中的自由时差归其紧前工作所有。

b. 以终点节点（$j = n$）为箭头节点的工作，其自由时差 $FF_{i\sim n}$ 按公式（3-33）确定：

$$FF_{13\sim15} = T_P - EF_{13\sim15} = 22 - 22 = 0$$

$$FF_{14\sim15} = T_P - EF_{14\sim15} = 22 - 22 = 0$$

（3）关键工作和关键线路的确定。当网络计划的计划工期等于计算工期时，总时差为零的工作就是关键工作，由关键工作组成的线路就是关键线路。

本例 $T_P = T_C = 22$。由图 3-39 可知总时差为零的工作有：1~2、2~3、3~5、5~6、6~7、7~10、10~11、11~12、12~13、13~14、13~15、14~15。这些工作就是关键工作。

由关键工作组成的线路就是关键线路，由图 3-39 可知：1→2→3→5→6→7→10→11→12→13→15 和 1→2→3→5→6→7→10→11→12→13→14→→15 为关键线路。

二、单代号网络计划

单代号网络计划是以节点及其编号表示工作，以箭线表示工作之间逻辑关系的网络图。图 3-38 是用单代号网络图编制的进度计划本书由于篇幅的限制，在此不做介绍，请学员参考其他培训教材。

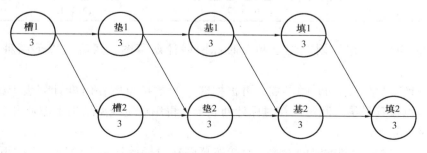

图 3-38　用单代号网络计划表示的进度计划

三、双代号时标网络计划

双代号时标网络计划是双代号时间坐标网络计划的简称，是网络计划的另一种表现形式。

双代号时标网络计划是以时间坐标为尺度编制的网络计划。由于时标图兼有横道图的直观性和网络图的逻辑性，在工程中被普遍应用。

（一）一般规定

（1）双代号时标网络计划必须以水平时间坐标为尺度表示工作时间。时标（水平时间坐标）的单位（时标上的刻度代表的时间量）应根据需要在编制网络计划之前确定，可为时、天、周、月、季等。

（2）时标网络计划以实箭线表示工作，以虚箭线表示虚工作，以波形线表示工作的自由时差。

（3）时标网络计划中所有符号在时间坐标上的水平投影位置，都必须与其时间参数相对应。节点中心必须对准相应的时标位置。虚工作必须以垂直方向的虚箭线表示，有自由时差时加波形线表示。

（二）时标网络计划的编制

双代号时间坐标网络计划可按工作最早可能开始时间来编制，也可以按最迟必须开始时间来编制。现介绍按各工作的最早开始时间来编制。

（1）编制时标网络计划之前，应先按已确定的时间单位绘出时标计划表。时标可标注在时标计划表的顶部或底部。时标的长度单位必须注明。必要时，可在顶部时标之上或底部时标之下加注日历的对应时间。时标计划表格式应符合表 3-7 的规定。

表 3-7　时标计划表

日　历																	
（时间单位）	1	2	3	4	5	6	7	8	9	10	11	12	13	14	15	16	17
网络计划																	
（时间单位）	1	2	3	4	5	6	7	8	9	10	11	12	13	14	15	16	17

（2）编制时标网络计划应先绘制无时标网络计划草图，然后按以下两种方法之一进行：

1）先计算网络计划的时间参数，再根据时间参数按草图在时标计划表上进行绘制；先将所有节点按其最早时间定位在时标计划表上，再用规定线型绘出工作及自由时差，形成时标网络计划图。

2）不计算网络计划的时间参数，直接按草图在时标计划表上绘制，应按下列方法逐步进行：

①将起点节点定位在时标计划表的起始刻度线上。

②按工作持续时间在时标计划上绘制起点节点的外向箭线（从某个节点引出的箭线）。

③除起点节点以外的其他节点必须在其所有内向箭线（指向某个节点的箭线）绘出以后，定位在这些内向箭线中最早完成时间最迟的箭线末端。其他内向箭线长度不足以到达该节点时，用波形线补足。

④用上述方法自左至右依次确定其他节点位置，直至终点节点定位绘完。

图3-39是按图3-37所示最早开始时间绘制的时标网络计划。

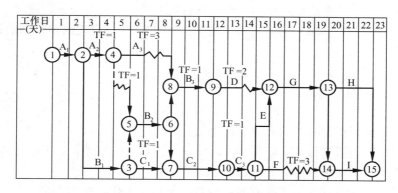

图3-39　按图3-37所示最早开始时间绘制的时标网络计划

（三）关键线路和时间参数的确定

1. 关键线路的确定

时标网络计划中的关键线路可从网络计划的终点节点开始，逆着箭线方向进行判定。凡自始至终不出现波形线的线路即为关键线路。因为不出现波形线，就说明在这条线路上相邻两项工作之间的时间间隔全部为零，也就是在计算工期等于计划工期的前提下，这些工作的总时差和自由时差全部为零。例如在图3-40所示时标网络计划中，线路①—③—④—⑥—⑦即为关键线路。

2. 计算工期的判定

网络计划的计算工期应等于终点节点所对应的时标值与起点节点所对应的时标值之差。例如，如图3-40所示，时标网络计划的计算工期为

$$T_c = 15 - 0 = 15$$

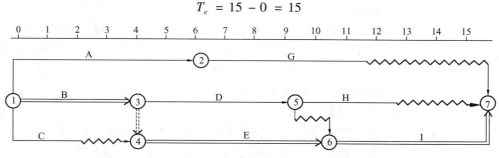

图3-40　双代号时标网络计划

3. 相邻两项工作之间时间间隔的判定

除以终点节点为完成节点的工作外，工作箭线中波形线的水平投影长度表示工作与其紧

69

后工作之间的时间间隔；例如在图 3-40 所示的时标网络计划中，工作 C 和工作 A 之间的时间间隔为 2；工作 D 和工作 I 之间的时间间隔为 1；其他工作之间的时间间隔均为零。

4. 工作最早开始时间和最早完成时间的判定

工作箭线左端节点中心所对应的时标值为该开始时间。当工作箭线中不存在波形线时，其右端节点中心所对应的时标值为该工作的最早完成时间；当工作箭线中存在波形线时，工作箭线实线部分右端点所对应的时标值为该工作的最早完成时间。

5. 工作总时差的确定

时标网络计划中工作的总时差的计算应自右向左进行，且符合下列规定：

（1）以终点节点 $(j=n)$ 为箭头节点的工作总时差 $TF_{i\sim n}$ 应按网络计划的计划工期 T_P 计算确定，即

$$TF_{i\sim n} = T_P - EF_{i\sim n} \tag{3-35}$$

（2）其他工作的总时差应为

$$TF_{i\sim j} = \min\{TF_{j\sim k} + FF_{i\sim j}\} \tag{3-36}$$

上述规定判定工作总时差的方法，理由是：

由于工作总时差值受计算工期制约，因此它应当自右向左推算，工作的总时差只有在其诸紧后工作的总时差被判定后才能判定。

总时差值"等于其诸紧后工作总时差的最小值与本工作自由时差之和"，是因为总时差是某线路段上各项工作共有的时差，其值大于或等于其中任一工作的自由时差。因此，某工作的总时差除本工作独用的自由时差必然是其中之一部分之外，还必然包含其紧后工作的总时差。如果本工作有多项紧后工作，只有取诸紧后工作总时差的最小值才不会影响总工期。如果一项工作没有紧后工作，其总时差除包含其自由时差之外，就不会有其他机动时间可用，这样的工作其实只能是计划中的最后工作。

6. 时标网络计划中工作的时间

时标网络计划中工作的最迟开始时间和最迟完成时间应按下式计算

$$LS_{i\sim j} = ES_{i\sim j} + TF_{i\sim j} \tag{3-37}$$

$$LF_{i\sim j} = EF_{i\sim j} + TF_{i\sim j} \tag{3-38}$$

式（3-37）和式（3-38）是用总时差的计算式（3-29）和式（3-30）推导出来的，故在计算完总时差后，即可计算其最迟开始时间 $LS_{i\sim j}$ 和最迟完成时间 $LF_{i\sim j}$。

7. 工作自由时差的确定

（1）以终点节点为完成节点的工作，其自由时差应等于计划工期与本工作最早完成时间之差，即

$$FF_{i\sim n} = T_p - EF_{i\sim n} \tag{3-39}$$

式中 $FF_{i\sim n}$——以网络计划终点节点 n 为完成节点的工作总时差；

       T_p——网络计划的计划工期；

     $EF_{i\sim n}$——以网络计划终点节点 n 为完成节点的工作最早完成时间。

事实上，以终点节点为完成节点的工作，其自由时差与总时差必然相等。

（2）其他工作的自由时差就是该工作箭线中波形线的水平投影长度。但当工作之后只紧接虚工作时，则该工作箭线上一定不存在波形线，而其紧接的虚箭线中波形线水平投影长度的最短者为该工作的自由时差。

（四）形象进度计划表

形象进度计划表也是建设工程进度计划的一种表达方式。它包括工作日形象进度计划表和日历形象进度计划表。

1. 工作日形象进度计划表

工作日形象进度计划表是一种根据带有工作日坐标体系的时标网络计划编制的工程进度计划表。根据图 3-41 所示的时标网络计划编制工作日形象进度计划表见表 3-8。

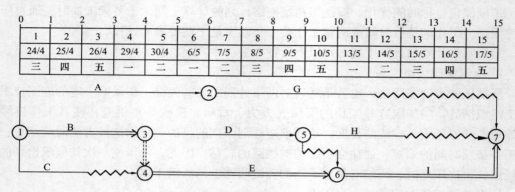

图 3-41　双代号时标网络计划

表 3-8　工作日形象进度计划表

序号	工作代号	工作名称	持续时间	最早开始时间	最早完成时间	最迟开始时间	最迟完成时间	自由时差	总时差	关键工作
1	1—2	A	6	1	6	5	10	0	4	否
2	1—3	B	4	1	4	1	4	0	0	是
3	1—4	C	2	1	2	3	4	2	2	否
4	3—5	D	5	5	9	6	10	0	1	否
5	4—6	E	5	5	10	5	10	0	0	是
6	2—7	G	5	7	11	11	15	4	4	否
7	5—7	H	3	10	12	13	15	3	3	否
8	6—7	I	5	11	15	11	15	0	0	是

2. 日历形象进度计划表

日历形象进度计划表是一种根据带有日历坐标体系的时标网络计划编制的工程进度计划表。根据图 3-41 所示的时标网络计划编制的日历形象进度计划表见表 3-9。

表 3-9　日历形象进度计划表

序号	工作代号	工作名称	持续时间	最早开始日期	最早完成日期	最迟开始日期	最迟完成日期	自由时差	总时差	关键工作
1	1—2	A	6	24/4	6/5	30/4	10/5	0	4	否
2	1—3	B	4	24/4	29/4	24/4	29/4	0	0	是
3	1—4	C	2	24/4	25/4	26/4	29/4	2	2	否
4	3—5	D	5	30/4	9/5	6/5	10/5	0	1	否
5	4—6	E	6	30/4	10/5	30/4	10/5	0	0	是
6	2—7	G	5	7/5	13/5	13/5	17/5	4	4	否
7	5—7	H	3	10/5	14/5	13/5	17/5	3	3	否
8	6—7	I	5	13/5	17/5	13/5	17/5	0	0	是

71

四、网络计划的优化

网络计划优化,就是在既定约束条件下,按某一目标不断改善网络计划的最初方案,寻求最优方案的过程。根据衡量指标的不同,网络优化可以分为工期优化、资源优化和费用优化等。

(一)工期优化

工期优化也称时间优化,就是当初始网络计划的计算工期大于要求工期时,通过压缩关键线路上工作的持续时间或调整工作关系,以满足工期要求的过程。

缩短网络计划的计算工期常用以下几种方法:

1. 压缩关键线路方法

所谓压缩关键线路法,也就是通过对网络计划的某些关键工作采取一定的施工技术和施工组织措施,增加向这些工作的资源(人力、材料、机械等)供应,使其工作持续时间缩短,从而压缩关键线路长度,达到缩短计划工期的目的。采用这种方法时应注意:关键工作持续时间的缩短,往往会引起关键线路的转移,因此,每压缩一次均应求出新的关键线路,再次压缩时,压缩对象应是新的关键线路上的关键工作。

压缩关键工作时应考虑下列因素:

(1)工作持续时间缩短以后,相应使得工作对资源的需求强度加大。当资源供应充足时,只需向要压缩的工作增加资源供应;当资源供应受限时,则可利用非关键工作的机动时间,减少向某些非关键工作的资源供应(此时这些非关键工作持续时间延长),而把这些资源抽调至要压缩的关键工作上。

(2)资源供应增加的幅度还受工作面限制,应保证工作有足够的工作面来展开。否则,即使资源供应可无限增加但工作面不足时,工作并不能全面展开,而达不到压缩工作时间的目的。

(3)应保证缩短工作持续时间对工程质量和生产安全影响不大。当有较大影响时,应有充分的补救措施。

(4)应优先选择缩短工作时间所需增加费用较少的方案。

2. 调整工作关系的方法

如果有可能调整某些工作间的逻辑关系,把原网络计划中某些串联的工作调整为平行进行,则也可以达到压缩计划工期的目的。

【例3-3】 已知某网络计划如图3-42,图中箭杆上括号外数据为工作正常持续时间,括号内数据为该工作最短可能持续时间,时间单位为月,规定工期为12个月。试应用压缩关键线路法来进行工期优化。

解

第一步 计算并找出网络计划的关键线路及关键工作。用正常工作持续时间计算各节点的最早可能开始时间和最迟必须开始时间,可以判定关键线路为①—③—④—⑥,图中用粗线标出,如图3-43所示。

第二步 确定计算工期的压缩目标。规定工期为12个月,计算工期为18个月,所以应压缩6个月。

第三步 确定各关键工作应压缩的时间。由图3-43中所标注的各工作的正常持续时

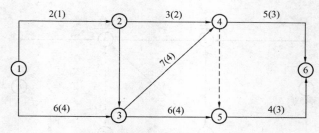

图 3-42 某项工程的网络计划图

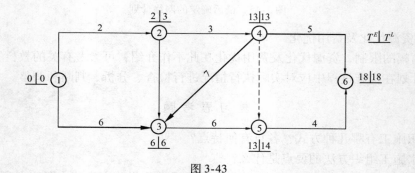

图 3-43

间和最短可能持续时间可知,工作①—③可压缩 2 个月,③—④可压缩 3 个月,④—⑥可压缩 2 个月,这样,原关键线路总计可压缩的工期为 7 个月。

由于只需压缩 6 个月,且考虑到④—⑥工作的正常持续时间只有 5 个月,压缩 2 个月会造成施工难度偏大,所以仅将其压缩 1 个月。另外两项工作则分别压缩 2 个月和 3 个月。

调整原关键线路以后的网络计划将重新计算,如图 3-44 所示。图中标出了新的关键线路。

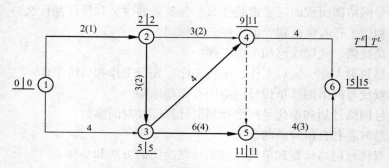

图 3-44 第一次压缩后的网络计划

第四步 一次压缩后不能满足工期要求,再作第二次压缩。

现在的关键线路是①—②—③—⑤—⑥,计算工期为 15 个月,应比规定工期 12 个月压缩 3 个月。考虑到压缩工作⑤—⑥会造成施工费用增幅过大,现只将关键工作中的工作②—③和工作③—⑤分别压缩 1 个月和 2 个月。压缩以后的网络计划如图 3-45 所示,对其进行计算,可知已满足工期要求。

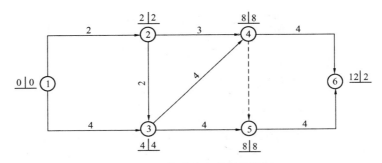

图 3-45　最后确定的网络计划

（二）资源优化及费用优化

由于篇幅的限制，资源优化及费用优化在此不作介绍，可参考有关的教科书。

网络计划在实施过程中应对实际执行情况进行检查、分析、判断和调整。

复习思考题

1. 组织施工有哪几种方式？各自有何特点？

2. 流水施工组织方法的要点是什么？

3. 流水施工主要参数有哪些？试述它们的含义。怎样确定这些主要流水参数？

4. 如何划分施工段？划分的原则是什么？

5. 什么是流水节拍、流水步距？如何确定？

6. 什么是技术间歇、组织间歇？施工中为什么要考虑这种间歇时间？

7. 按节拍特征不同流水施工可分哪几种方式？各有何特点？

8. 如何组织全等节拍流水和成倍节拍流水？

9. 什么是双代号网络图？

10. 什么是逻辑关系？网络计划中有哪两种逻辑关系？两者有何区别？

11. 双代号网络图组成的三要素是什么？各要素的含义和特征是什么？

12. 工作和虚工作有何区别？虚工作起何作用？

13. 什么是线路、关键线路和关键工作？

14. 什么是紧前工作、紧后工作、平行工作、先行工作和后续工作？

15. 绘制双代号网络图、单代号网络图有哪些原则？

16. 双代号网络计划和单代号网络计划要计算哪些时间参数？

17. 试述总时差和自由时差的含义。

18. 试述双代号网络计划和单代号网络计划绘图的方法和步骤。

19. 试述双代号时标网络计划的优点及绘图步骤。

20. 网络计划的优化有几种？如何进行工期优化？

第四章　施工组织设计

第一节　施工组织设计概述

一、施工组织设计的作用

施工组织设计是指导拟建工程从施工准备到施工完成的组织、技术、经济的一个综合性的设计文件，是沟通工程设计和施工之间的桥梁。它既要体现拟建工程的设计和使用要求，又要符合建筑施工活动的客观规律，对建设项目、单项工程及单位工程的施工全过程起到战略部署和战术安排的双重作用，是对施工活动实行科学管理的重要手段，建立正常生产秩序的重要手段。

施工组织设计的编制是施工准备工作重要组成部分，又是及时做好其他施工准备工作的依据和重要保证。是编制工程施工概预算的依据之一，也是编制施工生产计划和施工作业计划的主要依据。因此，编制并贯彻好施工组织设计，就可以保证拟建工程项目施工的顺利进行，如期按质按量完成施工任务，取得好的施工经济效益。

二、施工组织设计的分类

施工组织设计根据设计阶段和编制对象不同，大致可以分为三类：施工组织总设计（施工组织大纲）、单位工程施工组织设计和分部（分项）工程施工作业设计。这三类施工组织设计是由大到小、由粗到细、由战略部署到战术安排的关系，但各自要解决问题的范围和侧重等要求有所不同。另外，投标前施工组织设计，是为投标而进行编制的。

（一）施工组织总设计（施工组织大纲）

施工组织总设计是以若干单位工程组成的群体工程或特大型项目为主要对象编制的施工组织设计，对整个项目的施工过程起统筹规划、重点控制的作用。它是整个建设项目施工任务总的战略性的部署安排，涉及范围较广，内容比较概括。它一般是在初步设计或扩大初步设计批准后，由总承包单位负责，并邀请建设单位、设计单位、施工分包单位参加编制。如果编制施工组织设计条件尚不具备，可先编制一个施工组织大纲，以指导开展施工准备工作，并为编制施工组织总设计创造条件。

施工组织总设计的主要内容包括：工程概况、施工部署与施工方案、施工总进度计划、施工准备工作及各项资源需要量计划、施工总平面图、主要技术组织措施及主要技术经济指标等。

由于大、中型建设项目施工工期往往需要几年，施工组织总设计对以后年度施工条件等变化很难精确地预见，这样，就需要根据变化的情况，编制年度施工组织设计，用以指导当年的施工部署并组织施工。

（二）单位工程施工组织设计

单位工程施工组织设计是以一个单位工程或一个不复杂的单项（子单位）工程，如一个工厂，仓库、构筑物或一栋公共建筑、宿舍等为对象而编制的施工组织设计。它是根据施工组织总设计规定要求和具体实际条件进行编制的。它对单位（子单位）工程的施工过程起指导和制约作用。内容比较具体、详细。它是在全套施工图设计完成并交底、会审完后，根据有关资料，由工程项目技术负责人组织编制。

单位工程施工组织设计的主要内容包括：工程概况、施工方案与施工方法、施工进度计划、施工准备工作及各项资源需要量计划、施工平面图、主要技术组织措施及主要经济指标等。

对于常见的小型民用工程等可以编制单位工程施工方案，它内容比较简化，一般包括施工方案、施工进度、施工平面布置和有关的一些内容。

（三）分部（分项）工程施工作业设计

分部（分项）工程施工作业设计是以某些新结构、技术复杂的或缺乏施工经验的分部（分项）工程为对象（如屋面网架结构、有特殊要求的高级装饰工程等）而编制的。用以指导和安排该分部（分项）工程施工作业完成。

分部（分项）工程施工作业设计的主要内容包括：施工方法、技术组织措施、主要施工机具、配合要求、劳动力安排、平面布置、施工进度等。它是编制月、旬作业计划的依据。

（四）投标前施工组织设计

投标前施工组织设计，是作为编制投标书的依据，其目的是为了中标。主要内容包括：施工方案、施工方法的选择，关键部位、工序采用的新技术、新工艺、新机械、新材料，以及投入的人力、机械设备等；施工进度计划，包括网络计划、开竣工日期及说明；施工平面布置，水、电、路、生产、生活用施工设施的布置，用以与建设单位协调用地；保证质量、进度、环保等的计划和措施；其他有关投标和签约的措施。

三、编制施工组织设计的基本原则

（1）认真贯彻国家对工程建设的各项方针和政策，严格执行工程建设程序。

（2）遵循建设施工工艺及其技术规律，坚持合理的施工程序和施工顺序。

（3）采用流水施工方法、工程网络计划技术和其他现代管理方法，组织有节奏、均衡和连续地施工。

（4）科学地安排冬期和雨季施工项目，保证全年施工的均衡性和连续性。

（5）认真执行工厂预制和现场预制相结合方针，不断提高施工项目建筑工业化程度。

（6）充分利用现有施工机械设备，扩大机械化施工范围，提高施工项目机械化程度；不断改善劳动条件，提高劳动生产率。

（7）尽量采用先进施工技术，科学地确定施工方案；严格控制工程质量，确保安全施工；努力缩短工期，不断降低工程成本。

（8）尽可能减少施工设施，合理储存建设物资，减少物资运输量；科学地规划施工平面图，减少施工用地。

（9）采取技术和管理措施，推广建筑节能和绿色施工。

（10）与质量、环境和职业健康安全三个管理体系有效结合。

四、施工组织设计应以下列内容作为编制依据：

（1）与工程建设有关的法律、法规和文件。
（2）国家现行有关标准和技术经济指标。
（3）工程所在地区行政主管部门的批准文件，建设单位对施工的要求。
（4）工程施工合同或招标投标文件。
（5）工程设计文件。
（6）工程施工范围内的现场条件，工程地质及水文地质、气象等自然条件。
（7）与工程有关的资源供应情况。
（8）施工企业的生产能力、机具设备状况、技术水平等。

五、施工组织设计的审批

施工组织设计编制完成后，应履行审批手续。除经内部审批外，工程项目开工前，施工单位应将施工组织设计报送监理单位，总监理工程师应组织专业监理工程师对"施工组织设计（方案）报审表"（见表4-1）进行审查。专业监理工程师提出审查意见，经总监理工程师审核，并签认后报建设单位。

表 4-1 施工组织设计（方案）报审表

工程名称：　　　　　　　　　　　　　　　　　　　　　　　编号：

致：　　　　　　　　　　　　　　　　　　　　　　　（监理单位） 　　我方已根据施工合同的有关规定完成了＿＿＿＿＿＿工程施工组织设计（方案）的编制，并经我单位上级技术负责人审查批准，请予以审查。 　　附：施工组织设计（方案）   　　　　　　　　　　　　　　　　　　　承包单位（章）＿＿＿＿＿＿ 　　　　　　　　　　　　　　　　　　　项目经理＿＿＿＿＿＿ 　　　　　　　　　　　　　　　　　　　日　　期＿＿＿＿＿＿
专业监理工程师审查意见：   　　　　　　　　　　　　　　　　　　　专业监理工程师＿＿＿＿＿＿ 　　　　　　　　　　　　　　　　　　　日　　期＿＿＿＿＿＿
总监理工程师审核意见：   　　　　　　　　　　　　　　　　　　　项目监理机构＿＿＿＿＿＿ 　　　　　　　　　　　　　　　　　　　总监理工程师＿＿＿＿＿＿ 　　　　　　　　　　　　　　　　　　　日　　期＿＿＿＿＿＿

第二节　单位工程施工组织设计

单位工程施工组织设计是指导单位工程施工企业进行施工准备和进行现场施工的全局性的技术、经济文件。它既要体现国家的有关法律、法规和施工图的要求，又要符合施工活动的客观规律。在施工承包合同签订后，由施工单位技术人员进行编写。

施工组织设计应包括编制依据、工程概况、施工部署、施工进度计划、施工准备与资源配置计划、主要施工方法、施工现场平面布置及主要施工管理计划等基本内容。

一、单位工程施工组织设计的内容

（一）建设项目的工程概况和施工条件

每一个单位工程施工组织设计的第一部分要将本建设项目的工程情况作简要说明，如以下内容。

（1）工程概况。结构形式，建筑总面积，概预算价格，占地面积，地质概况等。

（2）施工条件。建设地点，建设总工期，分期分批交工计划，承包方式，建设单位的要求，承包单位的现有条件，主要材料的供应情况，运输条件及工程开工尚需解决的主要问题。

（3）工程承包范围和分包工程范围。

（4）施工合同、招标文件或总承包单位对工程施工的重点要求。

（5）其他应说明的情况。

（二）施工方案

施工方案是单位工程或分部工程中某项施工方法的分析，如某基础的施工，可以有若干个方案，对这些方案耗用的劳动力、材料、机械、费用及工期等在合理组织的条件下，进行技术经济分析，从中选择最优方案。好的施工方案对组织施工有实际的经济效益，且可缩短工期和提高质量。如在若干方案的比较中，最终选择的最优方案比其他方案造价仅降低1%，但由此所降低成本的实际数值确很可观，这就是施工组织设计编制人员劳动所创造的效益。何况在实际方案比较中所降低的造价，远远超过1%，但是这种技术经济比较的工作往往被人们忽视。

确定施工方案时，应考虑施工顺序、施工方法、施工机械及施工的组织方法。如主要施工机械的选用，机械布置位置及其开行路线，现浇钢筋混凝土施工中各种模板的选用，混凝土水平与垂直运输方案的选择，降低地下水的方案比较，各种材料运输方案的选择，尤其是对新技术，则要求更为详细。

（三）施工进度计划

根据实际条件，应用流水作业或网络计划技术，合理安排工程的施工进度计划，使其达到工期、费用、资源等优选。根据施工进度及建设项目的工程量，提出劳动力、材料、机械、构件的供应计划。

（四）施工准备工作及各项资源需要量计划

主要包括施工准备工作计划及劳动力、技术、物资资源的需要量及加工供应计划。

（五）施工平面图

在施工现场合理布置施工机械、仓库、临时建筑、运输道路、临时水电管网、围墙、门卫等，力求使材料及预构件的二次搬运量最少。施工现场井井有条、布置合理、各种运输线路畅通，为施工创造良好的条件，并且施工现场及时清除施工垃圾、排水系统能迅速排除雨水和施工废水、材料和预制构件的堆放要以便于施工为目的，并注意堆放方法以减少损失。

（六）保证工程质量和安全的技术措施

这是施工组织设计所必须考虑的内容，结合本工程的具体情况拟定保证工程质量的技术措施和安全施工措施。绝对避免堆砌千篇一律的条文，而要拟定能起实际指导作用的措施。

（七）主要技术经济指标

这是衡量施工组织设计编制水平的一个标准，包括劳动力均衡性指标、工期指标、劳动生产率、机械化程度、机械利用率、降低成本等指标。

二、单位工程施工组织设计的编制依据

根据建设工程的类型和性质，建设地区的各种自然条件和经济条件，工程项目的施工条件以及本施工单位的力量，向各有关部门调查和收集资料，不足之处可通过实地勘测或调查取得，单位工程施工组织设计编制依据主要包括以下内容：

（1）与工程建设有关的法律、法规和文件。

（2）国家现行有关标准和技术经济指标。

（3）工程所在地区行政主管部门的批准文件，建设单位对施工的要求。

（4）上级机关对工程的要求，如建筑工期、用地范围、质量等级和技术要求，也包括业主对工程的意图和要求。

（5）工程施工合同或招标投标文件。

（6）工程设计文件。

（7）工程施工范围内的现场条件，工程地质及水文地质、气象等自然条件。

（8）施工组织总设计。单位工程是建筑群的一个组成部分，单位工程施工组织设计必须按照施工组织总设计的有关内容、各项指标和进度要求进行编制，不得与施工总设计相矛盾。

（9）经过会审的施工图纸。施工图纸是施工活动中重要的技术文件，是施工的依据。它包括全部施工图纸、会审记录和有关标准图，较复杂的工业厂房等，还包括设备、管道等图纸。

（10）工程预算。以施工图预算提供的工程量作为确定施工任务的依据。

（11）水电供应条件，劳动力及材料，构配件供应情况，包括施工机具配备情况、现场有无可利用的房屋等。

（12）设备安装队伍进场时间对土建施工的要求。

（13）建设场地的征购、拆迁情况，施工许可证等前期工作完成情况。

（14）施工企业的生产能力、机具设备状况、技术水平等。

（15）施工单位对类似工程施工的经验资料。

三、单位工程施工组织设计的编制程序

所谓编制程序，是指单位工程施工组织设计的内容及其各个组成部分形成的先后顺序以及相互之间的制约关系的处理。单位工程施工组织设计的编制程序，如图 4-1 所示，从中可知道设计的有关内容和步骤。

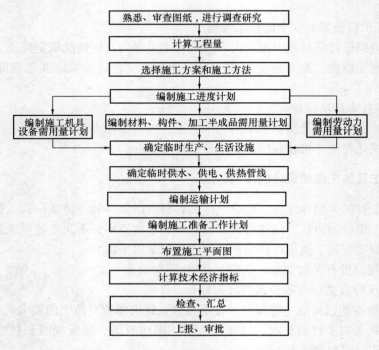

图 4-1　单位工程施工组织设计的编制程序

由于单位工程施工组织设计是基层施工单位控制和指导施工的文件，必须切合实际。在编制前应会同各有关人员，共同研究其主要技术措施和组织措施，并在编制过程中不断优化。

四、工程概况和施工特点分析

（一）工程概况

单位工程施工组织设计，首先应对拟建工程的工程特点、建设地点的特征和施工条件等工程概况作一个简洁、明了、重点突出的文字介绍。其内容见表 4-2。

为了弥补文字叙述或表格介绍工程概况的不足，可绘制拟建工程平面、立面、剖面简图，图中注明轴线尺寸、总长、总宽、层高及总高等主要建筑尺寸，细部构造尺寸不用注出，以求图的简洁明了。

1. 工程特点

针对工程特点，结合调查资料，进行分析研究，找出关键性的问题加以说明。对新材料、新结构、新工艺及施工的难点应重点说明。

（1）工程建设概况：拟建工程的建设单位，工程名称、性质、用途、作用和建设目的，资金来源、工程投资额，开、竣工日期，设计单位，施工单位，监理单位，施工图纸

情况，施工合同，主管部门的有关文件或要求，以及组织施工的指导思想等。

（2）建筑设计特点：拟建工程的建筑面积，平面形状和平面组合情况，层数、层高、总高度、总长度和总宽度等尺寸及室内外装修情况，并附拟建工程的平面、立面、剖面简图。

（3）结构设计特点：基础构造特点及埋置深度，设备基础的形式，桩基础的根数及深度，主体结构的类型、墙、柱、梁、板的材料及截面尺寸，预制构件的类型、重量及安装位置，楼梯构造及形式等。

（4）设备安装、智能系统设计特点：建筑采暖卫生与煤气工程、建筑电气安装工程、通风与空调工程、电梯安装、智能系统工程的设计要求。

表 4-2　工程概况表

建　设　单　位		建　筑　结　构			装　修　要　求	
设计单位		层数		屋架	内粉	
施工单位		基础		吊车梁	外粉	
建筑面积/m²		墙体			门窗	
工程造价/万元		柱			楼面	
计划	开工日期	梁			地面	
	竣工日期	楼板			天棚	
编制说明	上级文件和要求			地质情况		
	施工图纸情况			地下水位	最高	
	合同签订情况				最低	
					常年	
	土地征购情况			雨量	日最大量	
					一次最大	
	"三通一平"情况				全年	
	主要材料落实程度			气温	最高	
	临时设施解决方法				最低	
					平均	
	其他			其他		

（5）施工条件：水、电、道路及场地平整的"三通一平"情况，施工现场及周围环境情况，当地的交通运输条件，预制构件生产及供应情况，施工单位机械、设备、劳动力的落实情况，内部承包方式，劳动组织形式及施工管理水平，现场临时设施、供水、供电问题的解决。

2. 建设地点特征

拟建工程的位置、地形、地质、地下水位、水质、气温、冬期和雨期期限，主导风向、风力和地震烈度等特征。

（二）工程施工特点的分析

说明工程施工的重点，抓住关键，使施工顺利进行，提高施工单位的经济效益和管理水平。

不同类型的建筑、不同条件下的工程施工，有其不同的施工特点。如砖混结构住宅建筑的施工特点是：砌砖和浇筑混凝土工程量大，水平与垂直运输量大。又如现浇钢筋混凝土高层建筑的施工特点主要有：结构和施工机具设备的稳定性要求高，钢材加工量大，混凝土浇筑难度大，脚手架搭设要进行计算，安全问题突出，要有高效率的垂直运输设备等。

五、施工方案的选择

选择合理的施工方案是单位工程施工组织设计的核心。它包括确定施工开展程序和施工流向、划分施工阶段、选择施工机械、选择施工方法等。施工方案选择合理与否、直接影响到工程的质量、进度与成本，因此，必须十分重视施工方案的选择。

（一）单位工程施工程序的确定原则

单位工程的施工程序是指单位工程中各分部工程（专业工程）或施工阶段的先后次序及其制约关系，主要解决时间搭接上的问题。

确定单位工程施工程序的原则如下：

（1）先地下后地上

指的是地上工程开工前，尽量把管道、线路等地下设施、土方工程和基础工程完成或基本完成，以免对地上部分施工产生干扰及造成不必要的浪费，给施工提供一个良好的场地。

（2）先主体后围护

指的是框架建筑、排架建筑等先主体结构，后围护结构的总的程序和安排。

（3）先结构后装修

一般情况应是先结构后装修，但有时为了缩短工期，也可部分搭接施工。

（4）先土建后设备

一般来讲，土建与设备安装有以下三种施工程序：

1）封闭式施工。即土建主体结构完成之后，再进行设备安装的施工程序。如一般的机械工业厂房。对精密仪器仪表厂房、要求恒温恒湿的车间等，应在土建装饰工程完工后才能进行设备安装。

封闭式施工程序的优点：

①有利于预制构件的现场预制、拼装和安装前的就位布置，适合选择各种类型的起重

机械的吊装和开行，从而能加快主体结构的施工进度。

②围护结构及早完成，使设备基础施工能在室内完成，不受气候变化影响，减少防雨、防寒等设施费用。

③可利用厂房内桥式吊车为设备基础施工服务。

封闭式施工程序的缺点：

①出现一些重复性工作；如部分柱基础回填土的重复挖填和运输道路的重新铺设等工作。

②设备基础施工条件差，场地拥挤，其基坑开挖不便于采用机械挖土。

③不能提前为设备安装提供工作面，因而工期较长。

2) 敞开式施工。先安装生产工艺用的设备，后建厂房的施工程序。如某些重型工业厂房（冶炼车间、发电厂房等）的施工。其优缺点与封闭式正好相反。

3) 设备安装与土建施工同时进行。设备安装与土建施工同时进行，是指当土建施工为设备安装创造了必要的条件，同时能防止设备被砂浆、垃圾等污染的情况下，所采用的施工程序。例如，在建造水泥厂时，经济上最适宜的施工程序便是两者同时进行。

（二）单位工程的施工起点流向

单位工程的施工起点流向是指单位工程在平面上或立体上施工开始的部位及展示方向。单层建筑要确定平面上的流向；多层建筑除要确定平面上的流向外，还要确定竖向上的流向。

在单位工程施工组织设计中应根据"先地下后地上"，"先主体后围护"，"先结构后装修"，"先土建后设备安装"的一般原则，结合工程具体特点，如施工条件、工程要求，合理地确定建筑物施工开展顺序，包括确定各建筑物、各楼层、各单元的施工顺序，划分施工段、各施工过程的流向。

确定单位工程施工流向一般应考虑下列主要问题：

（1）平面上各部分施工繁简程度。对技术复杂、工期较长的分部分项工程优先施工，如地下工程等。

（2）当有高低跨并列时，应从并列跨处开始吊装。

（3）保证施工现场内施工和运输的畅通。如单层工业厂房预制构件，宜以离混凝土搅拌机最远处开始施工，吊装时应考虑起重机退场等。

（4）满足用户在使用上的要求，生产性建筑要考虑生产工艺流程及先后投产顺序。

（5）考虑主导施工机械的工作效益，考虑主导施工过程的分段情况。

（三）施工顺序的确定

施工顺序是指单位工程中各分部分项工程或施工过程之间施工的先后顺序。确定施工顺序时，既要考虑施工客观规律、工艺顺序，又要考虑各工种在时间与空间上最大限度地衔接，从而在保证质量的基础上充分利用工作面，争取时间、缩短工期，取得较好的经济效益。

1. 确定施工顺序的基本原则

（1）必须满足施工工艺要求：各施工过程之间存在着一定的工艺顺序。在确定施工顺序时应分析各施工过程之间的工艺关系。如现浇钢筋混凝土框架柱施工顺序为：绑扎柱钢筋→支柱模板→浇筑混凝土→养护→拆模。而浇筑钢筋混凝土电梯井施工顺序则为：绑扎钢筋→支电梯井内外模板→浇筑混凝土→养护→拆模。

（2）施工顺序应与施工方法和施工机械一致：施工方法和施工机械对施工顺序有影响。例如，基础工程中钢筋混凝土箱形基础采取基坑开挖的施工顺序为：基础土方开挖→绑扎钢筋→支模板→浇筑混凝土→养护→拆模→回填土；而逆作业法采用地下连续墙作地下室基础结构，可大大缩短基础施工时间，不需要进行基坑大开挖。在单层工业厂房结构安装工程中，如采用自行杆式起重机，一般选择分件吊装法，起重机在厂房内三次开行才能吊装完厂房结构构件；而选择桅杆式起重机，则必须采用综合吊装法。综合吊装法与分件吊装法起重机开行路线及构件平面布置是不同的。

（3）应考虑施工组织顺序的安排：施工组织顺序是在劳动组织条件确定下，同一工作开展顺序。例如，地下室混凝土地坪，可以在地下室楼板铺设前施工，也可以在地下室楼板铺设后施工。但从施工组织角度来看，在地下楼板铺设前施工比较合理。因为这样可以利用安装楼板的施工机械向地下室运输混凝土，加快地下室地坪施工速度。又如某些重型工业厂房的基础工程，由于设备基础埋深较深，若先建厂房后施工设备基础，则可能在设备基础施工时，会影响厂房柱基安全。在这种情况下，宜先施工设备基础，再进行厂房柱基础施工，即开敞式施工方法。

（4）应考虑施工质量的要求：在安排施工顺序时，应以确保工程质量为前提。为了加快施工进度，必须有相应保证质量的措施，不能因为加快施工进度，而采用影响工程质量的施工顺序。为了缩短工期、加快进度，尽早投入装修工程，装修工程可以在结构封顶之前进行。如高层建筑主体结构施工进行了几层以后，可先对这部分工程进行结构验收，然后自下而上进行室内装修。但上部结构施工用水会影响下面的装修工程，因此必须采取严格的防水措施，并对装修后的成品加强保护，否则装饰工程应在屋面防水结构施工完成再进行。

（5）应考虑自然条件的影响：安排施工顺序时应考虑自然条件对施工顺序的影响。南方地区应多考虑夏季多雨及热带风暴对施工的影响，北方地区应多考虑寒冷天气对施工的影响。受自然条件影响较大的分部分项工程，如土方工程、防水工程、装饰工程中湿作业部分，要尽量地安排在冬季来临之前完成，而一些基本不受自然条件影响的项目要尽可能给上述项目让路，以保持施工活动的连续均衡。

（6）应考虑施工安全的要求：确定施工顺序时，应确保施工安全，不能因抢工程进度而导致安全事故，对高层建筑工程施工，不宜进行交叉作业。当不可避免地进行交叉作业时，应有严格的安全防护措施。例如，在同一工段上，一面砌墙，另一面吊装楼板。

2. 确定施工顺序

（1）多层混合结构房屋施工顺序：多层混合结构房屋施工，通常可分为基础工程、主体结构工程、屋面及装修与房屋设备安装三个阶段。图4-2为混合结构三层住宅施工顺序示意图。

①基础工程施工顺序。基础指室内地坪（±0.00）以下所有工程的施工阶段。其施工顺序一般为：挖土→做垫层→砌基础→铺设防潮层→回填土。当在挖槽和钎探过程中发现地下有障碍物，如洞穴、防空洞、枯井、软弱地基等，应进行局部加固处理。如有桩基础，应先进行桩基础施工，如有地下室，则在垫层完成后进行地下室底板、墙身施工，再做防水层，安装地下室顶板，最后回填土。

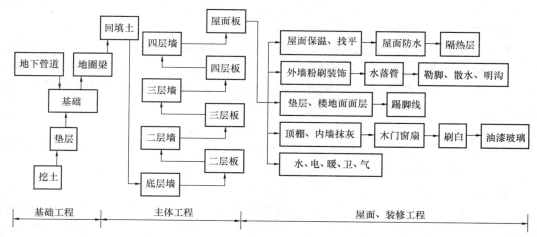

图 4-2　混合结构住宅施工顺序示意图

要注意，挖土和垫层在施工安排上要紧凑，间隔时间不能太长，也可将挖土与垫层划分为一个施工过程，以防基槽积水或受冻，影响地基承载力，造成质量事故或人工及材料的浪费。而且，垫层施工完后，一定要留有技术间歇时间，使其具有一定强度后，再进行下道工序施工。

各种管沟挖土、管道的铺设等尽可能与基础施工配合，平行搭接进行。

回填土一般在基础完工后一次分层夯填完毕，以便为后续施工创造条件。对室内房间地面回填土，如果施工工期较紧，可安排在内装修前进行回填。

②主体结构施工顺序。主体结构施工过程主要有：搭脚手架及垂直运输机械的安装、砌筑墙体、安装门窗和过梁、浇筑钢筋混凝土圈梁和构造柱、吊装预制板、浇筑钢筋混凝土楼盖和雨篷、安装楼梯和屋面板等。在主体结构施工阶段，砌筑墙体和吊装楼板是主要的施工过程，它们在各楼层之间先后交替施工，而各层现浇混凝土等分项工程，与楼层施工紧密配合，同时或相继完成。当采用现浇楼梯时，更应与楼层施工紧密配合，否则由于养护时间影响，将使后续工程不能如期进行。

组织主体结构施工时，尽量使砌墙连续施工。通常采用划分流水施工段的方法，即将拟建工程在平面上划分两个或几个施工段、组织流水施工。吊装楼板时，若能设法做到连续吊装，则与砌墙工程组织流水施工；不能连续吊装，则和各层现浇混凝土工程一样，只要与砌墙工程紧密配合，做到砌墙连续进行，可不强调连续作业。

在组织砌墙工程流水施工时，不仅要在平面上划分施工段，而且在垂直方向上要划分施工层，按一个可砌高度为一个施工层，每完成一个施工段的一个施工层的砌筑，再转到下一施工段砌筑同一施工层，即按水平流向在同一施工层逐段流水作业。也可在同一结构层内，由下向上依次完成各砌筑施工后再流入下一施工段，这就是在一个结构层内采用垂直向上的流水方向的砌墙组织方法。还可以在同一结构层内各施工段间，采用对角线流向的阶段式的砌墙组织方法。砌墙组织的流水方向不同，安装楼板投入施工的时间间隔也不同。根据可能条件，经过分析比较后确定砌墙组织的流水方向。

③屋面与装饰工程的施工顺序。屋面防水一般分为柔性防水和刚性防水，通常采用柔性防水。柔性防水采用卷材防水，其施工顺序为：结构层→找平层→隔气层→保温层→找

平层→冷底子油结合层→防水层→保护层。屋面防水应在主体结构封顶后，尽早开始施工，以便为装饰工程施工提供条件。

装饰工程按施工部位分为外墙装饰、内墙装饰、顶棚装饰、楼地面装饰。按装饰施工种类分为抹灰、装饰板块、油漆涂料、玻璃、门窗、装饰墙裙、踢脚线等。因其手工作业量大、工种和材料种类多等特点，因此，妥善安排装饰工程施工顺序，组织好流水，对加快施工进度、缩短工期、保证质量有重要的意义。

装饰工程应在结构完工经验收合格后方可进行。

室外装饰工程总是采取自上而下的流水施工方案。在自上而下每层装饰施工、水落管安装等分项工程全部完成后，即可拆除脚手架，然后进行勒脚、台阶、散水的施工。

室内装饰与室外装饰之间一般相互干扰很小，通常施工顺序为先室外、后室内。当室内施工水磨石地面时，应考虑水磨石地面污水对外墙面的影响。应先对室内水磨石地面进行施工，然后再进行外墙装饰施工。当采用单排外脚手架时，应先做外墙抹灰，拆除外脚手架后，填补脚手眼，待脚手眼灰浆干燥后再进行室内装饰。

室内抹灰工程从整体上可采用自上而下、自下而上、自中而下再自中而上三种施工顺序进行。

a. 自上而下的施工流向。指主体结构封顶、屋面防水层完成后，从屋顶开始，逐层向下进行。其优点是主体恒载已到位，结构物已有一定沉降时间。屋面防水完成后，可以防止雨水对屋面结构的渗透，有利于室内抹灰的质量；工序之间交叉作业少，互相影响少，有利于成品保护，施工安全。其缺点是不能尽早地与主体搭接施工，工期相对较长。该种顺序适用于层数不多且工期要求不太紧迫的工程。

b. 自下而上的施工流向。指主体结构已完成三层以上时，室内抹灰自底层逐层向上进行。其优点是主体工程与装饰工程交叉进行施工，工期较短。其缺点是工序之间交叉作业多，质量、安全、成品保护不易保证。因此，采取这种流向，必须有一定的技术组织措施作保证，如相邻两层中，先做好上层地面，确保不会漏水，再做好下层顶棚抹灰。该种方法适用于层数较多、工期紧迫的工程。

c. 自中而下再自中而上的施工顺序。该工序集中了前两种施工顺序的优点，适用于高层建筑的室内装饰施工。

室内抹灰在同一楼层中施工顺序一般为：顶棚→墙面→地面。该种抹灰顺序的优点是工期较短，但由于在顶棚、墙面抹灰时有落地灰，在地面抹灰之前，应将落地灰清理干净，否则会因落地灰影响抹灰层与预制板的黏结而引起楼面的起壳。

室内抹灰的另一种施工方法是：地面→顶棚→墙面→踢脚线。按照这种顺序施工，室内清洁方便，地面抹灰质量易于保证。但地面抹灰需要一定养护凝结时间，如组织得不好会拖延工期；并注意在顶棚抹灰中要注意对完工后的地面保护，否则易引起地面的返工。

室内抹灰应在室内设备安装并验收后进行。

楼梯和走道是施工的主要通道，在施工期间易于损坏，应在抹灰工程结束时，由上而下施工，并采取相应措施保护。门窗扇的安装应在抹灰工程完成后进行，以防止门窗框变形而影响使用。

④水、暖、电、卫等工程的施工顺序。水、暖、电、卫工程不同于土建工程，可以分成几个明显的施工阶段，它一般与土建工程中有关分部分项工程之间进行交叉施工、紧密

配合。室外上下水管道、暖气管道及煤气管道等施工可安排在土建工程之前或与土建工程同时进行。主体结构施工时，应在砌墙或现浇楼板的同时，预留电线、上下水管、暖气立管等孔洞或预埋木砖和其他预埋件。在装饰工程施工前，应安装相应的各种管道和电气照明用的附墙暗管、接线盒等。水、暖、电、卫安装一般在楼地面和墙面抹灰之前或之后穿插进行。

（2）装配式钢筋混凝土单层工业厂房施工顺序。单层工业厂房应用较广，如冶金、机械、化工、纺织等行业的很多车间均采用单层工业厂房。装配式钢筋混凝土单层工业厂房施工可分为基础工程、预制及养护工程、结构安装工程、围护及装饰工程、设备安装工程五个阶段。各个阶段及其主要施工顺序如图4-3所示。

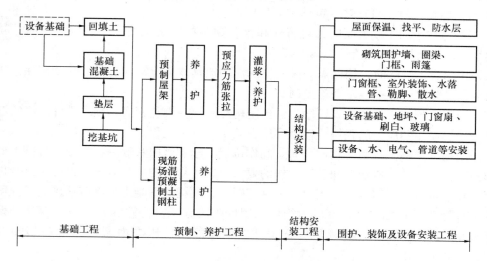

图4-3 装配式钢筋混凝土单层工业厂房施工顺序示意图

①基础工程施工顺序。基础工程施工顺序一般为：基坑挖土→钎探验槽→做垫层→绑扎钢筋→安装模板→浇筑混凝土→养护→回填土等分项工程。

当中型或重型工业厂房建设在土质较差的场地上时，通常采用桩基础。此时，为了缩短工期，常将打桩阶段安排在施工准备阶段进行。

在地下工程开始前，应先处理好地下的洞穴等，然后确立施工起点流向，划分施工段，以便组织流水施工。并确定钢筋混凝土基础或垫层与基坑开挖之间搭接程度与技术间歇时间，在保证质量前提下尽早拆模和回填土，以免曝晒浸水，并提供预制场地。

在确定施工顺序时，必须确定厂房柱基础与设备基础的施工顺序，它常常影响主体结构和设备安装的方法与开始时间，通常有两种方案：

a. 当厂房柱基础埋深，深于设备基础埋深时，一般采用先施工厂房柱基础，后施工设备基础，即所谓"封闭式"施工顺序。

通常，当厂房施工处于冬、雨季时，或设备体积不大，或采用沉井等特殊方法施工埋深较大的基础时，均可以采用"封闭式"施工顺序。

b. 当设备基础埋深大于厂房柱基础埋深时，一般采用厂房柱基础与设备基础同时施工的"开敞式"施工顺序。

当厂房设备基础较大较深、基坑挖土范围连成一片，或深于厂房柱基础，及地基土质不准时，才采用设备基础先施工的顺序。

②预制工程的施工顺序。单层工业厂房构件的预制，通常采用工厂预制和工地预制相结合的方法进行。一般重大、较大或运输不便的构件，可在现场预制；中型构件可在工厂预制。在具体确定预制方案时，应结合构件的技术特征、当地加工的生产能力、工期要求，以及现场施工条件、运输条件等因素进行技术经济分析后确定。一般来讲，预制构件的施工顺序与结构吊装方案有关。

当采用分件吊装法时，预制件的施工有三种方案：

a. 当场地狭小而工期又允许时，构件制作可分别进行。首先预制柱和吊车梁，待柱和梁安装完毕再进行屋架预制。

b. 当场地宽敞时，可在柱、梁预制完后即预制屋架。

c. 当场地狭小而工期又紧时，可将柱和梁等预制构件在拟建车间外就地预制，同时在拟建车间内进行屋架的预制。

当采用综合吊装法时，构件需一次制作。视场地具体情况来确定构件是全部在拟建车间内预制，还是部分在拟建车间外预制。

钢筋混凝土预制构件的施工顺序为：预制构件支模→绑扎钢筋→预埋铁件→浇筑混凝土→养护→拆模→预应力筋张拉→锚固→压力灌浆等分项工程。

在预制构件预制工程中，制作日期、制作位置、起点流向和顺序，在很大程度上取决于工作面准备工作的完成情况和后续工作的要求。要进行结构吊装方案设计，绘制构件预制平面图和起重机开行路线等。当设计无规定时，预制构件混凝土强度应达到设计强度标准值的 75% 以上才可以吊装；预应力构件采用后张法施工，构件混凝土强度应达到设计强度标准值的 75% 以上，预应力钢筋才可以张拉；孔道压力灌浆后，应在其强度达15MPa 后，方可起吊。

③构件安装阶段的施工顺序。结构安装阶段主要是安装柱子、柱间支撑、基础梁、连系梁、吊车梁、屋架、天窗架和屋面板等。

每个构件的安装工艺顺序为：绑扎→起吊→就位→临时固定→校正→最后固定。结构构件吊装前要做好各种准备工作，其内容包括：检查构件的质量、构件弹线编号、杯形基础杯底抄平、杯口弹线、起重机准备、吊装验算等。

构件吊装顺序取决于吊装方法，单层工业厂房结构安装法有分件吊装法和综合吊装法。若采用分件吊装法，其吊装顺序一般为：第一次开行吊装全部柱子，并校正与永久固定；待接头混凝土强度达设计标准值75%以后，第二次开行吊装吊车梁、托架梁、连系梁与柱间支撑；第三次开行吊装完全部屋盖系统的构件。若采用综合吊装法时，其吊装顺序一般是先吊 4~6 根柱并迅速校正和固定，再吊装梁及屋盖的全部构件，如此依次逐个节间吊装，直到整个厂房吊装完毕。

抗风柱的吊装一般有两种方法，一是吊装柱的同时先安装该跨一端的抗风柱，另一端则于屋盖安装完毕后进行；二是全部抗风柱的安装均在屋盖安装完毕后进行。

结构吊装的流向通常应与预制构件的流向一致。但车间如多跨又有高低跨时，吊装流向应从高低跨柱列开始，以适应吊装工艺的要求。

④围护及装饰工程的施工顺序。这个阶段包括三个分部工程，其总的施工顺序为：围护工程→屋面工程→装饰工程，但有时也可以相互交叉平行搭接施工。

围护工程主要工作内容为墙体砌筑、安装门窗框等施工过程。墙体工程包括搭设脚手架和内外墙砌筑等分项工程。在厂房结构安装工程结束之后，或安装完一部分区段之后，即可开始内、外墙分层分段流水施工。墙体工程完工后，应考虑屋面工程和地面工程施工。

屋面工程包括屋面板灌缝，保温层、找平层、冷底子油结合层、卷材防水层及绿豆砂保护层施工。找平层应待其干燥后才能刷冷底子油、铺贴卷材防水层。在铺卷材之前，应将天窗扇及玻璃安装好，特别要注意天窗架部分的屋面防水、天窗围护工作等，确保屋面防水的质量。

装饰工程的施工分为室内装饰（地面的整平、垫层、面层、门窗扇安装、玻璃安装、油漆、刷白等）和室外装饰（勾缝、抹灰、勒脚、散水坡等）。室内、外装饰可平行施工，并可与其他施工过程交叉进行。室外抹灰一般自上而下。室内地面工程必须在地面以下的各项施工完成后进行。刷白应在墙面干燥和大型屋面板灌缝后进行，并在门窗油漆前结束。

⑤设备安装工程的施工顺序。水、暖、煤、电、卫安装工程与混合结构居住房屋施工基本相同，但应注意空调设备安装的安排。生产设备的安装，一般由专业公司承担。

（3）高层现浇混凝土剪力墙结构施工顺序。高层建筑的基础均为深基础，由于基础的类型和位置不同，其施工方法和顺序也不同，如采用逆作业法。

高层剪力墙结构施工主要分为基础工程、主体结构工程、屋面及装饰工程三个主要施工阶段。

①基础及地下室主要施工顺序。当采用一般方法施工时，由下而上施工顺序为：挖土→清槽→验槽→桩施工→垫层→桩头处理→清理→做防水层→保护层→投点放线→承台梁板扎筋→混凝土浇筑→养护→投点放线→施工缝处理→柱、墙扎筋→柱、墙模板→混凝土浇筑→顶盖梁、板支模→梁板扎筋→混凝土浇筑→养护→拆外模→外墙防水→保护层→回填土。

施工中要注意防水工程和承台梁大体积混凝土浇筑及深基础支护结构的施工，防止水化热对大体积混凝土的不良影响，并保证基坑支护结构的安全。

②主体结构的施工顺序。主体结构为现浇钢筋混凝土剪力墙，可采用模板或滑模工艺。

采用大模板工艺，分段流水施工，施工速度快，结构整体性、抗震性好。标准层施工顺序为：弹线→绑扎墙体钢筋→支墙模板→浇筑墙身混凝土→养护→拆墙模板→支楼板模板→绑扎楼板钢筋→浇筑楼板混凝土。随着楼层施工，电梯井、楼梯等部位也逐层插入施工。

采用滑升模板工艺，滑升模板和液压系统安装调试工艺顺序为：抄平放线→安装提升架、围圈→支一侧模板→绑墙体钢筋→支另一侧模板→液压系统安装→检查调试→安装操作平台→安装支撑杆→滑升模板→安装悬吊脚手架。

③屋面防水与装饰工程的施工顺序。屋面工程施工顺序基本与混合结构房屋相同。找平层→隔气层→保温层→找平层→底子油结合层→防水层→绿豆砂保护层。屋面防水应在主体结构封顶后，尽快完成，使室内装饰尽早进行。

装饰工程的分项工程及施工顺序随装饰设计的不同而不同。例如，室内装饰工程施工顺序一般为：结构处理→放线→做轻质隔墙→贴灰饼冲筋→立门窗框、安铝合金门窗→各类管道水平支管安装→墙面抹灰→管道试压→墙面喷涂贴面→吊顶→地面清理→做地面、贴地砖→安风口、灯具、洁具→调试→清理。若大模板墙面平整，只需在板面刮腻子，面层刷涂料。由于大模板不采用外脚手架，结构外装饰采用吊式脚手架（吊篮）。

应当指出，高层建筑种类繁多，如框架结构、剪力墙结构、筒体结构、框剪结构等。不同结构体系采用的施工工艺不尽相同，如大模板法、滑模法、爬模法等，无固定模式可循，施工顺序应与采用的施工方法相协调。

（4）装配式大板建筑施工顺序：发展装配式大板建筑是墙体的重要途径之一，它对实现建筑工业化，加快施工进度具有很重要的作用。装配式大板建筑与传统的砖混结构相比，在施工方法方面有很大的改革，其主导施工过程为墙板安装，现场湿作业量少、劳动强度轻、建筑工业化水平大大提高，可以很好地组织流水施工，工期大大缩短。装配式大板建筑标准层施工顺序如图 4-4 所示。

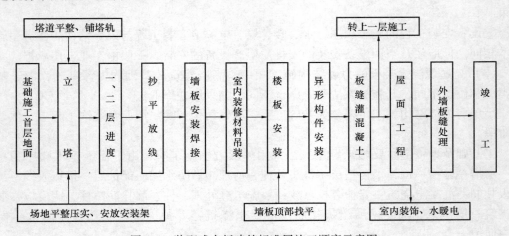

图 4-4 装配式大板建筑标准层施工顺序示意图

上面所述施工过程和顺序，仅适用于一般情况。建筑施工是一个复杂的过程，又是一个发展的过程，随着科学技术的不断发展，人们观念在不断的变化，因此，对每个单位工程，必须根据其特点和具体情况，合理确定其施工顺序。

（四）选择施工方法和施工机械

施工方法和施工机械的选择是施工方案中的重要问题，二者是紧密联系的，它直接影响施工进度、质量及工程成本。在技术上它是解决各主要施工过程的施工手段和工艺问题。如基础工程的土方开挖应采用什么机械来完成，要不要采取降低地下水的措施；浇筑大型基础混凝土的水平运输采用什么方式；主体结构构件的安装应采用怎样的起重机械才能满足吊装范围和起重高度的要求；墙体工程和装修工程的垂直运输如何解决等。

单位工程任何一个施工过程总可以采用几种不同的施工方法，使用不同的施工机械进行施工，每一种方法都有一定的优缺点，应根据施工对象的建筑特征、结构形式、场地条件及周围环境、工程量的大小、工期长短、抗震要求、资源供应情况等，对多个施工方案进行比较，选择一个先进合理的、适合本工程的施工方法，并选择相应的施工机械。

1. 确定施工方法和施工机械应遵守的原则

（1）施工方法技术上的先进性和经济上的合理性相统一。

（2）兼顾施工机械的适用性和多用性，充分发挥施工机械的利用率。

（3）充分考虑施工单位特点、技术水平、施工习惯及可利用现场条件。

2. 确定施工机械和施工方法的重点

在选择施工机械时，应首先选择主导工程的机械，然后根据建筑特点及材料、构件种类配备辅助机械，最后确定与施工机械相配套的专用工具设备。在同一工地上应力求建筑机械的种类和型号尽可能少一些，以利于机械管理。

确定施工方法时应着重考虑影响整个单位工程施工的分部分项工程的施工方法。对常规的做法和工人熟悉的分部分项工程可不必详细拟定施工方法。对下列一些项目的施工方法应详细和具体：

（1）工程量大，在单位工程中占重要地位，对工程质量起关键作用的分部分项工程，如基础工程、钢筋混凝土工程等隐蔽工程。

（2）施工技术复杂、施工难度大，或采用新技术、新工艺、新结构、新材料的分部分项工程。如大体积混凝土结构施工、模板早拆体系、无黏接预应力混凝土等。

（3）施工人员不太熟悉的特殊结构，专业性很强，技术要求很高的工程。如仿古建筑、大跨度空间结构、大型玻璃幕墙、薄壳、悬索结构等。

3. 主要分部分项工程施工方法要点

（1）土石方工程：

①计算土石方工程的工程量，确定土石方开挖或爆破方法，选择土石方施工机械。

②确定土壁放坡的边坡系数或土壁支护形式及打桩方法。

③选择地面排水、降低地下水位方法，确定排水沟、集水井或布置井点降水所需设备。

④土石方的平衡调配，确定土方调配方案。

（2）基础工程：

①浅基础（如条形、独立基础等）中垫层、钢筋混凝土、基础墙砌筑的技术要点，如宽度、标高的控制等。

②地下室施工防水要求，如施工缝的留置及做法等。

③桩基础中桩的入土方法及设备选择，灌注桩的施工方法。

（3）钢筋混凝土工程：

①确定混凝土工程的施工方案：大模板法、滑升法、升板法或其他方法。

②确立模板类型和支模方法，对复杂工程还需进行模板设计和进行模板放样。

③选择钢筋加工、绑扎、焊接方法。

④选择混凝土制备方案，如采用商品混凝土还是现场拌制混凝土，确定搅拌运输及浇筑方法以及混凝土垂直运输机械的选择。

⑤选择混凝土搅拌、密实成型机械，确定施工缝留设位置。

⑥确定预应力混凝土结构的施工方法、控制方法和张拉设备。

在选择施工方法时，应特别注意大体积混凝土、特殊条件下混凝土、高强度混凝土及冬期混凝土施工中的技术方法，注重模板早拆化、标准化，钢筋加工中的联动化、机械化，混凝土运输中采用大型搅拌运输车，泵送混凝土，计算机控制混凝土配料等。

（4）结构吊装工程：

①确定起重机类型、型号和数量。

②确定结构构件吊装方法，安排吊装顺序、机械开行路线、构件制作平面布置，拼装场地。

③确定构件运输、装卸、堆放和所需机具设备型号、数量和运输道路要求。

（5）装饰工程：

①确定各装饰工程的操作方法及质量要求，有时要作"样板间"。

②确定材料运输方式及储存要求。

③确定所需机具设备。

④确定施工工艺流程和施工组织，尽可能组织结构、装饰穿插施工、室内外装修交叉施工，以缩短工期。

（6）垂直、水平运输及脚手架等搭设：

①标准层垂直运输量计算表。

②垂直运输方式及其设备选择，设备的型号、数量、布置、服务范围、穿插班次。

③水平运输方式选择及设备型号、数量及布置。地面与楼面水平运输设备的行驶路线。

④确定脚手架搭设方法及安全网的挂设方法。

（7）特殊项目：

对于特殊项目，如采用新材料、新工艺、新技术、新结构的项目以及大跨度、高耸结构、水下结构、深基础、软弱地基等项目，应单独选择施工方法，阐明施工技术关键，进行技术交底，加强技术管理，拟定安全质量措施。

（五）施工方案的技术经济分析

施工方案的技术经济分析是选择最优方案的重要途径。首先拟订在技术上可行的几个施工方案，采用定性分析方法或定量分析方法进行比较，然后选择出一个工期短、成本低、质量好、材料省、劳动力安排合理的最优方案。

评价施工方案的技术经济指标有工期指标、降低成本指标、主要工种施工机械化程度指标、主要材料（三大材料）节约指标和劳动消耗量指标。

1. 工期指标

工期指标是工程开工至竣工的全部日历天数，反映建设速度，是影响投资效益的主要指标。应将工程计划完成工期与国家规定工期或建设地区同类建筑物平均工期相比较。工期指标 t 按下式计算：

$$t = \frac{Q}{v}$$

式中　Q——工程量；

　　　v——单位时间计划完成工程量。

2. 成本指标

成本指标可以综合反映不同施工方案的经济效果。降低成本方法一般有降低成本额和降低成本率方法。

$$r_0 = \frac{C_0 - C}{C_0} \times 100\% \qquad (4\text{-}1)$$

式中　C_0——预算成本；

　　　C——施工方案中计算成本；

　　　r_0——降低成本率；

$C_0 - C$——降低成本额。

3. 主要工种施工机械化程度指标

施工机械化程度是工程全部实物工程量中机械完成量的比重，是衡量施工方案的重要指标之一。

$$施工机械化程度 = \frac{机械完成实物量}{全部实物量} \times 100\% \qquad (4\text{-}2)$$

4. 主要材料节约指标

$$主要材料节约指标 = \frac{主要材料节约量}{预算材料用量} \times 100\% \qquad (4\text{-}3)$$

5. 劳动消耗量指标

劳动消耗量反映工程的机械化程度，机械化程度系数越高，劳动生产率就越高，劳动消耗量就越少。劳动消耗量 N 由主要用工 n_1、准备用工 n_2、辅助用工 n_3 组成。

$$N = n_1 + n_2 + n_3 \qquad (4\text{-}4)$$

例如，某施工队承建六幢高层塔楼，施工设计时分别对主体结构中四种方案分别进行计算，各方案中的模板费用、大型机械费用、劳动量及工期见表4-3。

表4-3　不同施工方案指标比较

序号	方案内容	模板费/万元	机械费/万元	劳动量/工日	备　注
1	滑模施工	118.67	12.74	279	两套滑模设备
2	全钢大模板	61.3	16.25	383	一套大模板两幢对翻
3	租赁组合大模板	43.55	18.31	458	80%租赁，其余新购
4	钢框七类板模板	55.9	16.25	383	同方案2

从表4-3中可以得出以下结论。

①滑模工艺模板一次制作。连续滑升，施工速度快、工期短、节省机械费。但一次投资额大；当墙身截面变化时，楼板模板支设、拆除在技术方面有一定难度。

②全钢大模板与滑模工艺比较，工期长、机械费与劳动量都增加，但一次投资少，几乎为滑模设备投资的1/2。

③租赁定型组合钢筋模板拼装大模板，工期、机械费、劳动消耗同全钢大模板，模板费用量低。

④采用七类板做大模板面板，实际上是全钢大模板的改进。它的优点是一次投资量少。其他指标同全钢大模板。当然，模板周转次数要比全钢大模板少。

究竟采用哪种方案，应根据工期、费用及施工合同的具体要求确定。当然还应进一步分析设备、台班费及设备残值，并了解工程后续情况，这样更有利于施工方案的决算。

六、施工进度计划

单位工程施工进度计划是单位工程施工组织设计的重要组成部分，是控制各分部分项施工进度的主要依据，也是编制季、月度施工作业计划及各项资源需用计划的依据。

单位工程施工进度计划是在已确定的施工方案及合理安排施工顺序基础上编制的。它要符合规定的工期要求和技术及资源供应的条件。

单位工程施工进度计划是用图表形式表示各施工项目（各分部分项工程）在时间上和空间上的安排和相互间的搭配和配合的关系。图表有横道图或网络图两种形式。表4-4是横道图形式。表格由左右两部分组成，左边部分反映拟建工程所划分的施工项目、工程量、劳动量或机械台班量、施工人数及工作延续时间等计算内容，右边部分则用水平线段反映各施工项目施工起止时间以及它们之间先后顺序、平行、搭接、配合的关系。其中的格子根据需要可以一格表示一天或若干天。

（一）单位工程施工进度计划的作用

（1）控制单位工程施工进度，保证在规定工期内使项目建成启动。

（2）确定各施工过程中的施工顺序、持续时间及相互逻辑关系。

（3）为编制季度、月生产作业计划提供依据。

（4）为编制施工准备工作计划和各种资源计划提供依据。

（5）指导现场的施工安排。

（二）单位工程施工进度计划的编制依据

（1）施工组织总设计中总进度计划对本工程的进度要求。

（2）施工工期要求及建设单位要求。

（3）经过审批的各种技术资料。

表4-4　单位工程施工进度计划

序号	施工项目	工程量		定额	劳动量		需要的机械		每天工作班	每班工人数	工作天	施工进度/d									
		单位	数量		工种	工日数	机械名称	台班数				月				月					
												5	10	15	20	25	30	35	40	45	50

（4）自然条件及各种技术经济调查的资料。

（5）主要分部分项工程的施工方案，包括分部分项和施工过程（或工序）的划分、施工顺序、施工方法、施工机械、质量和安全措施等。

（6）施工条件、劳动力、材料、构件配件及机械设备的供应情况、分包单位的情况等。

（7）劳动定额及机械台班定额。

（8）预算文件中有关工程量，或按施工方案的要求计算出各分项工程的工程量（或分层分段的工程量）。

（9）有关规范规程及其他资料，如工程合同。

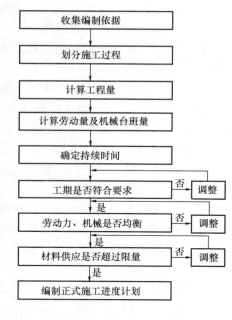

图4-5 单位工程施工进度计划
编制程序

（三）单位工程施工进度计划编制程序

图4-5所示是单位工程施工计划编制的程序。

（四）施工进度计划的编制

1. 施工过程的划分

施工过程的划分是根据施工图、施工方案及劳动组织确定拟建单位工程的施工过程。将这些施工过程按先后顺序列出，填入施工进度表的"施工项目"栏中。施工进度表中所列的施工项目（分部分项工程名称）一般包括直接在建筑物上进行现场施工的分部分项工程，不包括预制加工厂构件的制作和运输工作，如门窗的制作、工厂制作的钢筋混凝土构件和运输工作；也不包括现场制备的混凝土拌和料和灰浆及其运输工作。但现场就地预制的构件及构件拼装等工作，由于它们单独占有工期，而且对其他的分部分项工程有影响，或运输与其分部分项工程密切配合（如构件的随运随吊装）时，也需将这些项目列入进度计划。

施工过程划分应考虑以下要求：

（1）施工过程划分粗细的要求。施工过程工程项目划分粗细程度取决于客观需要。对控制性进度计划，项目可划分得粗些，列出部分工程中主导施工过程就可以了。如单层厂房的施工进度计划，只可列出土方工程、基础工程、预制工程、吊装工程等。对指导性进度计划，工程项目（即施工过程）划分必须详细、具体，以提高计划的精度，以便指导施工。如框架结构工程施工，除要列出各分部工程外，还应列出分项工程；如现浇混凝土工程，可先分为柱的浇筑、梁的浇筑等项目，然后再将其分为（柱、梁、板）支模、扎筋、浇筑混凝土、养护拆模等项目。

（2）对施工过程进行适当合并，达到简明清晰的要求。施工过程划分越细，则过程越多，施工进度图表就会显得繁杂，重点不突出，反而失去指导施工的意义，并且增加编制施工进度计划的难度。因此，为了使计划简明清晰、突出重点，一些次要的施工过程应合并到主要施工过程中去，如基础防潮层可合并到基础施工过程内，有些虽然重要但工程量不大的施工过程也可与相邻的施工过程合并，如挖土可与垫层合并为一项，组织混合班组施工；同一时期由同一工种施工的也可合并在一起，如墙体砌筑，不分内墙、外墙、隔墙等，而合并为墙体砌筑一项。

对一些次要的、零星的分项工程，不必分项列上，可以合并为"其他工程"，在计算劳动量时给予综合考虑即可。

（3）施工过程划分的工艺性要求。现浇钢筋混凝土施工，一般可分为支模、扎筋、浇筑混凝土等施工过程，是合并还是分别列项，应视工程施工组织、工程量、结构性质等因素研究确定。一般情况下，现浇钢筋混凝土框架结构的施工应分别列项，而且可分得细一些。如绑扎柱钢筋、安装柱模板、浇捣柱混凝土、安装梁板模板、绑扎梁板钢筋、浇捣梁板混凝土、养护、拆模等施工过程。但在现浇钢筋混凝土工程量不大的工程对象上，一般不再分细，可合并为一项。如砖混结构工程，现浇雨篷，圈梁、厕所及盥洗室的现浇楼板等，即可列为一项，由施工班组的各工种互相配合施工。

抹灰工程一般分内外墙抹灰，外墙抹灰工程可能有若干种装饰抹灰的做法要求，一般情况下合并为一项，也可分别列项。室内的各种抹灰应按楼地面抹灰、天棚及墙面抹灰、楼梯间及踏步抹灰等分别列项，以便组织施工和安排进度。

施工过程的划分，应考虑选择的施工方案。如厂房基础采用敞开式施工方案时，柱基础和设备基础可合并为一个施工过程；而采用封闭式施工方案时，则必须列出柱基础、设备基础这两个施工过程。

住宅建筑的水、暖、煤、卫、电等房屋设备安装是建筑工程的重要组成部分，应单独列项；工业厂房的各种机电等设备安装也要单独列项，但不必细分，可由专业队或设备安装单位单独编制其施工进度计划。土建施工进度计划中列出其施工过程，表明其与土建施工的配合关系。

（4）施工项目排列顺序的要求。确定的施工项目，应按拟建工程的总的施工工艺顺序的要求排列，即先施工的排前面，后施工的排后面。以便编制单位工程施工进度计划时，做到施工先后有序，横道进度线编排时，做到图面清晰。

（5）明确施工过程对施工进度的影响程度。根据施工过程对工程进度的影响程度可分成三类。第一类为资源驱动的施工过程，这类施工过程直接在拟建工程进行作业、占用时间、资源，对工程的完成与否起着决定性的作用，它在条件允许的情况下，可以缩短和延长工期。第二类为辅助性施工过程，它一般不占用拟建工程的工作面，虽需要一定的时间和消耗一定的资源，但不占用工期，故可不列入施工计划以内，如交通运输、场外构件加工或预制。第三类施工过程虽直接在拟建工程进行作业，但它的工期不以人的意志为转移，随着客观条件的变化而变化，它应根据具体情况列入施工计划，如混凝土的养护。

施工过程划分和确定之后，应按前述施工顺序列出施工过程的逻辑关系。

2. 计算工程量

工程量的计算应严格按照施工图和工程量计算规则进行。若编制计划时已经有了预算文件，则可以直接利用预算文件中的有关工程量数据。若某些项目不一致，则应根据实际情况加以调整或补充，甚至重新计算。计算工程量时应注意如下几个方面的问题。

（1）各分部分项工程量的计算单位应与现行施工定额的计算单位相一致，以便计算劳动量、材料、机械台班时直接套用定额，以免进行换算。

（2）结合施工方法和技术安全的要求计算工程量。例如，基础工程中挖土方中的人工挖土、机械挖土、是否放坡、抗底是否留工作面、是否设支撑等，其土方量计算是不同的。

（3）当施工组织中分段、分层施工时，工程量计算也应分段、分层计算，以便于施工组织和进度计划的编制。

（4）计算工程量时。应尽量考虑到编制其他计划时使用的工程量数据的方便，做到一次计算，多次使用。

3. 计算劳动量及机械台班量

根据工程量及确定采用的施工定额，即可进行劳动量及机械台班量的计算。

（1）劳动量的计算。劳动量也称劳动工日数。凡是采用手工操作为主的施工过程，其劳动量均可按下式计算：

$$P = \frac{Q_i}{S_i} \text{ 或 } P = Q_i \cdot H_i \tag{4-5}$$

式中　P——某施工过程所需劳动量，工日；

　　　Q_i——该施工过程的工程量，m^3、m^2、t；

　　　S_i——该施工过程采用的产量定额，m^3/工日、m^2/工日、m/工日、t/工日等；

　　　H_i——该施工过程采用的时间定额，工日/m^3、工日/m^2、工日/m、工日/t 等。

当某一施工过程是由两个或两个以上不同分项工程合并而成时，其总劳动量应按下式计算：

$$P_{总} = \sum_{i=1}^{n} P_i = P_1 + P_2 + \cdots + P_n \tag{4-6}$$

当某一施工过程是由同一工种，但不同做法、不同材料的若干个分项工程合并组成时，应先按式（4-7）计算其综合产量定额，再求其劳动量。

$$\overline{S}_i = \frac{\sum_{i=1}^{n} Q_i}{\sum_{i=1}^{n} P_i} = \frac{Q_1 + Q_2 + \cdots + Q_n}{P_1 + P_2 + \cdots + P_n} = \frac{Q_1 + Q_2 + \cdots + Q_n}{\dfrac{Q_1}{S_1} + \dfrac{Q_2}{S_2} + \cdots + \dfrac{Q_n}{S_n}} \tag{4-7a}$$

$$\overline{H}_i = \frac{1}{S_i} \tag{4-7b}$$

式中　　　　$\overline{S}_i$——某施工过程的综合产量定额，m^3/工日、m^2/工日、m/工日、t/工日等；

　　　　　　$\overline{H}_i$——某施工过程的综合时间定额，工日/m^3、工日/m^2、工日/m、工日/t 等；

　　　　　　$\sum_{i=1}^{n} Q_i$——总工程量，m^3、m^2、m、t 等；

　　　　　　$\sum_{i=1}^{n} P_i$——总劳动量，工日；

Q_1、Q_2、$\cdots$、Q_n——同一施工过程的各分项工程的工程量；

S_1、S_2、$\cdots$、S_n——与 Q_1、Q_2、$\cdots$、Q_n 相对应的产量定额。

【例4-1】　某钢筋混凝土基础工程，其支模板、扎钢筋、浇筑混凝土三个施工过程的工程量分别为 $600m^2$、$5t$、$250m^3$，查劳动定额其时间定额分别为 0.253 工日/m^2、5.28 工日/t、0.833 工日/m^3，试计算完成钢筋混凝土基础所需劳动量。

解　按式（4-6）

$P_{模} = 600 \times 0.253 = 151.8$（工日）

$P_{筋} = 5 \times 5.28 = 26.4$（工日）

$P_{混凝土} = 250 \times 0.833 = 208.3$（工日）

$$P_{柱基} = P_{模} + P_{筋} + P_{混凝土}$$
$$= 151.8 + 26.4 + 208.3 = 386.5 \text{（工日）}$$

（2）机械台班量计算。凡是采用机械为主的施工项目，应按下列公式计算所需的机械台班数。

$$P_{机械} = \frac{Q_{机械}}{S_{机械}} \quad \text{或} \quad P_{机械} = Q_{机械} \cdot H_{机械} \tag{4-8}$$

式中　$P_{机械}$——某施工过程需要的机械台班数，台班；

$Q_{机械}$——机械完成的工程量，m^3、t、件等；

$S_{机械}$——机械的产量定额，$m^3/$台班、$t/$台班等；

$H_{机械}$——机械的时间定额，台班$/m^3$、台班$/t$等。

在实际计算中 $S_{机械}$ 或 $H_{机械}$ 的采用应根据机械的实际情况、施工条件等因素考虑，结合实际确定，以便准确地计算需要的机械台班数。

【例4-2】　某单层工业厂房基础采用敞开式施工，柱基及设备基础选择轮胎式液压反铲挖土机施工，其斗容量为 $0.4m^3$、经研究采用台班产量定额为 $250m^3$，机械挖土工程量为 $4\,560m^3$。其中95%的挖土量由自卸翻斗汽车随挖随运，汽车台班运土量为 $40m^3$。计算挖土机及汽车台班需要量。

解　按式（4-5）

$$P_{挖土机} = \frac{Q_{挖}}{S_{挖}} = \frac{4\,560}{250} = 18.24 \text{（台班）}$$

取整数，需 18 个台班（挖土机）

$$P_{汽车} = \frac{Q_{运}}{S_{运}} = \frac{4\,560 \times 0.95}{40} = 108.3 \text{（台班）}$$

取整数，需要 108 台班（汽车）。

对采用新技术、新材料、新工艺或特殊施工方法的施工项目，其定额在施工定额手册中未列入，则可参考类似项目或实测确定。

对"其他工程"项目所需劳动量，可根据其内容和数量，并结合施工现场的具体情况，以占总劳动量的 10% ~20% 计算。

水、暖、电、卫设备安装等工程项目，一般不计算劳动量和机械台班需用量，仅安排与一般土建单位工程配合的进度。

4. 计算确定施工过程的持续时间

一般有两种方法：定额计算法和倒排计划法。

（1）定额计算法。这种方法就是根据施工项目需要的劳动量或机械台班量，以及配备的劳动人数或机械台数，来确定其工作连续时间：

$$T_i = \frac{P_i}{R_i \cdot b} \tag{4-9}$$

$$T_i' = \frac{D_i}{G_i \cdot b} \tag{4-10}$$

式中　T_i——某手工操作为主的施工项目延续时间，d；

P_i——该施工项目所需的劳动量，工日；

R_i——该施工项目所配备的施工班组人数，人；

b——每天采用的工作班制，1~3 班；

D_i——某施工项目需要的机械台班数，台班；

T'_i——某机械施工为主的施工项目延续时间，d；

G_i——该施工项目所配备的机械台数，台。

在组织分段流水施工时，也可用上式确定每个施工段的流水节拍数。

在应用上述公式时，必须先确定 R_i、G_i 及 b 的数值。

①施工班组人数的确定：在确定施工班组人数时，应考虑最小劳动组合人数、最小工作面和可能安排的施工人数等因素。

最小劳动组合，即某一施工过程进行正常施工所必需的最低限度的班组人数及其合理的组合。最小劳动组合决定了最低限度应安排多少工人，如砌墙就要按技工和普工的最少人数及合理比例组成施工班组，人数过少或比例不当都将引起劳动生产率下降。

最小工作面，即施工班组为保证安全生产和有效地操作所必需的工作面。最小工作面决定了最高限度可安排多少工人。不能为了缩短工期而无限制地增加人数，否则将造成工作面的不足而产生窝工。

可能安排人数，是指施工单位所能配备的人数。一般只要在上述最低限度和最高限度之间，根据实际情况确定就可以了。有时为了缩短工期，可在保证足够工作面的条件下组织非专业工种的支援。如果在最小工作面情况下，安排最高限度的工人数仍不能满足工期要求时，可组织两班制或三班制施工。

②机械台数的确定：与施工班组人数确定情况相似，也应考虑机械生产效率、施工工作面、可能安排台数及维修保养时间等因素确定。

③工作班制的确定：一般情况下，当工期容许、劳动力和机械周转使用不紧迫、施工工艺上无连续施工要求时，可采用一班制施工。当工期较紧或为了提高施工机械的使用率及加速机械的周转，或工艺上要求连续施工时，某些项目可考虑两班制甚至三班制施工。

【例 4-3】　某工程砌墙劳动量需 710 工日，采用一班制施工，每班出勤人数为 22 人（技工 10 人，普工 12 人）。试求完成砌墙任务的施工持续时间。

解
$$T_{砌砖} = \frac{P_i}{R_i \cdot b} = \frac{710}{22 \times 1} = 32.27 （天） 取 32 天 \tag{4-11}$$

（2）倒排计划法。这种方法是根据流水施工方式及总工期的要求，先确定施工时间和工作班制，再确定施工班组人数或机械台数。其计算公式如下：

$$R_i = \frac{P_i}{T_i \cdot b} \tag{4-12}$$

$$G_i = \frac{D_i}{T'_i \cdot b} \tag{4-13}$$

式中符号同式（4-9）、式（4-10）。

【例 4-4】　前例如果总的施工延续时间为 30 天，计算每天施工班组数。

解　按式（4-12）

$$R_{砌砖} = \frac{P_i}{T_i \cdot b} = \frac{710}{30 \times 1} = 23.6(人) \ 取 \ 24 \ 人$$

若配备技工 11 人，普工 13 人，其比例为 1：1.18。劳动量为 24×30＝720 工日，比计划劳动量 710 工日多 10 工日，相差不大。

5. 初排施工进度

上述各项计算内容确定之后，开始设计施工进度，即表格中右边部分。编排施工进度时，必须考虑各分部分项工程的合理施工顺序，应力求同一施工过程连续施工，并尽可能组织平行流水施工，将各个施工阶段最大限度地搭接起来，以缩短工期。对某些主要工种的专业工人应力求使其连续工作。

在编排施工进度时，先安排主导施工过程的施工进度，即先安排好采用主要的机械、耗费劳动力及工时最多的过程。然后再安排其余的施工过程，它应尽可能配合主导施工过程并最大限度搭接，保证施工的连续进行，形成施工进度计划的初步方案。应使每个施工过程尽可能早地投入施工。

编排施工进度时，可先作出各施工阶段的控制性计划，在控制性计划的基础上，再按施工程序，分别安排各个施工阶段内各分部分项工程的施工组织和施工顺序及其进度，并将相邻施工阶段内最后一个分项工程和接着进行的下一施工阶段的最先开始的分项工程，使其相互之间最大限度地搭接，最后汇总成整个单位工程进度计划的初步方案。

编排施工进度时，应注意以下问题：

（1）每个施工过程的施工进度线都应用横道粗实线段表示（初排时可用铅笔细线表示，待检查调整无误后再加粗）。

（2）每个施工过程的进度线所表示的时间（天）应与计算确定的持续时间一致。

（3）每个施工过程的施工起止时间应根据施工工艺顺序及组织顺序确定。

6. 施工进度计划的检查和调整

施工进度计划初步方案编出后，应根据上级要求、合同规定、经济效益及施工条件等，先检查各施工项目之间的施工顺序是否合理、工期是否满足要求、劳动力等资源需要量是否均衡；然后进行调整，直至满足要求；最后编制正式施工计划。

（1）施工顺序的检查和调整。施工进度计划安排的顺序应符合建筑施工的客观规律。应从技术上、工艺上、组织上检查各个施工项目的安排是否正确合理，如有不当之处，应予修改或调整。

（2）施工工期的检查与调整。施工进度计划安排的施工工期首先应满足上级规定或施工合同的要求，其次应具有较好的经济效果，即安排工期要合理，并不是越短越好。当工期不符合要求时，应进行必要的调整。

（3）资源消耗均衡性的检查与调整。施工进度计划的劳动力、材料、机械等供应与使用，应避免过分集中，尽量做到均衡。

例如，劳动力消耗的均衡性可用均衡系数来表示，用下式计算：

$$K = \frac{R_{\max}}{R} \tag{4-14}$$

式中　K——劳动力均衡系数；

　　R_{max}——高峰人数；

　　$\overline{R}$——平均人数，即为施工总工日数除总工期所得人数。

劳动力均衡系数一般控制在 2 以下，超过 2 则不正常。如果出现劳动力不均衡的情况，可通过调整次要项目的施工人数、施工时间和起止时间以及重新安排搭接等方法来实现均衡。

建筑施工本身是一个复杂的生产过程，受到周围许多客观条件的影响，如资源供应条件变化、气候的变化等，都会影响施工进度。因此，在执行中应随时掌握施工动态，并经常不断地检查和调整施工进度计划。

七、施工准备工作及劳动力和物资需用量计划

单位工程施工进度计划编出后，即可着手编制施工准备工作计划和劳动力及物资需要量计划。这些计划也是施工组织设计的组成部分，是施工单位安排施工准备及劳动力和物资供应的主要依据。

（一）施工准备工作计划

单位工程施工前，应编制施工准备工作计划，内容一般包括现场准备、技术准备、资源准备及其他准备，其计划表格形式见表4-5。

表 4-5　施工准备工作计划表

序号	施工准备工作项目	工程量		负责队组或人	进　　　度													
		单位	数量		××月							××月						
					1	2	3	4	5	6	…	1	2	3	4	5	6	…

（二）劳动力需要量计划

主要根据确定的施工进度计划提出，其方法是按进度表上每天所需人数工种分别统计，得出每天所需工种及人数，按时间进度要求汇总编出。其表格见表4-6。

表 4-6　劳动力需要量计划表

序号	工种名称	人数	××月			××月			××月			××月			……
			上	中	下	上	中	下	上	中	下	上	中	下	

（三）施工机械、主要机具需要量计划

主要根据单位工程分部分项施工方案及施工进度计划要求，提出各种施工机械、主要机具的名称、规格、型号、数量及使用时间，其表格见表4-7。

表 4-7　施工机械、主要机具需要量计划表

| 序　号 | 机械及机具名称 | 规格型号 | 需　要　量 | | 机械来源 | 使用起止日期 | | 备　注 |
			单　位	数　量		月／日	月／日	

（四）预制构件需要量计划

预制构件包括钢筋混凝土构件、木构件、钢构件、混凝土制品等。其表格见表 4-8。

表 4-8　预制构件需要量计划表

| 序　号 | 构件名称 | 规格 | 图号 | 需　要　量 | | 使用部位 | 加工单位 | 进场日期 | 备　注 |
				单位	数量				

（五）主要材料需要量计划

主要根据工程量及预算定额统计计算并汇总的施工现场需要的各种主要材料用量。作为组织供应材料、拟订现场堆放场地及仓库面积需用量及运输计划提供依据。编制时，应提出各种材料的名称、规格、数量、使用时间等要求，其计划表格形式见表 4-9。

表 4-9　主要材料需要量计划

| 序　号 | 材料名称 | 规　格 | 需要量 | | 需　要　时　间 | | | | | | | | | | | | 备　注 |
| | | | 单　位 | 数　量 | ××月 | | | ××月 | | | ××月 | | | ××月 | | | |
					上	中	下	上	中	下	上	中	下	上	中	下	

（六）运输计划

如果由施工单位组织运输材料和构件，则应编制运输计划。它以施工进度计划及上述各种物资需要量计划为依据，其内容见表 4-10。这种计划可作为组织运输力量、保证物资按时进场的依据。

表 4-10　运　输　计　划

| 序　号 | 需运项目 | 单　位 | 数　量 | 货源 | 运距／km | 运输量／t·km | 所需运输工具 | | | 需用起止时间 |
							名　称	吨　位	台　班	

（七）单位工程施工进度计划评价指标

评价单位工程施工进度计划的优劣，主要有下列指标。

1. 工期

施工进度计划的工期应符合合同工期要求，并在可能情况下缩短工期，保证工程早日交付使用，取得较好的经济效果。

提前时间 = 合同工期 - 计划（或计算）工期

节约时间 = 定额工期 - 计划（或计算）工期

2. 建安工人日产值

$$建安工人日产值 = \frac{计划工作量}{计划工期 \times 每天平均工日数} \tag{4-15}$$

3. 总工日节约率

$$总工日节约率 = \frac{施工预算工期 - 计划用工数}{施工预算用工数} \tag{4-16}$$

4. 劳动量消耗的均衡性

力求每天出勤人数不发生较大的波动，即力求劳动力消耗均衡，这对施工组织和临时设施布置有很大好处。劳动力消耗的均衡性用劳动力不均衡系数 K 来表示，即

$$K = \frac{R_{\max}}{R_{平均}} \tag{4-17}$$

式中　$R_{\max}$——施工期间工人日最大需要量；

$R_{平均}$——施工期间工人加权平均需要量。

劳动不均衡系数一般控制在 2 以下，越接近 1，说明劳动力安排越合理。在组织流水作业情况下，可得到较好的 K 值，除了总劳动力消耗均衡外，对各专业工人的均衡性也应十分重视。

当建筑工地有若干个单位同时施工时，就应该考虑全工地范围内劳动力消耗的均衡性，应绘制出全工地劳动力耗用动态图，用以指导单位工程劳动需要量计划。

八、施工平面图的设计

单位工程施工平面图是施工组织设计的重要组成部分。它是根据拟建工程的规模、施工方案、施工进度及施工生产中的需要，结合现场的具体情况和条件，对施工现场作出的规划、部署和具体安排。

单位工程施工平面图一般按 1：200 ~ 1：500 的比例绘制。

施工平面图是施工方案在现场空间上的体现，反映已建工程和拟建工程之间，以及各种临时建筑、临时设施之间的合理位置关系。现场布置得好，就可以使现场管理得好，为文明施工创造条件；反之，如果现场施工平面布置得不好，施工现场道路不畅通，材料堆放混乱，就会对工程进度、质量、安全、成本产生不良后果。因此，施工平面图设计是施工组织设计中一个很重要的内容。

（一）单位工程施工平面图设计内容

（1）施工现场内已建和拟建的地上和地下的一切建筑物、构筑物及其他设施。

（2）塔式起重机位置、运行轨道，施工电梯或井架位置，混凝土和砂浆搅拌站

位置。

（3）测量轴线及定位线标志，测量放线桩及永久水准点位置。

（4）为施工服务的一切临时设施的位置和面积，主要有以下几方面：

①场内外的临时道路，可利用的永久道路；

②各种材料、构配件、半成品的堆场及仓库；

③装配式结构构件制作和拼装地点；

④行政、生产、生活用的临时设施，如办公室、加工车间、食堂、宿舍、门卫、围墙等；

⑤临时水电管线；

⑥一切安全和消防设施的位置，如高压线、消防栓的位置等。

当然对不同的施工对象，施工平面图布置也不尽相同。当采用商品混凝土，混凝土的制备可以在场外进行，这样现场的平面布置就显得简单多了。当工程规模大、工期长，各施工过程及各分部分项工程内容差异很大，其施工平面布置也随时间的改变而变动很大，因此，施工平面图设计应分阶段进行。

（二）施工平面图设计原则

1. 在尽可能的条件下，平面布置力求紧凑，尽量少占施工用地

少占用地，除可以解决城市施工用地紧张外，还有其他重要意义。对建筑场地而言，减少场内运输距离和缩短管线长度，既有利于现场施工管理，又节省施工成本。通常可以采用一些技术措施，减少施工用地。如合理计算各种材料的储备量，尽量采用商品混凝土施工，有些结构构件可采用随吊随运方案，某些预制构件采用平卧叠浇方案，临时办公用房可采用多层装配式活动房屋。

2. 在保证工程顺利进行的条件下，尽量减少临时设施用量

尽可能利用现有房屋作为临时施工用房；合理安排生产流程；临时通路，使土方调配量最小；必要时可用装配式房屋，水由管网选择应使长度尽量短。

3. 最大限度缩短场内运输距离，减少场内二次搬运

各种主要材料、构配件堆场应布置在塔式起重机有效工作半径范围之内，尽量使各种资源靠近使用地点布置，力求转运次数最少。

4. 临时设施布置，应有利于施工管理和工人的生产和生活

如办公室应靠近施工现场，生活福利设施最好与施工区分开，分区明确，避免人流交叉。

5. 施工平面布置要符合劳动保护、技术安全和消防要求

现浇石灰池、沥青锅应布置在生活区的下风处，木工棚、石油沥青卷材仓库也应远离生活区。采取消防措施，易燃易爆物品场所旁应有必要的警示标志。

设计施工平面图除考虑上述基本原则外，还必须结合施工方法、施工进度，设计几个施工平面布置方案，通过对施工用地面积、临时道路和管线长度、临时设施面积和费用等技术经济指标进行比较，择优选择方案。

（三）单位工程施工平面图设计依据

1. 设计与施工的原始资料

（1）自然条件资料：自然条件资料包括地形资料、地质资料、水文资料、气象资料

等，主要用来确定施工排水沟渠、易燃易爆品仓库的位置。

（2）技术经济条件资料：技术经济条件资料包括地方资源情况、水电供应条件、生产和生活基地情况、交通运输条件等，主要用来确定材料仓库、构件和半成品堆场、道路及可以利用的生产和生活的临时设施。

（3）社会调查资料：如社会劳动力和生活设施、参加施工的各单位情况，建设单位可为施工提供的房屋和其他生活设施。

2. 施工图

（1）建筑总平面图：在建筑总平面图上标有已建和拟建建筑物和构筑物的平面位置，根据总平面图和施工条件确定临时建筑物和临时设施的平面位置。

（2）地下、地上管道位置：一切已有或拟建的管道，应在施工中尽可能考虑利用，若对施工有影响，则应采用一定措施予以解决。

（3）土方调配规划及建筑区竖向设计：土方调配规划及建筑区竖向设计资料对土方挖填及土方取舍位置密切相关，它影响施工现场的平面关系。

3. 施工方面的资料

（1）施工方案：施工方案对施工平面布置的要求，应具体体现在施工平面上。如单层工业厂房结构吊装，构件的平面布置、起重机开行路线与施工方案密不可分。

（2）施工进度计划：根据施工进度计划及由施工进度计划而编制的资源计划，进行现场仓库位置、面积、运输道路的确定。

（3）资源需要计划：即各种劳动力、材料、构件、半成品等需要量计划，可确定宿舍、食堂的面积、位置，仓库和堆场的面积、形式、位置。

4. 有关的法律法规对施工现场管理提出的要求

如《建设工程施工现场管理规定》（建设部令第 15 号）、《文物保护法》、《环境保护法》等。

（四）单位工程施工平面图设计步骤

1. 熟悉、分析有关资料

熟悉设计图纸、施工方案、施工进度计划；调查分析有关资料，掌握、熟悉现场有关地形、水文、地质条件；在建筑总平面图上进行施工平面图设计。

2. 起重机械位置确定

（1）起重运输机械位置的确定：它的位置直接影响仓库、材料、砂浆和混凝土搅拌站的位置，以及场内运输道路和水电线路的布置等。

①塔式起重机的布置。塔式起重机的平面位置主要取决于建筑物平面形状和四周场地条件，一般应在场地较宽的一面沿建筑物的长度方向布置，以充分发挥其效率。塔式起重机沿建筑物长度方向单侧布置的平面和立面如图 4-6 所示。回转半径 R 应满足下式要求，即

$$R \geqslant B + D$$

式中　R——塔式起重机最大回转半径，m；

　　　　B——建筑物平面的最大宽度，m；

　　　　D——轨道中心线与外墙中心线的距离，m。

塔式起重机工作参数计算简图如图 4-7 所示。

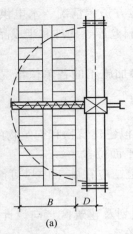
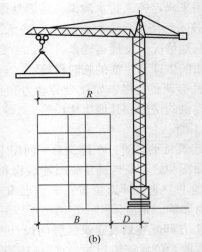

(a)   (b)

图 4-6 塔式起重机单侧布置示意图

②复核塔式起重机起重量（Q）、回转半径（R）、起重高度（H）三者是否能满足建筑物构件吊装的技术要求，如不能满足，则可以调整公式中的距离 D。

③绘出塔式起重机服务范围。以塔式起重机轨道两端有效行驶端点为圆心，以最大回转半径为半径划出两个半圆形，再连接两个半圆，即为塔式起重机的服务范围，如图4-8所示。

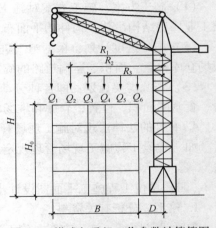

图 4-7 塔式起重机工作参数计算简图

塔式起重机布置最佳状况应使建筑物平面均在塔式起重机服务范围内，避免"死角"，建筑物处在塔式起重机范围以外的阴影部分，称为"死角"，如图 4-9 所示。如果难以避免，也应使"死角"越小越好，或使最重、最大、最高的构件不出现在死角内。如塔吊吊运最远构件，需将构件作水平推移时，推移距离一般不超过1m，并应有严格的技术措施，否则要采用其他辅助措施。

（2）井架、龙门架布置：井架的布置位置一般取决于建筑物的平面形状和大小、流水段的划分，建筑物高低层的分界位置等因素。当建筑物呈长条形，层数、高度相同时，一般布置在流水段的分界处，如图 4-10 所示，并应布置在现场较宽的一面，因为这一面便于堆放砖和楼板等构件，以达到缩短运距的要求。

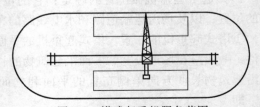

图 4-8 塔式起重机服务范围

井架设置的数量根据垂直运输量的大小，工程进度及组织流水施工要求决定。其台班吊装次数一般为 80～100 次。

井架可装设 1～2 个摇头把杆，把杆长度一般为 6～15m。摇头把杆有一定的活动吊装

106

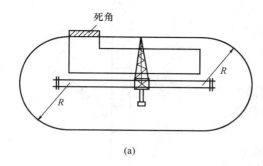

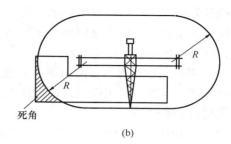

(a)

(b)

图4-9 塔式起重机施工的"死角"

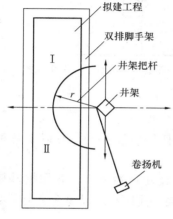

图4-10 井架布置
用Ⅰ、Ⅱ表示

半径，可以把一部分构件直接安装到设计位置上。布置井架的方位可平行墙面架立，也可以与墙面成45°角架立。如图4-10所示。

井架也可装设两个摇头把杆，分别服务于两个流水段吊装和垂直运输需要。要斜角对称架设，分别各有卷扬机牵引。如图4-11所示，图中两个把杆的服务半径根据需要选择，以 r_1、r_2 表示。

井架离开建筑外墙距离，视屋面檐口挑出尺寸或双排外脚手架搭设要求决定。把杆与井架的夹角以45°为最佳，也可以在30°～60°之间变幅；所以把杆长度（L）与回转半径（r）的关系，可用下列公式表示，如图4-12所示。

$$r = L\cos\alpha$$

式中　r——把杆回转半径，m；

　　　L——把杆长度，m；

　　　α——把杆与水平线夹角。

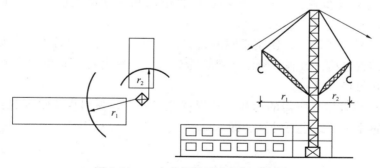

图4-11 一个井架装两个把杆示意图

龙门架的布置：龙门架用两根门式立柱及附在立柱上垂直导杆，使用卷扬机将吊篮提升到需要高度，吊篮尺寸较大，可提升材料、构件，龙门架的平面布置与井架基本相同。

3. 选择砂浆、混凝土搅拌站位置

搅拌站位置取决于垂直运输机械。布置搅拌机时，应考虑以下因素。

（1）根据施工任务大小和特点，选择适用的搅拌机及数量，然后根据总体要求，将搅拌机布置在使用地点和起重机附近，并与垂直运输机具协调，以提高机械的利用率。

（2）搅拌机的位置尽可能布置在运输道路附近，且与场外运输道路相连接，以保证大量的混凝土原材料顺利进场。

（3）搅拌机布置应考虑后台有上料的地方，砂石堆场距离率越近越好，并能在附近布置水泥库。

（4）特大体积混凝土施工时，其搅拌机尽可能靠近使用地点。

（5）混凝土搅拌台所需面积 $25m^2$；砂浆搅拌机需 $15m^2$ 左右，它们四周应有排水沟，避免现场积水。

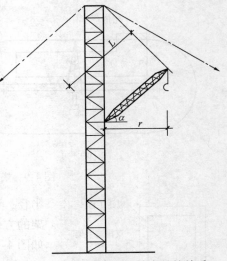

图 4-12 把杆长度与回转半径的关系

4. 确定材料及半成品堆放位置

材料、构件的堆场位置应根据施工阶段、施工部位及使用时间不同，有以下几种布置。

（1）建筑物基础和第一层施工所用的材料，应该布置在建筑物周围，并根据基槽（坑）的深度、宽度和边坡坡度确定，与基槽（坑）边缘保持一定距离，以免造成土壁塌方事故。

（2）第二层以上材料布置在起重机附近。

（3）砂、石等大宗材料，尽量布置在起重机附近。

（4）多种材料同时布置时，对大宗的、重量大的和先期使用的材料，尽可能靠近使用地点或起重机附近布置；而对少量的、重量小的和后期使用的材料，则可布置得远一些。

（5）按不同的施工阶段、使用不同的材料的特点，在同一位置上可先后布置不同的材料。例如，砖混结构基础施工阶段，建筑物周围可堆放毛石；而在主体结构施工阶段，在建筑物周围可堆放标准砖。

（6）各种仓库及堆场所需的面积，可根据施工进度、材料供应情况等，确定分批分期进场，并根据下列公式进行计算，即

$$F = \frac{Q}{nqk} \tag{4-18}$$

式中　F——材料堆场或仓库需要面积；

　　　Q——各种材料在现场的总用量；

　　　n——该材料分期分批进场的次数；

　　　q——该材料每平方米储存定额；

　　　k——堆场、仓库面积利用系数。

常用材料仓库或堆场面积计算参考指标见表4-11。

表4-11 常用材料仓库或堆场面积计算参考指标

序 号	材料、半成品名称	单位	每平方米储存定额 q	面积利用系数 k	备 注	库存或堆场
1	水泥	t	1.2～1.5	0.7	堆高12～15袋	封闭库存
2	生石灰	t	1.0～1.5	0.8	堆高1.2～1.7m	棚
3	砂子（人工堆放）	m³	1.0～1.2	0.8	堆高1.2～1.5m	露天
4	砂子（机械堆放）	m³	2.0～2.5	0.8	堆高2.4～2.8m	露天
5	石子（人工堆放）	m³	1.0～1.2	0.8	堆高1.2～1.5m	露天
6	石子（机械堆放）	m³	2.0～2.5	0.8	堆高2.4～2.8m	露天
7	块石	m³	0.8～1.0	0.7	堆高1.0～1.2m	露天
8	卷材	卷	45～50	0.7	堆高2.0m	库
9	木模板	m²	4～6	0.7		露天
10	红砖	千块	0.8～1.2	0.8	堆高1.2～1.8m	露天
11	泡沫混凝土	m³	1.5～2.0	0.7	堆高1.5～2.0m	露天

5. 确定场内运输道路

现场主要道路应尽可能利用永久性道路，或先建好永久性道路路基，在土建工程结束之前再铺路面。现场道路布置时注意保证行驶通畅，使运输工具有回转的可能性。因此，运输路线最好围绕建筑物布置成一条环形道路。道路的最小宽度和转弯半径见表4-12和表4-13。

表4-12 施工现场道路最小宽度

序 号	车辆类别及要求	道路宽度/m
1	汽车单行道	不小于3.0
2	汽车双行道	不小于6.0
3	平板拖车单行道	不小于4.0
4	平板拖车双行道	不小于8.0

表4-13 施工现场道路最小转弯半径

车 辆 类 型	路面内侧的最小曲线半径/m		
	无拖车	有一辆拖车	有两辆拖车
小客车、三轮汽车	6		
一般二轴载重汽车	单车道9	12	15
三轴载重汽车	双车道7		
重型载重汽车	12	15	18
起重型载重汽车	15	18	21

道路西侧一般应结合地形设置排水管，沟深不小于0.4m，底宽不小于0.3m。

6. 临时设施的布置

单位工程的临时设施分生产性和生活性两类。生产性临时设施主要包括各种料具仓库、作业棚、临时加工厂等。生活性临时设施布置时，应考虑使用方便、不妨碍交通，并符合防火及保安的要求。

7. 临时供水、供电设施的布置

施工的临时用水包括施工用水、生活用水和消防用水。单位工程的临时供水管网一般采用枝状布置方式。临时供水应先进行用水量和管径计算，然后进行布置。用水量及管径计算已在本章第二节中介绍。供水管径可通过计算，也可查表选用，一般 5 000 ～ 10 000m² 的建筑物其施工用水主管直径为 100mm，支管直径为 25 ～ 40mm。还应将供水管分别接到各用水点（如砖堆、石灰池、搅拌站等）附近，分别接出水龙头，以满足现场施工用水需要。在保证供水的前提下，应使管线越短越好，管线可暗铺，也可明铺。

工地内要设置消防栓，消防栓距离建筑物不应小于 5m，也不应大于 25m，距路边不大于 2m。消防栓之间距离不大于 120 m，消防水管直径要大于 100 mm。

临时供电，也应先进行用电量、导线计算（计算方法参阅建筑施工手册），然后进行布置。单位工程的临时供电线路，一般采用枝状布置，其要求如下：

（1）尽量利用原有的高压电网及已有变压器。

（2）变压器应布置在现场边缘高压线接入处，离地应大于 3m，四周设有高度大于 1.7m 的铁丝网防护栏，并有明显的标志。不要把变压器布置在交通道口处。

（3）线路应架设在道路一侧，距建筑物应大于 1.5m，垂直距离应在 2m 以上，电杆间距一般为 25 ～ 40m，分支线及引入线均应由杆上横担处连接。

（4）线路应布置在起重机械的回转半径之外。否则必须搭设防护栏，其高度要超过线路 2m，机械运转时还应采取相应措施，以确保安全。现场机械较多时，可采用埋地电缆代替架空线路，以减少互相干扰。

（5）供电线路跨过材料、构件堆场时，应有足够的安全架空距离。

（6）各种用电设备的闸刀开关应单机单闸，不容许一闸多机使用，闸刀开关的安装位置应便于操作。

（7）配电箱等在室外时，应有防雨措施，严防漏电、短路及触电事故。

8. 施工平面图绘制要求

单位工程施工平面图是施工的重要技术文件之一，是施工组织设计的重要组成部分。因此，要求精心设计，认真绘制。比例要准确；要标明主要位置尺寸；要按图例或编号注明布置的内容、名称；线条粗细分明；字迹工整、清晰；图面清楚、美观。

施工平面图的内容，应根据工程特点、工期长短、场地情况而定。一般中小型工程只要绘制主体结构施工平面布置即可。对大型工程或场地狭小的工程，可以根据不同的施工阶段设计几张施工平面图。在设计不同阶段施工平面图时，对整个施工期间的临时设施、道路、水电管线，不要轻易变动，以节省费用。

设计施工平面图时，还应广泛征求各专业施工单位的意见，并充分协商，以达到最佳设计。

9. 单位工程施工平面图评价指标

（1）施工用地面积及施工占地系数

$$施工占地系数 = \frac{施工占地面积（m^2）}{建筑面积（m^2）} \times 100\% \tag{4-19}$$

（2）施工场地利用率

$$施工场地利用率 = \frac{施工设施占地面积（m^2）}{施工用地面积（m^2）} \times 100\% \qquad (4-20)$$

（3）临时设施投资率

$$临时设施投资率 = \frac{临时设施费用率总和（元）}{工程造价（元）} \times 100\% \qquad (4-21)$$

临时设施投资率用于临时设施包干费支出情况。

第三节　主要技术经济措施和技术经济分析指标

一、主要技术组织措施

技术组织措施是指在技术和组织方面对保证工程质量、安全、节约和文明施工所采用的方法。在施工中严格执行施工验收规范、检验标准、操作规程的前提前，应针对工程施工特点制定下述的技术组织措施：

（一）技术措施

对新材料、新结构、新工艺、新技术的应用，对高耸、大跨度、重型构件以及深基础、设备基础、水下和软弱地基项目，均应编制相应的技术措施。其内容包括：

（1）需要表明的平面、剖面示意图以及工程量一览表。

（2）施工方法的特殊要求和工艺流程。

（3）水下及冬雨期施工措施。

（4）技术要求和质量安全注意事项。

（5）材料、构件和机具的特点、使用方法及需用量。

（二）保证工程质量措施

保证工程质量的关键是施工组织设计的工程对象经常发生的质量通病制定防治措施，可以按照各主要分部分项工程提出的质量要求，也可以按照各工种工程提出的质量要求。保证工程质量的措施可以从以下各方面考虑。

（1）保证拟建工程定位、放线、轴线尺寸、标高测量等准确无误的措施。

（2）为了确保地基土壤承载能力符合设计规定的要求而应采取的有关技术组织措施。

（3）各种基础、地下防水施工的质量措施。

（4）确保主体承重结构各主要施工过程的质量要求；各种预制承重构件检查验收的措施。

（5）各种材料、半成品、砂浆、混凝土等检验及使用要求。

（6）对新结构、新工艺、新材料、新技术的施工操作提出质量措施或要求。

（7）工期施工的质量措施。

（8）屋面防水施工、各种抹灰及装饰操作中，确保施工质量的技术措施。

（9）解决质量通病措施。

（10）提出各分部工程的质量评定的目标计划。

（11）保证质量的组织措施（如人员培训、编制工艺卡及质量检查验收制度等）。

（12）执行施工质量的检查、验收制度。

（三）安全施工措施

安全施工措施应贯彻安全操作规程，对施工中可能发生的安全问题进行预测，有针对性地提出预防措施，以杜绝施工中伤亡事故的发生。安全施工措施主要包括以下几方面：

（1）提出安全施工宣传、教育的具体措施；对新工人进场上岗前必须作安全教育及安全操作的培训。

（2）针对拟建工程地形、环境、自然气候、气象等情况，提出可能突然发生自然灾害时有关施工安全方面的若干措施及其具体的办法，以便减少损失，避免伤亡。

（3）提出易燃、易爆品严格管理及使用的安全技术措施。

（4）防火消防措施；高温、有毒、有尘、有害气体环境下操作人员的安全要求和措施。

（5）保证土石方边坡稳定的措施。

（6）脚手架、吊篮、安全网的设置及各类洞口、临边防止人员坠落的措施。

（7）外用电梯、井架及塔吊等垂直运输机具拉结要求和防倒塌措施。

（8）安全用电和机电设备防短路、防触电的措施。

（9）季节性安全措施，如雨期的防洪、防雨，夏期的防暑降温、防狂风及雷电，冬期的防滑、防火等措施。

（10）现场周围通行道路及居民保护隔离措施。

（四）降低成本措施

应根据工程情况，按分部分项工程逐项提出相应的节约措施，计算有关技术经济指标，分别列出节约工料数量与金额数字，以便衡量降低成本效果。其内容包括：

（1）采用新技术，节约材料和工日，如采用悬挑脚手架替代常规脚手架。

（2）采用混凝土及砂浆加外加剂、掺和剂（如粉煤灰、硼泥等），以节约水泥。

（3）采用先进的钢筋连接技术，以确保质量，如采用直螺纹滚丝连接技术。

（4）合理进行土方平衡，以节约土方运费。

（5）保证工程质量，减少返工损失。

（6）保证安全生产，减少事故频率，避免意外工伤事故带来的损失。

（7）综合利用吊装机械、减少吊次，以节约台班费，提高机械利用率，减少机械费用开支。

（8）尽可能使工程建设提前完工，以节省各项费用开支。

降低成本措施应包括节约劳动力、材料费、机械设备费用、工具费、间接费及临时设施费等措施。一定要正确处理降低成本、提高质量和缩短工期三者的关系，对措施要计算经济效益。

（五）现场文明施工措施

现场场容管理措施主要包括以下几个方面：

（1）施工现场的围挡与标牌，出入口与交通安全，道路畅通，场地平整。

（2）暂设工程的规划与搭设，办公室、更衣室、食堂、厕所的安排与环境卫生。

（3）各种材料、半成品、构件的堆放与管理。

（4）散碎材料、施工垃圾运输，以及其他各种环境污染，如搅拌机冲洗废水、油漆废液、灰浆水等施工废水污染，运输土方与垃圾、白灰堆放、散装材料运输等粉尘污染，熬制沥青、熟石灰等废气污染，打桩、搅拌混凝土、振捣混凝土等噪声污染。

（5）成品保护。

（6）施工机械保养与安全使用。

（7）安全与消防。

二、施工组织设计技术经济分析

施工组织设计的技术经济分析的目的是论证所编制的施工组织设计在技术上是否可行、是否先进，在经济上是否合理，从而选择最佳方案。

技术经济分析方法包括定性分析和定量分析。定性分析是根据经验对施工组织设计的优劣进行分析。例如：工期是否适当，可按一般规律或施工定额进行分析；施工平面图设计是否合理，主要看场地是否合理利用，临时设施费是否适当。定性分析法比较方便，但不精确，不能优化，决策易受主观因素制约。定量分析法包括多指标比较法、评分法和价值法，其中，多指标比较法用得较多，该方法简单实用。比较时要选用适当的指标，注意可比性。

（一）技术经济分析的基本要求

（1）对施工技术方法、组织手段和经济效果进行分析，对施工具体环节及全过程进行分析。

（2）做技术经济分析时应重点抓住"一案"、"一图"、"一表"三大重点，即施工方案、施工平面图、施工进度表，并以此建立技术经济分析指标体系。

（3）在做技术经济分析时，要灵活运用定性方法和有针对性的定量方法。在做定量分析时，应针对主要指标、辅助指标和综合指标区别对待。

（4）技术经济分析应以设计方案的要求、有关国家规定及工程实际需要情况为依据。

（二）施工组织设计技术经济分析的重点

技术经济分析应围绕质量、工期、成本三个主要方面。选择方案的原则是在保证质量的前提下，使工期合理、费用最少、效益最好。

对于单位工程施工组织设计，不同的设计内容应有不同的技术经济分析的重点。

（1）基础工程以土方工程、现浇钢筋混凝土施工、打桩、排水和降水、土坡支护为重点。

（2）结构以垂直运输机械选择，划分流水施工段组织流水施工，现浇钢筋混凝土结构中三大工种工程（钢筋工程、模板工程和混凝土工程），脚手架选用，特殊分项工程的施工技术措施及各项组织措施为重点。

（3）装饰阶段应以安排合理的施工顺序，保证工程质量，组织流水施工，节省材料，缩短工期为重点。

单位工程施工组织设计的技术经济分析的重点是：工期、质量、成本、劳动力安排、场地占用、临时设施、节约材料、新技术、新设备、新材料、新工艺的采用。

（三）施工组织设计技术经济分析指标

（1）总工期，是指从破土动工至竣工的全部日历天数。

（2）单方用工量，它反映劳动力的消耗水平，不同建筑物单方用工量之间有可比性。

$$单方用工量 = \frac{总用工量（工日）}{建筑面积（m^2）} \tag{4-22}$$

（3）质量优良品率，是施工组织设计中控制的主要目标之一，主要通过质量保证措施来实现。可分别对单位工程、分部分项工程进行确定。

（4）主要材料节约指标：

①主要材料节约量

$$主要材料节约量 = 预算用量 - 计划用量 \qquad (4\text{-}23)$$

②主要材料节约率

$$主要材料节约率 = \frac{主要材料节约量}{主要材料预算量} \times 100\% \qquad (4\text{-}24)$$

（5）大型机械台班数及费用：

①大型机械单方耗用量

$$大型机械单方耗用量 = \frac{耗用总台班（台班）}{建筑面积（m^2）} \qquad (4\text{-}25)$$

②单方大型机械费

$$单方大型机械费 = \frac{计划大型机械费}{建筑面积（m^2）} \qquad (4\text{-}26)$$

（6）降低成本指标：

①降低成本额

$$降低成本额 = 预算成本 - 计划成本 \qquad (4\text{-}27)$$

②降低成本率

$$降低成本率 = \frac{降低成本额}{预算成本额} \times 100\% \qquad (4\text{-}28)$$

复习思考题

1. 施工组织设计的作用是什么？
2. 施工组织设计分哪几类？
3. 单位工程施工组织设计编制的依据和程序是什么？
4. 单位工程施工组织设计包括哪些内容？
5. 单位工程的概况介绍了哪几方面情况？每方面又包括哪些内容？
6. 一般砖混结构建筑的施工特点是什么？
7. 单位工程的施工方案包括哪些方面内容？
8. 如何确定施工起点流向和施工顺序？
9. 编制单位工程施工进度计划的依据和步骤是什么？
10. 单位工程施工平面图设计的原则是什么？设计的步骤是什么？
11. 单位工程施工平面图一般包括哪些内容？试述塔式起重机布置的要求。
12. 试述施工平面图绘制的要求。
13. 试述主要的技术经济措施和施工组织设计技术经济分析指标。
14. 试述装配式单层工业厂房的施工顺序。

第二篇　建筑工程项目施工管理

第五章　建筑工程项目施工管理概述

建设项目经过决策、方案确定、设计及施工准备等阶段，在开工报告批准后便进入了建设的实施阶段。这是项目决策的实施、建成投产、发挥投资效益的关键环节。

新开工建设的时间，是指建设项目设计文件中规定的任何一项永久性工程第一个破土开槽开始施工的日期。不需要开槽的，正式开始打桩日期就是开工日期。铁道、公路、水库等需要进行大量土、石方工程的，以开始进行土、石方工程日期作为正式开工日期。分期建设的项目，分别按各期工程开工的日期计算。施工活动应按设计要求、合同条款、预算投资、施工程序和顺序、施工组织设计，在保证质量、工期、成本计划等目标的前提下进行，达到竣工标准要求，经过验收后，移交给建设单位。

第一节　施工项目管理的内容

（一）施工项目管理的规划内容

（1）进行项目分解，形成施工对象分解体系，以便确定阶段控制目标，从局部到整体地进行施工活动和进行施工项目管理。

（2）建立施工项目管理工作体系，绘制施工项目管理工作体系图和施工项目管理工作信息流程图。

（3）进行各项方案的编制（施工方案、进度计划、施工平面图、风险管理规划等），确定管理点，形成文件，以利执行。

（二）进行施工项目的目标控制

施工项目的目标有阶段约束性目标和最终目标。实现各项目标是施工项目管理的目的所在。因此，应当坚持以系统论和控制论原理与理论为指导，进行全过程的科学控制。施工项目的控制目标有以下几项：

（1）进度控制目标；

（2）质量控制目标；

（3）成本控制目标；

（4）安全控制目标。

由于在施工项目目标的控制过程中，会不断受到各种客观因素的干扰，各种风险因素有随时发生的可能性，故应通过组织协调和风险管理，对施工项目目标进行动态控制。

（三）对施工项目的生产要素进行优化配置和动态管理

施工项目的生产要素是施工项目目标得以实现的保证，主要包括：劳动力、材料、设备、资金和技术（即5M）。生产要素管理的内容包括三项：

（1）分析各项生产要素的特点。

（2）按照一定原则、方法对施工项目生产要素进行优化配置，并对配置状况进行评价。

（3）对施工项目的各项生产要素进行动态管理。

（四）施工项目的组织协调

组织协调为目标控制服务，其内容包括：

（1）人际关系的协调；

（2）组织关系的协调；

（3）配合关系的协调；

（4）供求关系的协调；

（5）约束关系的协调。

这些关系发生在施工项目管理组织内部、施工项目管理组织与其外部相关单位之间。

（五）项目现场管理

项目现场管理是对施工现场内的活动及空间所进行的管理，包括：

（1）规范场容；

（2）环境保护；

（3）防火保安；

（4）卫生防疫；

（5）其他事项，如：保险、现场管理考评等。

（六）施工项目的合同管理

合同管理的好坏直接涉及项目管理及工程施工的技术经济效果和目标实现。因此，要加强工程施工合同的签订、履行、变更等管理。合同管理是一项执法、守法活动，市场有国内市场和国际市场，因此，合同管理势必涉及国内和国际上有关法规和合同文本、合同条件，在合同管理中应予高度重视。为了取得经济效益，还必须注意搞好索赔，讲究方法和技巧，提供充分的证据。

（七）施工项目的信息管理

现代化管理要依靠信息。施工项目管理是一项复杂的现代化的管理活动，更要依靠大量信息及对大量信息的管理，而信息管理又要依靠计算机进行辅助。进行施工项目管理和施工项目目标控制、动态管理，必须依靠信息管理，并应用计算机进行辅助。

（八）施工项目的风险管理

风险管理是为了减少施工项目在施工过程中不确定因素的影响。项目的风险管理应包括施工全过程的风险识别、风险评估、风险响应和风险控制。

（九）施工项目后期管理

从管理的循环原理来说，管理的总结阶段既是对管理计划、执行、检查阶段经验和问题的提炼，又是进行新的管理所需信息的来源，其经验可作为新的管理标准和制度，其问题有待于下一循环管理予以解决。施工项目管理由于其特定性，更应注意总结，依靠总结不断提高管理水平，发展项目管理学科。总结的内容如下：

（1）施工项目的竣工检查、验收、资料整理（工程总结）。

（2）施工项目的竣工结算与决算。

（3）施工项目的考核评价。

（4）施工项目的回访保修。

（5）施工项目的管理分析与总结。

（6）施工项目的技术总结。

第二节　现代管理技术在施工项目管理中的应用

一、现代科学管理方法

施工项目管理的重点，集中在合同管理、质量管理、进度管理、成本管理、安全管理和信息管理六个方面。在这六个方面，国际上都有惯例或成功的技术，我国经过了近20年的引进和开发，也已有了相当多的经验和创造。因此，随着现代企业制度的建立，应使施工项目管理中应用现代管理技术方面有一个大的进步。

在合同管理方面，应在规范、强化招投标行为的基础上，大力推行FIDIC所制定的《土木工程施工合同条件》，执行我国的新经济合同法，执行《建设工程施工合同（示范文本）》（GF—1999—0201），加强合同签订的可靠性和合同执行中的变更管理，掌握和应用索赔技术，充分发挥合同在市场经济的履约经营中的作用。

在质量管理方面应按《质量管理体系要求》（GB/T 19001—2008）的要求在建筑施工企业建立质量管理体系。在此基础上，科学地应用现代质量检验方法、数理统计方法等对施工项目的质量进行控制，以保证项目的质量管理。

在安全管理方面除应贯彻国家和地方颁布的安全法规标准、建立安全保证体系、开展常规的安全管理工作外，还应贯彻《职业健康安全管理体系要求》（GB/T 28001—2011），实施国际劳工组织（ILO）理事会颁发的167号国际劳工公约《施工安全与卫生公约》及175号国际劳工建议书《施工安全与卫生建议书》。

在进度管理方面，要在加强预测和决策的基础上，编制施工项目的滚动式计划，采用网络计划的形式并组织流水作业，绘制"S"形曲线或"香蕉"形曲线，以方便进度计划执行情况的检查和计划的调整。在使用网络计划时，执行《网络计划技术标准》（GB/T 13400.1~3—92）和《工程网络计划技术规程》（JGJ/T 121—99）行业标准，按照《网络计划技术在项目计划管理中的应用程序》（GB/T 13400.3—92）的规定程序在施工项目管理中科学地应用网络计划技术。应加强施工项目进度和工期的科学决策与动态管理，以实现项目的合同工期为宗旨，尽量扭转计划经济条件下进度控制主观随意性的倾向。

在成本管理方面应按照根据《企业财务通则》和《企业会计准则》颁发的《施工、房地产开发企业财务管理制度》和《施工企业会计管理制度》，加强施工项目的成本预测、成本计划、成本动态控制、成本核算和成本分析各环节，努力在承包成本和计划成本的基础上降低成本，以增加经营利润。降低成本必须通过设计技术组织措施事先规划。采取措施应以组织措施（或称管理措施）为主。降低成本的对象应重点放在材料费上，降低材料费应利用市场，减少材料的购进成本。要应用价值工程原理科学地寻找降低成本的途径。利用量本利方法分析工程量、成本和利润的关系，以利润目标的实现为目的对成本进行控制。把成本分析作为成本管理的关键环节对待，通过成本分析寻找和克服薄弱环节，不断提高施工项目的成本管理水平。

信息管理的重要性应进一步强调。企业应建立项目信息中心，开发科学的"施工项目信息管理系统"应用到施工项目管理中去。充分发挥电子计算机在数据处理和信息传递中的作用，做到施工项目管理手段计算机化。

二、充分发挥施工项目管理规划的作用

编制施工项目管理规划是施工项目的一项重要的准备工作。为了充分发挥施工项目管理规划在施工项目管理中的作用，应注意以下几点：

（1）应明确施工项目管理规划的对象是施工项目管理的全过程。因此，在投标前要编制"施工项目管理规划大纲"以满足投标和签订工程承包合同的需要外，在工程开工前要编制"施工项目管理实施规划"以满足施工准备和项目施工的需要。

（2）施工项目管理实施规划应突出施工项目管理目标的控制，其内容应包括工程概况、施工部署、施工方案、施工技术组织措施、施工进度计划、资源供应计划、施工平面图、施工准备计划、风险管理、信息管理和技术经济指标分析。

（3）在施工项目管理规划中要应用现代化管理方法，如：施工进度计划的规划可用流水作业法、网络计划法；施工方案选择采用技术经济分析和比较法等。

复 习 思 考 题

1. 施工项目管理的内容是什么？
2. 简述现代科学管理方法在施工项目管理中的应用。

第六章 建设工程施工现场管理

第一节 建设工程施工现场管理概述

一、建设工程施工现场管理的必要性

建设工程施工现场（以下简称"施工现场"）是指进行工业和民用项目的房屋建筑、土木工程、设备安装、管线敷设等施工活动，经批准占用的施工场地。该场地既包括红线内已占用的建筑用地和施工用地，又包括红线以外现场附近经批准占用的临时施工用地。施工现场管理的必要性表现在以下几方面：

（1）施工现场是建设工程项目实施的重要场地，是施工的"枢纽站"，大量物资进入施工现场停放，施工活动在现场大量人员（施工作业人员和管理人员）、机械设备将这些物资一步步地转变成建筑物或构筑物。施工现场管理的好坏将影响到人流、物流和财流是否畅通及施工活动是否能顺利进行。

（2）施工现场有各种专业的施工活动，各专业的管理工作按合理的分工分头进行，各专业的施工活动既紧密协作，又相互影响、互相制约，很难截然分开。因此，施工现场管理的好坏，直接影响到各专业施工班组的施工进度和技术经济效果。

（3）施工现场的管理好坏，可从施工单位的精神面貌、管理面貌及施工面貌上反映出来。一个文明的施工现场会有很好的社会效益，会赢得很好的社会信誉。反之，也会损害施工单位的社会信誉。

（4）施工现场管理涉及许多法律法规，如环境保护、市容美化、交通运输、消防安全、文物保护、人防建设、文明建设、居民的生活保障等。因此，施工现场每一个从事施工及施工管理的人员必须要懂法、执法、守法、护法。于是必须加强施工现场的管理才能使施工活动符合有关的法律法规要求。

二、施工现场管理的原则

（一）施工现场管理必须遵守相关的法律法规

施工现场管理中应遵守的法律法规主要有《中华人民共和国环境保护法》、《中华人民共和国环境噪声污染防治法》、《中华人民共和国消防法》、《中华人民共和国消防条例》、《中华人民共和国安全生产法》、《中华人民共和国文物保护法》、《建设工程施工现场管理规定》（建设部令第 15 号）、《建设工程施工现场综合考评试行办法》（建监〔1995〕407 号）等。

（二）施工现场管理要讲经济效益

施工活动既是建筑产品实物形成的过程，又是工程成本形成的过程，在施工现场管理中除要保证工程质量以外，还要努力降低工程成本，以最少劳动消耗和资金占用，取得最

好质量的工程。

（三）组织均衡施工和连续施工

均衡施工是指施工过程中在相等时间内完成的工作量基本相等或稳定递增，即有节奏，按比例地进行施工。组织均衡施工有利于保证设备和人力的均衡负荷，提高设备利用率和工时利用率，有利于建立正常的管理和施工秩序，保证工程质量及施工安全，有利于降低成本。

连续施工是指施工过程连续不断地进行。建筑施工极易出现施工间隔情况，造成人力、物力的浪费。要求统筹安排、科学、合理地组织施工，使其连续进行，尽量减少中断，避免设备闲置、人力窝工，充分发挥施工的潜力。

（四）采用科学的管理方法

施工现场的管理要采用现代化、科学的管理制度和方法。不是单凭经验管理，而是要建立一套科学的管理制度并严格执行管理制度实现对施工现场的管理，使现场施工有序进行，保证良好的施工秩序、以保证工程质量，取得良好的经济效益和社会效益。

三、施工现场管理的主要内容

根据《建设工程施工现场管理规定》（以下简称《规定》）建设工程开工前必须在有关部门办理"施工许可证"，并在"施工许可证"批准之日起两个月内组织开工，因故不能按期开工的，需在期满前申请延期，否则"施工许可证"失效。

在建设工程开工前，施工单位要编制建设工程的施工组织设计并经批准后实施。有关施工组织设计的要求和内容已在第四章作过介绍。

根据《建设工程项目管理规范》（GB/T 50326—2006）及《规定》在施工过程中施工单位应从文明施工管理、规范场容管理、环境管理、消防保安、卫生防疫及健康等方面进行施工现场的管理。

第二节　施工现场的文明施工管理

施工现场的文明施工应包括：规范场容、保持作业环境整洁卫生、创造有序施工的条件、减少对居民和环境的不利影响，保证职工安全和健康。

一、文明施工的意义

（一）文明施工是现代建筑生产的客观要求

科学技术和生产的发展，建筑工程越来越多，建设规模越来越大，技术要求也越来越高及复杂，专业分工越来越细。一个大型建筑工地常有隶属于不同施工单位各种专业的建筑工人，使用着各种类型的施工机械，消耗着千百种上万吨建筑材料，从事着不同工种的交叉施工劳动。现代大生产要求有组织、有计划的对施工现场人流、物流进行合理安排，密切配合协调，以实现质量高、工期短、成本低和效益好的目标。因此，对生产环境和施工秩序要有严格的要求。如果遵照客观规律的要求去做，创造文明施工的环境，就能获得大生产的高产、优质、低成本的经济效益；如果违背了这些客观规律，野蛮施工，将会受到客观规律的惩罚，轻则影响劳动效率，降低工程质量，增加设备故障，加大物资消耗，重则污染周围环境，损害工人健康，甚至引发重大安全事故，造成恶性伤亡的惨剧。

（二）文明施工是加强建筑企业精神文明建设的需要

我国建筑施工企业的员工，绝大多数是来自农村的农民，没有经过大工业生产的严格训练就成了建筑工人。为了提高企业的整体素质，不仅要提高他们的文化和技术素质，还必须培养尊重科学、遵守纪律，服从集体的大生产意识。通过施工现场加强文明施工的教育和实践，不仅改善生产环境和施工秩序，而且在改造客观世界的同时，也改造了主观世界，逐步克服小生产习气，强化大生产的意识和习惯，使企业管理水平再上新台阶。

（三）文明施工是企业竞争开拓建筑市场的需要

随着社会主义市场经济体制的不断完善，建筑市场竞争日趋激烈。企业之间在竞争的策略和手段上，不仅表现在注重本企业的实力（如机械设备、技术人员的知名度、已有的业绩等）和让利上，而且越来越注重本企业的形象。建筑企业的形象是由施工现场展示的，而施工现场形象则取决于文明施工的水平。因此，目前已有不少建筑企业为了开拓建筑市场，把创建文明施工现场作为市场经营策略。用高水平的文明施工，提高企业的知名度，树立企业的形象，增强企业的竞争能力，扩大市场的占有率。

二、建立文明的施工现场的要点

文明施工现场即指按照有关法律法规的要求，使施工现场和临时占地范围内秩序井然，文明安全，环境得到保持，绿地树木不被破坏，交通畅达，文物得以保护，防火设施完备，居民不受干扰，场容和环境卫生均符合要求。建立文明施工现场有利于提高工程质量和工作质量，提高企业信誉。为此，应当做到主管挂帅，系统把关，普遍检查，建章建制，责任到人，落实整改，严明奖惩。

（1）主管挂帅。施工单位成立由主要领导挂帅、各部门主要负责人参加的施工现场管理领导小组，在现场建立以项目管理班子为核心的现场管理组织体系。

（2）系统把关。各管理业务系统对现场的管理进行分口负责，每月组织检查，发现问题及时整改。

（3）普遍检查。对现场管理的检查内容，按达标要求逐项检查，填写检查报告，评定现场管理先进单位。

（4）建章建制。建立施工现场管理规章制度和实施办法，按此办事，不得违背。

（5）责任到人。管理责任不但明确到部门，而且各部门要明确到人，以便落实管理工作。

（6）落实整改。对出现的问题，一旦发现，必须采取措施纠正，避免再度发生。无论涉及哪一级、哪一部门、哪一个人，绝不能姑息迁就，必须整改落实。

（7）严明奖惩。成绩突出，应按奖惩办法予以奖励；出现问题，要按规定给予必要的处罚。

三、文明施工现场及文明施工的要求

（1）要有规范的施工现场场容。

（2）合理规划施工用地。首先要保证场内占地的合理使用。当场内空间不充分时，应会同建设单位按规定向规划部门和公安交通部门申请，经批准后才能获得并使用场外临时施工用地。

（3）施工现场的用电线路、用电设施的安装和使用必须符合安装规范和安全操作规程，并按照施工组织设计进行架设，严禁任意拉线接电。施工现场必须设有保证施工安全要求的夜间照明；危险潮湿场所的照明以及手持照明灯具，必须采用符合安全要求的电压。

（4）及时清场转移。施工结束后，项目管理班子应及时组织清场，将临时设施拆除，剩余物资退场，组织向新工程转移，以便整治规划场地，恢复临时占用的土地，不留后患。

（5）坚持现场管理标准化，堵塞浪费漏洞。现场管理标准化的范围很广，比较突出而又需要特别关注的是现场平面布置管理和现场安全生产管理，稍有不慎，就会造成浪费和损失。

（6）现场施工临时水、电要有专人管理，不得有长流水、长明灯。

（7）工人操作地点和周围必须清洁整齐，做到活完脚下清，工完场地清，丢洒在楼梯、楼板上的砂浆、混凝土要及时清除，落地灰要回收过筛使用。

（8）砂浆、混凝土在搅拌、运输、使用过程中，要做到不洒、不漏、不剩、使用地点盛放砂浆、混凝土必须有容器或垫板，如有洒、漏要及时清理。

（9）要有严格的成品保护措施、严禁损坏污染成品、堵塞管道。高层建筑要设临时便桶，严禁建筑物内大小便。

（10）建筑物内清除的垃圾及余物，严禁从门窗口向外抛掷，要通过临时搭建的竖井或电梯井等措施稳妥下卸。

（11）施工现场门前及围挡附近不得有垃圾和废弃物。位于主要街道两侧现场的主要出入口应设专人指挥车辆，防止发生交通事故。

（12）针对施工现场情况设置宣传标语和黑板报。各地政府及有关部门制定了与施工现场场容和文明施工有关的一系列规定，各施工单位应结合各工程项目的具体情况制定文明施工条例。

四、施工现场的场容规范

施工单位应根据施工项目的施工条件，按照施工总平面图、施工方案和施工进度计划的要求，认真进行所负责区域的施工平面的规划、设计、使用和管理。

施工现场的场容管理应建立在施工平面图设计的合理安排和物料器具定位管理标准化的基础上。对施工现场的场容规范管理应满足以下要求：

（1）科学地进行施工总平面设计：施工总平面设计是合理利用空间对施工场地进行的科学规划。在施工总平面图上，临时设施、大型机械、材料堆场、物资仓库、构件堆场、消防设施、道路及进出口、加工场地、水电管线、周转使用场地等应各得其所，关系合理，从而有利于安全和环境保护，有利于节约，方便施工，实现现场文明。

（2）根据施工进展，按阶段调整施工现场的平面布置：不同的施工阶段，施工的需要不同，现场的平面布置亦应进行调整。不应当把施工现场当成一个固定不变的空间组合，而应当对它进行动态的管理和控制。但调整不能太频繁，以免造成浪费。一些重大设施应基本固定，调整的对象应是耗费不大和规模小的设施，或已经实现功能后失去了作用的设施。

（3）现场的主要机械设备、脚手架、密封式安全网和围挡、模具、施工临时道路和水、电、气管线、施工材料制品堆场及仓库、土方及建筑垃圾堆放区、变配电间、消火栓、警卫室、现场的办公、生活和生活临时设施等的布置，均应符合施工平面图的要求。

（4）施工物料器具除应按施工平面图指定位置就位布置外，还应根据不同特点和性质，规范布置方式与要求，并执行码放整齐、限宽限高、上架入箱、规格分类、挂牌标识等管理标准。

（5）施工机械应当按照施工总平面布置图规定的位置和线路设置，不得任意侵占场内道路。施工机械进场必须经过安全检查，经检查合格的方能使用，施工机械操作人员必须建立机组责任制，并依照有关规定持证上岗，禁止无证人员操作。

（6）施工单位应当按照施工总平面布置图设置各项临时设施。堆放大宗材料、成品、半成品和机具设备，不得侵占场内道路及安全防护等设施。

建设工程实行总包和分包的，分包单位确需进行改变施工总平面布置图活动的，应当先向总包单位提出申请，经总包单位同意后方可实施。

（7）施工现场入口处的醒目位置，应公示下列内容：

①工程概况牌，其内容包括：工程项目名称及其规模、性质、用途、建设单位、施工单位、监理单位、项目经理和施工现场总代表人的姓名、工程的开竣工日期、施工许可证批准文号等。

②安全纪律牌。

③防火须知牌。

④安全无重大事故牌。

⑤安全生产、文明施工牌。

⑥施工总平面图。

⑦项目经理部组织架构及主要管理人员名单图。

（8）施工现场管理人员在施工现场应佩戴证明其身份的证卡。

（9）施工现场周边应按当地有关要求设置围挡。临街脚手架、临近高压电缆以及起重机臂杆的回转半径达到街道上空的，均应按要求设置安全隔离设施。危险品仓库附近应有明显标志及围挡设施。

（10）施工现场应设置畅通的排水沟渠系统，保持场地道路的干燥坚实。施工现场的泥浆和污水未经处理不得直接外排。地面宜做硬化处理。有条件时，可对施工现场进行绿化布置。

（11）加强对施工现场使用的检查。现场管理人员应经常检查现场布置是否按平面布置图进行，是否符合各项规定，是否满足施工需要，还有哪些薄弱环节，从而为调整施工现场布置提供有用的信息，也使施工现场保持相对稳定，不被复杂的施工过程打乱或破坏。

第三节　施工现场的环境管理

施工单位在施工现场的施工活动中，会产生各种泥浆、污水、粉尘、废气、固体废弃物、噪声和振动等对环境造成污染和危害。施工单位应根据国家有关环境保护的法律、法规、标准（如环境保护法、环境噪声污染防治法、固体废物污染环境防治法、建筑施工场界噪声限值等），采取有效措施控制施工现场对环境造成各种污染和危害。

为了很好地控制施工现场对周围环境的各种污染和危害，施工单位应依据标准 GB/T 24001—2004《环境管理体系要求及使用指南》的要求建立环境管理体系，并对其实施、保持及持续改进。

一、施工现场环境管理的程序

（1）建立环境管理的组织机构，明确环境管理职责。

（2）确定项目的环境管理方针。

（3）确定对环境有影响的环境因素及重要环境因素，并建立目标和指标。制定实施目标和指标的方案。

（4）建立环境管理必要的规章制度。

（5）确定提高施工人员环境管理意识的方法及内、外部信息交流的方式和内容。

（6）对环境管理情况进行检查，并制定改进措施。

二、环境管理的要求

施工现场的环境管理应符合以下要求：

（1）施工中需要停水、停电、封路而影响环境时，必须经有关部门批准、事先告示。

（2）施工单位应该保证施工现场道路畅通，排水系统处于良好的使用状态；保持场容场貌的整洁，随时清理建筑垃圾。在车辆、行人通行的地方施工，应当设置沟井坎穴覆盖物和施工标志。

（3）妥善处理泥浆水，未经处理不得直接排入城市排水设施和河流、湖泊、池塘。

（4）除设有符合规定的装置外，不得在施工现场熔融沥青或者焚烧油毡、油漆以及其他会产生有毒有害烟尘和恶臭气体的物质。

（5）使用密封式的圈筒或者采取其他措施处理高空废弃物。建筑垃圾、渣土应在指定地点堆放，每日进行清理。

（6）采取有效措施控制施工过程中的扬尘。

（7）禁止将有毒有害废弃物用做土方回填。

（8）对产生噪声、振动的施工机械，应采取有效控制措施，减轻噪声扰民。

建设部《建筑工程施工现场管理规定》还指出，建设工程施工由于受技术、经济条件限制，对环境的污染不能控制在规定范围内的，建设单位应当会同施工单位事先报请当地人民政府建设行政主管部门和环境保护行政主管部门批准。

施工现场发生的工程建设重大事故的处理，应依照《工程建设重大事故报告和调查程序规定》执行。

第四节　施工现场的综合考评

为了加强施工现场管理，提高施工现场的管理水平，实现文明施工，确保工程质量和施工安全，应对施工现场进行综合考评。所谓建设工程施工现场综合考评，是指对工程建设参与各方（建设单位、监理、设计、施工、材料及设备供应单位等）在施工现场中各种行为的评价。该评价覆盖到工程施工的全过程。根据建设部《建设工程施工现场综合考评试行办法》的规定，综合考评的内容如下。

一、施工组织管理考评

满分为 20 分。考评的主要内容是合同签订及履约、总分包、企业及项目经理资质、关键岗位培训及持证上岗、施工组织设计及实施情况等。有下列情况之一的，该项考评得分为零分：

（1）企业资质与项目经理资质与所承担的工程任务不符的。

（2）总包单位对分包单位不进行有效管理，不按规定进行定期评价的。

（3）没有施工组织设计或施工方案，或未经批准的。

（4）关键岗位未持证上岗的。

二、工程质量管理考评

满分为 40 分。考评的主要内容是质量管理与保证体系、工程质量、质量保证资料情况等。工程质量检查按照现行的国家标准、行业标准、地方标准和有关规定执行。有下列情况之一的，该项考评得分为零分：

（1）当次检查的主要项目质量不合格的。

（2）当次检查的主要项目无质量保证资料的。

（3）出现结构质量事故或严重质量问题的。

三、施工安全管理考评

满分为 20 分。考评的主要内容是安全生产保证体系和施工安全技术、规范、标准的实施情况等。施工安全检查按照国家现行的有关标准和规定执行。有下列情况之一的，该项考评得分为零分：

（1）当次检查不合格的。

（2）无专职安全员的。

（3）无消防设施或消防设施不能使用的。

（4）发生死亡或重伤两人以上（包括两人）事故的。

四、文明施工管理考评

满分为 10 分。考评的主要内容是场容场貌、料具管理、环境保护、社会治安情况等。有下列情况之一的，该项考评得分为零分：

（1）用电线路架设、用电设施安装不符合施工组织设计，安全没有保证的。

（2）临时设施、大宗材料堆放不符合施工总平面图要求，侵占场道及危及安全防护的。

（3）现场成品保护存在严重问题的。

（4）尘埃及噪声严重超标，造成扰民的。

（5）现场人员扰乱社会治安，受到拘留处理的。

五、业主、监理单位现场管理考评

满分为 10 分。考评的主要内容是有无专人或委托监理单位管理现场、有无隐蔽验收签认、有无现场检查认可记录及执行合同情况等。有下列情况之一的，该项考评得分为零分：

（1）未取得施工许可证而擅自开工的。

（2）现场没有专职技术人员的。

（3）没有隐蔽验收签认制度的。

（4）无正当理由严重影响合同履约的。

（5）未办理质量监督手续而进行施工的。

建设部规定，企业日常检查应按考评内容每周检查一次。考评机构的定期抽查每月不少于一次。建设工程施工现场综合考评得分在 70 分以上（含 70 分）的施工现场为合格现场。当次考评达不到 70 分或有一项单项得分为零的施工现场为不合格现场。

复习思考题

1. 为何要对施工现场进行管理？应遵循哪些原则？

2. 施工现场管理包括哪些内容？

3. 建立文明施工现场的要点是什么？

4. 试述文明施工现场及文明施工的主要要求。

5. 如何做好施工现场场容规范？

6. 施工现场环境管理的主要程序是什么？有哪些要求？

7. 施工现场的消防保安工作及卫生防疫工作有哪些要求？

第七章　施工技术管理

第一节　施工技术管理概述

施工技术管理是施工管理的重要组成部分。在整个施工活动中会涉及许多技术问题，技术管理就是运用管理的职能去促进技术工作的开展，并非是指技术本身。通过技术管理可使施工顺利进行，使建筑工程达到工期短、质量好、成本低的目的。

一、施工技术管理的任务和原则

（一）施工技术管理的任务

建筑企业的技术管理，是对企业生产经营过程中各项技术活动和技术工作基本要素进行科学管理活动的总称。建筑企业技术管理的基本任务是：正确贯彻执行国家的各项技术政策、标准和规定，科学地组织各项技术工作，建立正常的生产技术秩序，充分发挥技术人员和技术装备的作用，不断改进原有技术和采用先进技术，保证工程质量，降低工程成本，推动企业技术进步，提高经济效益。

（二）技术管理工作应遵循以下原则

（1）按科学技术的规律办事，尊重科学技术原理，尊重科学技术本身的发展规律，用科学的态度和方法去进行技术管理，不能唯心地主观管理。

（2）讲究技术工作的经济效益。技术和经济是辩证的统一，先进的技术应带来良好的经济效益，良好的经济效益又要依靠先进技术。所以，在技术管理中应该把技术工作与经济效益联系起来，全面地分析、核算，比较各种技术方案的经济效果。有时，新技术、新工艺和新设备在研制和推广初期，可能经济效果欠佳，但是，从长远来看，可能具有较大的经济效益，应该通过技术经济分析，择优决策。

（3）认真贯彻国家的技术政策和建筑技术政策纲要，执行各项技术标准、规范和规程，并在实际工作中，从实际出发，不断完善和修订各种标准、规范和规程，改进技术管理工作。

二、施工技术管理的内容

施工技术管理可以分为基础工作和业务工作两大部分内容（见图7-1）。

（一）基础工作

技术管理的基础工作，是指为开展技术管理活动创造前提条件的最基本的工作。包括技术责任制、施工技术管理制度、技术标准与规程、技术原始记录、技术档案、技术情报等工作。

（二）业务工作

技术管理的业务工作，是指技术管理中日常开展的各项业务活动。包括：

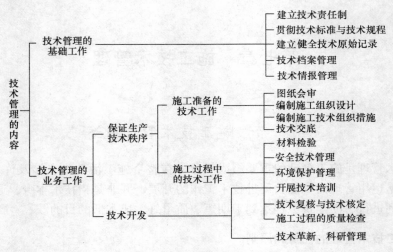

图 7-1　技术管理的内容

（1）施工准备中的技术工作。如图纸会审、编制施工组织设计、技术交底等。

（2）施工过程中的技术管理工作。如技术复核、质量检督、技术处理、材料检验、安全技术管理等。

（3）技术开发工作。如科学研究、技术革新、技术引进、技术改造、技术培训、"五新"试验等。

基础工作和业务工作是相互依赖并存的，缺一不可。基础工作为业务工作提供必要的条件，任何一项技术业务工作都必须依靠基础工作才能进行。但企业搞好技术管理的基础工作不是最终目的，技术管理的基本任务必须要由各项具体的业务工作才能完成。

第二节　技术管理的基础工作

一、建立技术责任制

技术责任制是指将施工单位的全部技术管理工作分别落实到具体岗位（或个人）和具体的职能部门，使其职责明确，并制度化。

施工单位内部的技术管理，实行公司和工程项目部两级管理。公司工程管理部下设技术管理室、科研室、试验室、计量室，在总工程师领导下进行技术、科研、试验、计量和测量管理工作。工程项目部设工程技术股，在项目经理和主任工程师领导下进行施工技术工作。总工程师、主任工程师是技术行政职务，系同级行政领导成员，分别在总经理、项目部经理的领导下，全面负责技术工作，对本单位的技术问题，如施工方案、各项技术措施、质量事故处理、科技开发和改造等重大问题有决定权。

建立技术责任制，不只是使各级技术人员具有一定的职权，更重要的是要充分发挥他们的作用。各级技术人员在做好职权范围内工作的同时，要不断地更新知识，树立开拓精神，使企业具有先进的施工技术和科学管理水平。

二、施工技术管理制度

（一）图纸学习和会审制度

制定、执行图纸会审制度的目的是领会设计意图，明确技术要求，发现设计文件中的差错与问题，提出修改与洽商意见，避免技术事故或产生经济与质量问题。

（二）施工项目管理规划制度

编制项目管理实施规划，技术部门主要完成施工方案的编制与使用管理。

（三）技术交底制度

施工项目技术系统一方面要接受企业技术负责人的技术交底，又要在项目内进行交底，故要制定制度，以保证技术责任制落实，技术管理体系正常运转，技术工作按标准和要求运行。

（四）施工项目材料、设备检验制度

材料、设备的检验制度的宗旨是保证项目所用的材料、构件、零配件和设备的质量，进而保证工程质量。

（五）工程质量检查验收制度

制定工程质量检查验收制度的目的是加强工程施工质量的控制，避免质量差错造成永久隐患，并为工程积累技术资料和档案。工程质量检查验收制度包括工程预检制度、工程隐检制度、工程分阶段验收制度、单位工程竣工检查验收制度、分项工程交接检查验收制度等。

（六）技术组织措施计划制度

制定技术组织措施计划制度的目的是为了克服施工中的薄弱环节，挖掘生产潜力，加强其计划性、预测性，从而保证完成施工任务，获得良好技术经济效果和提高技术水平。

（七）工程施工技术资料管理制度

工程施工技术资料是施工单位根据有关管理规定，在施工过程中形成的应当归档保存的各种图纸、表格、文字、音像材料等技术文件材料的总称，是工程施工及竣工交付使用的必备条件，也是对工程进行检查、维护、管理、使用、改建和扩建的依据。制定该制度的目的是为了加强对工程施工技术资料的统一管理，提高工程质量的管理水平。它必须贯彻国家和地区有关技术标准、技术规程和技术规定，以及企业的有关技术管理制度。

（八）其他技术管理制度

除以上几项主要的技术管理制度以外，施工项目经理部还必须根据需要，制定其他技术管理制度，保证有关技术工作正常进行，例如土建与水电专业施工协作技术规定、工程测量管理办法、技术革新和合理化建议管理办法、计量管理办法、环境保护工作办法、工程质量奖罚办法、技术发明奖励办法、安全技术交底管理办法等。

三、技术标准和技术规程

技术标准和技术规程是企业进行技术管理、安全管理和质量管理的依据和基础，是标准化的重要内容。正确制定和贯彻执行技术标准和技术规程是建立正常的生产技术秩序、完成建设任务所必需的重要前提。它反映了国家、地区或企业在一定时期内的生产技术水平，在技术管理上具有法律作用。任何工程项目，都必须按照技术标准和技术规程进行施工、检验。执行技术标准和技术规程要严肃、认真。

（一）技术标准

建筑安装工程的技术标准是对建筑安装工程的质量及其检验方法等所作的技术规定，可据此进行施工组织、施工检验和评定工程质量。技术标准是由国家委托有关部委制定颁发，属于法令性文件。

（1）建筑安装工程施工及验收规范：该规范规定了分部、分项工程的技术要求、质量标准和检验方法。

（2）建筑安装工程质量检验及评定标准：该标准是根据按施工及验收规范进行检验所得的结果，评定分部工程、分项工程及单位工程的等级标准。质量检验及评定标准的内容分三部分：质量要求、检验方法、质量等级评定。

（3）建筑安装材料、半成品的技术标准及相应的检验标准：该标准规定了各种常用的材料、半成品的规格、性能、标准及检验方法等。如水泥检验标准、木材检验标准、混凝土检验评定标准。

（二）技术规程

建筑安装工程技术规程是施工及验收规范的具体化，对建筑安装工程的施工过程、操作方法、设备和工具的使用、施工安全技术要求等作出具体技术规定，用以指导建筑安装工人进行技术操作。

在贯彻施工及验收规范时，由于各地区的操作习惯不完全一致，有必要制定符合本地区实际情况的具体规定，技术规程就是各地区（各企业）为了更好地贯彻执行国家的技术标准，根据施工及验收规范的要求，结合本地区（企业）的实际情况，在保证达到技术标准的前提下所作的具体技术规定，技术规程属于地方性技术法规，施工中必须严格遵守，但它比技术标准的适用范围要窄一些。

常用的技术规程有下列四类：

（1）施工工艺规程：该规程规定了施工的工艺要求、施工顺序、质量要求等。

（2）施工操作规程：该规程规定了各主要工种在施工中操作方法、技术要求、质量标准、安全技术等。工人在生产中必须严格执行施工操作规程，以保证工程质量和生产安全。

（3）设备维护和检修规程：该规程是按设备磨损的规律，对设备的日常维护和检修作出的规定，以使设备的零部件完整齐全、清洁、润滑、紧固、调整、防腐蚀等技术性能良好，安全操作，原始记录齐全。

（4）安全操作规程：该规程是为了保证在施工过程中人身安全和设备运行安全所作的规定。

技术标准和技术规程一经颁发就必须严格执行。但是技术标准和技术规程不是一成不变的，随着技术和经济发展，要适时修订。

四、建立健全技术原始记录

技术原始记录，包括材料、构（配）件、建筑安装工程质量检验记录，质量、安全事故分析和处理记录，设计变更记录和施工日记等。

技术原始记录是评定产品质量、技术活动质量及产品交付使用后制订维修、加固或改建方案的重要技术依据。

施工日记是在建筑工程整个施工阶段有关施工技术方面的原始记录。因此，从工程开始施工时，就应由单位工程技术负责人进行记录，直至工程竣工。施工日记（见表7-1）应逐日记录，并保持其完整，在工程竣工验收时，作为质量评定的一项重要依据。在工程竣工若干年后，其耐久性、可靠性、安全性发生问题，影响其功能使用，须进行维修、加固时，施工日记是制订方案的依据之一。施工日记的内容一般为：

（1）工程的开竣工日期以及主要分部分项工程的施工起止日期，技术资料供应情况。

（2）因设计与实际情况不符，由设计单位在现场解决的设计问题和对施工图修改的记录。

（3）重要工程的特殊质量要求和施工方法。

（4）在紧急情况下采取的特殊措施和施工方法。

（5）质量、安全、机械事故的情况，发生原因及处理方法的记录。

（6）有关领导或部门对工程所作的生产、技术方面的决定或建议。

（7）气候、气温、地质以及其他特殊情况（如停电、停水、停工待料）的记录等。

（8）在施工日记中还应将技术管理和质量管理活动及效果作如下重点记录：

①施工准备工作的记录：包括施工现场的准备、施工组织设计学习、各级技术交底的要求、熟悉施工图中的重要问题、关键部位和应抓好的措施、向班组交底的日期和人员及主要内容、有关计划安排等。

②进入施工后，对班组自检、组织互检和交接检的情况和效果及施工组织设计和技术交底的执行情况及效果的记录和分析。

③分项工程质量评定，隐蔽工程验收、预检及上级组织检查等技术活动的日期、结果、存在问题及处理情况的记录。

④原材料检验结果、施工检验结果的记录，包括日期、达到效果及未达到要求的问题处理情况及结论。

⑤质量、安全事故的记录，包括事故原因调查分析、责任者、处理结论等。

⑥有关洽商变更情况、交代的方法、对象和结果的记录。

⑦有关归档技术资料的转交时间、对象及主要内容的记录。

⑧有关新工艺、新材料的推广使用情况及小改小革活动的记录。

⑨施工过程中组织的有关会议、参观学习的主要收获、推广效果的记录。

表 7-1　施工日记

日　期	累计施工天数	天　气		温　度		
		上　午	下　午	早	中	晚
施工情况						

五、技术档案管理

工程技术档案，是国家整个技术档案的一个组成部分。它是记述和反映本单位施工、技术、科研等活动，具有保存价值，并且按一定的归档制度，作为真实的历史记录集中保管起来的技术文件材料。建筑企业的技术档案是指有计划地、系统地积累具有一定价值的建筑技术经济资料。它来源于企业的生产和科研活动，反过来又为生产和科研服务。

建筑企业技术档案的内容可分两大类：一类是为工程交工验收而准备的技术资料，作为评定工程质量和使用、维护、改造、扩建的技术依据之一。另一类是企业自身要求保留的技术资料，如施工组织设计、施工经验总结、科学研究资料、重大质量安全事故的分析与处理措施、有关技术管理工作经验总结等，作为继续进行生产、科研以及对外进行技术交流的重要依据。

（一）为工程交工验收准备的技术资料

这部分技术档案随同工程交工，提交建设单位保存。其内容有：

（1）竣工图和竣工工程项目一览表（竣工工程名称、位置、结构、层数、面积、开竣工日期，以及工程质量评定等级等）。

（2）图纸会审记录、设计变更和技术核定单。

（3）材料、构件和设备的质量合格证明。

（4）隐蔽工程验收记录。

（5）工程质量检查评定和质量事故处理记录。

（6）设备和管线调试、试压、试运转等记录。

（7）永久性水准点的坐标位置，建筑物、构筑物在施工过程中的测量定位记录，沉陷观测及变形观测记录。

（8）主体结构和重要部位的试件、试块、焊接、材料试验、检查记录。

（9）施工单位和设计单位提出的建筑物、构筑物、设备使用注意事项方面的文件。

（10）其他有关该项工程的技术决定。

（二）施工单位建立的施工技术档案

这一部分技术档案是施工企业自己保存，供今后施工参考的技术文件，主要是施工生产中积累的具有参考价值的经验。其内容有：

（1）施工组织设计及经验总结。

（2）技术革新建议的试验、采用、改进的记录。

（3）重大质量事故、安全事故情况分析及补救措施和办法。

（4）有关技术管理的经验总结及重要技术决定。

（5）施工日记。

工程技术档案的建立、汇集和整理工作应当从施工准备开始，直至交工为止，贯穿于施工全过程之中。凡列入技术档案的技术文件及资料必须如实地反映情况，不得擅自修改、伪造及事后补作。技术文件和资料要经各级技术负责人正式审定后才有效。工程技术档案必须严加管理，不得遗失、损坏，人员调动时要办理交接手续。

六、技术情报管理

建筑企业的技术情报是指国内外建筑生产、技术发展动态的资料和信息。它包括有关的科技图书、科技刊物、科技报告、专门文献、学术论文物实物样品等。

技术情报是企业改进技术、发展技术的"耳目"，它可以使企业及时获得先进的技术，并直接用于实践。这样，企业可以赢得时间，不必自己再去闯路子从头做起。同时，通过情报工作，总结和交流本企业的先进生产技术成果，促进企业内部各单位及各兄弟企业得到共同提高。

技术情报的管理，就是有计划、有目的、有组织地对建筑生产技术情报的收集、加工、存储、检索的管理。技术情报应当做到：走在科研和生产的前面；有目的地进行情报跟踪；及时交流和普及技术情报；技术情报应及时可靠；建立和完善技术情报工作机构等。

第三节　技术管理的业务工作

一、图纸会审

图纸会审是指开工前由设计部门、监理单位和施工企业三方面对全套施工图纸共同进行的检查与核对。

图纸会审的目的是领会设计意图，明确技术要求，熟悉图纸内容，并及早消除图纸中的技术错误，提高工程质量。因此，图纸会审是一项极其严肃的施工技术准备工作。

在图纸会审以前，施工单位必须组织有关人员学习施工图纸，熟悉图纸的内容要求和特点，并由设计单位进行设计交底，以达到弄清设计意图，发现问题，消灭差错的目的。

图纸会审程序包括学习、自审、会审、综合会审4个阶段。

（1）学习：各施工队及专业队的各级技术人员在施工前必须认真学习、熟悉图纸、了解设计意图及要求施工达到的技术标准，明确工艺流程、建设规模等。

（2）自审：系指各工种对图纸的审查，在熟悉图纸的基础上核对本工程图纸的详细情节，由施工队组织有关施工人员进行。

（3）会审：系指在自审的基础上，工程项目部组织土建与水、暖、电等专业共同核对图纸，消除差错，协商施工配合事宜。

（4）综合会审：系指由建设单位组织建设项目的承包单位以及分包单位（如设备安装、机械化吊装、挖土等专业）与监理单位、设计单位共同审核图纸，解决图纸中存在的问题，协商各专业之间的配合事宜。

图纸会审的要点是：建筑、结构、安装之间有无矛盾；所采用的标准图与设计图有无矛盾；主要尺寸、标高、轴线、孔洞、预埋件等是否有错误；设计假定与施工现场实际情况是否相符；推行新技术及特殊工程和复杂设备的技术可能性和必要性；图纸及说明是否齐全、清楚、明确，有无矛盾；某些结构在施工中有无足够的强度和稳定性，对安全施工有无影响等。

图纸会审后，应将会审中提出的问题，以及解决办法，详细记录（见表7-2），经三方会签，形成正式文件（必要时由设计单位另出修改图纸），作为施工的依据，并列入工程档案。

表 7-2　图纸会审记录表

工种名称				年　月　日
参加单位		设计单位		
		建设单位		
顺　　序	图纸名称（图号）	存在问题		会审结论

施工单位	设计单位	监理单位	建设单位	记录人

二、编制施工组织设计

施工组织设计是指导拟建工程项目进行施工准备和正常施工的全面性技术经济文件，也是实现项目管理的重要依据。根据建设部 1991 年第 15 号令《建设工程施工现场管理规定》第十条："施工单位必须编制建设工程施工组织设计。建设工程实行总包和分包的，由总包单位负责编制施工组织设计或者分阶段施工组织设计。分包单位在总包单位的总体部署下，负责编制分包工程的施工组织设计。"施工组织设计作为工程项目施工组织管理的首要工作，已由政府命令形式确定它在施工现场管理中的地位。

施工组织设计的编制已在本书第四章中作了介绍。

三、编制施工技术组织措施

施工技术组织措施是指为完成施工任务，加快施工进度、提高工程质量、降低施工成本，在技术和组织管理上所采取比较具体、可行的各种手段和方法。施工技术组织措施是综合已有的技术与组织管理经验与措施，并针对具体工程特点提出推广应用的施工技术措施。

（一）施工技术组织措施的内容

（1）加快施工进度的措施。

（2）保证提高工程质量的措施。

（3）节约原材料、动力、燃料的措施。

（4）充分利用地方材料，综合利用废渣、废料的措施。

（5）推广新技术、新结构、新工艺、新材料、新设备的措施。

（6）改进施工机械的组织管理，提高机械的完好率和利用率的措施。

（7）改进施工工艺和操作技术，提高劳动生产率的措施。

（8）合理改善劳动组织，节约劳动力的措施。

（9）保证安全施工的措施。

（10）发动群众提合理化建议的措施。

（11）各项技术、经济指标的控制数字。

（二）施工技术组织措施的编制

技术组织措施计划应分级编制，分级管理。其编制程序与分工如下：

（1）公司根据全年的生产任务、上年度技术革新和实现技术组织措施的经验、现有的技术条件等，经过充分研究和讨论，于年初制定年度技术组织措施纲要。

（2）项目部根据公司颁发的年度技术组织措施纲要，结合本项目部的具体条件，如年度生产计划、施工组织设计、施工图纸、降低成本指标等，编制年度技术组织措施计划，并按这一计划的要求和季度生产计划，按季编制季度技术组织措施计划。

（3）施工队根据项目部下达的季度技术组织措施计划，结合月度作业计划、施工组织设计、施工图纸等，编制月度技术组织措施实施计划。

年、季、月技术组织措施计划应目标明确，内容具体，有指标，有措施，有工程对象，有实施单位或小组，具有指导性和实践性。

四、技术交底

技术交底是施工单位技术管理的一项重要制度。它是指开工之前，由上级技术负责人就施工中有关技术问题向执行者进行交代的工作。其目的是使参加施工的人员对工程及其技术要求做到心中有数，以便科学地组织施工和按合理的工序、工艺进行作业。要做好技术交底工作，必须明确技术交底的内容，并搞好技术交底的分工。

（一）技术交底的内容

1. 图纸交底

目的是使施工人员了解施工工程的设计特点、做法要求、抗震处理、使用功能等，以便掌握设计关键，认真按图施工。

2. 施工组织设计交底

要将施工组织设计的全部内容向施工人员交代，以便掌握工程特点、施工部署、任务划分、施工方法、施工进度、各项管理措施、平面布置等，用先进的技术手段和科学的组织手段完成施工任务。

3. 设计变更和洽商交底

将设计变更的结果向施工人员和管理人员做统一的说明，便于统一口径，避免差错。

4. 分项工程技术交底

主要包括施工工艺，技术安全措施，规范要求，质量标准，新结构、新工艺、新材料工程的特殊要求等。

（二）技术交底的分工

技术交底应分级进行。

重点工程、大型工程和技术复杂的工程，由工程项目施工承包公司总工程师组织有关科室向工程项目施工的项目部和有关施工单位交底，主要依据是公司编制的施工组织总设计。

凡由项目部编制的单位工程或分部（分项）工程施工组织设计，由工程项目技术负责人向项目部有关职能人员及施工队交底。

施工队的技术队长或技术负责人向工长及职能人员进行交底，要求细致、齐全。要结合具体部位，贯彻落实上级技术领导的要求，关键部位的质量要求，操作要点及注意事项等。对关键性项目、部位，新技术推广项目和部分，工长接受交底后，应反复、细致地向操作班组进行交底，除口头和文字交底外，必要时要用图表、样板、示范操作等方法进行交底。

班组长在接受交底后，应组织工人进行认真讨论，明确施工意图。

技术交底应视工程施工技术复杂程度不同，采取不同的形式。一般采用文字、图表形式交底（见表 7-3，以某工程混凝土施工为例）或采用示范操作和样板的形式交底。

表 7-3　混凝土工程技术交底记录

单位工程名称：　　　　　　　　　　　　　　　　　　　交底日期：

施工部位及结构名称：　　　　　　　　　　　　　　　　工程数量：

1. 混凝土配合比：

混凝土强度等级	水泥：水：砂：小石子：大石子	水泥用量/kg	水泥标号品种	坍落度

2. 浇灌方法：

浇灌顺序	
分层厚度	
施工缝位置	
劳力组织	
预计浇灌时间	
……	
注意事项	

五、材料检验

材料检验就是对进场的原材料用必要的检测仪器设备进行检验。因为建筑材料质量的好坏，直接影响建筑产品的优劣。所以企业建立健全材料试验及检验材料，严把质量关，才能确保工程质量。

对技术部门和各级检验试验机构以及施工技术人员的要求：

（1）要遵守国家有关技术标准、规范和设计要求，遵守有关的操作规程，提出准确可靠的数据，确保试验、检验工作的质量。

（2）应按照规定对材料进行抽样检查，提供数据存入工程档案。其所用的仪器、仪表和量具等，要做好检修和校验工作。

（3）施工技术人员在施工中应经常检查各种材料的质量和使用情况，禁止在施工中使用不符合质量要求的材料、半成品和成品，并确定处理办法。

凡施工用的原材料，如水泥、钢材、砖、焊条等，都应有出厂合格证明或检验单；对混凝土、砂浆、防水胶结材料及耐酸、耐腐、绝缘、保温等配合的材料或半成品，均要有配合比设计以及按规定制作试块检验；对预制构件，预制厂要有出厂合格证明，工地可作抽样检查；对新材料、新的结构构件、代用材料等，要有技术鉴定合格证明，才能使用。

施工企业要加强对材料及构配件试验检验工作的领导，建立试验、检验机构，配备试验人员，充实试验、检验仪器设备，提高试验与检验的质量。

钢筋、水泥、砖、焊条等结构用材料，除应有出厂证明外，还必须根据规范和设计要求进行检验。

工程施工中须检验试验的材料种类很多，每一种材料都有相应的试验项目，表7-4为土建常用材料的试验项目。

表 7-4　土建材料检验项目

序号	名　称	必　验　项　目	必要时须验项目	备　注
1	水泥	标号	安定性、凝结时间	
2	钢筋	屈服强度、极限强度、延伸率	冷弯、冲击韧性、化学成分、疲劳强度	包括结构用型钢，进口钢材
3	焊条	极限强度、延伸率、冲击韧性	化学成分	
4	砖	标号、外观规格	吸水率	
5	沥青	针入度、软化点、延伸率	闪火点、比重、沥青含量	
6	其他	根据工程情况、具体规定		

六、施工过程的质量检查和工程质量验收

为了保证工程质量，在施工过程中，除根据国家规定的《建筑安装工程质量检验评定标准》逐项检查操作质量外，还必须根据建筑安装工程特点，对以下几方面进行检查和验收：

（1）施工操作质量检查：有些质量问题是由于操作不当导致，因此必须实施施工操作过程中的质量检查，发现质量问题及时纠正。

（2）工序质量交接检查：工序质量交接检查，指前一道工序质量经检查签证后方能移交给下一道工序。

（3）隐蔽工程检查验收：隐蔽工程检查与验收，是指本道工序操作完成后将被下道工序所掩埋、包裹而无法再检查的工程项目，在隐蔽前所进行的检查与验收。如钢筋混凝土中的钢筋，基础工程中的地基土质和基础尺寸、标高等。

隐蔽工程需在下道工序施工前，由技术负责人主持，邀请监理、设计和建设单位代表共同进行检查验收。经检查后，办理隐检签证手续，列入工程档案，对不符合质量要求的问题要认真进行处理，未经检查合格者不能进行下道工序施工。

（4）分项工程预先检查验收：一般是在某一分项工程完工后由施工队自己检查验收。但对主体结构、重点、特殊项目及推行新结构、新技术、新材料的分项工程，在完工后应由监理、建设、设计和施工共同检查验收，并签证验收记录纳入工程技术档案。

（5）工程交工验收：是在所有建设项目和单位工程规定内容全部竣工后，进行一次综合性检查验收，评定质量等级。交工验收工作由建设单位组织，监理单位、设计单位和施工单位参加。

（6）产品保护质量检查：产品保护质量检查，即对产品采取"护、包、盖、封"。护，就是提前保护；包，就是进行包裹，以防损伤或污染；盖，就是表面覆盖，防止堵

塞、损伤；封，就是局部封闭，如楼梯口等。

为做好成品保护，还应合理安排施工顺序，防止后道工序损坏或污染前道工序。

七、技术复核与技术核定

技术复核是指在施工过程中，对重要的和涉及工程全局的技术工作，依据设计文件和有关技术标准进行的复查和校核。技术复核的目的是为避免发生重大差错，影响工程的质量和使用。以维护正常的技术工作秩序。

技术复核除按质量标准规定的复查、检查内容外，一般在分项工程正式施工前，应重点检查表7-5所列项目和内容。施工单位应将技术复核工作形成制度，发现问题及时纠正。

表 7-5　技术复核项目及内容表

项　目	复　核　内　容
建（构）筑物定位	测量定位的标准轴线桩、水平桩、龙门桩、轴线标高
基础及设备基础	土质、位置、标高、尺寸
模板	尺寸、位置、标高、预埋件预留孔、牢固程度、模板内部的清理工作，湿润情况
钢筋混凝土	现浇混凝土的配合比，现场材料的质量和水泥品种标号，预制构件的位置、标高型号，搭接长度，焊缝长度。吊装构件的强度
砖砌体	墙身轴线，皮数杆，砂浆配合比
大样图	钢筋混凝土柱、屋架、吊车梁以及特殊项目大样图的形状、尺寸、预制位置
其他	根据工种需要复核的项目

技术核定是指在施工前和施工过程中，须修改原设计文件应遵循的权限和程序。当施工过程中发现图纸仍有差错，或因施工条件变化需进行材料代换、构件代换以及因采用新技术、新材料、新工艺及合理化建议等原因需变更设计时，由施工单位提出设计修改文件。

一般问题如钢筋代换等经施工单位有关技术负责人审定后，即可作为施工依据。当对工程有较大变更时，如涉及工程量变更，影响原设计标准、功能，须经建设单位及设计单位签署认可后，方能生效。由设计单位提出的变更，须有施工单位的是否接受书面意见，见表7-6。

表 7-6　施工技术问题核定单

年　月　日　字第　号

建设单位		施工单位	
单位工程名称		设计单位	

内容
设计单位或建设单位意见：

盖章

核定单位	技术负责人	核定人

138

八、技术开发

施工企业科学研究的目的在于为生产或工程提供必要的理论根据、技术方案和技术参数。技术开发的目的在于运用科学研究中所获得的知识，以试验为主要手段，验证技术可行性和经济合理性，通过实验室试验和中间试验等一系列步骤，提供完整的技术开发成果，使科学技术转变为直接生产力。它主要包括新技术、新产品、新材料、新设备的开发。搞好科学研究和技术开发工作，是提高施工技术水平、确保工程质量、缩短建设周期、降低工程成本的重要条件之一。

（一）技术革新的内容

技术革新是对现有技术的改进、更新和突破。施工企业要提高技术素质，就必须不断地进行技术革新。施工企业的技术革新主要包括以下内容：

（1）改进或改革施工工艺和操作方法。

（2）改进施工机械设备和工具。

（3）改进原料、材料、燃料的利用方法。

（4）改进建筑结构和建筑产品的质量。

（5）改革管理工具和管理方法。

（6）改革质量检验技术和材料试验技术等。

（二）技术开发的途径

技术开发是指在科学技术的基础研究和应用研究的基础上，将新的科研成果应用于生产实践的开拓过程。技术开发的途径有：

（1）独创型：通过研究获得科技上的发现和发明并具有实用价值的新技术。

（2）引进型：（转移型）从企业外部引进新技术，经过消化、吸收和创新后，具有实用价值的新技术。

（3）综合型和延伸型：通过对现有技术的综合和延伸，开发和应用的新技术。

（4）总结提高型：通过对企业生产经营实践的总结并充实和提高的新技术。

（三）技术开发程序

技术开发工作应遵循以下程序：

（1）技术预测：施工企业进行技术开发，首先应对建筑技术发展动态，企业现有技术水平，技术薄弱环节等进行深入调查分析，预测施工技术的发展趋势。

（2）选择技术开发课题：选择课题应从本企业的生产实际出发，研究和解决生产技术上的关键问题，这些问题归纳起来有：施工工艺改革问题，节约利用原材料问题，提高工程质量问题，降低能源消耗问题，机械设备改进问题，防止施工公害问题，改善施工条件问题，提高组织管理水平问题等。选中的开发课题既要反映技术发展的方向，又必须经济适用。

（3）组织研制和试验：开发课题选定后，就应集中人力、物力、财力，加速研制和试验，按计划拿出成果。

（4）分析评价：对研制和试验的成果进行分析评价，提出改进意见，为推广应用作准备。

（5）推广应用：将研究成果在生产实践中加以应用，并对推广应用的效果加以总结，为今后进一步开发积累经验。

（四）技术开发的组织管理

（1）建立专门的技术开发组织机构、如科研所（室）。

（2）制定技术开发规划、明确技术发展方向和水平、确定技术开发项目。

（3）技术开发要与技术改革结合起来，充分利用现有的设备和技术力量，必要时与科研机构、大专院校合作，共同攻关。

（4）要检查技术开发计划落实和执行情况，组织对开发成果的鉴定和推广。

复习思考题

1. 何谓技术管理？其基本任务是什么？

2. 技术管理的内容有哪些？

3. 何谓技术责任制？技术管理有哪些主要的管理制度？

4. 何谓技术标准和技术规程？有哪些主要的施工技术标准和技术规程？

5. 施工单位的工程技术档案包括哪些内容？

6. 图纸会审的作用是什么？图纸会审的要点是什么？

7. 何谓技术交底？交底的主要内容是什么？

8. 何谓隐蔽工程检查验收？如何进行？

9. 何谓技术复核和技术核定？土建工程技术复核的重点项目有哪些？

10. 简述技术开发的程序。

第八章　施工项目质量管理及控制

第一节　施工项目质量管理及控制概述

一、施工项目质量及其管理和控制

（一）施工项目质量

施工项目质量是指反映施工项目满足相关规定和合同规定的要求，包括其在安全、使用功能、耐久性能、环境保护等方面所有明显和隐含能力的特性总和。也就是通过工程施工所形成的工程项目，其应满足用户从事生产、生活所需要的功能和使用要求，应符合国家有关法规、技术标准和合同规定。

影响施工项目质量的因素有以下几方面：

（1）人的因素。人是质量活动的主体，人员的质量意识及技能对项目施工的质量有较大的影响。

（2）建筑材料、构件、配件的质量因素。施工项目的质量很大程度上取决于建筑材料、构件、配件的质量，因此，要从采购、入库、储存等各环节来保证建筑材料、构件、配件的质量，以保证工程项目的施工质量。

（3）施工方案的影响。施工方案中包括技术、工艺、方法等施工手段的配置，如果施工技术落后、方法不当、机具有缺陷等都将影响项目的施工质量。施工方案中还包括施工程序、工艺顺序、施工流向、劳动组织等，通常的施工程序先准备后施工、先场外后场内、先地下后地上、先深后浅、先主体后装修、先土建后安装等，都应在施工方案中明确并编制相应的施工组织设计。这些都是对工程项目施工质量的重要影响因素。

（4）施工机械及模具。施工机械及模具选择不当、维修和使用不合理都会影响工程项目的施工质量。

（5）施工环境的影响。施工环境包括地质、水文、气候等自然环境和施工现场的照明、通风、安全卫生防疫等作业环境以及管理环境。这些环境的管理也会对施工项目质量产生相当的影响。

（二）施工项目质量管理

施工项目质量管理是在施工项目质量方面指挥和控制施工项目组织协调的活动。这里包括施工项目的质量目标制定、施工过程和施工必要资源的规定、施工项目施工各阶段的质量控制、施工项目质量的持续改进等。

二、施工项目质量控制

施工项目质量控制就是为了确保工程合同所规定的质量标准，所采用的一系列监控措施、手段和方法。工程项目的施工阶段是工程项目质量形成的最重要的阶段，而该阶段又由众多的技术活动按照科学的技术规律相互衔接而形成的。为了保证工程质量，这些技术活动必须在受控状态下进行。其目的在于监督整个工程的施工过程，排除各施工阶段、各环节由于异常性原因产生的质量问题。

1. 施工项目质量控制的基本要求

（1）施工单位应按《质量管理体系 要求》（GB/T 19001—2008）标准建立自己的质量管理体系。实践证明在建筑行业的企业采用了此标准已取得良好的效果。施工单位要控制施工项目的质量并按此标准建立自己的质量管理体系是必要的。

（2）坚持"质量第一、预防为主"的方针：通过项目施工过程中的信息反馈预见可能发生的重大工程质量问题，及时采取切实可行的措施加以防止，做到预防为主。

（3）明确控制重点：控制重点是通过分析后才能明确的。在工序控制中，一般是以关键工序和特殊工序为重点。控制点的设置主要是针对上述重点而言。

（4）重视控制效益：工程质量控制同其他产品质量控制一样，要付出一定的代价，投入和产出的比值是必须考虑的问题。对建筑工程来说，是通过控制其质量成本来实现的。

（5）系统地进行质量控制：系统地进行质量控制，它要求有计划地实施质量体系内各有关职能的协调和控制。

（6）制定控制程序：质量控制的基本程序是：按照质量方针和目标，制定工程质量控制措施并建立相应的控制标准；分阶段地进行监督检查，及时获得信息与标准相比较，作出工程合格性的判定；对于出现的工程质量问题，及时采取纠偏措施，保证项目预期目标的实现。

（7）坚持 P（计划）D（执行）C（检查）A（处理）循环的工作方法：为了做到施工项目质量的持续改进，要用 PDCA 的工作方法，PDCA 是不断地循环，每循环一次，就能解决一定的问题，实现一定的质量目标，使质量水平有所提高。

2. 施工项目质量影响因素的控制

为了保证施工项目质量，要对其影响因素进行控制。影响施工项目质量的因素，通常称为"4M1E"，即人（Man）、材料（Material）、机械（Machine）、方法（Method）、环境（Environment）。

（1）人的控制：控制的对象包括施工项目的管理者和操作者。人的控制内容包括组织机构的整体素质和每一个个体的技术水平、知识、能力、生理条件、心理行为、质量意识、组织纪律、职业道德等。其目的就是要做到合理用人，充分调动人的积极性、主动性和创造性。

人的控制的主要措施和途径如下：

①以项目经理的管理目标和管理职责为中心，合理组建项目管理机构，配备称职的管理人员。

②严格实行分包单位的资质审查，确保分包单位的整体素质，包括领导班子素质、职工队伍素质、技术素质和管理素质。

③施工作业人员要做到持证上岗，特别是重要技术工种、特殊工种和危险作业等。

④强化施工项目全体人员的质量意识，加强操作人员的职业教育和技术培训。

⑤严格施工项目的施工管理各项制度，规范操作人员的作业技术活动和管理人员的管

理活动行为。

⑥完善奖励和处罚机制，充分发挥项目全体人员的最大工作潜能。

（2）材料的控制：材料控制包括对施工所需要的原材料、成品、半成品、构配件等的质量控制。加强材料的质量控制是提高施工项目质量的重要保证。材料质量控制包括以下几个环节：

①材料的采购。施工所需要采购的材料应根据工程特点、施工合同、材料性能、施工具体要求等因素综合考虑。保证适时、适地、按质、按量、全套齐备地供应施工生产所需要的各种材料。为此，要选择符合采购要求的供方。建立有关采购的制度。对采购人员要进行技术培训等。

②材料的试验和检验。材料的试验和检验就是通过一系列的检测手段，将所取得的检测数据与材料标准及工艺规范相比较，借以判断其质量的可靠性及能否使用于施工过程之中。

材料的检验方法有书面检验、外观检验、理化检验和无损检验。

③材料的存储和使用。加强材料进场后的存储和使用管理，避免材料变质和使用规格、性能不符合要求的材料而造成质量事故，如水泥的受潮结块、钢筋的锈蚀等。

（3）机械设备的控制：机械设备的控制包括施工机械设备质量控制和工程项目设备的质量控制。

①施工机械设备质量控制就是使施工机械设备的类型、性能参数等与施工现场的实际生产条件、施工工艺、技术要求等因素相匹配，符合施工生产的实际要求。

要做好施工机械设备的质量控制，一是要按照技术上先进、生产上适用、经济上合理等原则选配施工生产机械设备，合理地组织施工。二是要正确使用、管理、保养和检修好施工机械设备，严格实行定人、定机、定岗位责任的使用管理制度，在使用中遵守机械设备的技术规定，做好机械设备的例行保养工作，包括清洁、润滑、调整、紧固和防腐工作，使机械设备经常保持良好的技术状态，以确保施工生产质量。

②工程项目设备的质量控制主要包括设备的检查验收、设备的安装质量、设备的调试和试车运转。

要求按设备选型购置设备，优选设备供应厂家和专业供方，设备进场后，要对设备的名称、型号、规格、数量的清单逐一检查验收，确保工程项目设备的质量符合设计要求；设备安装要符合有关设备的技术要求和质量标准，安装过程中控制好土建和设备安装的交叉流水作业；设备调试要按照设计要求和程序进行，分析调试结果；试车运转正常，并能配套投产，满足项目的设计生产要求。

（4）施工方法的控制：施工方法的控制主要包括施工方案、施工工艺、施工组织设计、施工技术措施等方面的控制。对施工方法的控制，应着重抓好以下几个方面内容：

①施工方案应随工程进展而不断细化和深化。

②选择施工方案时，对主要项目要拟订几个可行方案，找出主要矛盾，明确各个方案的主要优缺点，通过反复论证和比较，选出最佳方案。

③对主要项目、关键部位和难度较大的项目，如新结构、新材料、新工艺、大跨度、高大结构部位等，制订方案时要充分估计到可能发生的施工质量问题和处理方法。

（5）环境的控制。施工环境的控制主要包括自然环境、管理环境和劳动环境等。

①自然环境的控制，主要是掌握施工现场水文、地质和气象资料信息，以便在编制施工方案、施工计划和措施时，能够从自然环境的特点和规律出发，制定地基与基础施工对策，防止地下水、地面水对施工的影响，保证周围建筑物及地下管线的安全；从实际条件出发做好冬雨季施工项目的安排和防范措施；加强环境保护和建设公害的治理。

②管理环境的控制，主要是要按照承发包合同的要求，明确承包商和分包商的工作关系，建立现场施工组织系统运行机制及施工项目质量管理体系；正确处理好施工过程安排和施工质量形成的关系，使两者能够相互协调、相互促进、相互制约；做好与施工项目外部环境的协调，包括与邻近单位、居民及有关各方面的沟通、协调，以保证施工顺利进行，提高施工质量，创造良好的外部环境和氛围。

③劳动环境的控制，主要是做好施工平面图的合理规划和布置，规范施工现场机械设备、材料、构件的各项管理工作，做好各种管线和大型临时设施的布置；落实施工现场各种安全防护措施，做好明显标识，保证施工道路的畅通，安排好特殊环境下施工作业的通风照明措施；加强施工作业现场的及时清理工作，保证施工作业面的有序和整洁。

前面是从影响施工项目质量的五个因素介绍了如何实施质量控制。由于施工阶段的质量控制是一个经由对投入资源和条件的质量控制（即施工项目的事前质量控制），进而对施工生产过程以及各环节质量进行控制（即施工项目的事中质量控制），直到对所完成的产出品的质量检验与控制（即施工项目的事后质量控制）为止的全过程的系统控制过程，所以，施工阶段的质量控制可以根据施工项目实体质量形成的不同阶段划分为事前控制、事中控制和事后控制。

第二节　项目施工过程的质量控制

一、施工项目质量控制的三个阶段

为了保证工程项目的施工质量，应对施工全过程进行质量控制。根据工程项目质量形成阶段的时间，施工项目的质量控制可分为事前控制、事中控制和事后控制三个阶段。

（一）施工项目的事前质量控制

施工项目的事前质量控制，其具体内容有以下几个方面：

（1）技术准备，包括图纸的熟悉和会审、对施工项目所在地的自然条件和技术经济条件的调查和分析、编制施工组织设计、编制施工图预算及施工预算、对工程中采用的新材料、新工艺、新结构、新技术的技术鉴定书的审核、技术交底等。

（2）物资准备，包括施工所需原材料的准备、构配件和制品的加工准备、施工机具准备、生产所需设备的准备等。

（3）组织准备，包括选聘委任施工项目经理、组建项目组织班子、分包单位资质审查、签订分包合同、编制并评审施工项目管理方案、集结施工队伍并对其培训教育、建立和完善施工项目质量管理体系、完善现场质量管理制度等。

（4）施工现场准备，包括控制网、水准点、标桩的测量工作；协助业主实施"三通一平"；临时设施的准备；组织施工机具、材料进场；拟订试验计划及贯彻"有见证试验管理制度"的措施；项目技术开发和进一步计划等。

（二）施工项目事中的质量控制

施工项目事中的质量控制是指施工过程中的质量控制。事中质量控制的措施包括：施工过程交接有检查、质量预控有对策、施工项目有方案、图纸会审有记录、技术措施有交底、配制材料有试验、隐蔽工程有验收、设计变更有手续；质量处理有复查、成品保护有措施、质量文件有档案等。此外，对完成的分部和分项工程按相应的质量评定标准和办法进行检查和验收、组织现场质量分析会，及时通报质量情况等。

施工项目事中的质量控制的实质就是在质量形成过程中如何建立和发挥作业人员和管理人员的自我约束以及相互制约的监督机制，使施工项目质量形成从分项、分部到单位工程自始至终都处于受控状态。总之，在事前控制的前提下，事中控制是保证施工项目质量一次交验合格的重要环节，没有良好的作业自控和监控能力，施工项目质量就难以得到保证。

（三）施工项目事后的质量控制

施工项目事后的质量控制是指完成施工过程，形成产品的质量控制。其具体内容有以下几个方面：

（1）按规定的质量评定标准和办法对已经完成的分部分项工程、单位工程进行检查、评定、验收。

（2）组织联动试车。

（3）按编制竣工资料要求收集、整理质量记录。

（4）组织竣工验收、编制竣工文件、做好工程移交准备。

（5）对已完工的工程项目在移交前采取措施进行防护。

（6）整理有关工程项目质量的技术文件，并编目、建档。

二、工序质量控制

（一）工序及工序质量

工序就是人、机、料、法、环境对产品（工程）质量起综合作用的过程。工序的划分主要取决于生产（施工）技术的客观要求，同时也取决于分工和提高劳动生产率的要求。例如，钢筋工程是由调直、除锈、剪刀、弯曲成型、绑扎等工序组成。

施工工序是产品（工程）构配件或零部件生产（施工）制造过程的基本环节，是构成生产的基本单位，也是质量检验和管理的基本环节。

工序质量是指工序过程的质量。在生产（施工）过程中，由于各种因素的影响而造成产品（工程）产生质量波动，工序质量就是去发现、分析和控制工序质量中的质量波动，使影响每道工序质量的制约因素都能控制在一定范围内，确保每道工序的质量，不使上道工序的不合格品转入下道工序。工序质量决定了最终产品（工程）的质量。因此，对于施工企业来说，搞好工序质量就是保证单位工程质量的基础。

工序管理的目的是使影响产品（工程）质量的各种因素能始终处于受控状态的一种管理方法。因此，工序管理实质上就是对工序质量的控制。对工序的质量控制，一般采用建立质量控制点（管理点）的方法来加强工序管理。

工程项目施工质量控制就是对施工质量形成的全过程进行监督、检查、检验和验收的总称。施工质量由工作质量、工序质量和产品质量三者构成。工作质量是指参与项目实施全过程人员，为保证施工质量所表现的工作水平和完善程度，例如，管理工作质量、技术工作质量、思想工作质量等。产品质量即是指建筑产品必须具有满足设计和规范所要求的安全可靠性、经济性、适用性、环境协调性、美观性等。工序质量包括工序作业条件和作业效果质量。工程项目的施工过程是由一系列相互关联、相互制约的工序构成，工序质量是基础，直接影响工程项目的产品质量，因此，必须先控制工序质量，从而保证整体质量。

（二）工序质量控制的程序

工序质量控制就是通过工序子样检验来统计、分析和判断整道工序质量，从而实现工序质量控制。工序质量控制的程序是：

（1）选择和确定工序质量控制点；

（2）确定每个工序控制点的质量目标；

（3）按规定检测方法对工序质量控制点现状进行跟踪检测；

（4）将工序质量控制点的质量现状和质量目标进行比较，找出二者差距及产生原因；

（5）采取相应的技术、组织和管理措施，消除质量差距。

（三）工序质量控制的要点

（1）必须主动控制工序作业条件，变事后检查为事前控制。对影响工序质量的各种因素，如材料、施工工艺、环境、操作者和施工机具等项，要预先进行分析，找出主要影响因素，并加以严格控制，从而防止工序质量出现问题。

（2）必须动态控制工序质量，变事后检查为事中控制。及时检验工序质量，利用数理统计方法分析工序质量状态，并使其处于稳定状态。如果工序质量处于异常状态，则应停止施工；在经过原因分析，采取措施，消除异常状态后，方可继续施工。

（3）合理设置工序质量控制点，并做好工序质量预控工作。

（4）做好工序质量控制，应当遵循以下两点：

①确定工序质量标准，并规定其抽样方法、测量方法、一般质量要求和上、下波动幅度。

②确定工序技术标准和工艺标准，具体规定每道工序或操作的要求，并进行跟踪检验。

三、施工现场质量管理的基本环节

施工质量控制过程，不论是从施工要素着手，还是从施工质量的形成过程出发，都必须通过现场质量管理中一系列可操作的基本环节来实现。

现场质量管理的基本环节包括图纸会审、技术复核、技术交底、设计变更、三令管理、隐蔽工程验收、三检制、级配管理、材料检验、施工日记、质保材料、质量检验、成品保护等。其中一部分内容已在其他相关章节中进行了阐述，在此，仅对以下内容进行介绍。

（一）三检制

三检制是指操作人员的自检、互检和专职质量管理人员的专检相结合的检验制度。它是确保现场施工质量的一种有效的方法。

自检是指由操作人员对自己的施工作业或已完成的分项工程进行自我检验，实施自我控制、自我把关，及时消除异常因素，以防止不合格品进入下道作业。互检是指操作人员之间对所完成的作业或分项工程进行相互检查，是对自检的一种复核和确认，起到相互监督的作用。互检的形式可以是同组操作人员之间的相互检验，也可以是班组的质量检查员对本班组操作人员的抽检，同时也可以是下道作业对上道作业的交接检验。专检是指质量检验员对分部、分项工程进行的检验，用以弥补自检、互检的不足。专检还可细分为专检、巡检和终检。

实行三检制，要合理确定好自检、互检和专检的范围。一般情况下，原材料、半成品、成品的检验以专职检验人员为主，生产过程的各项作业的检验则以施工现场操作人员的自检、互检为主，专职检验人员巡回抽检为辅。成品的质量必须进行终检认证。

（二）技术复核

技术复核是指工程在未施工前所进行的预先检查。技术复核的目的是保证技术基准的正确性，避免因技术工作的疏忽差错而造成工程质量事故。因此，凡是涉及定位轴线、标高、尺寸，配合比，皮数杆，横板尺寸，预留洞口，预埋件的材质、型号、规格，吊装预制构件强度等，都必须根据设计文件和技术标准的规定进行复核检查，并做好记录和标识。

（三）技术核定

在实际施工过程中，施工项目管理者或操作者对施工图的某些技术问题有异议或者提出改善性的建议，如材料、构配件的代换、混凝土使用外加剂、工艺参数调整等，必须由施工项目技术负责人向设计单位提出"技术核定单"，经设计单位和监理单位同意后才能实施。

（四）设计变更

施工过程中，由于业主的需要或设计单位出于某种改善性考虑，以及施工现场实际条件发生变化，导致设计与施工的可行性发生矛盾，这些都将涉及施工图的设计变更。设计变更不仅关系到施工依据的变化，而且还涉及工程量的增减及工程项目质量要求的变化，因此，必须严格按照规定程序处理设计变更的有关问题。

一般的设计变更需设计单位签字盖章确认，监理工程师下达设计变更令，施工单位备案后执行。

（五）三令管理

在施工生产过程中，凡沉桩、挖土、混凝土浇灌等作业必须纳入按命令施工的管理范围，即三令管理。三令管理的目的在于核查施工条件和准备工作情况，确保后续施工作业的连续性、安全性。

（六）级配管理

施工过程中所涉及的砂浆或混凝土，凡在图纸上标明强度或强度等级的，均须纳入级配管理制度范围。级配管理包括事前、事中和事后管理三个阶段。事前管理主要是级配的试验、调整和确认；事中管理主要是砂浆或混凝土拌制过程中的监控；事后管理则为试块试验结果的分析，实际上是对砂浆或混凝土的质量评定。

（七）分部、分项工程和隐蔽工程的质量检验

施工过程中，每一分部、分项工程和隐蔽工程施工完毕后，质检人员均应根据合同规

定、施工质量验收统一标准和专业施工质量验收规范的要求对已完工的分部、分项工程和隐蔽工程进行检验。质量检验应在自检、专业检验的基础上，由专职质量检查员或企业的技术质量部门进行核定。只有通过其验收检查，对质量确认后，方可进行后续工程施工或隐蔽工程的覆盖。

其中隐蔽工程是指那些施工完毕后将被隐蔽而无法或很难对其再进行检查的分部、分项工程，就土建工程而言，隐蔽工程的验收项目主要有：地基、基础、基础与主体结构各部位钢筋、现场结构焊接、高强螺栓连接、防水工程等。

通过对分部、分项工程和隐蔽工程的检验，可确保工程质量符合规定要求，对发现的问题应及时处理，不留质量隐患及避免施工质量事故的发生。

（八）成品的保护

在施工过程中，有些分部、分项工程已经完成，而其他一些分部、分项工程尚在施工；或者是在其分部、分项施工过程中，某些部位已完成，而其他部位正在施工。在这种情况下，施工单位必须负责对已完成部分采取妥善措施予以保护，以免成品缺乏保护或保护不善而造成损伤或污染，影响工程的整体质量。

成品保护工作主要是要合理安排施工顺序、按正确的施工流程组织施工及制定和实施严格的成品保护措施。

第三节　质量控制点的设置

质量控制点就是根据施工项目的特点、为保证工程质量而确定的重点控制对象、关键部位或薄弱环节。

一、质量控制点设置的对象

设置质量控制点并对其进行分析是事前质量控制的一项重要内容。因此，在项目施工前应根据施工项目的具体特点和技术要求，结合施工中各环节和部位的重要性、复杂性，准确、合理地选择质量控制点。也就是选择那些保证质量难度大、对质量影响大的或是发生质量问题时危害大的对象作为质量控制点。如：

（1）关键的分部、分项及隐蔽工程，如框架结构中的钢筋工程、大体积混凝土工程、基础工程中的混凝土浇筑工程等。

（2）关键的工程部位，如民用建筑的卫生间、关键工程设备的设备基础等。

（3）施工中的薄弱环节，即经常发生或容易发生质量问题的施工环节，或在施工质量控制过程中无把握的环节，如一些常见的质量通病（渗水、漏水问题）。

（4）关键的作业，如混凝土浇筑中的振捣作业、钻孔灌注桩中的钻孔作业。

（5）关键作业中的关键质量特性，如混凝土的强度、回填土的含水量、灰缝的饱满度等。

（6）采用新技术、新工艺、新材料的部位或环节。

进行质量预控，质量控制点的选择是关键。在每个施工阶段前，应设置并列出相应的质量控制点，如大体积混凝土施工的质量控制点应为：原材料及配合比控制、混凝土坍落度控制及试块（抗压、抗渗）取样、混凝土浇捣控制、浇筑标高控制、养护控制等。

凡是影响质量控制点的因素都可以作为质量控制点的对象，因此人、材料、机械设备、施工环境、施工方法等均可以作为质量控制点的对象，但对特定的质量控制点，它们的影响作用是不同的，应区别对待，重要因素，重点控制。

二、质量控制点的设置原则

在什么地方设置质量控制点，需要通过对工程的质量特性要求和施工过程中的各个工序进行全面分析来确定。设置质量控制点一般应考虑以下原则：

（1）对产品（工程）的适用性（性能、寿命、可靠性、安全性）有严重影响的关键质量特性、关键部位或重要影响因素，应设置质量控制点。

（2）对工艺上有严格要求，对下道工序的工作有严重影响的关键质量特性、部位应设置质量控制点。

（3）对经常容易出现不良产品的工序，必须设立质量控制点，如门窗装修。

（4）对会影响项目质量的某些工序的施工顺序，必须设立质量控制点，如冷拉钢筋要先对焊后冷拉。

（5）对会严重影响项目质量的材料质量和性能，必须设立质量控制点，如预应力钢筋的质量和性能。

（6）对会影响下道工序质量的技术间歇时间，必须设立质量控制点。

（7）对某些与施工质量密切相关的技术参数，要设立质量控制点，如混凝土配合比。

（8）对容易出现质量通病的部位，必须设立质量控制点，如屋面油毡铺设。

（9）某些关键操作过程，必须设立质量控制点，如预应力钢筋张拉程序。

（10）对用户反馈的重要不良项目应建立质量控制点。

（11）对紧缺物资或可能对生产安排有严重影响的关键项目应建立质量控制点。

建筑产品（工程）在施工过程中应设置多少质量控制点，应根据产品（工程）的复杂程度，以及技术文件上标记的特性分类、缺陷分级的要求而定。

三、质量控制点的实施

根据质量控制点的概念及设置原则，质量控制点的落实与实施一般有以下几个步骤：

（1）确定质量控制点，编制质量控制点明细表，见表8-1。

表 8-1　质量控制点明细表

序号	分项工程	工序号	控制编号	控制名称	技术要求	检查工具	检查负责人	质量特性分级			管理手段
								关键	重要	一般	

（2）由工艺、技术部门负责设计绘制"工程质量控制程序图"及"工艺质量流程图"，明确标出建立控制点的工序、质量特性、质量要求等。

（3）由工艺、技术部门、质检部门组织有关人员进行工序分析，绘制质量控制点设置表，见表8-2。应对工程项目、班组目标、管理点设置、规范标准、自控标准、实施措施、检查方法、执行人等有明确规定，并应执行经济责任制。

表 8-2 　质量控制点设置表

工程项目	班组目标	分项项目	管理点设置	自控标准	规范标准	对策措施	检查工具及检查方法	执行人	经济责任制

（4）由总工程师或项目技术负责人组织有关部门对质量职能进行分析，并应明确质量目标、检查项目、达到标准及各质量保证相关部门的关系及保证措施等。还需编制质量控制点内容要求，见表 8-3（以某独立基础钢筋绑扎为例）。编制相关人员保证措施表，见表 8-4。

表 8-3 　工序质量控制点内容要求

控制点名称	工作内容	执行人员	标　准	检查工具	检查频次
独立基础钢筋绑扎	防止插筋偏位，保护层应达到规范要求	施工员质量员技术员	（1）钢筋位置位移控制在 ±10，搭接长度不小于 35d （2）由垫块确保保护层 20mm 厚 （3）混凝土浇捣时不能一次卸料	钢尺线锤目测	逐个检查

表 8-4 　相关人员保证措施表

人　员	措　施	执行人
技　术 工　长 质　检 测　工 操作者		

（5）由工艺、技术部门或项目负责人组织有关人员找出影响工序质量特性的主导因素，并制定对策措施。对策措施应注明执行部门、责任者及完成时间。如采用因果分析图法绘制因果图和对策表找出影响工序质量特性的主导因素及制定必要的对策。详见图 8-1 和表 8-5。

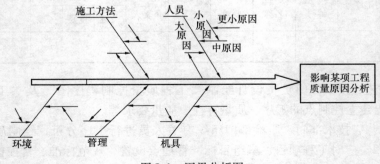

图 8-1 　因果分析图

表8-5　对　策　表

项　　目	影响质量因素	采取对策及执行的措施	执行部门	执行时间	执行人员

（6）由技术部门及检验部门负责编制控制点的工艺指导书（工艺质量管理卡）见表8-6。

表8-6　工艺质量管理卡

施工准备							
操作工艺							
质量标准							
成品保护							
应注意的质量问题							
安全、技术、节约等项措施			检查验收结果				
			检查评定等　级				
			参加检查验收人员				
			验收部门				
施工组织设计编制人		施工员	班组长		施工时间	竣工验收日期	

（7）由设备、工具、计量、检验部门根据工序质量展开的影响因素和控制项目编制设备、计量仪器配置见表8-7。

表8-7　设备、计量仪器配置表

序号	工序号	工序名称及位置	测量参数名称	测量范围与精度	测量频数	计量器具名称	型号规格与准确度	应配数量	已配数量	配备位置	备注

（8）按质量评定表进行验评。为保证工程质量，专职质量检查员应严格按建筑安装工程质量验评标准要求进行验评；班组自检可按此要求或严于此标准的自控标准进行评定。

第四节　施工项目质量管理的统计分析方法

质量管理中常用的统计方法有七种：排列图法、因果分析图法、直方图法、控制图法、相关图法、分层法和统计调查表法。这七种方法通常又称为质量管理的七种工具。

一、排列图法

（一）排列图法的概念

排列图法是利用排列图寻找影响质量主次因素的一种有效方法。排列图又称帕累托图或主次因素分析图，是根据意大利经济学家帕累托（Pareto）提出的"关键的少数和次要的多数"原理，由美国质量管理学家（J. M. Juran）发明的一种质量管理图形，它是由两个纵坐标、一个横坐标、几个连起来的直方形和一条曲线所组成，如图8-2所示。左侧的纵坐标表示频数，右侧纵坐标表示累计频率，横坐标表示影响质量的各个因素或项目，按影响程度大小从左至右排列，直方形的高度表示某个因素的影响大小。实际应用中，通常按累计频率划分为 0%～80%、80%～90%、90%～100% 三部分，与其对应的影响因素分别为 A、B、C 三类。A 类为主要因素，B 类为次要因素，C 类为一般因素。

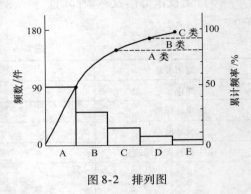

图8-2 排列图

（二）排列图的观察与分析

观察直方形，大致可看出各项目的影响程度。排列图中的每个直方形都表示一个质量问题或影响因素，影响程度与各直方形的高度成正比。

（三）实例

下面用实例来说明排列图的画法。

1. 收集数据

找出事件的缺陷或影响的因素，对抽样进行检查并统计各因素发生的次数。某施工企业构件加工厂出现钢筋混凝土构件不合格品增多的质量问题，对一批构件进行检查，有200个检查点不合格，影响其质量的因素或缺陷有混凝土强度、截面尺寸、侧向弯曲、钢筋强度、表面平整、预埋件、表面缺陷等。统计各因素发生的次数列于表8-8。

表8-8　不合格项目统计分析表

构件批号	混凝土强度	截面尺寸	侧向弯曲	钢筋强度	表面平整	预埋件	表面缺陷
1	5	6	2	1			1
2	10		4		2	1	
3	20	4	2			1	
4	5	3	5		4	1	
5	4				1		
6	4		3		1		
7	18	6		3			1
8	25	6	4		1		
9		3	2	1			
10	6	20	2	1		1	
合　计	105	50	20	10	8	4	3

152

2. 分析与整理数据

将各因素或缺陷的发生频数按大、小顺序排列出来，列成表格。如表8-9中所列不合格品总数为 $105 + 50 + 20 + 10 + 8 + 4 + 3 = 200$。

计算各缺陷或因素的频率，它分别等于各缺陷或因素频数除以不合格品的总频数。在本例中，混凝土强度不足的频率为 $\frac{105}{200} = 52.5\%$ 等。依次类推，把结果依次填入表8-9的频率栏内。

把各频率从上至下依次累加起来，如表8-9中前两项，混凝土强度和截面尺寸共占 $52.5\% + 25\% = 77.5\%$ 等。所得结果依次填入表8-9的累计频率栏内。

3. 做排列图

按表8-9从上到下的次序在图中横坐标上从左向右标出各缺陷或因素，依照频数坐标画出直方形，如图8-3。

表8-9　频率计算表

序　号	影响质量的因素	频　数	频率/%	累计频率/%
1	混凝土强度	105	52.5	52.5
2	截面尺寸	50	25	77.5
3	侧向弯曲	20	10	87.5
4	钢筋强度	10	5	92.5
5	表面平整	8	4	96.5
6	预埋件	4	2	98.5
7	表面缺陷	3	1.5	100
合　计		200	100	

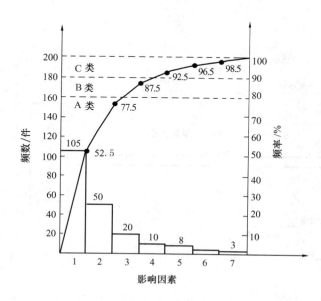

图8-3　混凝土质量影响因素排列图

在排列图上用折线表示出累计频率，这条曲线即巴氏曲线，见图8-3。

4. 确定主要因素

采取了相应改进措施以后，还要及时检查效果，必要时重新画新的排列图。

本例中，A类因素（影响工程质量的主要因素），有混凝土强度和截面尺寸2个。

二、因果分析图法

（一）因果分析图法的概念

因果分析图法是利用因果分析图来系统整理分析某个质量问题（结果）与其产生原因之间关系的有

效工具。因果分析图也称特性要因图，因其形状又常被称为树枝图或鱼刺图。因果分析图的基本形式如图 8-4 所示。

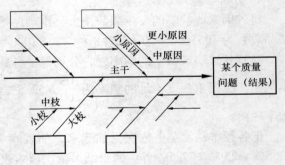

图 8-4　因果分析图的基本形式

从图 8-4 可见，因果分析图由质量特性（即质量结果或某个质量问题）、要因（产生质量问题的主要原因）、枝干（指一系列箭线表示不同层次的原因）、主干（指较粗的直接指向质量结果的水平箭线）等所组成。

在实际施工生产过程中，任何一种质量因素的产生原因往往都是由于多种原因造成的，甚至是多层原因造成的，这些原因可以归结为五个方面：

（1）人（操作者）的因素；

（2）工艺（施工程序、方法）因素；

（3）设备的因素；

（4）材料（包括半成品）的因素；

（5）环境（地区、气候、地形等）因素。

但是，采取的提高质量措施是具体化的，因此还必须从上述五个方面中找出具体的甚至细小的原因来。因果分析图就是为寻找这些原因的起源而采取的一种从大到小，从粗到细，追根到底的方法。

（二）实例

前述混凝土强度不足是造成某构件加工厂造成构件不合格的主要因素，图 8-5 就是采

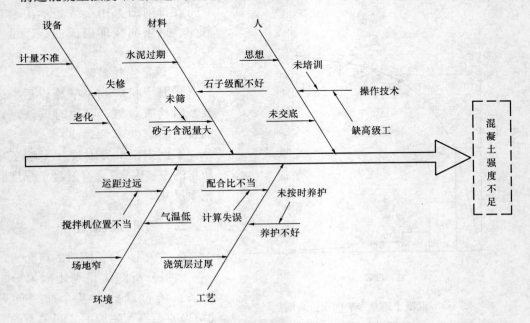

图 8-5　某构件厂构件混凝土强度不足因果分析图

用因果分析图去进一步寻找产生混凝土强度不足原因的例子。因果分析图中的大枝表示主要方面，中枝表示次要方面，细枝表示细小方面。有了因果分析图，就可以一目了然地系统观察产生质量问题的原因。找出原因后，可以采取相应的改进措施，从而达到控制工程质量的目的。

因果分析图的绘图步骤大体如下：明确分析质量的问题，在树枝图中用主干线表示出来；深入调查研究，集思广益，把凡是与质量问题的特性有明确因果关系的因素都收集上来，大原因一般为人、机、工艺、材料、环境，还要分析导致各大原因的小原因，层层深入，一直分析到可以落实改进措施的最小原因为止，并在图中分别用不同小枝表示；针对主要原因，制定改进措施。表8-10为混凝土强度不足质量问题制定的改进措施。

表8-10　质量改进措施

质量问题		原　　因	改　进　措　施	执　　行	
				人	时　间
混凝土强度不足	人	1. 未培训 2. 班组结构不合理 3. 未进行技术交底 4. 思想问题	1. 进行岗位培训 2. 改善班组结构，增加高级工 3. 严格技术交底制度 4. 加强思想教育		
	材料	1. 石子级配不好 2. 砂子含泥量大 3. 水泥过期 4. 计量不准	1. 进行人工级配 2. 砂子过筛 3. 严格水泥管理 4. 坚持严格计量		
	设备	1. 失修 2. 老化 3. 计量不准	1. 维修设备 2. 及时更新 3. 检测计量器具		
	工艺	1. 养护不好 2. 配合比不当 3. 浇灌层过厚	1. 派专人养护 2. 严格配合比设计 3. 控制浇灌层，必须在25cm以内		
	环境	1. 气温低 2. 运输远 3. 场地窄	1. 加盖养护 2. 加外加剂、防止离析、脱水 3. 改善组织方式		

（三）绘制和使用因果分析图时应注意的问题

1. 集思广益

绘制时要求绘制者熟悉专业施工方法技术，调查、了解施工现场实际条件和操作的具体情况。要以各种形式，广泛收集现场工人、班组长、质量检查员、工程技术人员的意见，集思广益，相互启发、相互补充，使因果分析更符合实际。

2. 制定对策

绘制因果分析图不是目的，而是要根据图中所反映的主要原因，制定改进的措施和对策，限期解决问题，保证产品质量。具体实施时，一般应编制一个对策计划表。

三、直方图法

（一）直方图的用途

直方图法即频数分布直方图法，它是将收集到的质量数据进行分组整理，绘制成频数分布直方图，用以描述质量分布状态的一种分析方法，所以又称质量分布图法。

通过对直方图的观察与分析，可了解产品质量的波动情况，掌握质量特性的分布规律，以便对质量状况进行分析判断。

（二）直方图的基本图形

直方图的基本图形如图8-6所示。

直方图绘制在直角坐标系中，横坐标表示特性值、纵坐标表示频数。

直方用长条柱形表示：直方的宽度相等，有序性连续以直方的高度表示频数的高低、直方的选择数目依样

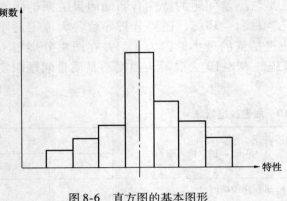

图8-6　直方图的基本图形

本大小确定，直方的区间范围应包容样本的所有值。

（三）直方图制作程序

（1）确定分析对象、选择特性值。

（2）收集数据 30～100 个，至少 30 个。

（3）数据分析和整理，找出其中的最大值 x_{max} 和最小值 x_{min}。

（4）计算极差 $R = x_{max} - x_{min}$。

（5）将收集到的数据适当分组。一般组数 $K = 10$，K 值随样本大小可适当增、减，选择范围 $K = 5 \sim 12$ 之间为宜。

（6）确定组距 n：

$$n = \frac{\text{极差}}{\text{分组数}} = \frac{R}{K}$$

若 n 值为小数时，为计算方便将其选为测量单位的整倍数。

（7）确定组界。"组界"就是每个直方在横坐标上的准确位置。确定组界时注意把实际测量值分布在各直方区间内而不应在组界线上。

一般从数据最小值开始分组，第一组上下界限值按下式计算：

第一组下限值 $= x_{min} - \dfrac{n}{2}$

第一组上限值 $= x_{min} + \dfrac{n}{2}$

（8）确定组中值。组中值是该组上限值与下限值的平均值。

（9）根据分组情况，分别统计出各组数据的个数，列出频数统计表。

（10）根据频数统计表画直方图。

用横坐标表示分组区间，纵坐标表示频数。以各组区间为底边，相应组内频数为高度

画出直方图。

通过观察直方图形状，可判断产品质量是否稳定，预测生产过程中的不合格品率。

（四）直方图的观察与分析

观察直方图的形状、判断质量分布状态。作完直方图后，首先要认真观察直方图的整体形状，看其是否属于正常型直方图。正常型直方图就是中间高、两侧低、左右接近对称的图形［见图8-7（a）］。出现非正常型直方图时，表明生产过程或收集数据作图有问题。这就要求进一步分析判断，找出原因，从而采取措施加以纠正。凡属非正常型直方图，其图形分布有各种不同缺陷，归纳起来一般有五种类型（见图8-7）。

（1）折齿型［见图8-7（b）］，是由于分组不当或者组距确定不当出现的直方图。

（2）左（或右）缓坡型［见图8-7（c）］，主要是由于操作中对上限（或下限）控制太严造成的。

（3）孤岛型［见图8-7（d）］，是原材料发生变化，或者临时他人顶班作业造成的。

（4）双峰型［见图8-7（e）］，是由于用两种不同方法或两台设备或两组工人进行生产，然后把两方面数据混在一起整理产生的。

（5）绝壁型［见图8-7（f）］，是由于数据收集不正常，可能有意识地去掉下限附近的数据，或是在检测过程中存在某种人为因素所造成的。

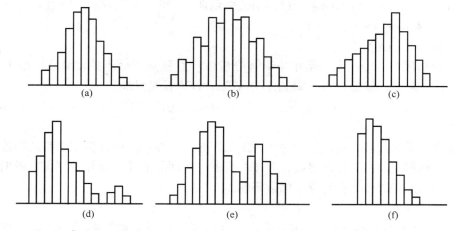

（a）正常型；（b）折齿型；（c）左缓坡型；（d）孤岛型；（e）双峰型；（f）绝壁型

图8-7　常见的直方图图形

四、控制图法

（一）控制图的基本形式及用途

控制图又称管理图。它是在直角坐标系内画有控制界线，描述生产过程中产品质量波动状态的图形。利用控制图区分质量波动原因，判明生产过程是否处于稳定状态，提醒人们不失时机地采取措施，使质量始终处于受控状态。

1. 控制图的基本形式

控制图的基本形式如图8-8所示。横坐标为样本（子样）序号或抽样时间，纵坐标为被控制对象，即被控制的质量特性值。控制图上一般有三条线：在上面的一条虚线称为

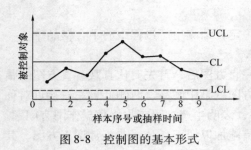

图 8-8 控制图的基本形式

上控制界线，用符号 UCL 表示；在下面的一条虚线称为下控制界线，用符号 LCL 表示；中间的一条实线称为中心线，用符号 CL 表示。中心线标志着质量特性值分布的中心位置，上下控制界线标志着质量特性值允许波动范围。

在生产过程中通过抽样取得数据，把样本统计量描在图上来分析判断生产过程状态。如果点子随机地落在上、下控制界线内，则表明生产过程正常，处于稳定状态，不会产生不合格品；如果点子超出控制界线，或点子排列有缺陷，则表明生产条件发生了异常变化，生产过程处于失控状态。

2. 控制图的用途

控制图是用样本数据来分析判断生产过程是否处于稳定状态的有效工具。它的用途主要有两个。

（1）过程分析即分析生产过程是否稳定：为此，应随机连续收集数据，绘出控制图，观察数据点分布情况并判定生产过程状态。

（2）过程控制即控制生产过程质量状态：为此，要定时抽样取得数据，将其变为点子描在图上，发现并及时消除生产过程中的失调现象，预防不合格品的产生。

（二）控制图的分类

1. 按用途控制图分类

（1）分析用控制图。主要是用来调查分析生产过程是否处于控制状态。绘制分析用控制图时，一般需连续抽取 20～25 组样本数据，计算控制界线。

（2）管理（或控制）用控制图。主要用来控制生产过程，使之经常保持在稳定状态下。

当根据分析用控制图判明生产处于稳定状态时，一般都是把分析用控制图的控制界线延长作为管理用控制图的控制界线，并按一定的时间间隔取样、计算、打点，根据点子分布情况，判断生产过程是否有异常因素影响。

2. 按质量数据特点分类

（1）计量值控制图：主要适用于质量特性值属于计量值的控制，如时间、长度、质量、强度、成分等连续型变量。

（2）计数值控制图：通常用于控制质量数据中的计数值，如不合格品数、疵点数、不合格品率、单位面积上的疵点数等离散型变量。根据计数值的不同又可分为计件值控制图和计点值控制图。

（三）控制图的观察与分析

绘制控制图的目的是分析判断生产过程是否处于稳定状态。这主要是通过对控制图上点子的分布情况的观察与分析进行，因为控制图上点子作为随机抽样的样本，可以反映出生产过程（总体）的质量分布状态。

当控制图同时满足以下两个条件：一是点子几乎全部落在控制界线之内；二是控制界线内的点子排列没有缺陷。就可以认为生产过程基本上处于稳定状态。如果点子的分布不满足其中任何一条，都应判断生产过程为异常。

（1）点子几乎全部落在控制界线内：是指应符合下述三个要求。

①连续 25 点以上处于控制界线内。

②连续 35 点中仅有 1 点超出控制界线。

③连续 100 点中不多于 2 点超出控制界线。

（2）点子排列没有缺陷：是指点子的排列是随机的，而没有出现异常现象。这里的异常现象是指点子排列出现了链、多次同侧、趋势或倾向、周期性变动、接近控制界线等情况。

1）链。是指点子连续出现在中心线一侧的现象。出现 5 点链，应注意生产过程发展状况；出现 6 点链，应开始调查原因；出现 7 点链，应判定工序异常，需采取处理措施，如图 8-9 所示。

2）多次同侧。是指点子在中心线一侧多次出现的现象，或称偏离。下列情况说明生产过程已出现异常：在连续 11 点中有 10 点在同侧，如图 8-10 所示；在连续 14 点中有 12 点在同侧；在连续 17 点中有 14 点在同侧；在连续 20 点中有 16 点在同侧。

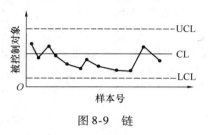

图 8-9　链

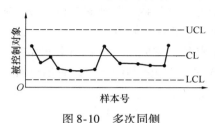

图 8-10　多次同侧

3）趋势或倾向。是指点子连续上升或连续下降的现象。连续 7 点或 7 点以上上升或下降排列，就应判定生产过程有异常因素影响，要立即采取措施，如图 8-11 所示。

4）周期性变动。即点子的排列显示周期性变化的现象。这样即使所有点子都在控制界线内，也应认为生产过程为异常，如图 8-12 所示。

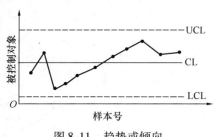

图 8-11　趋势或倾向

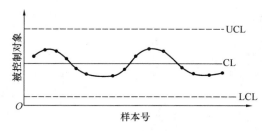

图 8-12　周期性变动

5）点子排列接近控制界线。如属下列情况的判定为异常：连续 3 点至少有 2 点接近控制界线；连续 7 点至少有 3 点接近控制界线；连续 10 点至少有 4 点接近控制界线，如图 8-13 所示。

以上是用控制图分析判断生产过程是否正常的准则。如果生产过程处于稳定状态，则把分析用控制图转为管理用控制图。分析用控制图是静态的，而管理用控制图是动态的。随着生

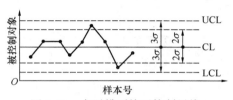

图 8-13　点子排列接近控制界线

产过程的进展，通过抽样取得质量数据，把点描在图上，随时观察点子的变化；一是点子落在控制界线外或界线上，即判断生产过程异常；二是点子即使在控制界线内，也应随时观察其有无缺陷，以对生产过程正常与否作出判断。

五、相关图法

相关图又称散布图。在质量管理中它是用来显示两种质量数据之间关系的一种图形。质量数据之间的关系多属相关关系。一般有三种类型：一是质量特性和影响因素之间的关系；二是质量特性和质量特性之间的关系；三是影响因素和影响因素之间的关系。可以用 y 和 x 表示质量特性值和影响因素，通过绘制散布图、计算相关系数等，分析研究两个变量之间是否存在相关关系，以及这种关系密切程度如何，进而研究相关程度密切的两个变量，通过对其中一个变量的观察控制，去估计控制另一个变量的数值，以达到保证产品质量的目的。这种统计分析方法，称为相关图法。

相关图中的数据点的集合，反映了两种数据之间的散布状况，根据散布状况可以分析两个变量之间的关系。归纳起来，有以下六种类型，如图 8-14 所示。

（一）正相关 ［见图 8-14（a）］

散布点基本形成由左至右向上变化的一条直线带，即随 x 值的增加 y 值也相应增加，说明 x 与 y 有较强的制约关系，可通过对 x 控制而有效控制 y 的变化。

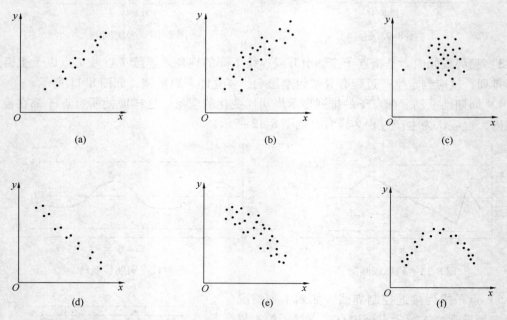

（a）正相关；（b）弱正相关；（c）不相关；（d）负相关；（e）弱负相关；（f）非线性相关

图 8-14 散布图的类型

（二）弱正相关 ［见图 8-14（b）］

散布点形成向上较分散的直线带。随 x 值的增加 y 值也有增加趋势，但 x、y 的关系不像正相关那么明显。说明 y 除受 x 影响外，还受其他更重要的因素影响，需进一步利用因果分析图法分析其他的影响因素。

160

（三）不相关［见图8-14（c）］

散布点形成一团或平行于 x 轴的直线带。说明 x 变化不会引起 y 的变化或其变化无规律，分析质量原因时可排除 x 因素。

（四）负相关［见图8-14（d）］

散布点形成由左至右向下的一条直线带。说明 x 对 y 的影响与正相关恰恰相反。

（五）弱负相关［见图8-14（e）］

散布点形成由左至右向下分布的较分散的直线带。说明 x 与 y 的相关关系较弱，且变化趋势相反，应考虑寻找影响 y 的其他更重要的因素。

（六）非线性相关［见图8-14（f）］

散布点呈一曲线带，即在一定范围内 x 增加，y 也增加；超过这个范围，x 增加，y 则有下降趋势。

六、分层法

分层法又称分类法，是将调查收集的原始数据，根据不同的目的和要求，按某一性质进行分组、整理的分析方法。分层的结果使数据各层间的差异突出地显示出来，层内的数据差异减少。在此基础上再进行层间、层内的比较分析，可以更深刻地发现和认识质量问题的本质和规律。由于产品质量是多方面因素共同作用的结果，因而对同一批数据，可以按不同性质分层，从不同角度来考虑、分析产品存在的质量问题和影响因素。

常用的分层标志有：按操作班组或操作者分层；按机械设备型号、功能分层；按工艺、操作方法分层；按原材料产地或等级分层；按时间顺序分层。

七、统计调查表法

统计调查表法是利用专门设计的统计调查表，进行数据收集、整理和分析质量状态的一种方法。

在质量管理活动中，利用统计调查表收集数据，简便灵活，便于整理。它没有固定的格式，一般可根据调查的项目，设计不同的格式。

第五节　施工质量检查、评定及验收

一、施工质量检查

（一）质量检查的意义

质量检查（或称检验）的定义是"对产品、过程或服务的一种或多种特性进行测量、检查、试验、计量，并将这些特性与规定的要求进行比较以确定其符合性的活动"。在施工过程中，为了确定建筑产品是否符合质量要求，就需要借助于某种手段或方法对产品（工程）的质量特性进行测定，然后把测定的结果同该特性规定的质量标准进行比较，从而判定该产品（工程）是合格品、优良品或不合格品，因此，质量检查是保证工程（产品）质量的重要手段，意义在于：

（1）对进场原材料、外协件和半成品的检查验收，可防止不合格品进入施工过程，造成工程的重大损失。

（2）对施工过程中关键工序的检查和监督，可保证工程的要害部位不出差错。

（3）对交工工程进行严格的检查和验收，可维护用户的利益和本企业的信誉，提高社会、经济效益。

（4）可为全面质量管理提供大量、真实的数据，是全面质量管理信息的源泉，是建筑企业管理走向科学化、现代化的一项重要的基础工作。

（二）质量检查的内容

质量检查的内容由施工准备的检验、施工过程的检验以及交工验收的检验三部分内容组成。

1. 施工准备的检验内容

（1）对原材料、半成品、成品、构配件以及新产品的试制和新技术的推广，须进行预先检验。用直观的方法检验外形、规格、尺寸、色泽和平整度等；用仪器设备测试隔音、隔热、防水、抗渗、耐酸、耐碱、绝缘等物理、化学性能，以及构配件和结构性材料的抗弯、抗压、抗剪、抗震等力学性能检验工作。

对于混凝土和砂浆，还必须按设计配合比做试件检验，或采用超声波、回弹仪等测试手段进行混凝土的非破损的检验。

（2）对工程地质、地貌、测量定位、标高等资料进行复核检查。

（3）对构配件放样图纸有无差错进行复核检查。

2. 施工过程的检验内容

在施工过程中，检验的内容包括分部分项工程的各道工序以及隐蔽工程项目。一般采用简单的工具，如线锤、直尺、长尺、水平尺、量筒等进行直观的检查，并作出准确的判断。如墙面的平整度与垂直度，灰缝的厚度；各种预制构件的型号是否符合图纸；模板的搭设标高、位置和截面尺寸是否符合设计；钢筋的绑扎间距、数量、规格和品种是否正确；预埋件和预留洞槽是否准确，隐蔽验收手续是否及时办理完善等。此外，施工现场所用的砂浆和混凝土都必须就地取样做成试块，按规定进行强度等级测试。坚持上道工序不合格不能转入下道工序施工。同时，要求在施工过程中收集和整理好各种原始记录和技术资料，把质量检验工作建立在让数据说话的基础之上。

3. 交工验收的检验内容

（1）检查施工过程的自检原始记录。

（2）检查施工过程的技术档案资料。如隐蔽工程验收记录、技术复核、设计变更、材料代用以及各类试验、试压报告等。

（3）对竣工项目的外观检查。主要包括室内、外的装饰、装修工程，屋面和地面工程，水、电及设备安装工程的实测检查等。

（4）对使用功能的检查。包括门窗启闭是否灵活；屋面排水是否畅通；地漏标高是否恰当；设备运转是否正常；原设计的功能是否全部达到。

（三）质量检查的依据和方式

1. 质量检查的依据

（1）国家颁发的《建筑工程施工质量验收统一标准》、各专业工程施工质量验收规范及施工技术操作规程。

（2）原材料、半成品以及构配件的质量检验标准。

（3）设计图纸及施工说明书等有关设计文件。

2. 质量检查的方式

（1）全数检验：指对批量中的全部工程进行检验，此种检验一般应用于非破损性检查，检查项目少以及检验数量少的成品。这种检查方法工作量大，花费的时间长且只适用于非破坏性的检查。在建筑工程中，往往对关键性的或质量要求特别严格的分部分项工程，如对高级的大理石饰面工程，才采用这种检查方法。

（2）抽样检验：指对批量中抽取部分工程进行检验，并通过检验结果对该批产品（工程）质量进行估计和判断的过程。抽样的条件是：产品（工程）在施工过程中质量基本上是稳定的，而抽样的产品（工程）批量大、项目多。如对分部分项工程，按一定的比率从总体中抽出一部分子样来分析，判断总体中所有检验对象的质量情况。这种检查与全数检查相对照，具有投入人力少，花费时间短和检查费用低的优点，因此，在一般分部分项工程中普遍采用。

抽样检查采用随机抽样的方法，所谓随机抽样，是使构成总体的每一单位体或位置，都有同等的机会、同样可能被抽到，从而避免抽样检查的片面性和倾向性。随机抽样时，除了上述同等的机会、同样的可能之外，还有一个数量的要求，即子样数量不应少于总体的10%。

（3）审核检验：即随机抽取极少数样品，进行复核性的检验，察看质量水平的现状，并作出准确的评价。

（四）质量检查计划及工作步骤

1. 质量检查计划

质量检查计划通常包含于质量计划中，是以书面形式，将质量检查的内容、方法，进行时间、评价标准及有关要求等表述清楚，使质量检查人员工作有所遵循的技术性计划（即质量检查技术措施）。

质量检查计划应由项目部有比较丰富质量管理经验的专业管理人员根据工程实际情况编写，经工程项目的技术负责人审核、批准后，即为该工程质量检查工作的技术性作业指导文件。

一般来说，质量检查计划应包括以下内容：①工程项目名称（单位工程）；②检查项目及检查部位；③检查方法（量测，无损检测、理化试验、观感检查）；④检查所依据的标准、规范；⑤判定合格标准；⑥检查程序（检查项目、检查操作的实施顺序）；⑦检查执行原则（是抽样检查还是全数检查，抽样检查的原则）；⑧不合格处理的原则程序及要求；⑨应填写的质量记录或签发的检查报告；等等。

2. 质量检查工作的步骤

质量检查是一个过程，一般包括明确质量要求、测试、比较、判定和处理五个工作步骤。

（1）明确质量要求：一项工程、一种产品在检查之前，必须依据检验标准规定，明确要检查哪些项目以及每个项目的质量指标，如果是抽样检查，还要明确如何抽检，此外，生产组织者、操作者以及质量检查员都要明确合格品、优良品的标准。

（2）测试：规定用适当的方法和手段测试产品（工程），以得到正确的质量特性值和结果。

（3）比较：将测得数据同规定的质量要求比较。

（4）判定（评定）。根据比较的结果判定分项、分部或单位工程是合格品或不合格品。批量产品是合格批或不合格批。

（5）处理：对不合格品有以下几种处理方式：

①对分项工程经质量检查评定为不合格品时，应返工重做。

②对分项工程经质量检查评定为不合格品时，经加固补强或经法定检测单位鉴定达到设计要求的，其质量只能评为"合格"。

③对分项工程经质量检验评定为不合格品时，经法定检测单位鉴定达不到设计要求，但经设计单位和建设单位认为能满足结构安全和使用功能要求时可不加固补强，或经加固补强改变了原设计结构尺寸或造成永久性缺陷的，其质量可评为"合格"，所在分部工程不应评为"优良"。

记录所测得的数据和判定结果反馈给有关部门，以便促使其改进质量。

在质量检查中，操作者和检查者必须按规定对所测得的数据进行认真记录，原始数据记录不全、不准，便会影响对工程质量的全面评价和进一步改进提高。

（五）质量检查的方法

检查方法选择是否适当，对检测结果和评价产品（工程）质量的正确性有重大关系。若检查方法选择不当，往往严重损害检测结果的准确性和可信度，甚至会把不合格品判为合格品，把合格品判为不合格品，导致不应有的损失，甚至还会造成严重的后果。

建筑施工企业现有的检测方法，基本上分为物理与化学检验和感官检验两大类。

1. 物理与化学检验

凡是主要依靠量具、仪器及检测设备、装置，应用物理或化学方法对受检物进行检验而获得检验结果的方法，叫做物理与化学检验。

目前施工过程中对建筑物轴线、标高、长、宽、平整、垂直等的检验；对砖、砂、石、钢筋等原材料的检验均使用了水平仪、经纬仪、尺、塞尺等仪器、量具、检测设备、装置及物理或化学分析等方法，这是检验方法的主体，随着现代科学技术的进步，建筑施工企业的检测方法也将不断得到改进和发展。

2. 感官检验

依靠人的感觉器官来进行有关质量特性或特征的评价判定的活动，称为感官检验。如对于粘结的牢固程度用手抚摸，砌砖出现了几处通缝要用眼观看等，这些往往是依靠人的感觉器官来评价的。

感官检验在把感觉数量化及比较判定的过程中，都不时地受到人的"条件"影响，如错觉、时空误差、疲劳程度、训练效果、心理影响、生理差异等。但建筑工程中仍有许多质量特性和特征仍然需要依靠感官检验来进行鉴别和评定，为了保证判定的准确性，应注意不断提高人的素质。

二、施工质量验收

为了加强建筑工程质量管理，统一建筑工程施工质量的验收、保证工程质量，于2001年7月20日建设部与国家质量监督检验检疫总局联合发布了《建筑工程施工质量验收统一标准》（GB 50300—2001），于2002年1月1日实施，原《建筑安装工程质量检验评定统一标准》（GBJ 300—88）同时废止。以下介绍该标准的基本要求。

（一）基本规定

（1）施工现场质量管理应有相应的施工技术标准，健全的质量管理体系、施工质量检验制度和综合施工质量水平评定考核制度。

施工现场质量管理可按表8-11的要求进行检查记录。

（2）建筑工程应按下列规定进行施工质量控制：

①建筑工程采用主要材料、半成品、成品、建筑构配件、器具和设备应进行现场验收。凡涉及安全、功能的有关产品、应按各专业工程质量验收规范规定进行复验，并应经监理工程师（建设单位技术负责人）检查认可。

表8-11　施工现场质量管理检查记录　　　　　　开工日期：

工程名称		施工许可证（开工证）	
建设单位		项目负责人	
设计单位		项目负责人	
监理单位		总监理工程师	
施工单位		项目经理	项目技术负责人
序号	项　　目	内　　容	
1	现场质量管理制度		
2	质量责任制		
3	主要专业工种操作上岗证书		
4	分包方资质与对分包单位的管理制度		
5	施工图审查情况		
6	地质勘察资料		
7	施工组织设计、施工方案及审批		
8	施工技术标准		
9	工程质量检验制度		
10	搅拌站及计量设置		
11	现场材料、设备存放与管理		
12			

检查结论：

　　总监理工程师

（建设单位项目负责人）　　　　　　　　　　　　　年　　月　　日

注：本表由施工单位填写，总监理工程师（建设单位项目负责人）进行检查，并作出检查结论。

②各工序应按施工技术标准进行质量控制，每道工序完成后，应进行检查。

③相关各专业工种之间，应进行交接检验，并形成记录。未经监理工程师（建设单位技术负责人）检查认可，不得进行下道工序施工。

（3）建筑工程施工质量应按下列要求进行验收：

①建筑工程施工质量应符合该统一标准和相关专业验收规范的规定。

②建筑工程施工应符合工程勘察、设计文件的要求。

③参加工程施工质量验收的各方人员应具备规定的资格。

④工程质量的验收均应在施工单位自行检查评定的基础上进行。

⑤隐蔽工程在隐蔽前应由施工单位通知有关单位进行验收，并应形成验收文件。

⑥涉及结构安全的试块、试件以及有关材料，应按规定进行见证取样检测。

⑦检验批的质量应按主控项目和一般项目验收。

⑧对涉及结构安全和使用功能的重要分部工程应进行抽样检测。

⑨承担见证取样检测及有关结构安全检测的单位应具有相应资质。

⑩工程的观感质量应由验收人员通过现场检查，并应共同确认。

（二）建筑工程质量验收的划分

1. 质量验收划分的作用

建筑工程质量验收应划分为单位（子单位）工程、分部（子分部）工程、分项工程和检验批。

分项、分部和单位工程的划分目的，是为了方便质量管理，根据某项工程的特点，人为地将其划分为若干个分项、分部和单位工程，以对其进行质量控制和检验评定。

质量验收划分可起到以下作用：

（1）对于大量建筑规模较大的单体工程和具有综合使用功能的综合性建筑物，一般施工周期长，受多种因素的影响，可能不易一次建成投入使用，质量验收划分可使已建成的可使用部分投入使用，以发挥投资效益。

（2）在建设期间，需要将其中的一部分提前建成使用，对于规模特大的工程，一次性验收不方便，因此，有些建筑物整体划分为一个单位工程验收已不适应，故可将此类工程划分为若干个子单位工程进行验收。

（3）随着生产、工作、生活条件要求的提高，建筑物的内部设施也越来越多样化；建筑物相同部位的设计也呈多样化；新型材料大量涌现；加之施工工艺和技术的发展，使分项工程越来越多，因此，按建筑物的主要部位和专业来划分分部工程已不适应要求，故在分部工程中，按相近工作内容和系统划分若干子分部工程，这样有利于正确评价建筑工程质量，有利于进行验收。

分项工程可由一个或若干检验批组成，检验批可根据施工及质量控制和专业验收需要按楼层、施工段、变形缝等进行划分。

2. 质量验收划分的原则

（1）建筑物（构筑物）单位工程的划分：建筑物（构筑物）单位工程是由建筑工程和建筑设备安装工程共同组成，目的是突出建筑物（构筑物）的整体质量。凡是为生产、生活创造环境条件的建筑物（构筑物），不分民用建筑还是工业建筑，都是一个单位工程。一个独立的、单一的建筑物（构筑物）即为一个单位工程，例如，一个住宅小区建筑群中，每一个独立的建筑物（构筑物），如一栋住宅楼、一个商店、锅炉房、变电站、一所学校的一个教学楼、一个办公楼、传达室等均为一个单位工程。对特大的工业厂房（构筑物）的单位工程，可根据实际情况，具体划定单位工程。

根据《建筑工程质量验收统一标准》，单位工程的划分应按下列原则确定：

①具备独立施工条件并能形成独立使用功能的建筑物及构筑物为一个单位工程。

②建筑规模较大的单位工程，可将其能形成独立使用功能的部分为一个子单位工程。

具有独立施工条件和能形成独立使用功能是单位（子单位）工程划分的基本要求。在施工前由建设、监理、施工单位自行商议确定，并据此收集整理施工技术资料和验收。

（2）分部工程的划分应按下列原则确定：

①分部工程的划分应按专业性质、建筑部位确定。

②当分部工程量较大且较复杂时，可将其中相同部分的工程或能形成独立专业体系的工程，按材料种类、施工特点、施工程序、专业系统及类别等划分为若干子分部工程。

（3）分项工程应按主要工种、材料、施工工艺、设备类别等进行划分。

建筑工程的分部（子分部）工程、分项工程可按表 8-12 采用。

表 8-12　建筑工程分部（子分部）工程、分项工程划分

序号	分部工程	子分部工程	分 项 工 程
1	地基与基础	无支护土方	土方开挖、土方回填
		有支护土方	排桩，降水、排水，地下连续墙，锚杆，土钉墙，水泥土桩，沉井与沉箱，钢筋混凝土支撑
		地基处理	灰土地基、砂和砂石地基、碎砖三合土地基，土工合成材料地基，粉煤灰地基，重锤夯实地基，强夯地基，振冲地基，砂桩地基，预压地基，高压喷射注浆地基，土和灰土挤密桩地基，注浆地基，水泥粉煤灰碎石桩地基，夯实水泥土桩地基
		桩基	锚杆静压桩及静力压桩，预应力离心管桩，钢筋混凝土预制桩，钢桩，混凝土灌注桩（成孔、钢筋笼、清孔、水下混凝土灌注）
		地下防水	防水混凝土，水泥砂浆防水层，卷材防水层，涂料防水层，金属板防水层，塑料板防水层，细部构造，喷锚支护，复合式衬砌，地下连续墙，盾构法隧道；渗排水、盲沟排水，隧道、坑道排水；预注浆、后注浆，衬砌裂缝注浆
		混凝土基础	模板、钢筋、混凝土，后浇带混凝土，混凝土结构缝处理
		砌体基础	砖砌体，混凝土砌块砌体，配筋砌体，石砌体
		劲钢（管）混凝土	劲钢（管）焊接、劲钢（管）与钢筋的连接，混凝土
		钢结构	焊接钢结构，栓接钢结构，钢结构制作，钢结构安装，钢结构涂装
2	主体结构	混凝土结构	模板，钢筋，混凝土，预应力，现浇结构，装配式结构
		劲钢（管）混凝土结构	劲钢（管）焊接，螺栓连接，劲钢（管）与钢筋的连接，劲钢（管）制作、安装，混凝土
		砌体结构	砖砌体，混凝土小型空心砌块砌体，石砌体，填充墙砌体，配筋砖砌体
		钢结构	钢结构焊接，紧固件连接，钢零部件加工，单层钢结构安装，多层及高层钢结构安装，钢结构涂装，钢构件组装，钢构件预拼装，钢网架结构安装，压型金属板
		木结构	方木和原木结构，胶合木结构，轻型木结构，木构件防护
		网架和索膜结构	网架制作，网架安装，索膜安装，网架防火，防腐涂料

序号	分部工程	子分部工程	分 项 工 程
3	建筑装饰装修	地面	整体面层：基层，水泥混凝土面层，水泥砂浆面层，水磨石面层，防油渗面层，水泥钢（铁）屑面层，不发火（防爆的）面层；板块面层：基层，砖面层（陶瓷锦砖、缸砖、陶瓷地砖和水泥花砖面层），大理石面层和花岗岩面层，预制板块面层（预制水泥混凝土、水磨石板块面层），料石面层（条石、块石面层），塑料板面层，活动地板面层，地毯面层；木竹面层：基层，实木地板面层（条材、块材面层），实木复合地板面层（条材、块材面层），中密度（强化）复合地板面层（条材面层），竹地板面层
		抹灰	一般抹灰，装饰抹灰，清水砌体勾缝
		门窗	木门窗制作与安装，金属门窗安装，塑料门窗安装，特种门安装，门窗玻璃安装
		吊顶	暗龙骨吊顶，明龙骨吊顶
		轻质隔墙	板材隔墙，骨架隔墙，活动隔墙，玻璃隔墙
		饰面板（砖）	饰面板安装，饰面砖粘贴
		幕墙	玻璃幕墙，金属幕墙，石材幕墙
		涂饰	水性涂料涂饰，溶剂型涂料涂饰，美术涂饰
		裱糊与软包	裱糊，软包
		细部	橱柜制作与安装，窗帘盒、窗台板和暖气罩制作与安装，门窗套制作与安装，护栏和扶手制作与安装，花饰制作与安装
4	建筑屋面	卷材防水屋面	保温层，找平层，卷材防水层，细部构造
		涂膜防水屋面	保温层，找平层，涂膜防水层，细部构造
		刚性防水屋面	细石混凝土防水层，密封材料嵌缝，细部构造
		瓦屋面	平瓦屋面，油毡瓦屋面，金属板屋面，细部构造
		隔热屋面	架空屋面，蓄水屋面，种植屋面
5	建筑给水、排水及采暖	室内给水系统	给水管道及配件安装，室内消火栓系统安装，给水设备安装，管道防腐，绝热
		室内排水系统	排水管道及配件安装，雨水管道及配件安装
		室内热水供应系统	管道及配件安装，辅助设备安装，防腐，绝热
		卫生器具安装	卫生器具安装，卫生器具给水配件安装，卫生器具排水管道安装
		室内采暖系统	管道及配件安装，辅助设备及散热器安装，金属辐射板安装，低温热水地板辐射采暖系统安装，系统水压试验及调试，防腐，绝热
		室外给水管网	给水管道安装，消防水泵接合器及室外消火栓安装，管沟及井室
		室外排水管网	排水管道安装，排水管沟与井池
		室外供热管网	管道及配件安装，系统水压试验及调试，防腐，绝热
		建筑中水系统及游泳池系统	建筑中水系统管道及辅助设备安装，游泳池水系统安装

序号	分部工程	子分部工程	分 项 工 程
5	建筑给水、排水及采暖	供热锅炉及辅助设备安装	锅炉安装，辅助设备及管道安装，安全附件安装，烘炉，煮炉和试运行，换热站安装，防腐，绝热
6	建筑电气	室外电气	架空线路及杆上电气设备安装，变压器、箱式变电所安装，成套配电柜、控制柜（屏、台）和动力、照明配电箱（盘）及控制柜安装，电线、电缆导管和线槽敷设，电线、电缆穿管和线槽敷设，电缆头制作、导线连接和线路电气试验，建筑物外部装饰灯具、航空障碍标志灯和庭院路灯安装，建筑照明通电试运行，接地装置安装
		变配电室	变压器、箱式变电所安装，成套配电柜、控制柜（屏、台）和动力、照明配电箱（盘）安装，裸母线、封闭母线、插接式母线安装，电缆沟内和电缆竖井内电缆敷设，电缆头制作、导线连接和线路电气试验，接地装置安装，避雷引下线和变配电室接地干线敷设
		供电干线	裸母线、封闭母线、插接式母线安装，桥架安装和桥架内电缆敷设，电缆沟内和电缆竖井内电缆敷设，电线、电缆导管和线槽敷设，电线、电缆穿管和线槽敷线，电缆头制作、导线连接和线路电气试验
		电气动力	成套配电柜、控制柜（屏、台）和动力、照明配电箱（盘）及控制柜安装，低压电动机、电加热器及电动执行机构检查、接线，低压电气动力设备检测、试验和空载试运行，桥架安装和桥架内电缆敷设，电线、电缆导管和线槽敷设，电线、电缆穿管和线槽敷线，电缆头制作、导线连接和线路电气试验，插座、开关、风扇安装
		电气照明安装	成套配电柜、控制柜（屏、台）和动力、照明配电箱（盘）安装，电线、电缆导管和线槽敷设，电线、电缆导管和线槽敷线，槽板配线，钢索配线，电缆头制作、导线连接和线路电气试验，普通灯具安装，专用灯具安装，插座、开关、风扇安装，建筑照明通电试运行
		备用和不间断电源安装	成套配电柜、控制柜（屏、台）和动力、照明配电箱（盘）安装，柴油发电机组安装，不间断电源的其他功能单元安装，裸母线、封闭母线、插接式母线安装，电线、电缆导管和线槽敷设，电线、电缆导管和线槽敷线，电缆头制作、导线连接和线路电气试验，接地装置安装
		防雷及接地安装	接地装置安装，避雷引下线和变配电室接地干线敷设，建筑物等电位连接，接闪器安装
7	智能建筑	通信网络系统	通信系统，卫星及有线电视系统，公共广播系统
		办公自动化系统	计算机网络系统，信息平台及办公自动化应用软件，网络安全系统
		建筑设备监控系统	空调与通风系统，变配电系统，照明系统，给排水系统，热源和热交换系统，冷冻和冷却系统，电梯和自动扶梯系统，中央管理工作站与操作分站，子系统通信接口
		火灾报警及消防联动系统	火灾和可燃气体探测系统，火灾报警控制系统，消防联动系统
		安全防范系统	电视监控系统，入侵报警系统，巡更系统，出入口控制（门禁）系统，停车管理系统

序号	分部工程	子分部工程	分 项 工 程
7	智能建筑	综合布线系统	缆线敷设和终接，机柜，机架，配线架的安装，信息插座和光缆芯线终端的安装
		智能化集成系统	集成系统网络，实时数据库，信息安全，功能接口
		电源与接地	智能建筑电源，防雷及接地
		环境	空间环境，室内空调环境，视觉照明环境，电磁环境
		住宅（小区）智能化系统	火灾自动报警及消防联动系统，安全防范系统（含电视监控系统、入侵报警系统、巡更系统、门禁系统、楼宇对讲系统、住户对讲呼救系统、停车管理系统），物业管理系统（多表现场计量及与远程传输系统、建筑设备监控系统、公共广播系统、小区网络及信息服务系统、物业办公自动化系统），智能家庭信息平台
8	通风与空调	送排风系统	风管与配件制作，部件制作，风管系统安装，空气处理设备安装，消声设备制作与安装，风管与设备防腐，风机安装，系统调试
		防排烟系统	风管与配件制作，部件制作，风管系统安装，防排烟风口、常闭正压风口与设备安装，风管与设备防腐，风机安装，系统调试
		除尘系统	风管与配件制作，部件制作，风管系统安装，除尘器与排污设备安装，风管与设备防腐，风机安装，系统调试
		空调风系统	风管与配件制作，部件制作，风管系统安装，空气处理设备安装，消声设备制作与安装，风管与设备防腐，风机安装，风管与设备绝热，系统调试
		净化空调系统	风管与配件制作，部件制作，风管系统安装，空气处理设备安装，消声设备制作与安装，风管与设备防腐，风机安装，风管与设备绝热，高效过滤器安装，系统调试
		制冷设备系统	制冷机组安装，制冷剂管道及配件安装，制冷附属设备安装，管道及设备的防腐与绝热，系统调试
		空调水系统	管道冷热（媒）水系统安装，冷却水系统安装，冷凝水系统安装，阀门及部件安装，冷却塔安装，水泵及附属设备安装，管道与设备的防腐与绝热，系统调试
9	电梯	电力驱动的曳引式或强制式电梯安装	设备进场验收，土建交接检验，驱动主机，导轨，门系统，轿厢，对重（平衡重），安全部件，悬挂装置，随行电缆，补偿装置，电气装置，整机安装验收
		液压电梯安装	设备进场验收，土建交接检验，液压系统，导轨，门系统，轿厢，对重（平衡重），安全部件，悬挂装置，随行电缆，电气装置，整机安装验收
		自动扶梯、自动人行道安装	设备进场验收，土建交接检验，整机安装验收

（4）检验批的划分：检验批的定义是按同一的生产条件或按规定的方式汇总起来供检验用的，由一定数量样本组成的检验体。分项工程可由一个或若干检验批组成。

分项工程划分成检验批进行验收有助于及时纠正施工中出现的质量问题，确保工程质量，也符合施工实际需要。多层及高层建筑工程中主体分部的分项工程可按楼层或施工段来划分检验批，单层建筑工程中的分项工程可按变形缝等划分检验批；地基基础分部工程中的分项工程一般划分为一个检验批，有地下层的基础工程可按不同地下层划分检验批；屋面分部工程中的分项工程不同楼层屋面可划分为不同的检验批；其他分部工程中的分项工程，一般按楼层划分检验批；对于工程量较少的分项工程可统一划分为一个检验批。安装工程一般按一个设计系统或设备组别划分为一个检验批。室外工程统一划分为一个检验批。散水、台阶、明沟等含在地面检验批中。

（5）室外工程的划分：室外工程可根据专业类别和工程规模划分单位（子单位）工程。

室外单位（子单位）工程、分部工程可按表8-13采用。

表8-13　室外工程划分

单位工程	子单位工程	分部（子分部）工程
室外建筑环境	附属建筑	车棚，围墙，大门，挡土墙，垃圾收集站
	室外环境	建筑小品，道路，亭台，连廊，花坛，场坪绿化
室外安装	给排水与采暖	室外给水系统，室外排水系统，室外供热系统
	电　气	室外供电系统，室外照明系统

（三）建筑工程质量验收的要求及记录

1. 检验批的验收

（1）检验批是工程验收的最小单位，是分项工程乃至整个建筑工程质量验收的基础。检验批是施工过程中条件相同并有一定数量的材料、构配件或安装项目，由于其质量基本均匀一致，因此可以作为检验的基础单位，并按批验收。

检验批合格质量应符合下列规定：

①主控项目和一般项目的质量经抽样检验合格。

②具有完整的施工操作依据、质量检查记录。

标准给出了检验批质量合格的两个条件，资料检查、主控项目检验和一般项目检验。质量控制资料反映了检验批从原材料到最终验收的各施工工序的操作依据，检查情况以及保证质量所必需的管理制度等。对其完整性的检查，实际是对过程控制的确认，这是检验批合格的前提。

为了使检验批的质量符合安全和功能的基本要求，达到保证建筑工程质量的目的，各专业工程质量验收规范应对各检验批的主控项目、一般项目的子项合格质量给予明确的规定。检验批的合格质量主要取决于对主控项目和一般项目的检验结果。主控项目是对检验批的基本质量起决定性影响的检验项目，因此必须全部符合有关专业工程验收规范的规定。这意味着主控项目不允许有不符合要求的检验结果，即这种项目的检查具有否决权。鉴于主控项目对基本质量的决定性影响，从严要求是必需的。

（2）检验批的质量检验，应根据检验项目的特点在下列抽样方案中进行选择：

①计量、计数或计量—计数等抽样方案。

171

②一次、二次或多次抽样方案。

③根据生产连续性和生产控制稳定性情况，尚可采用调整型抽样方案。

④对重要的检验项目当可采用简易快速的检验方法时，可选用全数检验方案。

⑤经实践检验有效的抽样方案。

（3）在制定检验批的抽样方案时，对生产方风险（或错判概率 α）和使用方风险（或漏判概率 β）可按下列规定采取：

①主控项目：对应于合格质量水平的 α 和 β 均不宜超过 5%。

②一般项目：对应于合格质量水平的 α 不宜超过 5%，β 不宜超过 10%。

检验批的质量验收记录由施工项目专业质量检查员填写，监理工程师（建设单位项目专业技术负责人）组织项目专业质量检查员等进行验收并记录。

2. 分项工程的验收

分项工程的验收在检验批的基础上进行。一般情况下，两者具有相同或相近的性质，只是批量的大小不同而已。因此，将有关的检验批汇集构成分项工程。分项工程合格质量的条件比较简单，只要构成分项工程的各检验批的验收资料文件完整，并且均已验收合格，则分项工程验收合格。

分项工程质量验收合格应符合下列规定：

（1）分项工程所含的检验批均应符合合格质量的规定。

（2）分项工程所含的检验批的质量验收记录应完整。

分项工程质量应由监理工程师（建设单位项目专业技术负责人）组织项目专业技术负责人等进行验收并记录。

3. 分部工程的验收

分部工程的验收在其所含各分项工程验收的基础上进行。分部（子分部）工程质量验收合格应符合下列规定：

（1）分部（子分部）工程所含分项工程的质量均应验收合格。

（2）质量控制资料应完整。

（3）地基与基础、主体结构和设备安装等分部工程有关安全及功能的检验和抽样检测结果应符合有关规定。

（4）观感质量验收应符合要求。

上述规定的意义是：分部工程的各分项工程必须已验收合格且相应的质量控制资料文件必须完整，这是验收的基本条件。此外，由于各分项工程的性质不尽相同，因此作为分部工程不能简单地组合而加以验收，尚需增加两类检查项目。即涉及安全和使用功能的地基基础、主体结构、有关安全及重要使用功能的安装分部工程应进行有关见证取样送样试验或抽样检测以及观感质量验收，由于这类检查往往难以定量，只能以观察、触摸或简单量测的方式进行，并由各个人的主观印象判断，检查结果并不给出"合格"或"不合格"的结论，而是综合给出质量评价。对于"差"的检查点应通过返修处理等补救。

分部（子分部）工程质量应由总监理工程师（建设单位项目专业负责人）组织施工项目经理和有关勘察、设计单位项目负责人进行验收并记录。

4. 单位工程的验收

单位工程质量验收也称质量竣工验收，是建筑工程投入使用前的最后一次验收，也是最重要的一次验收。

单位（子单位）工程质量验收合格应符合下列规定：

（1）单位（子单位）工程所含分部（子分部）工程的质量均应验收合格。

（2）质量控制资料应完整。

（3）单位（子单位）工程所含分部工程有关安全和功能的检测资料应完整。

（4）主要功能项目的抽查结果应符合相关专业质量验收规范的规定。

（5）观感质量验收应符合要求。

除构成单位工程的各分部工程应该合格，并且有关的资料文件应完整，即除上述（1）、（2）两项以外，还须进行另外三个方面的检查。即：

①涉及安全和使用功能的分部工程应进行检验资料的复查。不仅要全面检查其完整性（不得有漏检缺项），而且对分部工程验收时补充进行的见证抽样检验报告也要复核。这种强化验收的手段体现了对安全和主要使用功能的重视。

②对主要使用功能还须进行抽查。使用功能的检查是对建筑工程和设备安装工程最终质量的综合检验，也是用户最为关心的内容。因此，在分项、分部工程验收合格的基础上，竣工验收时再做全面检查。抽查项目是在检查资料文件的基础上由参加验收的各方人员商定，并用计量、计数的抽样方法确定检查部位。检查要求按有关专业工程施工质量验收标准的要求进行。

③还须由参加验收的各方人员共同进行观感质量检查。检查的方法、内容、结论等已在分部工程的相应部分中阐述，最后共同确定是否通过验收。

5. 建筑工程质量不符合要求时的处理办法

一般情况下，不合格现象在最基层的验收单位—检验批时就应发现并及时处理，否则将影响后续检验批和相关的分项、分部工程的验收。因此所有质量隐患必须尽快消灭在萌芽状态，这也是以强化验收促进过程控制原则的体现。非正常情况的处理分以下五种情况：

（1）经返工重做或更换器具、设备的检验批，应重新进行验收。这是指在检验批验收时，其主控项目不能满足验收规范规定或一般项目超过偏差限值的子项不符合检验规定的要求时，应及时进行处理的检验批。其中，严重的缺陷应推倒重来；一般的缺陷通过翻修或更换器具、设备予以解决，应允许施工单位在采取相应的措施后重新验收。如能够符合相应的专业工程质量验收规范，则应认为该检验批合格。

（2）经有资质的检测单位检测鉴定能够达到设计要求的检验批，应予以验收。这是指个别检验批发现试块强度等不满足要求等问题，难以确定是否验收时，应请具有资质的法定检测单位检测。当鉴定结果能够达到设计要求时，该检验批仍应认为通过验收。

（3）经有资质的检测单位检测鉴定达不到设计要求，但经原设计单位核算认可能够满足结构安全和使用功能的检验批，可予以验收。

如经检测鉴定达不到设计要求，但经原设计单位核算，仍能满足结构安全和使用功能的情况，该检验批可以予以验收。一般情况下，规范标准给出了满足安全和功能的最低限度要求，而设计往往在此基础上留有一些余量。不满足设计要求和符合相应规范标准的要求，两者并不矛盾。

（4）经返修或加固处理的分项、分部工程，虽然改变外形尺寸但仍能满足安全使用

173

要求，可按技术处理方案和协商文件进行验收。

更为严重的缺陷或者超过检验批的更大范围内的缺陷，可能影响结构的安全性和使用功能。若经法定检测单位检测鉴定以后认为达不到规范标准的相应要求，即不能满足最低限度的安全储备和使用功能，则必须按一定的技术方案进行加固处理，使之能保证其满足安全使用的基本要求。这样会造成一些永久性的缺陷，如改变结构外形尺寸，影响一些次要的使用功能等。为了避免社会财富更大的损失，在不影响安全和主要使用功能条件下可按处理技术方案和协商文件进行验收，责任方应承担经济责任，但不能作为轻视质量而回避责任的一种出路，这是应该特别注意的。

（5）分部工程、单位（子单位）工程存在严重的缺陷，经返修或加固处理仍不能满足安全使用要求的，严禁验收。

（四）验收的程序和组织

1. 关于验收工作的规定

《建筑工程施工质量验收统一标准》（GB 50300—2001）对建筑工程施工质量进行验收作出了如下规定：

（1）建筑工程施工质量应符合本标准和相关专业验收规范的规定。

（2）建筑工程施工应符合工程勘察、设计文件的要求。

（3）参加工程施工质量验收的各方人员应具备规定的资格。

（4）工程质量的验收均应在施工单位自行检查评定的基础上进行。

（5）隐蔽工程在隐蔽前应由施工单位通知有关单位进行验收，并应形成验收文件。

（6）涉及结构安全的试块、试件以及有关材料，应按规定进行见证取样检测。

（7）检验批的质量应按主控项目和一般项目验收。

（8）对涉及结构安全和使用功能的重要分部工程应进行抽样检测。

（9）承担见证取样检测及有关结构安全检测的单位应具有相应资质。

（10）工程的观感质量应由验收人员通过现场检查，并应共同确认。

2. 检验批和分项工程的验收规定

标准规定，检验批及分项工程应由监理工程师（建设单位项目技术负责人）组织施工单位项目专业质量（技术）负责人等进行验收。

检验批和分项工程是建筑工程质量的基础，因此，所有检验批和分项工程均应由监理工程师或建设单位项目技术负责人组织验收。验收前，施工单位先填好"检验批和分项工程的质量验收记录"（有关监理记录和结论不填），并由项目专业质量检验员和项目专业技术负责人分别在检验批和分项工程质量检验记录中相关栏目签字，然后由监理工程师组织，严格按规定程序进行验收。

3. 分部工程的验收规定

标准规定，分部工程应由总监理工程师（建设单位项目负责人）组织施工单位项目负责人和技术、质量负责人等进行验收；地基与基础、主体结构分部工程的勘察、设计单位工程项目负责人和施工单位技术、质量部门负责人也应参加相关分部工程验收。

上述要求规定了分部（子分部）工程验收的组织者及参加验收的相关单位和人员。工程监理实行总监理工程师负责制，因此，分部工程应由总监理工程师（建设单位项目负责人）组织施工单位的项目负责人和项目技术、质量负责人及有关人员进行验收。因为地基基础、主体结构的主要技术资料和质量问题是归技术部门和质量部门掌握，所以规定施工单位的技术、质量部门负责人参加验收是符合实际的。

由于地基基础、主体结构技术性能要求严格，技术性强，关系到整个工程的安全，因此，规定这些分部工程的勘察、设计单位工程项目负责人也应参加相关分部的工程质量验收。

4. 单位工程的验收规定

（1）标准规定，单位工程完工后，施工单位应自行组织有关人员进行检查评定，并向建设单位提交工程验收报告。即规定单位工程完成后，施工单位首先要依据质量标准、设计图纸等组织有关人员进行自检，并对检查结果进行评定，符合要求后向建设单位提交工程验收报告和完整的质量资料，请建设单位组织验收。

（2）标准还规定，建设单位收到工程验收报告后，应由建设单位（项目）负责人组织施工（含分包单位）、设计、监理等单位（项目）负责人进行单位（子单位）工程验收。即规定单位工程质量验收应由建设单位负责人或项目负责人组织，由于设计、施工、监理单位都是责任主体，因此设计、施工单位负责人或项目负责人及施工单位的技术、质量负责人和监理单位的总监理工程师均应参加验收（勘察单位虽然亦是责任主体，但已经参加了地基验收，故单位工程验收时，可以不参加）。

在一个单位工程中，对满足生产要求或具备使用条件，施工单位已预验，监理工程师已初验通过的子单位工程，建设单位可组织进行验收。由几个施工单位负责施工的单位工程，当其中的施工单位所负责的子单位工程已按设计完成，并经自行检验，也可按规定的程序组织正式验收，办理交工手续。在整个单位工程进行全部验收时，已验收的子单位工程验收资料应作为单位工程验收的附件。

5. 总包和分包单位的验收程序

当单位工程有分包单位施工时，分包单位对所承包的工程项目应按本标准规定的程序检查评定，总包单位应派人参加。分包工程完成后，应将工程有关资料交总包单位。

本条规定了总包单位和分包单位的质量责任和验收程序。由于《建设工程承包合同》的双方主体是建设单位和总承包单位，总承包单位应按照承包合同的权利义务对建设单位负责。分包单位对总承包单位负责，亦应对建设单位负责。因此，分包单位对承建的项目进行检验时，总包单位应参加，检验合格后，分包单位应将工程的有关资料移交总包单位，待建设单位组织单位工程质量验收时，分包单位负责人应参加验收。

6. 验收工作的协调及备案制度

当参加验收各方对工程质量验收意见不一致时，可请当地建设行政主管部门或工程质量监督机构协调处理。

上述要求规定了建筑工程质量验收意见不一致时的组织协调部门。协调部门可以是当地建设行政主管部门，或其委托的部门（单位），也可是各方认可的咨询单位。

单位工程质量验收合格后，建设单位应在规定时间内将工程竣工验收报告和有关文件，报建设行政管理部门备案。

建设工程竣工验收备案制度是加强政府监督管理，防止不合格工程流向社会的一个重要手段。建设单位应依据《建设工程质量管理条例》和建设部有关规定，到县级以上人民政府建设行政主管部门或其他有关部门备案。否则，不允许投入使用。

三、施工项目质量评定

按施工项目质量验收的要求，对施工质量进行评定。

（一）施工项目质量评定等级

有关检验批、分项、分部（子分部）、单位（子单位）工程质量均分为"合格"与"优良"两个等级。

（1）检验批质量评定

①合格：主控项目和一般项目的质量经抽样检验全部合格；具有完整的施工操作依据、质量检查记录。

②优良：在合格基础上，检验批所包含的各个指定项目均达到优良。其中指定项目优良是指：指定项目质量经抽样检验，符合相关专业质量评定标准中优良标准的符合率应达到80%及以上。

（2）分项工程质量评定

①合格：分项工程所含的检验批均应符合合格质量的规定；分项工程所含的检验批的质量验收记录应完整。

②优良：在合格基础上，其中有60%及以上检验批为优良。

（3）分部（子分部）工程质量评定

①合格：分部（子分部）工程所含分项工程的质量均应合格；质量控制资料应完整；地基与基础、主体结构和设备安装等分部工程有关安全及功能的检验和抽样检测结果应符合有关规定；观感质量评定应符合要求。

②子分部优良：在合格基础上，其中有60%及以上分项为优良；观感质量评定优良。

③分部优良：在合格基础上，其中有60%及以上子分部为优良，其主要子分部必须优良。

注：主体结构分部的主要子分部工程为：

a. 当主体工程结构类型为混凝土结构时，其主要子分部为混凝土结构子分部；

b. 当主体工程结构类型为砌体结构时，其主要子分部为砌体结构子分部；

c. 当主体工程结构类型为钢结构时，其主要子分部为钢结构子分部。

建筑给水、排水及采暖分部的主要子分部为供热锅炉及辅助设备安装。

电气安装分部工程的主要子分部为变配电室。

通风与空调分部工程的主要子分部为净化空调系统。

观感质量评定优良。

（4）单位（子单位）工程质量评定

①合格：单位（子单位）工程所含分部（子分部）工程的质量均应评定合格；质量控制资料应完整；单位（子单位）工程所含分部工程有关安全和功能的检测资料应完整；主要功能项目的抽查结果应符合相关专业质量验收规范的规定；观感质量评定应符合要求。

②优良：在合格基础上，其中有60%及以上的分部为优良，建筑工程必须含主体结构分部和建筑装饰装修分部工程；以建筑设备安装为主的单位工程，其指定的分部工程必须优良。如变、配电室的建筑电气安装分部工程；空调机房和净化车间的通风与空调分部

工程；锅炉房的建筑给水、排水及采暖分部工程等。

观感质量综合评定为优良。

观感质量评定（综合评定）优良应符合下列规定：

按照本标准和相关专业标准的有关要求进行观感质量检查，每个观感检查项中，有60%及以上抽查点符合相关专业标准的优良规定，该项即为优良；优良项数应占检验项数的60%及以上。

（二）质量评定程序和组织

（1）检验批、分项工程质量应在施工班组自检的基础上，由项目专业（技术）质量负责人组织评定。

（2）分部（子分部）工程质量应由项目负责人组织项目技术质量负责人、专业工长、专业质量检查员进行评定。

其中地基、基础、主体结构分部工程质量，在施工项目评定的基础上，还应由企业技术质量主管部门组织检查。

（3）单位（子单位）工程质量评定应按下列规定进行：

①单位工程完工后，由项目负责人组织各有关部门及分包单位项目负责人进行评定，并报企业技术质量主管部门。

②由企业技术质量主管部门组织有关部门对单位工程进行核定。

四、工程竣工验收

工程竣工验收分施工项目竣工验收和建设项目竣工验收两个阶段。

施工项目竣工验收是建设项目竣工验收的第一阶段，可称为初步验收或交工验收，其含义是建筑施工企业完成其承建的单项工程后，接受建设单位的检验，合格后向建设单位交工。它与建设项目竣工验收不同。

建设项目竣工验收是动用验收，是指建设单位在建设项目按批准的设计文件所规定的内容全部建成后，向使用单位（国有资金建设的工程向国家）交工的过程。

施工项目竣工验收只是局部验收或部分验收。其验收过程是：建设项目的某个单项工程已按设计要求建完，能满足生产要求或具备使用条件，施工单位就可以向建设单位发出交工通知。建设单位接到施工单位的交工通知后，在做好验收准备的基础上，组织施工、监理、设计等单位共同进行交工验收。在验收中应按试车规程进行单机试车、无负荷联动试车及负荷联动试车。验收合格后，建设单位与施工单位签订《交工验收证书》。

当建设项目规模小、较简单时，可把施工项目竣工验收与建设项目竣工验收合为一次进行。

《房屋建筑工程和市政基础设施工程竣工验收暂行规定》中明确：国务院建设行政主管部门负责全国工程竣工验收的监督管理工作。县级以上地方人民政府建设行政主管部门负责本行政区域内工程竣工验收的监督管理工作。

工程项目竣工验收工作，由建设单位负责组织实施。县级以上地方人民政府建设行政主管部门应当委托工程质量监督机构对工程竣工验收实施监督。

负责监督该工程的工程质量监督机构应当对工程竣工验收的组织形式、验收程序、执行验收标准等情况进行现场监督，发现有违反建设工程质量管理规定行为的，责令改正，并将对工程竣工验收的监督情况作为工程质量监督报告的重要内容。

（一）工程竣工验收的准备工作、要求及条件

1. 工程竣工（施工项目竣工）验收的准备工作

施工单位对施工项目的工程竣工验收应做好以下准备工作：

（1）施工项目的收尾工作：施工项目的收尾工作的有关内容将在第十四章第一节中进行介绍。

（2）文件、资料的准备：施工项目竣工验收的文件、资料准备有关内容将在第十四章第一节中进行介绍。

（3）竣工自验：竣工自验应做好以下工作：

①自验的标准应与正式验收一样，主要依据是：国家（或地方政府主管部门）规定的竣工标准和竣工口径；工程完成情况是否符合施工图纸和设计的使用要求；工程质量是否符合国家和地方政府规定的标准和要求；工程是否达到合同规定的要求和标准等。

②参加自验的人员，应由项目经理组织生产、技术、质量、合同、预算以及有关的施工工长（或施工员、工号负责人）等共同参加。

③自验的方式，应分层分段、分房间地由上述人员按照自己主管的内容逐一进行检查。在检查中要做好记录。对不符合要求的部位和项目，确定修补措施和标准，并指定专人负责，定期修理完毕。

④复验。在基层施工单位自我检查的基础上，并对查出的问题修补完毕以后，项目经理应提请上级进行复验（按一般习惯，国家重点工程、省市级重点工程，都应提请总公司级的上级单位复验）。通过复验，要解决全部遗留问题，为正式验收做好充分的准备。

2. 工程竣工验收要求

（1）单项工程竣工验收要求：单项工程竣工验收是指在一个建设项目内，某个单项工程已按项目设计要求建设完成，能够满足生产要求或具备使用条件，并经承建单位预验和监理工程师初验已通过。可以满足单项工程验收条件，就应该进行该单项工程正式验收。

如果单项工程由若干个承建单位共同施工时，当某个承建单位施工部分，已按项目设计要求全部完成，而且符合项目质量要求，也可组织该部分正式验收，并办理交工手续；对于住宅建设项目，也可以按单个住宅逐幢进行正式验收，以便及早交付使用。

（2）建设项目竣工验收要求：建设项目竣工验收就是项目全部验收；它是指整个建设项目已按项目设计要求全部建设完毕，已具备竣工验收标准和条件；经承建单位预验合格，建设单位或监理工程师初验认可，由建设主管部门组织建设、设计、施工和质监部门，成立项目验收小组进行正式验收；对于比较重要的大型建设项目，应由国家计委组织验收委员会进行正式验收。

建筑安装工程竣工标准，因建筑物本身的性能和情况不同，也有所不同。主要有下列三种情况：

①生产性或科研性房屋建筑的竣工标准是：土建工程，水、暖、电、气、卫生、通风工程（包括外管线）和属于该建筑物组成部分的控制室、操作室、设备基础、生活间乃至烟囱等，均已全部完成，即只有工艺设备尚未安装者，即视为房屋承包的单位工程达到竣工标准，可进行竣工验收。总之，这类建筑工程竣工标准是，一旦工艺设备安装完毕，

即可试运转乃至投产使用。

②民用建筑和居住建筑的竣工标准是：土建工程，水、暖、电、热、煤气、通风工程（包括其室外的管线），均已全部完成，电梯等设备也已完成，达到水通、灯亮，具备使用条件，可达到竣工标准，组织竣工验收。总之，这种类型建筑竣工的标准是，房屋建筑能够交付使用，住宅可以住人。

③具备下列条件的建筑工程，亦可按达到竣工标准处理：

a. 房屋室外或小区内之管线已经全部完成，但属于市政工程单位承担的干管或干线尚未完成，因而造成房屋尚不能使用的建筑工程，房屋承包单位仍可办理竣工验收手续；

b. 房屋工程已经全部完成，只是电梯未到货或晚到货而未安装，或虽已安装但不能与房屋同时使用，房屋承包单位亦可办理竣工验收手续；

c. 生产性或科研性房屋建筑已经全部完成，只是因主要工艺设计变更或主要设备未到货，因而只剩下设备基础未做的，房屋承包单位亦可办理竣工验收手续。

以上三种情况之所以可视为达到竣工标准并组织竣工验收，是因为这些客观因素完全不是施工单位所能解决的，有时解决这些总是往往需要很长时间，没有理由因为这些客观因素而拒绝竣工验收而导致施工单位无法正常经营。

有的建设项目（工程）基本符合竣工验收标准，只是零星土建工程和少数非主要设备未按设计规定的内容全部建成，但不影响正常生产，亦应办理竣工验收手续。对剩余工程，应按设计留足投资，限期完成。有的项目投产初期一时不能达到设计能力所规定的产量，不应因此拖延办理验收和移交固定资产手续。

有些建设项目和单项工程，已形成部分生产能力或实际上生产方面已经使用，近期不能按原计划规模续建的，应从实际情况出发，可缩小规模，报主管部门批准后，对已完成的工程和设备，尽快组织验收，移交固定资产。

④根据《房屋建筑工程和市政基础设施工程竣工验收暂行规定》，工程符合下列要求方可进行竣工验收：

a. 完成工程设计和合同约定的各项内容；

b. 施工单位在工程完工后对工程质量进行了检查，确认工程质量符合有关法律、法规和工程建设强制性标准，符合设计文件及合同要求，并提出工程竣工报告，工程竣工报告应经项目经理和施工单位有关负责人审核签字；

c. 对于委托监理的工程项目，监理单位对工程进行了质量评估，具有完整的监理资料，并提出工程质量评估报告，工程质量评估报告应经总监理工程师和监理单位有关负责人审核签字；

d. 勘察、设计单位对勘察、设计文件及施工过程中由设计单位签署的设计变更通知书进行了检查，并提出质量检查报告，质量检查报告应经该项目勘察、设计负责人和勘察、设计单位有关负责人审核签字；

e. 有完整的技术档案和施工管理资料；

f. 有工程使用的主要建筑材料、建筑构配件和设备的进场试验报告；

g. 建设单位已按合同约定支付工程款；

h. 有施工单位签署的工程质量保修书；

i. 城乡规划行政主管部门对工程是否符合规划设计要求进行了检查，并出具认可文件；

j. 有公安消防、环保等部门出具的认可文件或者准许使用文件；

k. 建设行政主管部门及其委托的工程质量监督机构等有关部门责令整改的问题全部整改完毕。

3. 工程竣工验收条件

（1）单位工程竣工验收条件：

①房屋建筑工程竣工验收条件：

a. 交付竣工验收的工程，均应按施工图设计规定全部施工完毕，经过承建单位预验和监理工程师初验，并已达到项目设计、施工和验收规范要求；

b. 建筑设备经过试验，并且均已达到项目设计和使用要求；

c. 建筑物室内外清洁，室外两米以内的现场已清理完毕，施工渣土已全部运出现场；

d. 项目全部竣工图纸和其他竣工技术资料均已齐备。

②设备安装工程竣工验收条件：

a. 属于建筑工程的设备基础、机座、支架、工作台和梯子等已全部施工完毕，并经检验达到项目设计和设备安装要求。

b. 必须安装的工艺设备、动力设备和仪表，已按项目设计和技术说明书要求安装完毕；经检验其质量符合施工及验收规范要求，并经试压、检测、单体或联动试车，全部符合质量要求，具备形成项目设计规定的生产能力。

c. 设备出厂合格证、技术性能和操作说明书，以及试车记录和其他竣工技术资料，均已齐全。

③室外管线工程竣工验收条件：

a. 室外管道安装和电气线路敷设工程，全部按项目设计要求，已施工完毕，并经检验达到项目设计、施工和验收规范要求；

b. 室外管道安装工程，已通过闭水试验、试压和检测，并且质量全部合格；

c. 室外电气线路敷设工程，已通过绝缘耐压材料检验，并已全部质量合格。

（2）单项工程竣工验收条件：

①工业单项工程竣工验收条件：

a. 项目初步设计规定的工程，如建筑工程、设备安装工程、配套工程和附属工程，均已全部施工完毕，经过检验达到项目设计、施工和验收规范，以及设备技术说明书要求，并已形成项目设计规定的生产能力；

b. 经过单体试车、无负荷联动试车和有负荷联动试车合格；

c. 项目生产准备已基本完成。

②民用单项工程竣工验收条件：

a. 全部单位工程均已施工完毕，达到项目竣工验收标准，并能够交付使用；

b. 与项目配套的室外管线工程，已全部施工完毕，并达到竣工质量验收标准。

（3）建设项目竣工验收条件：

①工业建设项目竣工验收条件：

a. 主要生产性工程和辅助公用设施，均按项目设计规定建成，并能够满足项目生产要求；

b. 主要工艺设备和动力设备，均已安装配套，经无负荷联动试车和有负荷联动试车合格，并已形成生产能力，可以产出项目设计文件规定的产品；

c. 职工宿舍、食堂、更衣室和浴室，以及其他生活福利设施，均能够适应项目投产初期需要；

d. 项目生产准备工作，已能够适应投产初期需要。

②民用建设项目竣工验收条件：

a. 项目各单位工程和单项工程，均已符合项目竣工验收条件；

b. 项目配套工程和附属工程，均已施工完毕，已达到设计规定的相应质量要求，并具备正常使用条件。

项目施工完毕后，必须及时进行项目竣工验收。国家规定"对已具备竣工验收条件的项目，三个月内不办理验收投产和移交固定资产手续者，将取消业主和主管部门的基建试车收入分成，并由银行监督全部上交国家财政；如在三个月内办理竣工验收确有困难，经验收主管部门批准，可以适当延长验收期限"。

（二）工程竣工验收程序

根据《房屋建筑工程和市政基础设施工程竣工验收暂行规定》，工程竣工验收应当按以下程序进行：

（1）工程完工后，施工单位向建设单位提交工程竣工报告，申请工程竣工验收。实行监理的工程，工程竣工报告须经总监理工程师签署意见。

（2）建设单位收到工程竣工报告后，对符合竣工验收要求的工程，组织勘察、设计、施工、监理等单位和其他有关方面的专家组成验收组，制订验收方案。

（3）建设单位应当在工程竣工验收7个工作日前将验收的时间、地点及验收组名单书面通知负责监督该工程的工程质量监督机构。

（4）建设单位组织工程竣工验收。

（5）建设、勘察、设计、施工、监理单位分别汇报工程合同履约情况在工程建设各个环节执行法律、法规和工程建设强制性标准的情况。

（6）审阅建设、勘察、设计、施工、监理单位的工程档案资料。

（7）实地查验工程质量。

（8）对工程勘察、设计、施工、设备安装质量和各管理环节等方面作出全面评价，形成经验收组人员签署的工程竣工验收意见。

参与工程竣工验收的建设、勘察、设计、施工、监理等各方不能形成一致意见时，应当协商提出解决的方法，待意见一致后，重新组织工程竣工验收。

（三）工程竣工验收的步骤及验收报告

1. 工程竣工验收的步骤

（1）成立项目竣工验收小组：当项目具备正式竣工验收条件时，就应尽快建立项目竣工验收领导小组；该小组可分为：省、市或地方建设主管部门等不同级别，具体级别由项目规模和重要程度确定。

（2）项目现场检查：参加工程项目竣工验收各方，对竣工项目实体进行目测检查，并逐项检查项目竣工资料，看其所列内容是否齐备和完整。

（3）项目现场验收会议：现场验收会议的议程通常包括：承建单位代表介绍项目施

工、自检和竣工预验状况，并展示全部项目竣工图纸、各项原始资料和记录；项目监理工程师通报施工项目监理工作状况，发表项目竣工验收意见；建设单位提出竣工项目目测发现问题，并向承建单位提出限期处理意见；经暂时休会，由工程质监部门会同建设单位和监理工程师，讨论工程正式验收是否合格；然后复会，最后由项目竣工验收小组宣布竣工验收结果，并由工程质量监督部门宣布竣工项目质量等级。

（4）办理竣工验收签证书：在项目竣工验收时，必须填写项目竣工验收签证书，如表 8-14 所示。在该签证书上，必须有建设单位、承建单位和监理单位三方签字和盖章，方可正式生效。

表 8-14　工程交工验收证书

工程名称：　　　　　　验交日期：　　　　　年　月　日

建设单位		建筑面积		工程预算		开工日期	
设计单位		结构类型		工程决算		竣工日期	

施工技术资料	1	开工申请报告、开、竣工报告____份	11	分项工程质量评定____份	21	土壤试验____份，打桩记录____份
	2	工程图纸会审记录____份	12	分部工程质量评定____份	22	给水管道试压记录____份
	3	项目施工组织规划____份	13	单位工程质量评定____份	23	排水管道灌水记录____份
	4	工程定位记录____份	14	钢材出厂合格证____份，复验单____份	24	绝缘电阻试验记录____份
	5	工程变更设计单____份	15	焊接试验报告____份，复验单____份	25	接地电阻试验记录____份
	6	隐蔽工程验收记录____份	16	水泥合格证____份，砖合格证____份	26	竣工图纸____份
	7	技术复核记录____份	17	防水材料合格证____份，试验报告____份		
	8	施工日记____份	18	构件合格证____份，地基验槽记录____份		
	9	混凝土施工日记____份	19	混凝土试验报告____份，砂浆报告____份		
	10	沉降观测资料____份	20	结构验收记录____份，吊装记录____份		

验收意见							
工程质量自评等级		质量验收鉴定等级		建设单位	施工单位		监理单位

2. 竣工验收报告

工程竣工验收合格后，建设单位应当及时提出工程竣工验收报告。工程竣工验收报告主要包括工程概况，建设单位执行基本建设程序情况，对工程勘察、设计、施工、监理等方面的评价，工程竣工验收时间、程序、内容和组织形式，工程竣工验收意见等内容。

工程竣工验收报告还应附有下列文件：

（1）施工许可证；

（2）施工图设计文件审查意见；

（3）本节第三部分竣工验收条件中规定的有关文件；

（4）验收组人员签署的工程竣工验收意见；

（5）市政基础设施工程应附有质量检测和功能性试验资料；

（6）施工单位签署的工程质量保修书；

（7）法规、规章规定的其他有关文件。

（四）施工项目工程竣工验收资料

有关施工项目工程竣工验收资料的内容将在第十四章第一节中介绍。

复习思考题

1. 何谓施工项目质量、施工项目质量管理和控制？控制施工项目质量的基本要求是什么？

2. 影响施工项目质量的因素有哪些？如何进行控制？

3. 施工项目质量控制分几个阶段？各阶段有何控制内容？

4. 工序质量控制的程序和要点是什么？

5. 施工现场质量管理的基本环节是什么？

6. 质量控制点设置的原则是什么？

7. 质量管理统计方法通常有几种？你常用哪种？举例说明排列图法和因果图法使用的方法。

8. 质量检查的内容、依据和方式是什么？

9. 质量检查工作的步骤是什么？有哪些方法？

10. 施工质量验收有哪些要求？

11. 单位工程、分部工程、分项工程、检验批及室外工程等质量验收划分的原则是什么？

12. 检验批、分项工程、分部工程、单位工程等质量验收的要求是什么？验收的程序和组织是怎么规定的？

13. 工程竣工验收有哪些准备工作？

14. 单项工程和建设项目竣工验收有哪些要求？有哪些条件？

15. 工程竣工验收的程序是什么？验收时有哪些具体步骤？

16. 竣工验收报告有哪些内容及附件？

17. 工程竣工交付时，施工单位应提交哪些工程档案资料？

18. 施工项目的质量评定等级是如何规定的？如何进行质量评定？

第九章　施工项目职业健康安全管理

第一节　施工项目职业健康安全管理概述

一、施工项目职业健康安全管理的意义

施工项目职业健康安全管理指对工程项目施工过程的职业健康安全工作进行计划、组织、指挥、控制、监督等一系列的管理活动。

（1）安全生产、安全施工对我国的经济发展和生产建设具有极其重要的意义，对国家的政治生活也具有极其重要的意义。早在1956年国务院发布三大规程（《工厂安全卫生规程》、《建筑安装工程安全技术规程》、《工厂职工伤亡事故报告规程》）的决议中，一开始就指出："保护劳动者在生产中的安全和健康，是我们国家的一项重要政策。"1963年国务院在发布关于加强企业生产中安全工作的五项规定的通知中指出："做好安全管理工作，确保安全生产，不仅是企业开展正常生产活动所必需的，而且也是一项重要的政治任务。"1978年中共中央关于认真做好劳动保护工作的通知中指出："加强劳动保护工作，搞好安全生产、保护职工的安全和健康，是我们党的一贯方针，是社会主义企业管理的一项基本原则。"1993年国务院在关于加强安全生产工作的通知中曾指出："几年来，生产安全事故的频繁发生，特别是重大和特大恶性事故的发生，给国家和人民群众的生命财产造成巨大损失，影响了我国改革开放和经济建设的健康发展。"党中央和国务院对安全生产、安全施工如此重视，可见安全生产和安全施工对我国的经济发展和政治影响的重要性。

（2）安全施工是对施工单位施工活动全过程的始终要求。实现安全生产，施工单位必须在管理工作中，从行政领导、组织机构、技术业务、宣传教育、规章制度各方面，采取有效措施，改善劳动条件，消除各种事故隐患，防止事故发生，创建一个安全、舒适的优良作业环境，从而保证施工单位按时、按设计、规范、标准等要求完成施工任务。

（3）建筑施工的产品固定、人员流动，且露天、高空作业多，施工环境和作业条件差、不安全因素随着施工的进展不断变化、规律性差、隐患多，属于事故多发行业。强化建筑安全生产管理，保证建筑工程的安全性能，保障人民的生命财产安全，具有重要的意义。

二、职业健康安全管理方针

在《建筑法》中规定了建筑工程安全生产（施工）管理必须坚持"安全第一、预防为主"的方针。这一方针体现了国家对在建筑安全生产（施工）过程中"以人为本"，保护劳动者权利、保护社会生产力、保护建筑生产（施工）的高度重视。安全生产（施工）是保护社会生产力、发展社会主义经济的重要条件。

"安全第一"是指在解决企业管理中职业健康安全和其他工作的关系时，把确保职业健康安全放在首要位置，就是说："生产必须安全。"安全第一是从保护和发展生产力的

角度，表明在生产范围内安全与生产的关系，肯定安全在建筑生产活动中的首要位置和重要性。当生产和安全发生矛盾，危及职工生命和国家财产的时候，要停产治理，消除隐患，在保证职工安全的前提下，组织领导生产。

"预防为主"是指在建筑生产活动中，针对建筑生产的特点，对生产要素采取管理措施，有效地控制不安全因素的发展与扩大，把可能发生的事故消灭在萌芽状态，以保证生产活动中人的安全与健康。即在职业健康安全管理工作中，把重点放在预防上，对可能发生的各类事故，在事先的防范上下工夫。教育和依靠职工，严格贯彻执行国家关于安全生产方针、政策、法规及企业的各项安全管理、安全操作制度。以主要精力，防止各类事故，把事故化解在发生之前。要深刻意识到，任何重大事故的发生，其严重后果的影响和损失很难挽回。

三、职业健康安全管理的基本原则

（一）管生产必须管安全

安全蕴于生产之中，并对生产发挥促进与保证作用。安全和生产管理的目标及目的高度的一致和完全的统一。职业健康安全管理是生产管理的重要组成部分。一切与生产有关的机构、人员，都必须参与职业健康安全管理并承担安全责任。

（二）必须明确职业健康安全管理的目的性

职业健康安全管理的目的是对生产中的人、物、环境因素状态的管理，有效地控制人的不安全行为和物的不安全状态，才能消除或避免事故，达到保护劳动者的安全与健康的目的。

没有明确目的职业健康安全管理是一种盲目行为，盲目的职业健康安全管理劳民伤财，危险因素依然存在。

（三）必须贯彻预防为主的方针

安全生产的方针是"安全第一、预防为主"。安全第一是从保护生产力的角度和高度，表明在生产范围内，安全与生产的关系，肯定安全在生产活动中的位置和重要性。要在生产活动中进行职业健康安全管理，有效地控制不安全因素，把可能发生的事故消灭在萌芽状态，以保证生产活动中人的安全和健康。

贯彻预防为主，要端正对生产中不安全因素的认识，端正消除不安全因素的态度，选准消除不安全因素的时机。在安排与布置生产内容的时候，针对施工生产中可能出现的危险因素，采取措施予以消除。在生产活动过程中，经常检查、及时发现不安全因素，采取措施，明确责任，尽快地、坚决地予以消除。

（四）坚持"四全"动态管理

职业健康安全管理不是少数人和安全机构的事，而是一切与生产有关的人共同的事。生产组织者在职业健康安全管理中的作用固然重要，全员性参与管理也十分重要。职业健康安全管理涉及生产活动的方方面面，涉及从开工到竣工交付的全部生产过程、全部生产时间和一切变化着的生产因素。因此，生产活动中必须坚持全员、全过程、全方位、全天候的动态职业健康安全管理。

（五）职业健康安全管理重在控制

对生产中人的不安全行为和物的不安全状态的控制，必须看做是动态的职业健康安全管理的重点。事故的发生，是由于人的不安全行为运动轨迹与物的不安全状态运动轨迹交叉。对生产因素状态的控制，应该当做职业健康安全管理重点。

（六）不断提高职业健康安全管理水平

生产活动是在不断发展与变化的，可导致安全事故的因素也处在变化之中，因此，要随生产的变化调整职业健康安全管理工作，还要不断提高职业健康安全管理水平，取得更好的效果。

四、建筑职业健康安全法律法规及管理制度

（一）建筑职业健康安全法律法规

1. 建筑职业健康安全法律法规体系构成

按照"三级立法"原则及"安全第一、预防为主"的安全生产方针，近年来我国的建筑安全法律法规体系更趋于系统性、严密性，形成了较完善的法律法规体系，如表9-1所示。

表 9-1　我国建筑职业健康安全法律法规体系构成

立法体系	名　　　称	性　　　质	立 法 权 限
一级	《宪法》	根本大法	全国人大及专门立宪会议
	《刑法》、《劳动法》、《民法》等九类	基本法律（部门法）	全国人大
	1. 安全生产基本法律：《安全生产法》 2. 单行安全生产法律：《矿山安全法》、《消防法》等 3. 相关安全法律：《工会法》、《建筑法》、《职业病防治法》等	其他法律（部门法组成）	人大常委会
二级	《建设工程安全生产管理条例》、《安全生产许可证条例》、《企业职工伤亡事故报告和处理规定》、《特别重大事故调查程序暂行规定》、《国务院关于特大安全事故行政责任追究的规定》、《特种设备安全监察条例》、《国务院关于进一步加强安全生产工作的决定》、《建筑安全工程安全技术规程》、《工厂安全卫生规程》、《关于加强企业生产中安全工作的几项规定》、《女职工劳动保护规定》等	行政法规	国务院
三级	《建筑安全生产监督管理规定》、《建设工程施工现场管理规定》、《工程建设重大事故报告和调查程序规定》、《建筑施工企业安全生产许可证管理规定》、《建筑施工企业主要负责人、项目负责人和专职安全生产管理人员安全生产考核管理暂行规定》、《建设部关于加强建筑意外伤害保险工作的指导意见》等	部门规章	建设部等国务院下属部（委）

立法体系	名　称	性　质	立 法 权 限
三级	《重庆市关于进一步加强基础安全施工的规定》、《重庆市市政文明施工暂行标准》、《北京市实施建设工程施工人员伤害保险办法（试行)》、《上海市关于实行建设工程安全监理制度的通知》等	地方政府规章	省、自治区、直辖市人民政府以及省、自治区人民政府所在地的市和经国务院批准的较大的市的人民政府
	《建筑施工安全检查标准》（JGJ 59—1999）、《施工企业安全生产评价标准》（JGJ/T 77—2003）、《施工现场临时用电安全技术规范》（JGJ 46—1988）、《建筑施工高处作业安全技术规范》（JGJ 80—1991）、《龙门架及井架物料提升机安全技术规范》（JGJ 88—1992）等	安全规程和标准（国家和行业）	国务院标准化行政主管部门和国务院建设行政主管部门

2. 建筑职业健康安全法律法规体系的进一步完善

《建设工程安全生产管理条例》、《安全生产许可证条例》和《国务院关于进一步加强安全生产工作的决定》等法规颁布实行后，建设部和各地区加快了制定修改配套规章制度和技术标准规范的步伐，建筑安全法律法规体系初步健全完善。

与此同时，有关部门也在抓紧对建筑安全有关技术标准体系的建设，已编制和已通过审查了"建筑模板工程安全技术规范"、"建筑施工木脚手架安全技术规范"等标准共有9个，其中有2个国标，7个建设部行业标准。

为了更加适应建筑施工安全工作需要、明确建筑施工中各分部、分项工程、各部位和各环节的安全指标，从定性管理走向定量管理，实现安全生产的标准化管理、科学管理，建设部决定在原有标准的基础上增加了《建筑施工深基坑工程安全技术规范》、《建筑施工顶管工程安全技术规范》等15项建筑施工安全专业标准。

（二）建筑职业健康安全管理制度

根据国务院《关于加强企业生产中安全工作的几项规定》，施工企业在职业健康安全生产管理上应建立以下制度：

1. 建筑职业健康安全生产责任制度

企业各级领导人员在管理生产的同时，必须负责管理安全工作。应逐级建立职业健康安全生产责任制度。企业各职能部门，应在各自业务范围内，对安全生产负责。企业各单位应根据实际情况，建立劳动保护机构，并按照职工总数配备相应的专职人员（一般为2‰～5‰）。

2. 建筑职业健康安全技术措施计划制度

企业各单位在编制年度生产、技术、财务计划的同时，必须编制职业健康安全技术措施计划。职业健康安全技术措施计划的范围包括以改善劳动条件、防止伤亡事故、预防职业病和职业中毒为目的的各项技术组织措施。其所需的设备、材料应列入物资、技术、供应计划。其经费来源应按照国务院（1979）100 号文件中的规定：每年在固定资产更新和技术改造资金中提取 10%～20%，用于改善劳动条件，不得挪用。没有更新改造资金的单位应从事业费中解决。

3. 建筑职业健康安全生产教育制度

主要内容包括：

（1）新工人入厂三级安全教育（公司级、工程项目部级、班组级）；

（2）调动工作岗位工人的上岗安全教育；

（3）特殊工种安全技术教育（如架子、电气、起重、机械操作、司炉等工种的考核教育）；

（4）经常性的职业健康安全生产活动教育等。

4. 建筑职业健康安全生产的定期检查制度

企业在施工生产中，为了及时发现事故隐患，堵塞事故漏洞，防患于未然，必须建立安全检查制度。按照中共中央、国务院有关规定的要求，安全检查工作，工程公司每季进行一次，项目工程部每月进行一次，班组每周进行一次。要以自查为主，互查为辅。以查思想、查制度、查纪律、查领导、查隐患为主要内容。要结合季节特点，开展防洪、防雷电、防坍塌、防高处堕落、防煤气中毒的"五防"检查。安全检查要贯彻领导与群众相结合的原则，做到边查、边改。

5. 伤亡事故的调查和处理制度

根据国务院颁发的《工人职员伤亡事故报告规程》，调查处理伤亡事故，要做到"三不放过"，即事故原因分析不清不放过；事故责任者和群众没受到教育不放过；没有防范措施不放过。对事故的责任者要严肃处理。根据（79）国劳总护字 24 号文件精神：对于那些玩忽职守、不顾工人死活、强迫工人违章冒险作业而造成伤亡事故的领导人，一定要给予纪律处分，严重的应该依法惩办。

五、职业健康安全管理的主要内容

各施工企业的职业健康安全管理的主要内容如下：

（1）按 GB/T2800 1—2011《职业健康安全管理体系要求》要求建立职业健康安全管理体系。

（2）根据国家有关职业健康安全管理方面的方针、政策、规程、制度、条例，结合本企业的施工情况制定职业健康安全管理的规章和安全操作规程。

（3）建立各级、各部门、各系统的职业健康安全生产责任制。经常对全体员工进行职业健康安全生产知识教育和技术培训，不断提高员工的职业健康安全的意识和技术。

（4）针对施工生产中识别的危险源制定和实施必要的控制措施，以防工伤事故及有损员工健康的各种职业病或中毒事件的发生。

六、职业健康安全管理的基本要求

要保证工程项目施工安全，要满足以下基本要求：

（1）建立安全生产（施工）保证管理体系。

（2）必须取得安全行政主管部门颁发的《安全施工许可证》后才可开工。

（3）总承包单位和每一分包单位都应持有《施工企业安全资格审查认可证》。

（4）各类人员必须具备相应的执业资格才能上岗。

（5）所有新员工必须经过三级安全教育，即进厂、进车间和进班组的安全教育。

（6）特殊工种作业人员必须持有特种作业操作证，并严格按规定定期进行复查。

（7）对查出的安全隐患要做到"五定"，即定整改责任人、定整改措施、定整改完成时间、定整改完成人、定整改验收人。

（8）必须把好安全生产"六关"，即措施关、交底关、教育关、防护关、检查关、改进关。

（9）施工现场安全设施齐全，并符合国家及地方有关规定。

（10）施工机械（特别是现场安设的起重设备等）必须经安全检查合格后方可使用。

七、职业健康安全管理的程序

施工项目职业健康安全管理应遵循以下程序：

（1）确定项目的职业健康安全目标。按"目标管理"方法使目标在相关的职能和层次上进行分解。以保证职业健康安全目标的实现。

（2）编制职业健康安全技术措施计划。对施工生产中识别的危险源采用技术手段加以消除和控制的措施，并形成文件。这是落实"预防为主"方针的具体体现。

（3）职业健康安全技术措施计划实施。包括建立健全安全生产责任制、设置安全生产设施、进行安全教育和培训、沟通和交流信息、通过安全控制使生产作业的安全状况处于受控制状态。

（4）职业健康安全技术措施计划的验证。包括安全检查、纠正不符合情况，并做好检查记录工作。根据实际情况补充和修改安全技术措施。

（5）持续改进，直至完成建设工程项目的所有工作。

第二节　职业健康安全技术措施计划

职业健康安全技术措施计划已经成为施工单位按计划改善劳动条件、搞好安全生产（施工）的一项行之有效的制度。

职业健康安全技术措施计划是对项目施工中不安全因素采用技术措施（手段）加以控制、消除安全事故隐患、防止工伤事故和职业病危害的指导性文件。

一、编制职业健康安全技术措施计划的步骤

编制职业健康安全技术措施计划应遵循以下步骤：

（一）工作分类

（二）识别危险源

危险源是可能导致人身伤害和（或）健康损害的根源、状态或行为、或其组合。在施工过程中的危险源有物理性的、化学性的、生物性的和社会心理性的。如：不平坦的场地、高处作业、高空物体坠落、手工搬运、火灾和爆炸、尘粒的吸入、受污染食品的摄取、昆虫的叮咬、工作量过度、缺乏沟通和交流等。

（三）确定风险、评价风险和风险的控制

确定风险就是确定危险源将会造成发生危险事件或有害暴露的可能性与由该事件或暴露可造成的人身伤害或健康损害的严重性的组合。

评价风险是指对危险源导致的风险进行评估；对风险是否可接受予以考虑。对现有的控制措施是否充分，是否能防止危险事件或有害暴露的发生应加以确定。对现有的控制措施是否需要改进、是否要采取新的措施应加以明确。

二、职业健康安全技术措施计划的内容

（1）工程概况（非独立形式编制时可免去）。

（2）工程项目职业健康安全控制目标。

（3）控制程序。

（4）项目经理部职业健康安全管理组织机构及职责权限的分配。

（5）应遵循的规章制度。

（6）需配置的资源，如脚手架等安全设施。

（7）技术措施。应根据工程特点、施工方法、施工程序、职业健康安全的法规和标准的要求，采取可靠的技术措施，消除安全隐患、保证施工的安全。以下情况应制定安全技术措施：

①对结构复杂、施工难度大、专业性强的项目，必须制定项目总体及单位工程或分部、分项工程的安全技术措施。

②对高空作业、井下作业、水上作业、水下作业、爆破作业、脚手架上作业、有害有毒作业、特种机构作业等专业性强的施工作业，以及从事电气、压力容器、起重机、金属焊接、井下瓦斯检验、机动车和船舶驾驶等特殊工种的作业，应制定单项安全技术措施，并应对管理人员和操作人员的安全作业资格和身体状况进行合格审查。对达到一定规模的危险性较大的基坑支护及降水工程、土方开挖工程、模板工程、起重吊装工程、脚手架工程、拆除、爆破工程、国务院建设行政主管部门或者其他有关部门规定的其他危险性较大的工程，应编制专项施工方案，并附安全验算结果。

③对于防火、防毒、防爆、防洪、防尘、防雷击、防触电、防坍塌、防物体打击、防机械伤害、防溜车、防高空坠落、防交通事故、防寒、防暑、防疫、防环境污染等均应编制安全技术措施。

（8）检查评价，应确定安全技术措施执行情况及施工现场安全情况检查评定的要求和方法。

（9）奖惩制度。

三、编写职业健康安全技术措施计划的要求

（1）职业健康安全技术措施计划的部分内容可能已包括在施工组织设计、施工单位的其他文件或程序中，职业健康安全技术措施计划可直接全文引用，也可部分引用。对原有文件不能覆盖的，应视工程项目的具体情况、专门补充编制必要的作业指导书作为支持性文件。

（2）职业健康安全技术措施计划内容要完整、措施要可行。

（3）各级职能部门和人员的职业健康安全职责、权限要明确、合理。

（4）职业健康安全技术措施计划要与施工技术方案等的有关专项控制手段和措施取得一致。

（5）职业健康安全技术措施计划应由项目经理主持编制，经有关部门批准后实施，由专职安全管理人员进行现场监督。

四、职业健康安全技术措施计划的实施

为了职业健康安全技术措施计划得到有效的实施，必须做好以下几项工作：

（1）建立安全生产责任制：安全生产责任制是指施工企业（单位）对项目经理部各级领导、各个部门、各类人员所规定的在他们各自职责范围内对安全生产应负责任的制度。其内应充分体现责、权、利相对统一的原则。要把安全生产责任目标分解落实到人。

（2）必须建立分级安全教育制度，实施公司、项目经理部和作业队三级职业健康教育，未经安全生产教育人员不得上岗作业。安全教育培训的主要方式如下：

①广泛开展安全生产的宣传教育，使全体员工真正认识到安全生产的重要性和必要性，懂得安全生产和文明施工的科学知识，牢固树立安全第一的思想，自觉地遵守各项安全生产法律法规和规章制度。

②把安全知识、安全技能、设备性能、操作规程、安全法规等作为安全教育培训的主要内容。

③建立经常性的安全教育培训考核制度，考核成绩要记入员工档案。

④电工、电焊工、架子工、司炉工、爆破工、机操工、起重工、机械司机、机动车辆司机等特殊工种工人，除一般安全教育外，还要经过专业安全技能培训，经考试合格持证后，方可独立操作。

⑤采用新技术、新工艺、新设备施工和调换工作岗位时，也要进行安全教育，未经安全教育培训的人员不得上岗操作。

（3）职业健康安全技术交底。

①职业健康安全技术交底应符合下列规定：

a. 单位工程开工前，项目经理部的技术负责人必须向有关人员进行职业健康安全技术交底。

b. 结构复杂的分部分项工程施工前，项目经理部的技术负责人应进行职业健康安全技术交底。

c. 项目经理部应保存职业健康安全技术交底的记录。

②职业健康安全技术交底的基本要求：

a. 项目经理部必须实行逐级职业健康安全技术交底制度，纵向延伸到班组全体作业人员。

b. 技术交底必须具体、明确，针对性强。

c. 技术交底的内容应针对分部分项工程施工中给作业人员带来的潜在隐含危险因素和存在的问题。

d. 应优先采用新的职业健康安全技术措施。

e. 应将工程概况、施工方法、施工程序、职业健康安全技术措施等向工长、班组长

进行详细交底。

　　f. 定期向由两个以上作业队和多工种进行交叉施工的作业队伍进行书面交底。

　　g. 保持书面职业健康安全技术交底签字记录。

　　③职业健康安全技术交底的主要内容：

　　a. 本施工项目的施工作业特点和危险点；

　　b. 针对危险点的具体预防措施；

　　c. 应注意的安全事项；

　　d. 相应的安全操作规程和标准；

　　e. 发生事故后应及时采取的避难和急救措施。

第三节　职业健康安全检查

　　职业健康安全检查是指施工企业（单位）安全生产监察部门或项目经理部对企业贯彻国家职业健康安全法律法规情况、安全生产情况、劳动条件、事故隐患等所进行的检查。检查目的是验证安全技术措施计划的实施效果。

一、检查的类型

　　（一）定期检查

　　定期对项目进行安全检查、分析不安全行为和隐患存在的部位和危险程度。一般施工企业每年检查 1～4 次；项目经理部每月至少检查一次；班组每周、每班次都应进行检查。专职安全技术人员的日常检查应该有计划，针对重点部位周期性地进行检查。

　　（二）专业性检查

　　专业性检查是针对特种作业、特种设备、特种场所进行的检查，如电焊、气焊、起重设备、运输车辆、锅炉压力容器、易燃易爆场所等。

　　（三）季节性检查

　　季节性检查是指根据季节特点，为保障安全生产的特殊要求所进行的检查。如春季风大，要着重防火、防爆；夏季高温多雨有雷电，要着重防暑、降温、防汛、防雷击、防触电；冬季着重防寒、防冻等。

　　（四）节假日前后的检查

　　节假日前后的检查是针对节假日期间容易产生麻痹思想的特点而进行的安全检查，包括节日前进行安全生产综合检查，节日后要进行遵章守纪的检查等。

　　（五）不定期检查

　　不定期检查是指在工程或设备开工和停工前、检修中，工程或设备竣工及试运转时进行的安全检查。

二、职业健康安全检查的内容

　　职业健康安全检查的主要内容有以下几方面：

　　（一）查思想

　　主要检查企业的领导和职工对安全生产工作的认识。

（二）查管理

主要检查工程的安全生产管理是否有效。主要内容包括：安全生产责任制，安全技术措施计划，安全组织机构，安全保证措施，安全技术交底，安全教育，持证上岗，安全设施，安全标识，操作规程，违规行为，安全记录等。

（三）查隐患

主要检查作业现场是否符合安全生产、文明生产的要求。

（四）查整改

主要检查对过去提出问题的整改情况。

（五）查事故处理

对安全事故的处理应达到查明事故原因、明确责任并对责任者作出处理、明确和落实整改措施等要求。同时还应检查对伤亡事故是否做到了及时报告、认真调查、严肃处理。

职业健康安全检查的重点是违章指挥和违章作业。职业健康安全检查后应编制安全检查报告，说明已达标项目、未达标项目、存在的问题，原因分析以及纠正和预防措施。

三、对项目经理部的职业健康安全检查的规定

对项目经理部进行职业健康安全检查作出了如下规定：

（1）定期对安全控制计划的执行情况进行检查、记录、评价和考核。对作业中存在的不安全行为和隐患，签发安全整改通知，由相关部门制订整改方案，落实整改措施，实施整改后应予复查。

（2）根据施工过程的特点和安全目标的要求确定职业健康安全检查的内容。

（3）职业健康安全检查应配备必要的设备或器具，确定检查负责人和检查人员，并明确检查的方法和要求。

（4）检查应采取随机抽样、现场观察和实地检测的方法，并记录检查结果，纠正违章指挥和违章作业。

（5）对检查结果进行分析，找出安全隐患，确定危险程度。

（6）编写职业健康安全检查报告并上报。

第四节　安全隐患和安全事故处理

一、安全隐患

安全隐患是在安全检查及数据分析时发现的，应利用"安全隐患通知单"通知责任人制定纠正和预防措施，限期改正，安全员跟踪验证。

（一）安全隐患的控制

（1）项目经理部应对存在隐患的安全设施、施工过程、人员行为进行控制、确保不合格设施不使用、不合格物资不放行、不合格过程不通过。安全设施完工后应进行检查验收。

（2）项目经理部应确定对安全隐患进行处理的人员，规定其职责和权限。

（3）安全隐患处理的方式有：

①停止使用、封存存在安全隐患的设施。

②指定专人进行整改，消除安全隐患，达到规定要求。

③进行返工，以达到规定要求。

④对有不安全行为的人进行教育或处罚。

⑤对不安全的生产过程重新组织。

（4）验证：

①项目经理部安监部门在认为必要时对存在隐患的安全设施、安全防护用品整改效果进行验证。

②对上级部门提出的重大安全隐患，应由项目部组织实施整改，由企业主管部门进行验证，并报上级检查部门备案。

（二）安全隐患处理规定

（1）项目经理部应区别不同类型职业健康安全的隐患，制订和完善相应的整改措施。

（2）项目经理部应对检查出的隐患立即发出安全隐患整改通知单。受检单位应对安全隐患原因进行分析，制订纠正和预防措施。纠正和预防措施应经检查单位负责人批准后实施。

（3）安全检查人员对检查出的违章指挥和违章作业行为向责任人当场指出，限期纠正。

（4）安全员对纠正和预防措施的实施过程和实施效果应进行跟踪检查，保存验证记录。

二、安全事故处理

（一）重大安全事故

重大安全事故，系指在施工过程中由于责任过失造成工程倒塌或废弃，机械设备破坏和安全设施失当造成人身伤亡或者重大经济损失的事故。

重大事故分为四个等级：

（1）具备下列条件之一者为一级重大事故。

①死亡 30 人以上；

②直接经济损失 300 万元以上。

（2）具备下列条件之一者为二级重大事故。

①死亡 10 人以上，29 人以下；

②直接经济损失 100 万元以上，不满 300 万元。

（3）具备下列条件之一者为三级重大事故。

①死亡 3 人以上，9 人以下；

②重伤 20 人以上；

③直接经济损失 30 万元以上，不满 100 万元。

（4）具备下列条件之一者为四级重大事故。

①死亡 2 人以下；

②重伤 3 人以上，19 人以下；

③直接经济损失 10 万元以上，不满 30 万元。

（二）安全事故分类

安全事故分为两大类型，即职业伤害事故和职业病。

1. 职业伤害事故

职业伤害事故是指因生产过程及工作原因或与其相关的其他原因造成的伤亡事故。

（1）按照事故发生的原因分类

根据我国《企业伤亡事故分类》（GB 6441—1986）标准规定，职业伤害事故分为20类。

①物体打击：指落物、滚石、锤击、碎裂、崩块、砸伤等造成的人身伤害，不包括因爆炸而引起的物体打击。

②车辆伤害：指被车辆挤、压、撞和车辆倾覆等造成的人身伤害。

③机械伤害：指被机械设备或工具绞、碾、碰、割等造成的人身伤害，不包括车辆起重设备引起的伤害。

④起重伤害：指从事各种起重作业时发生的机械伤害事故，不包括上下驾驶室时发生的坠落伤害，起重设备引起的触电及检修时制动失灵造成的伤害。

⑤触电：由于电流经过人体导致的生理伤害，包括雷击伤害。

⑥淹溺：由于水或液体大量从口、鼻进入肺内，导致呼吸道阻塞，发生急性缺氧而窒息死亡。

⑦灼烫：指火焰引起的烧伤、高温物体引起的烫伤、强酸或强碱引起的灼伤、放射线引起的皮肤损伤，不包括电烧伤及火灾事故中引起的烧伤。

⑧火灾：在火灾时造成的人体烧伤、窒息中毒等。

⑨高处坠落：由于危险势能差引起的伤害，包括从架子、屋顶上坠落以及平地坠入坑内等。

⑩崩塌：指建筑物、堆置物倒塌以及土石塌方等引起的事故伤害。

⑪冒顶片帮：指矿井作业面、巷道侧壁由于支护不当、压力过大造成的崩塌（片帮）以及顶板垮落（冒顶）事故。

⑫透水：指在矿山、地下开采或其他坑道作业时，有压地下水意外大量涌入而造成的伤亡事故。

⑬放炮：指由于爆破作业引起的伤亡事故。

⑭火药爆炸：指在火药的生产、运输、储藏过程中发生的爆炸事故。

⑮瓦斯爆炸：指可燃气体、瓦斯、煤粉与空气混合，接触火源时引起的化学性爆炸事故。

⑯锅炉爆炸：指锅炉由于内部压力超出炉壁的承受能力而引起的物理性爆炸事故。

⑰容器爆炸：指压力容器内部压力超出容器壁所能承受的压力而引起的物理爆炸，或容器内部可燃气体泄漏与周围空气混合遇火源而发生的化学爆炸。

⑱其他爆炸：化学爆炸、炉膛、钢水包爆炸等。

⑲中毒和窒息：指煤气、油气、沥青、化学、一氧化碳中毒等。

⑳其他伤害：包括扭伤、跌伤、冻伤、野兽咬伤等。

（2）按照事故后果严重程度分类

①轻伤事故：造成职工肢体或某些器官功能性或器质性轻度损伤，表示为劳动能力轻

度或暂时丧失的伤害，一般每个受伤人员休息一个工作日以上，105 个工作日以下。

②重伤事故：一般指受伤人员肢体残缺或视觉、听觉等器官受到严重损伤，能引起人体长期存在功能障碍或劳动能力有重大损失的伤害，或者造成每个受伤人员损失 105 个工作日以上的失能伤害。

③死亡事故：一次事故中死亡职工 1~2 人的事故。

④重大伤亡事故：一次事故中死亡 3 人以上（含 3 人）的事故。

⑤特大伤亡事故：一次事故中死亡 10 人以上（含 10 人）的事故。

⑥急性中毒事故：指生产毒物一次或短期内通过人的呼吸道、皮肤或消化道大量进入体内，使人体在短时间内发生病变，导致职工立即中断工作，并需进行急救或死亡的事故；急性中毒的特点是发病快，一般不超过一个工作日，有的毒物因毒性有一定的潜伏期，可在下班后数小时发病。

2. 职业病

经诊断因从事接触有毒有害物质或不良环境的工作而造成急慢性疾病，属职业病。2002 年卫生部会同劳动和社会保障部发布的《职业病目录》列出的法定职业病为 10 大类共 115 种。该目录中所列的 10 大类职业病如下：

（1）尘肺：矽肺、石棉肺、滑石尘肺、水泥尘肺、陶瓷尘肺、电焊尘肺及其他尘肺等。

（2）职业性放射性疾病：外照射放射病、内照射放射病、放射性皮肤疾病、放射性肿瘤、放射性骨损伤等。

（3）职业中毒：铅、汞、锰、镉及其化合物、苯、一氧化碳、二氧化碳等。

（4）物理因素所致职业病：中暑、减压病、高原病、手臂振动等。

（5）生物因素所致职业病：炭疽、森林肺炎、布氏杆菌病。

（6）职业性皮肤病：接触性皮炎、光敏性皮炎、电光性皮炎、黑变病、痤疮、溃疡、化学灼伤、职业性角化过度、皲裂、职业性痒疹等。

（7）职业性眼病：化学性眼部灼伤、电光性眼炎、职业性白内障。

（8）职业性耳鼻喉口腔疾病：噪声聋、铬鼻病、牙酸蚀病。

（9）职业性肿瘤：石棉所致肺癌、间皮瘤、苯所致白血病、砷所致肺癌、皮肤癌、氯乙烯所致肝血管肉瘤、铬酸盐制造业工人肺癌等。

（10）其他职业病：金属烟热、职业性哮喘、职业性变态反应性肺泡炎、棉尘病、煤矿井下工人滑囊炎等。

（三）安全事故的处理

1. 安全事故处理的原则（"四不放过"原则）

（1）事故原因不清楚不放过；

（2）事故责任者和员工没有受到教育不放过；

（3）事故责任者没有处理不放过；

（4）没有指定防范措施不放过。

2. 事故处理程序

（1）报告安全事故：安全事故发生后，受伤者或最先发现事故的人员应立即用最快的传递手段，将发生事故的时间、地点、伤亡人数、事故原因等情况，上报至企业安全主管部门。企业安全主管部门视事故造成的伤亡人数或直接经济损失情况，按规定向政府主管部门报告。

（2）事故处理：抢救伤员、排除险情、防止事故蔓延扩大，做好标识，保护好现场。

（3）事故调查：项目经理应指定技术、安全、质量等部门的人员，会同企业工会代表组成调查组，开展调查。

（4）对事故责任者进行处理。

（5）调查报告：调查组应把事故发生的经过、原因、性质、损失责任、处理意见、纠正和预防措施撰写成调查报告，并经调查组全体人员签字确认后报企业安全主管部门。

3. 安全事故统计规定

（1）企业职工伤亡事故统计实行以地区考核为主的制度。各级隶属关系的企业和企业主管单位要按当地安全生产行政主管部门规定的时间报送报表。

（2）安全生产行政主管部门对各部门的企业职工伤亡事故情况实行分级考核。企业报送主管部门的数字要与报送当地安全生产行政主管部门的数字一致，各级主管部门应如实向同级安全生产行政主管部门报送。

（3）省级安全生产行政主管部门和国务院各有关部门及计划单列的企业集团的职工伤亡事故统计月报表、年报表应按时报到国家安全生产行政主管部门。

4. 死亡事故处理规定

（1）事故调查组提出的事故处理意见和防范措施建议，由发生事故的企业及其主管部门负责处理。

（2）因忽视安全生产、违章指挥、违章作业、玩忽职守或者发现事故隐患、危害情况而不采取有效措施以致造成伤亡事故的，由企业主管部门或者企业按照国家有关规定，对企业负责人和直接负责人员给予行政处分；构成犯罪的，由司法机关依法追究刑事责任。

（3）在伤亡事故发生后隐瞒不报、谎报、故意迟延不报、故意破坏事故现场，或者以不正当理由，拒绝接受调查以及拒绝提供有关情况和资料的，由有关部门按照国家有关规定，对有关单位负责人和直接负责人员给予行政处分；构成犯罪的，由司法机关依法追究刑事责任。

（4）伤亡事故处理工作应当在 90 日内结案，特殊情况不得超过 180 日。伤亡事故处理结案后，应当公开宣布处理结果。

5. 工伤认定

（1）职工有下列情形之一的，应当认定为工伤：

①在工作时间和工作场所内，因工作原因受到事故伤害的；

②工作时间前后在工作场所内，从事与工作有关的预备性或者收尾性工作受到事故伤害的；

③在工作时间和工作场所内，因履行工作职责受到暴力等意外伤害的；

④患职业病的；

⑤因工外出期间，由于工作原因受到伤害或者发生事故下落不明的；

⑥在上下班途中，受到机动车事故伤害的；

⑦法律、行政法规定应当认定工伤的其他情形。

（2）职工有下列情形之一的，视同工伤：

①在工作时间和工作岗位，突发疾病死亡或者在 48 小时内经抢救无效死亡的；

②在抢险救灾等维护国家利益、公共利益活动中受到伤害的；

③职工原在军队服役，因战争、因公负伤残疾，已取得革命残疾军人证，到用人单位后旧伤复发的。

（3）职工有下列情形之一的，不得认定为工伤或者视同工伤：

①因犯罪或者违反治安管理条例伤亡的；

②醉酒导致死亡的；

③自残或者自杀的。

6. 职业病的处理

（1）职业病报告的要求：

①地方各级卫生行政部门指定相应的职业病防治机构或卫生机构负责职业病统计和报告工作。职业病报告实行以地方为主，逐级上报的办法。

②一切企、事业单位发生的职业病，都应按规定要求向当地卫生监督机构报告，由卫生监督机构统一汇总上报。

（2）职业病处理的要求：

①职工被确诊患有职业病后，其所在单位应根据职业病诊断机构的意见，安排其医疗或疗养。

②在医治或疗养后被确认不宜继续从事原有害作业或工作的，应自确认之日起的两个月内将其调离原工作岗位，另行安排工作；对于因工作需要暂不能调离的生产、工作的技术骨干，调离期限最长不得超过半年。

③患有职业病的职工变动工作单位时，其职业病待遇应由原单位负责或两个单位协调处理，双方商妥后方可办理调转手续。并将其健康档案、职业病诊断证明及职业病处理情况等材料全部移交新单位。调出、调入单位都应将情况报告所在地的劳动卫生职业病预防机构备案。

④职工到新单位后，新发生的职业病不论与现工作有无关系，其职业病待遇由新单位负责。劳动合同制工人，临时工终止或解除劳动合同后，在待业期间新发现的职业病，与上一个劳动合同期工作有关时，其职业病待遇由原终止或解除劳动合同的单位负责。如原单位已与其他单位合并，由合并后的单位负责；如原单位已撤销，应由原单位的上级主管机关负责。

第五节　施工项目的消防保安及卫生防疫

一般来讲施工现场的工作条件和生活条件相对较差，为了工程项目的施工能顺利进行。国家和个人财产得到保护、施工现场的管理人员和施工人员的卫生健康得到保障，施工单位应加强在施工现场的消防保安及卫生防疫方面的工作。

一、消防保安

在施工现场的消防保安工作有以下几方面的要求：

（1）施工单位应建立消防管理体系。

（2）施工单位应当严格按照《中华人民共和国消防法》的规定，在施工现场建立和执行防火的管理制度。

（3）施工现场必须有满足消防车出入和行驶的道路，并设置符合要求的防火报警系统和固定式灭火系统，消防设施应保持完好的备用状态。

（4）施工现场的通道、消防出入口、紧急疏散楼道等必须符合消防要求、设置明显标志或指示牌。有通行高度限制的地点应设限高标志。

（5）在容易发生火灾的地区施工或储存、使用易爆、易燃器材时，施工单位应当采取特殊的消防安全措施。现场严禁吸烟，必要时可设吸烟室。

（6）施工中需要进行爆破作业的，必须向项目所在地有关部门办理进行爆破的批准手续，由具备爆破资质的专业组织进行施工。

（7）施工现场应有动火的管理制度。

（8）施工现场必须设立门卫，根据需要设置警卫，负责施工现场保卫工作，采取必要的保卫措施。主要管理人员应在施工现场佩戴证明其身份的标识。有条件时可对进出场人员使用磁卡管理。

（9）建设单位或施工单位应当做好施工现场安全保卫工作，采取必要的防盗措施，在现场周边设立围护设施。施工现场在市区的，周围应当设置遮挡围栏，临街的脚手架也应当设置相应的围护设施。非施工人员不得擅自进入施工现场。

二、卫生防疫

为了保证施工现场人员的卫生健康、生活条件得到改善，对施工现场提出了以下要求：

（1）施工现场应将施工区与生活区、办公区分离。

（2）施工现场应准备必要的医务设施，包括紧急处理的医疗设施。在适当场所（如办公室）的显著位置张贴急救车和有关医院电话号码。

（3）职工的住宅等生活设施要符合卫生防疫的要求，还要满足通风和照明等要求。职工的膳食、饮水供应也要符合国家的规定和标准的要求。

（4）根据需要要有防暑、降温、取暖、消毒及防毒等措施。

（5）施工现场的食堂、厕所均要符合卫生的要求。

（6）施工单位应明确施工保险及第三者责任险的投保人和投保范围。

复习思考题

1. 对施工项目进行职业健康安全管理有何意义？

2. 职业健康安全管理的方针是什么？你如何理解方针的含义？

3. 职业健康安全管理的原则是什么？

4. 你是否了解我国建筑安全法律法规的体系？安全生产（施工）管理应建立哪些制度？

5. 职业健康安全管理的主要内容是什么？

6. 职业健康安全管理的基本要求有哪些？

7. 职业健康安全管理应遵循的程序是什么？

8. 编制职业健康安全技术措施计划的步骤是什么？有哪些要求？

9. 职业健康安全技术措施计划应包括哪些内容？

10. 如何实施职业健康安全技术措施计划？

11. 职业健康安全检查有哪些类型？从哪几方面进行检查？应作出哪些检查的规定？

12. 从哪些方面对安全隐患进行控制？处理安全隐患应符合哪些规定？

13. 职业健康安全事故是如何分类的？事故处理的程序是什么？

第十章　施工项目进度管理

为了保证施工项目能按合同规定的日期交工，实现建设投资预期的经济效益、社会效益和环境效益，施工单位需要对施工项目的进度进行管理，以使目标的实现。

第一节　施工项目进度管理概述

施工项目进度管理应以实现施工合同约定的中间完成施工项目的日期和最终交付施工项目的日期为目标。施工项目进度管理的指导思想是：总体统筹规划、分步滚动实施。因此，按施工项目的工程系统构成、施工阶段和部位等进行总目标分解。这是制定进度计划的前提和进度计划实施、检查、调整等管理的依据。

一、施工项目进度管理的原理

（一）动态管理原理

施工项目进度管理是一个不断进行的动态管理，也是一个循环进行的过程。在进度计划执行中，由于各种干扰因素的影响，实际进度与计划进度可能会产生偏差，分析偏差的原因，采取相应的措施，调整原来计划，使实际工作与计划在新的起点上重合并继续按其进行施工活动。但是在新的干扰因素作用下，又会产生新的偏差，施工进度计划控制就是采用这种循环的动态控制方法的。

（二）系统原理

为了对施工项目实行进度计划控制，首先必须编制施工项目的各种进度计划，形成施工项目计划系统，包括施工项目总进度计划、单位工程进度计划、分部分项工程进度计划、季度、月（旬）作业计划。这些计划编制时从总体到局部，逐层进行控制目标分解，以保证计划控制目标的落实。计划执行时，从月（旬）作业计划开始实施，逐级按目标控制，从而达到对施工项目整体进度目标的控制。

由施工组织各级负责人如项目经理、施工队长、班组长和所属全体成员共同组成了施工项目实施的完整组织系统，都按照施工进度规定的要求进行严格管理，落实和完成各自的任务。为了保证施工项目按进度实施，自公司经理、项目经理到作业班组都设有专门职能部门或人员负责检查汇报、统计整理实际施工进度的资料，并与计划进度比较分析和进行调整，形成一个纵横连接的施工项目控制组织系统。

（三）信息反馈原理

应用信息反馈原理，不断进行信息反馈，及时将施工的实际信息反馈给施工项目控制人员，通过整理各方面的信息，经比较分析作出决策，调整进度计划，使其符合预定工期目标。施工项目进度控制过程就是信息反馈的过程。

（四）弹性原理

影响施工项目进度计划的因素很多，在编制进度计划时，根据经验对各种影响因素的影响程度、出现的可能性进行分析，编制施工项目进度计划时要留有余地，使计划具有弹性。在计划实施中，利用这些弹性，缩短有关工作的时间或改变工作之间的搭接关系，使已拖延了的工期，仍然达到预期的计划目标。

（五）封闭循环原理

施工项目进度计划控制的全过程是计划、实施、检查、比较分析用以确定调整措施并再计划的不断循环的过程，形成如图 10-1 所示的封闭循环回路。

图 10-1　进度控制封闭循环回路

二、影响施工项目进度的因素

影响施工项目进度的因素很多，可归纳为人、技术、材料构配件、设备机具、资金、建设地点、自然条件、社会环境以及其他难以预料的因素。这些因素可归纳为以下三类。

（一）相关单位的影响

项目经理部的外层关系单位很多，如材料供应、运输、通信、供水、供电、银行信贷、分包、设计等单位，它们对项目施工活动的密切配合与支持，是保证项目施工按期顺利进行的必要条件。对于这些因素，项目经理部应以合同的方式明确双方协作配合要求，在法律的保护和约束下，避免或减少损失。

（二）项目经理部内部因素的影响

项目经理部的工作对于施工进度起决定性作用，对这类因素，可通过提高项目经理部的管理水平、技术水平来保证。

（三）不可预见因素的影响

对这类因素应做好分析和预测。

三、施工项目进度控制的措施

进度控制的措施包括组织措施、技术措施、合同措施、经济措施和信息管理措施等。

（一）组织措施

组织措施包括建立以项目经理为责任主体，由子项目负责人、计划人员、调度人员、作业队长及班组长参加的项目进度控制体系。落实项目经理部的进度控制部门和人员，制定进度控制工作制度，明确各层次进度控制人员的任务和管理职责，对影响进度目标实现的干扰因素和风险因素进行分析，进行施工项目分解，实行目标管理。

（二）技术措施

以加快施工进度的技术方法保证进度目标的实现。落实施工方案的部署，尽可能选用新技术、新工艺、新材料，调整工作之间的逻辑关系，缩短持续时间，加快施工进度。

（三）合同措施

合同措施是以合同形式保证工期进度的实现，如签订分包合同、合同工期与计划的协调、合同工期分析、工期延长索赔等。

（四）经济措施

经济措施是指实现进度计划的资金保证措施，以及为保证进度计划顺利实施采取层层签订经济承包责任制的方法，采用奖惩手段等。

（五）信息管理措施

建立监测、分析、调整、反馈系统，通过计划进度与实际进度的动态比较，提供进度比较信息，实现连续、动态的全过程进度目标控制。

第二节　施工项目进度计划

一、施工项目进度计划及其类别

施工项目进度计划是规定各项工程的施工顺序和开竣工时间以及相互衔接关系的计划，是在确定工程施工项目目标工期基础上，根据相应完成的工程量，对各项施工过程的施工顺序、起止时间和相互衔接关系所进行的统筹安排。施工阶段是工程实体的形成阶段，做好施工项目进度计划并按计划组织实施，是保证项目在预定时间内建成并交付使用的必要工作，也是施工项目管理的主要内容。如果施工项目进度计划编制得不合理就必然导致资源配置的不均衡，影响经济效益。

施工项目进度计划有控制性进度计划和作业性进度计划。如整个项目的总进度计划、单位工程进度计划、分阶段进度计划、年（季）度计划等均为控制性进度计划。分部分项工程进度计划、月（旬）作业计划均为作业性进度计划。

二、施工项目进度计划的编制

项目进度计划应依据合同文件（施工合同、分包合同、采购合同、租赁合同等）、项目管理规划文件（含施工进度目标、工期定额、施工部署与主要的工程施工方案等）、资源条件和内外部条件（材料和设备的供应情况、施工人员的情况、技术经济状况、施工现场的条件等）进行编制。

施工项目进度计划的内容应包括：编制说明、进度计划表、资源需要量及供应平衡表等。

施工总进度计划是对整体群体工程编制的施工进度计划。由于施工的内容较多，施工工期较长，故施工总进度计划综合性大，控制性强，作业性差。在施工总进度计划中确定了各单位工程计划开竣工日期、工期、搭接关系及其实施步骤。在单位工程计划中资源需用量及供应平衡表又是施工总进度计划表的保证计划，其中包括人力、材料、预制构件和施工设备等内容。

当施工项目的计划总工期跨越一个年度以上时，必须根据施工总进度计划的施工顺序，划分出不同年度的施工内容，编制年度施工进度计划，并在此基础上按照均衡施工的原则，编制各季度施工进度计划。年度施工进度计划和季度施工进度计划，均属于控制性计划，是确定并控制项目施工总进度的重要节点目标。

有关施工准备工作计划已在本书的第二章"施工准备"的第一节"施工准备概述"中作了介绍，在此不再重复介绍。单位工程施工进度计划也在本书的第四章"施工组织设计"的第二节"单位工程施工组织设计"中作了介绍，在此也不再重复介绍。

月、旬（或周）施工进度作业计划分别在每月、旬（或周）末，由项目经理部提出目标和作业项目，通过工地例会协调后编制。以下将施工作业计划的员工内容作以下介绍：

（一）施工作业计划的含义和作用

1. 施工作业计划的含义

施工作业计划包括月度作业计划和旬作业计划两种，以月度作业计划为主。这种计划由于其计划期限短，所以计划目标比较明确具体，一般说实现计划的条件比较可靠落实，实施性较强，而预测成分少，具有作业性质，因此称之为作业计划。

2. 施工作业计划的作用

月度作业计划是施工企业具体组织施工生产活动的主要指导文件，是基层施工单位安排施工活动的依据，是年（季）施工生产计划的具体化。旬作业计划是基层施工单位内部组织施工活动的作业计划，主要是组织协调班组的施工活动，实际上是月计划的短安排，以保证月计划的顺利完成。月度施工作业计划的具体作用是：

（1）把企业年（季）度计划的任务和指标层层分解。在时间上，落实到每月每旬甚至每天；在空间上落实到各施工队、生产班组。使企业的经营生产目标，变为全体职工每一时刻的具体行动纲领。

（2）协调施工秩序。通过对人力、材料、设备、构配件等进出场的具体安排，以及各工种在空间上的协调配合，保证施工现场的文明和施工过程的连续、均衡，从而达到协调施工秩序的目的。

（3）调节各基层施工单位之间的关系。施工现场的条件经常变化，年或季度计划不可能考虑得十分周密，各基层施工单位的任务及各类资源常会出现不平衡现象。这些都需要通过月度作业计划进行调节，保证各施工单位处于正常的平衡关系，充分利用企业拥有的资源。

（4）考核基层施工单位的依据。

（5）施工管理人员进行施工调度的依据。

（二）月度施工作业计划的编制依据

（1）年（季）度计划规定的指标。

（2）各单位工程的施工组织设计。

（3）施工图纸、施工预算等。

（4）劳动力、材料、构配件以及机械设备等资源的落实情况。

（5）上月计划预计完成情况（包括工程形象进度、竣工项目、施工产值）和新开工程的施工前期准备工作的进展情况。

（三）月度施工作业计划的内容及编制说明

月度施工作业计划由于各施工单位规模和体制不一、管理水平不一，其内容不尽相同，有繁有简。月度施工作业计划一般有以下几个方面的内容：

1. 月度施工进度计划（表 10-1）

表 10-1 编制说明：

（1）本表只列在本月施工的分部分项工程，主要参照年（季）度分月计划及单位工程施工组织设计而定，但不能简单摘录，要根据上月度工程实际进度，对照控制指标，摸清每一工程的施工状况，在认真进行"六查"（查图纸、机具、劳动力、构配件、材料、施工和技术条件）的基础上确定。不具备条件的不能列入计划。

表 10-1　月度施工进度计划表

编制单位：　　　　　　　　　　　　　　　　　　　　　　　　　　　　　　年　　　月

序号	单位工程名称	分部分项工程名称	工程量 单位	工程量 数量	劳动量 计划用工	劳动量 每天投入人数	施工天数	施工进度 上旬					施工进度 中旬					施工进度 下旬				
								2	4	6	8	10	12	14	16	18	20	22	24	26	28	30
1	××住宅	砌六层砖墙	m³	250	231	23	10	▬	▬	▬												
		吊装屋面板	m³	30						▬	▬	▬										
		屋面找平层	m³	600									▬	▬								
		┊																				
2	××铸造车间	基础模板																				
		基础钢筋																				
		基础混凝土																				
		┊																				
3	┊																					

（2）工程量在施工预算中摘录，没有施工预算的，按工程量计算规则直接计算。

（3）计划用工指完成某分部分项工程计划工程量所需的计划工日数。

$$计划用工（工日）= \frac{工程量 \times 时间定额}{计划效率}$$

式中　　　　　　　　　$$计划效率 = \frac{计划每工产量}{定额每工产量} \times 100\%$$

（4）每天平均投入工人数指某工种在月度计划内每天平均能投入施工生产的人数。

（5）施工天数指某分部分项工程施工连续时间。

（6）施工进度一栏用横线条表示该分部分项工程的施工起止日期。

2. 月度施工项目计划（表 10-2）

表 10-2　月度施工项目计划表

编制单位：　　　　　　　　　　　　　　　　　　　　　　　　　　　　　　年　　　月

施工单位	施工项目名称	结构类型	开竣工日期 开工	开竣工日期 竣工	建筑面积/m²	计划施工产值/万元	计划形象进度
一队	××住宅	砖混	92.2	92.8	4 000	20	屋面断水
┊	┊	┊	┊	┊	┊	┊	┊

表 10-2 编制说明：

（1）表中施工单位指编制单位内部的基层单位（包括分包单位）。

（2）表中结构类型、建筑面积、开竣工日期等可直接在施工图纸、施工图预算、工程合同中查找。形象进度在月度施工进度计划表中查得。

（3）表中施工产值按施工图预算的方法计算。但是施工图预算计算程序比较复杂，编制计划时，可采用综合费率简化计算。即

$$施工产值 = 直接费 \times （1 + 综合费率）$$

直接费根据月度施工进度计划表中的工程量，直接在施工图预算中查得；也可以套预算定额进行计算。

此公式中的"综合费率"和预算造价计算中的"综合费率"概念不同。后者按统一计算口径，包括应进入施工产值的全部费用及利润。前者由编制单位自行测算。

3. 月度实物工程量计划（表 10-3）

表 10-3 编制说明：

（1）本表是月度施工进度计划表中的工程量汇总，为资源计划提供依据。

（2）按施工单位列，便于掌握各单位情况。

（3）实物工程量内容尽量和施工定额项目一致，便于直接套用定额编制资源计划。

表 10-3　月度实物工程量计划表

编制单位：　　　　　　　　　　　　　　　　　　　　　　　　　　　　　　年　　月

施工单位	砌体	安板	安梁	安柱	土方	垫层	模板	钢筋	混凝土	找平层	抹灰	油漆	……	……	……
	m^3	m^3	m^3	m^3	m^3	m^3	m^3	t	m^3	m^2	m^2	m^2	……	……	……
合　计															
一　队															
二　队															
⋮															

4. 月度劳动力计划（表 10-4）

表 10-4 编制说明：

（1）本表是根据月度施工进度计划要求，汇总主要工种的需用量，便构成劳动力计划。

（2）一般情况，本表只对主要工种进度平衡。表中计划需用量（人）就是编制施工进度计划用到的计划人数。将计划人数和现有人数比较，得到平衡余差，最后拟定平衡意见。

5. 月度材料需用量计划（表 10-5）

表 10-5 编制说明：

（1）表中材料需用量根据施工进度计划要求，在施工预算中摘录或根据实物工程量计划套材料消耗定额计算。

（2）计划供应日期按施工进度确定，要明确各旬供应的数量。

表 10-4　月度劳动力计划表

编制单位：　　　　　　　　　　　　　　　　　　　　　　　　　　　　　　　　年　　月

工种名称	计划需用量/人				现有人数	平衡余（＋）差（－）			平衡意见
	合计	上旬	中旬	下旬		上旬	中旬	下旬	
砖　　工	30	30	0	0		−4	＋26	＋26	上旬调入 4 人
木　　工									中、下旬调出 26 人
混凝土工									
钢　筋　工									
油　漆　工									
⋮									

表 10-5　月度材料需用量计划表

编制单位：　　　　　　　　　　　　　　　　　　　　　　　　　　　　　　　　年　　月

单位工程名称	材料名称	型号规格	单　　位	计划需用量	计划供应日期			备　　注
					上　旬	中　旬	下　旬	
⋯⋯住宅	红砖	标准	千块					
	水泥	425	t					
	石灰							
⋮	⋮							

6. 月度主要构配件需用量计划（表 10-6）

表 10-6 编制说明：

（1）表中构配件的规格型号及计划需用量根据施工进度计划在施工预算中摘录或者从施工图中直接清点统计。

（2）要注意落实各旬用量。

表 10-6　月度主要构配件需用量计划表

编制单位：　　　　　　　　　　　　　　　　　　　　　　　　　　　　　　　　年　　月

单位工程名称	构配件名称	规格型号	单　　位	计划需用量	分旬需用量				备　　注
					上　旬	中　旬	下　旬		
××工程	空心板								
	平　板								
	挑　梁								
	⋮								
⋮									

7. 月度机械需用量计划（表 10-7）

表 10-7 编制说明：

（1）表中机械规格型号、使用部位等在施工组织设计中确定。

（2）供应时间按月度施工进度计划确定。

（3）需用量按下式计算：

$$机械需用量 = \frac{工程量}{施工日数 \times 利用率 \times 台日产量}$$

表 10-7　月度机械需用量计划表

编制单位：　　　　　　　　　　　　　　　　　　　　　　　　　　　　　　年　　月

机械名称	型号规格	使用部位		需用量		供应时间		备注
		项目名称	工程量	单　位	数　量	进　场	退　场	
搅拌机	400L							
卷扬机	1t							
⋮								

8. 月度主要计划指标汇总表（表 10-8）

月度主要计划指标汇总表可以全面反映计划月度施工生产的全貌。表 10-8 是上述各计划内容的汇总。

表 10-8　月度主要计划指标汇总表

编制单位：　　　　　　　　　　　　　　　　　　　　　　　　　　　　　　年　　月

施工单位	指　标						施工产值/万元	平均人数	全员劳动生产率/元/人	其他
	开　工		竣　工		施　工					
	项目/个	面积/m²	项目/个	面积/m²	项目/个	面积/m²				
合　计										
一　队										
二　队										
⋮										

（四）月度施工作业计划的编制程序

月度施工作业计划由基层施工单位编制，采用"两上两下"的编制程序。即先由项目经理部（施工队）提出月计划指标建议上报公司（项目经理部），公司（项目经理部）经平衡后下达计划控制指标，项目经理部（施工队）据此编制正式计划上报，公司（项目经理部）经综合平衡后，审批下达。在实行了内部承包责任制的企业，也可采用"自下而上"的编制程序，由内部承包单位编制计划，上报公司审批。

（五）旬施工作业计划

旬施工作业计划是月计划的具体化，使月计划任务进一步落实到班组的工种工程旬分日进度计划，其内容一般仅包括工程数量、施工进度要求和劳动数量，如表 10-9。

表 10-9　旬计划进度表

年　　月　　日

序号	分部分项名称	单位	数量	劳动力/工日	分　日　进　度																											施工班组	备注
					1	2	3	4	5	6	7	8	9	10	11	12	13	14	15	16	17	18	19	20	21	22	23	24	25	26	27	28	29	30	31		

第三节　施工项目进度计划的实施

施工项目进度计划的实施就是用施工进度计划指导施工活动，落实和完成计划，保证各进度目标的实现。

施工项目的施工进度计划应通过编制年、季、月、旬、周施工进度计划并应逐级落实，最终通过施工任务书或将计划目标层层分解、层层签订承包合同，明确施工任务、技术措施、质量要求等，由施工班组来实施。

一、施工项目进度计划实施的主要工作

施工项目进度计划的实施要做好以下几项工作：

（一）编制月（旬）作业计划和施工任务书

月（旬）作业计划除依据施工进度计划编制外，还应依据现场情况及月（旬）的具体要求编制。月（旬）计划以贯彻执行施工进度计划、明确当期任务及满足作业要求为前提。

施工任务书是一份计划文件，也是一份核算文件，又是原始记录，它把作业计划下达到班组进行责任承包，并将计划执行与技术管理、质量管理、成本核算、原始记录、资源管理等融合为一体，是计划与作业的联结纽带。

实际施工作业时是按月（旬）作业计划和施工任务书执行，故应认真进行编制。

（二）签发施工任务书

将每项具体任务通过签发施工任务书向班组下达。

（三）做好记录、掌握现场施工实际情况

在施工中，如实记载每项工作的开始日期、工作进程和结束日期，可为计划实施的检查、分析、调整、总结提供原始资料。要求跟踪记录，如实记录，并借助图表形成记录文件。

（四）做好调度工作

调度工作主要对进度控制起协调作用。协调配合关系，排除施工中出现的各种矛盾，克服薄弱环节，实现动态平衡。调度工作的内容包括：检查作业计划执行中的问题，找出原因，并采取措施解决；督促供应单位按进度要求供应资源；控制施工现场临时设施的使用；按计划进行作业条件准备；传达决策人员的决策意图；发布调度令等。要求调度工作做得及时、灵活、准确、果断。

二、施工任务书和调度工作

贯彻施工作业计划的有力手段是抓好施工任务书和生产调度工作。

（一）施工任务书

施工任务书是向班组贯彻施工作业计划的有效形式，也是企业实行定额管理、贯彻按劳分配，实行班组经济核算的主要依据。通过施工任务书，可以把企业生产、技术、质量、安全、降低成本等各项技术经济指标分解为小组指标落实到班组和个人，使企业各项指标的完成同班组和个人的日常工作和物质利益紧密连在一起，达到多快好省和按劳分配的要求。

1. 施工任务书的内容

施工任务书的形式很多，一般包括下列内容：

（1）施工任务书是班组进行施工的主要依据，内容有项目名称、工程量、劳动定额、计划工数、开竣工日期、质量及安全要求等，如表10-10。

表10-10　施工任务书

执行单位＿＿＿＿班　　　　　　签发日期：

单位工程名称＿＿＿＿　　　　开工时间：　　　　　竣工时间：

分项工程名称或工作内容	单位	计　划				实　际　完　成		
		工程量	定额编号	时间定额	定额工日	工程量	耗用工日	完成定额/%
1								
2								
3								
4								
质量及安全要求		质量评定		安全评定		限额领料		

签发：　　　　　定额员：　　　　工长：

（2）小组记工单是班组的考勤记录，也是班组分配计件工资或奖励工资的依据。

（3）限额领料卡是班组完成任务所必需的材料限额，是班组领退材料和节约材料的

210

凭证，如表 10-11。

表 10-11　限额领料卡

材料名称	规格	计量单位	单位用量	限额用量		领 料 记 录						退料数量	执行情况		
				按计划工程量	按实际工程量	第一次		第二次		第三次			实际耗用量	节约或浪费(+、-)	其中：返工损失
						日/月	数量	日/月	数量	日/月	数量				

2. 施工任务书的管理内容

（1）签发。施工任务书：签发施工任务书包括以下步骤：

①工长根据月或旬施工作业计划，负责填写施工任务书中的执行单位、单位工程名称、分项工程名称（工作内容）、计划工程量、质量及安全要求等。

②定额员根据劳动定额、填写定额编号、时间定额并计算所需工日。

③材料员根据材料消耗定额或施工预算填写限额领料卡。

④施工队长审批并签发。

（2）执行：施工任务书签发后，技术员会同工长负责向班组进行技术、质量、安全等方面的交底；班组长组织全班讨论，制定完成任务的措施。在施工过程中，各管理部门要努力为班组完成任务创造条件，班组考勤员和材料员必须及时准确地记录用工用料情况。

（3）验收：班组完成任务后，施工队组织有关人员进行验收。工长负责验收完成工程量；质安员负责评定工程质量和安全并签署意见；材料员核定领料情况并签署意见；定额员将验收后的施工任务书回收登记，并计算实际完成定额的百分比，交劳资员作为班组计件工资结算的依据。

（二）生产的调度工作

生产的调度工作是落实作业计划的一个有力措施，通过调度工作及时解决施工中已发生的各种问题，并预防可能发生的问题。另外，通过调度工作也对作业计划不准确的地方给予补充，实际是对作业计划的不断调整。

1. 调度工作的主要内容

（1）督促检查施工准备工作。

（2）检查和调节劳动力和物资供应工作。

（3）检查和调节现场平面管理。

（4）检查和处理总、分包协作配合关系。

（5）掌握气象、供电、供水等情况。

（6）及时发现施工过程中的各种故障，调节生产中的各个薄弱环节。

2. 调度工作的原则和方法

（1）调度工作是建立在施工作业计划和施工组织设计的基础上，调度部门无权改变作业计划的内容。但在遇到特殊情况无法执行原计划时，可通过一定的批准手续，经技术部门同意，按下列原则进行调度：

①一般工程服从于重点工程和竣工工程。

②交用期限迟的工程服从于交用期限早的工程。

③小型或结构简单的工程服从于大型或结构复杂的工程。

（2）调度工作必须做到准确及时、严肃、果断。

（3）搞好调度工作，关键在于深入现场，掌握第一手资料，细致地了解各个施工具体环节，针对问题，研究对策，进行调度。

（4）除了危及工程质量和安全行为应当机立断随时纠正或制止外，对于其他方面的问题，一般应采取班组长碰头会进行讨论解决。

第四节　施工项目进度计划的检查与调整

一、施工项目进度计划检查

施工进度的检查与进度计划的执行是融汇在一起的。计划检查是计划执行信息的主要来源，是施工进度调整和分析的依据，是进度控制的关键步骤。

对施工项目的施工进度计划检查应依据施工进度计划实施记录进行。

（一）施工进度计划检查的内容

施工进度计划检查应采取日检查或定期检查的方式进行，应检查以下内容：

（1）检查计划期内实际完成和累计完成的工程量。

（2）实际参加施工的人力、机械数量及生产效率。项目经理部应对日施工作业效率、周（旬）作业进度分别进行检查，对施工作业完成情况作出记录。

（3）窝工人数、窝工机械台班数及其原因分析。

（4）进度偏差情况。

（5）进度管理情况。

（6）影响进度的特殊原因分析。

（二）施工项目进度计划检查的步骤和方法

1. 施工项目进度计划检查的步骤

施工项目进度计划的检查过程可分为调查、整理、对比分析等步骤。

（1）调查：采用逐日进度报表、作业状况报表、现场实地检查等方法对施工全过程进行跟踪监测，收集信息。

（2）整理：将调查资料整理加工成与施工进度计划具有可比性的反映实际施工进度

的资料。

（3）对比分析：将实际进度与计划进度对比，计算出计划的完成程度和存在的差距，并结合与计划表达方法一致的图形一起进行对比分析。

2. 施工项目进度计划检查方法

进度计划的检查方法主要是对比法，即实际进度与计划进度进行对比，从而发现偏差，以便调整或修改计划。最好是在图上对比。故计划图形的不同便产生了多种检查方法。

进度计划的检查对比方法主要有横道图法、S形曲线法、香蕉形曲线法、前锋线法等。现将横道图法、S形曲线法、香蕉形曲线法作以下介绍：

（1）横道图检查比较法：横道图检查比较法是指将在项目实施中检查实际进度收集的信息，经整理后直接用横道线并列标于原计划的横道线下面，进行直观比较的方法。因应用条件不同，可分为以下几种：

①在匀速施工条件下，按时间进度标注、检查　在匀速施工条件下，时间进度与完成工程量进度一致，因此，用到检查日为止的实际进度线与计划进度线长度相比较，二者之差即为时间进度差。例如某基础工程的施工实际进度与计划进度比较，如图 10-2 所示。其中粗实线表示计划进度，涂黑部分则表示工程施工的实际进度。从比较中可以看出，在第七周末进行施工进度检查时，第 1 项和第 3 项工作已经完成，第 2 项工作按计划进度应当完成 83%，而实际施工进度只完成了 67%，已经拖后了 16%。

通过上述记录与比较，为进度控制者提供了实际进度与计划进度之间的偏差，为采取调整措施提供了明确的目标。

工作名称	工作时间	进度/周														
		1	2	3	4	5	6	7	8	9	10	11	12	13	14	15
挖土1	2															
挖土2	6															
混凝土1	3															
混凝土2	3															
防水处理	6															
回填土	1															

图 10-2　匀速施工横道图检查法

②在变速施工条件下，按时间进度和数量进度比例标注、检查　数量进度是指用实物工程量、工作量、劳动时间等表示的施工进度。检查变速施工进度或检查多项施工过程综合进度时，由于施工中的时间进度与数量进度不一致，只有对二者同时标注检查，才能准确反映施工进度完成情况。具体方法是将表示工作实际进度的涂黑粗线，按检查的期间和完成的百分比交替地绘制在计划横道图上、下两侧，其长度表示该时间内完成的任务量。工作的计划完成累计百分比标于横道线的上方，工作的实际完成累计百分比标于横道线下

方的检查日期处，通过两个上、下相对的百分比相比较，判断该工作的实际进度与计划之间的关系。变速施工横道图比较法如图 10-3 所示，其步骤如下：

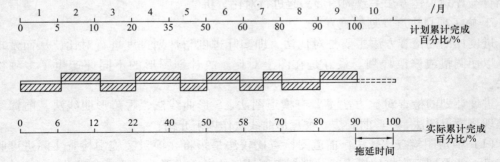

图 10-3 变速施工横道图比较法

a. 编制横道图进度计划。

b. 在横道线上方标出每天（或每周）计划累计完成任务的百分比。

c. 在计划横道线的下方标出工作按日（或周）检查的实际完成任务百分比，第 1 天到第 10 天末分别为 6%、12%、22%、40%、…

d. 用涂黑粗线分别在横道线上、下方交替画出每次检查实际完成任务量。

e. 比较实际进度与计划进度。其实际进度在第 9 天末只完成了 90%，没按计划完成任务，第 10 天末实际累计完成 100%，拖了 1 天工期。

横道图比较法简单、形象直观、容易掌握，但它是以横道图计划为基础，各工作之间的逻辑关系不明显，关键工作和关键线路无法确定，一旦某些进度产生偏差时，难以预测对后续工作和整个工期的影响以及确定调整方案。

（2）S 形曲线比较法：S 形曲线比较法是以横坐标表示进度时间，纵坐标表示累计完成任务量，而绘制出一条按计划时间累计完成任务量的 S 形曲线图，进行实际进度与计划进度相比较的一种方法。一般情况下，进度控制人员在计划实施前绘制出计划 S 形曲线，在项目实施过程中，按规定将检查的实际完成任务情况和计划 S 形曲线绘制在同一张图纸上，可得出实际进度 S 形曲线（图 10-4）。

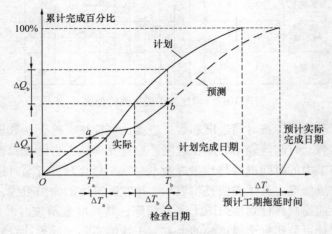

图 10-4 S 形曲线检查法

214

比较两条 S 形曲线可得到以下信息：

①工程项目实际与计划进度比较情况。当实际进展点落在计划 S 形曲线左侧，则表示此时实际进度比计划进度超前；若落在其右侧，则表示拖后；若刚好落在其上，则表示二者一致。

②工程项目实际进度比计划进度超前或拖后的时间。ΔT_a 表示 T_a 时刻实际进度超前的时间；ΔT_b 表示 T_b 时刻实际进度拖后的时间。

③工程项目实际进度比计划进度超额或拖欠的任务量。ΔQ_a 表示 T_a 时刻超额完成的任务量；ΔQ_b 表示 T_b 时刻拖欠的任务量。

④预测工程进度。后期工程按原计划速度进行，则工期拖延预测值为 ΔT_c。

（3）香蕉形曲线比较法。香蕉形曲线是由两条 S 形曲线合成的闭合曲线。一条 S 形曲线是按各项工作的计划最早开始时间绘制的计划进度曲线（ES），另一条 S 形曲线是按各项工作的计划最迟开始时间绘制的计划进度曲线（LS）。两条 S 形曲线都是从计划的开始时刻开始，到计划的完成时刻结束，因此，两条曲线是闭合的，故呈香蕉形。

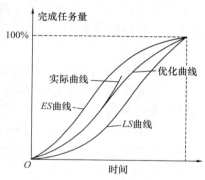

图 10-5　香蕉形曲线比较法

同一时刻两条曲线所对应的计划完成量形成了一个允许实际进度变动的弹性区间，在项目的实施中，进度控制的理想状态是任一时刻按实际进度描出的点应落在该香蕉形曲线的区域内。香蕉形曲线比较法如图 10-5 所示。利用香蕉形曲线比较法可以对工程实际进度与计划进度进行比较，对工程进度进行合理安排，确定在检查状态下，后期工程的 ES 曲线和 LS 曲线的发展趋势。

3. 施工项目月度施工进度报告

实施施工项目进度计划检查后，应向施工企业（公司）提供月度施工进度报告，月度施工进度报告应包括以下内容：

（1）进度执行情况的综合描述

进度执行情况的综合描述的主要内容是：报告的起讫期；当地气象及晴雨天数统计；施工计划的原定目标及实际完成情况；报告期内现场的主要大事记（如停水、停电、事故处理情况，收到业主、监理工程师、设计单位等指令文件情况）。

（2）实际施工进度图。

（3）工程变更、价格调整、索赔及工程款收支情况。

（4）进度偏差状况和导致偏差的原因分析。

（5）解决问题的措施。

（6）计划调整的意见。

二、施工项目进度计划的调整

施工进度计划在执行过程中呈现出波动性、多变性和不均衡的特点，所以在施工项目进度计划执行中，要经常检查进度计划的执行情况，及时发现问题，当实际进度与计划进度存在差异时，必须对进度计划进行调整，以实现进度目标。

（一）施工项目的施工进度计划调整的内容和类型

1. 施工项目的施工进度计划调整的内容

施工项目的施工进度计划的调整必须依据施工进度计划检查结果进行。施工进度计划调整应包括以下内容：

（1）施工内容。

（2）工程量。

（3）起止时间。

（4）持续时间。

（5）工作关系。

工作关系的调整主要是指施工顺序的局部改变或作业过程相互协作方式的重新确认，目的在于充分利用施工的时间和空间进行合理交叉衔接，从而达到改善进度计划的目的。

（6）资源供应。

2. 施工项目的施工进度计划调整类型

施工进度计划调整的类型包括：

（1）单纯调整工期。

（2）资源有限——工期最短调整。

（3）工期固定——资源均衡调整。

（4）工期——成本调整。

（二）施工项目的施工进度计划调整的步骤

调整施工进度计划的步骤如下：

（1）分析进度计划检查结果

分析进度计划检查结果主要是分析偏差对后续工作及总工期的影响；

通过检查发现施工进度出现偏差后，利用网络计划分析偏差所处位置及其与总时差 TF，自由时差 FF 的对比关系，判断偏差对总工期及后续工作的影响。若出现偏差的工作为关键工作，则无论偏差大小，都对后续工作及总工期产生影响，必须采取相应的调整措施。若出现偏差的工作不是关键工作，需要根据偏差值与总时差和自由时差的大小关系，确定后续工作和总工期的影响程度：当偏差小于该工作的自由时差时，对工作计划无影响；当偏差大于自由时差而小于总时差时，对后续工作的最早开工时间有影响，对总工期无影响；当偏差大于总时差时，对后续工作和总工期都有影响。

（2）确定调整的对象和目标。

（3）选择适当的调整方法。

调整原施工进度计划的方法一般有以下两种：

①改变某些工作之间的逻辑关系。若检查的实际进度产生的偏差影响了总工期，在工作之间的逻辑关系允许改变的条件下，通过改变关键线路上各工作的先后顺序及逻辑关系来实现缩短工期的目的。

对于大型群体工程项目，单位工程间的相互制约较小，可调度较大；对于单位工程内部各分部、分项工程之间，由于施工顺序和逻辑关系约束较大，可调幅度较小。采用此种方式进行调整时，由于增加了各工作的相互搭接时间，因而进度控制工作显得更加重要，实施中必须做好协调工作。

216

②缩短后续某些工作的持续时间。这种方法不改变工作之间的逻辑关系，而是缩短后续某些工作的持续时间，加快进度，以保证计划工期的实现。在项目进度拖延的情况下，为了加快进度，通常是压缩引起总工期拖延的关键线路和某些非关键线路的工作持续时间。一般是根据工期—费用优化的原理进行调整。具体做法如下：

a. 研究后续各项工作持续时间压缩的可能性及其极限工作持续时间。

b. 确定因计划调整、采取必要措施而引起的各项工作的费用变化率。

c. 选择直接引起拖期的工作及紧后工作优先压缩，以免拖期影响扩散。

d. 选择费用变化率最小的工作优先压缩，以求花费最小代价，满足既定工期要求。

e. 综合考虑 c、d，确定新的调整计划。

在实际工作中应根据具体情况选用上述方法进行进度计划的调整，某种方式的调整幅度不能满足工期目标要求时，可以同时采用两种方法进行进度计划调整。

在缩短关键工作的持续时间时，通常需要采取一定的措施来达到目的。具体措施如下：

①组织措施：增加工作面、组织更多的施工队伍；增加每天的施工时间（如采用三班制）；增加劳动力和施工机械的数量等。

②技术措施：改进施工工艺和施工技术，缩短工艺技术间歇时间；采用更先进的施工方法，以减少施工过程的数量（如将现浇框架方案改为预制装配方案）；采用先进的施工机械等。

③经济措施：实行包干奖励，提高奖金数额，对所采取的技术措施给予相应的经济补偿等。

④其他配套措施：改善外部配合条件，改善劳动条件，实行强有力的调度等。

（4）编制调整方案，并对其进行评价和决策。

（5）确定调整后的新的施工进度计划。

复习思考题

1. 施工项目进度管理的目标及指导思想是什么？

2. 施工项目进度管理的原理是什么？

3. 影响施工项目进度的因素有哪些？施工项目进度控制的措施有哪些？

4. 月度施工作业计划编制的依据是什么？主要有哪些内容？

5. 施工项目进度计划实施主要的工作是什么？

6. 施工任务书有哪些内容？如何对其进行管理？

7. 生产调度工作包括哪些内容？其原则和方法是什么？

8. 施工项目进度计划检查的内容包括哪些？主要的步骤和方法是什么？简述各检查方法是如何应用的。

9. 施工项目月度施工进度报告应包含哪些内容？

10. 如何进行施工项目的施工进度计划的调整？

11. 施工项目施工进度控制总结编制的原则和内容是什么？

第十一章　施工合同管理

施工合同（以下简称施工合同），是指建设单位（发包人）与施工单位（承包人）之间，为完成商定的建设工程项目的建设任务，而签订的明确双方权利和义务关系的协议。其订立与管理的依据是《中华人民共和国合同法》、《中华人民共和国建筑法》以及其他有关法律、行政法规。施工合同的发包人和承包人是平等的民事主体，必须具有与建设工程项目的性质和等级相对应的主体资格、资质等级、营业执照和履行施工合同的能力。施工合同是工程建设质量、进度控制、投资控制、施工合同管理的主要依据，是市场经济下确立建设市场主体之间权利义务关系、协调其经济关系的主要根据与手段，双方当事人必须严格遵守它。

施工单位应建立施工合同管理制度，设立专职机构或专职人员负责施工合同管理工作。

施工合同管理应包括施工合同的订立、履行、变更、违约、索赔、争议、终止及评价。

施工合同必须以书面形式订立，施工过程中的各种原因造成的洽商变更内容，必须以书面形式签认，并作为合同的组成部分。

承包人在签订合同前应按质量管理体系的有关文件要求进行合同评审。

第一节　施工合同的订立

一、订立施工合同的条件

订立施工合同必须要具备以下条件：

（1）建设工程的初步设计已经批准，并已列入政府批准的年度建设计划。

（2）有建设工程施工必需的设计文件和有关技术资料。

（3）建设工程的建设资金和主要的建筑材料、设备来源已经落实。

（4）通过招投标的建设工程，其中标通知书已下达。

二、订立施工合同的原则

根据《中华人民共和国合同法》的规定，订立施工合同应符合以下原则：

（1）合同当事人的法律地位平等。一方不得将自己的意志强加给另一方。

（2）当事人依法享有自愿订立合同的权利，任何单位和个人不得非法干预。

（3）当事人确定各方的权利和义务应当遵守公平原则，不能损害一方利益，不能采用欺诈、胁迫和乘人之危强迫对方当事人签订不合理的条款。对于不公平的施工合同，当事人一方有权申请人民法院或仲裁机构予以变更或撤销。

（4）当事人行使权利、履行义务应当遵循诚实信用的原则。订立合同的双方要诚实，本着实事求是的精神，遵守职业道德和职业操守，不得有隐瞒、欺诈行为，双方要承担保密义务。在履行合同时，双方要守信用，严格履行合同。

（5）当事人应当遵守法律、行政法规和社会公德，不得扰乱社会经济秩序、损害社会公共利益。

三、施工合同订立程序

施工项目的承包人与发包人订立施工合同采取要约与承诺的方式，其订立程序因发包的性质不同分为招标发包和直接发包。

（一）要约

1. 要约与要约邀请

要约是希望和他人订立合同的意思表示。提出要约的一方称为要约人，收到要约的一方称为受要约人。要约具有法律效力，对当事人具有约束力，不得随意撤回和撤销。

要约邀请是希望他人向自己发出要约的意思表示，是指项目当事人的一方向另一方就项目合同的某些条款，即项目合同的有关交易条件的询问。要约邀请一般都具有试探的性质；了解对方的交易条件和诚意，从而作出是否有与对方继续谈判协商的必要。寄出的价目表、拍卖公告、招标公告、招股说明书、商业广告等为要约邀请。要约邀请不具有法律的约束力。

2. 要约的规定

（1）内容具体确定。

（2）表明经受要约人承诺，要约人即受该意思表示约束。

（3）商业广告的内容若符合要约规定的，视为要约。

（4）要约到达受要约人时生效。

（5）采用数据电文形式订立合同，收件人指定特定系统接收数据电文的，该数据电文进入该特定系统的时间，视为到达时间；未指定特定系统的，该数据电文进入收件人的任何系统的首次时间，视为到达时间。

（6）要约可以撤回。撤回要约的通知应当在要约到达受要约人之前或者与要约同时到达受要约人。

（7）要约可以撤销。撤销要约的通知应当在受要约人发出承诺通知之前到达受要约人。

（8）有下列情况之一的，要约不得撤销：

①要约人确定了承诺期限或以其他形式明示要约不可撤销。

②受要约人有理由认为要约是不可撤销的，并已经为履行合同做了准备工作。

（9）有以下情况之一的，要约失效：

①拒绝要约的通知到达要约人。

②要约人依法撤销要约。

③承诺期届满，受要约人未作出承诺。

④受要约人对要约的内容作出实质性变更。

（二）承诺

承诺也称接受，是指受要约人同意要约的意思表示。受要约人接到要约人的要约后，同意对方提出的条件，愿意按所列条款达成交易、签订合同的意思表示。承诺与要约一样，既属商业行为，也属法律行为。承诺产生的重要法律后果是交易达成、合同成立。

承诺具有以下规定：

（1）承诺应以通知的方式作出，但根据交易习惯或要约表明可以通过行为作出承诺的除外。

（2）承诺应当在要约确定的期限内到达要约人。要约及有确定承诺期限的，承诺应依照下列规定到达：

①要约以对话方式作出的，应当即作出承诺，但当事人另有约定的除外。

②要约以非对话方式作出的，承诺应当在合理期限内到达。

（3）要约以信件或者电报作出的，承诺期限自信件载明的日期或者电报交发之日开始计算。信件未载明日期的，自投寄该信件的邮戳日期开始计算。要约以电话、传真等快速通信方式作出的，承诺期限自要约到达受要约人时开始计算。

（4）承诺生效时合同成立。

（5）承诺通知到达要约人时生效。承诺不需要通知的，根据交易习惯或者要约的要求作出承诺的行为时生效。

（6）采用数据电文形式订立合同的，未指定特定系统的，该数据电文进入收件人的任何系统的首次时间，视为到达时间。

（7）承诺可以撤回。撤回承诺的通知应当在承诺通知到达要约人之前或者与承诺通知同时到达要约人。

（8）受要约人超过承诺期限发出承诺的，除要约人及时通知受要约人该承诺有效的以外，为新要约。

（9）受要约人在承诺期限内发出承诺，按照通常情形能够及时到达要约人，但因其他原因承诺到达要约人时超过承诺期限的，除要约人及时通知受要约人因承诺超过期限不接受该承诺的以外，该承诺有效。

（10）承诺的内容应当与要约的内容一致。受要约人对要约的内容作出实质性变更的，为新要约。有关合同标的、数量、质量、价款或者报酬、履行期限、履行地点和方式、违约责任和解决争议方法等的变更，是对要约内容的实质性变更。

（11）承诺对要约的内容作出非实质性变更的，除要约人及时表示反对或者要约表明承诺不得对要约的内容作出任何变更的以外，该承诺有效，合同的内容以承诺的内容为准。

（12）当事人采用合同书形式订立合同的，自双方当事人签字或者盖章时合同成立。

（13）当事人采用信件、数据电文等形式订立合同的，可以在合同成立之前要求签订确认书。签订确认书时合同成立。

（14）承诺生效的地点为合同成立的地点。

由于项目合同的特殊性质，即涉及关系复杂、金额巨大、标的极大等，在项目合同的磋商中，无论是要约邀请、要约，还是承诺或接受，都必须采取书面形式。

（三）招标发包

对于国家规定属工程建设项目招标范围以内的工程建设项目，其施工单位通过招标来确定，因此，通过招标投标来确定中标承包人后，承包人与发包人订立施工合同应符合下列程序：

（1）接受中标书。中标的施工单位应依据《招标投标法》的规定，在中标通知书发出30天内，与发包人依据招标文件、投标书等签订施工合同。

（2）组成包括项目经理的谈判小组。

（3）草拟合同专用条件。

应根据招标文件的要求，结合合同实施中可能发生的各种情况进行周密、充分的准备，按照"缔约过失责任原则"保护企业的合法权益。

（4）谈判。

（5）参照发包人拟订的合同条件或施工合同示范文本与发包人订立施工合同。投标书中已确定的合同条款在签订合同时不得更改，合同价应与中标价相一致。

施工合同签订前要进行合同评审。详见本节"六、施工合同的评审"。

为了使施工合同签订后合法、有效，在正式签订前要履行审查和批准手续。审查是将拟签订的施工合同经评审后送交施工单位的合同主管部门或法律顾问进行审查；批准是由施工单位的主管领导或法人代表签署意见，同意对外正式签订施工合同。通过严格的审查批准手续，可以使施工合同的签订建立在可靠的基础上，尽量防止施工合同的纠纷发生，以维护企业的合法权益。

（6）合同双方在合同管理部门备案并缴纳印花税。

在施工合同履行过程中，发包人、承包人有关工程洽商、变更等书面协议或文件，应为本合同的组成部分。

如果中标施工单位拒绝与发包人签订合同，则发包人将不再返还其投标保证金。如果投标保函是由银行等金融机构出具的，则投标保函出具者应当承担相应的保证责任，建设行政主管部门或其授权机构还可以给予一定的行政处罚。

（四）直接发包

对于属直接发包的工程建设项目，其施工单位由发包人选定后，双方依据选定过程中双方的约定及最后的商定，签订施工合同。

四、施工合同文本组成

建设部与国家工商行政管理局于1999年12月24日印发了《建设工程施工合同（示范文本）》（以下简称《施工合同文本》）。《施工合同文本》是各类公用建筑、民用住宅、工业厂房、交通设施及线路、管道的施工和设备安装的合同文本。

《施工合同文本》由《协议书》、《通用条款》、《专用条款》三部分组成，并附有三个附件：《承包方承揽工程项目一览表》、《发包方供应材料设备一览表》、《房屋建筑工程质量保修书》。

《协议书》是《施工合同文本》中总纲性的文件，它规定了合同当事人双方最主要的权利义务、规定了组成合同的文件及合同当事人对履行合同义务的承诺，并且合同当事人要在《协议书》上签字盖章，具有法律效力。《协议书》的内容包括工程概况、工程承包范围、合同工期、质量标准、组成合同的文件及双方的承诺等。

《通用条款》是根据《中华人民共和国合同法》和《中华人民共和国建筑法》等法律对承发包双方的权利义务作出的规定，除双方协商一致对其中的某些条款作了修改、补充和取消外，双方都必须履行。它是将建设工程施工合同中有共性的内容抽取出来编写的一份完整的合同文件。《通用条款》具有很强的通用性，基本适用于各类建设工程。《通用条款》共有 11 部分 47 条。这 11 部分内容是：

（1）词语定义及合同文件；

（2）双方一般权利和义务；

（3）施工组织设计和工期；

（4）质量与检验；

（5）安全施工；

（6）合同价款与支付；

（7）材料设备供应；

（8）工程变更；

（9）竣工验收与结算；

（10）违约、索赔和争议；

（11）其他。

《专用条款》是建设工程个性的体现。由于建设工程的具体内容各不相同，其建设工期、造价会随之变动；承包人和发包人自身的情况与能力、施工现场的环境和条件也各不相同，《通用条款》不能完全适用于各个具体工程的特殊性要求，需要用《专用条款》对其作必要的限定、释义和补充。《专用条款》的条款号与《通用条款》的条款号相一致，其内容主要用空格来表示，由当事人根据工程的个性来具体填写确定。

三个附件则是对施工合同当事人的权利义务的进一步明确，并且使得施工合同当事人的有关工作一目了然，便于执行和管理。

五、施工合同文件的组成及解释顺序

组成建设工程施工合同的文件及解释顺序为：

（1）施工合同协议书；

（2）中标通知书；

（3）投标书及其附件；

（4）施工合同专用条款；

（5）施工合同通用条款；

（6）标准、规范及有关技术文件；

（7）图纸；

（8）工程量清单；

（9）工程报价单或预算书。

另外，合同履行中，发包人与承包人有关工程的洽商、变更等书面协议或文件视为协议书的组成部分。

上述合同文件应能够互相解释、互相说明。当合同文件中出现不一致时，上面的顺序就是合同的优先解释顺序。在不违反法律和行政法规的前提下，当事人可以通过协商变更施工合同的内容。这些变更的协议或文件效力高于其他合同文件；且签署在后的协议或文件效力高于签署在先的协议或文件。当合同文件出现含糊不清或者当事人有不同理解时，

在不影响工程正常进行的情况下，由发包人与承包人协商解决；双方也可以提请负责监理的工程师作出解释；双方协商不成或不同意负责监理的工程师的解释时，按照合同争议的约定处理。

六、施工合同的评审

承包人在与发包人正式签订施工合同前要按质量管理体系文件的要求进行施工合同的评审。承包人要从以下几方面进行施工合同的评审：

（1）对施工项目的要求及发包人的要求是否明确。

（2）对施工合同条件是否表达明确。

（3）发包人与合同条件不一致的要求是否已经解决。

（4）承包人内部对合同的要求是否已理解和达成共识。

（5）承包人是否有能力全面正确履行合同。

施工合同评审的方式可以由合同管理部门组织施工、质检、技术、供应、人力资源和财务等部门共同研究，提出对合同条款的具体意见，并进行会签。施工合同评审的结果及评审所引起的措施应有记录，并保存之。

七、工程施工分包

工程施工的承包人经发包人同意或按照合同约定，可将承包项目的部分非主体工程、非关键工作分包给具备相应的资质条件的分包人完成，并以书面形式与之订立分包合同。

（一）施工分包合同的要求

施工分包合同应符合下列要求：

（1）分包人应按照分包合同的各项规定，实施和完成分包工程，修补其中的缺陷，提供所需的全部工程监督、劳务、材料、工程设备和其他物品，提供履约担保、进度计划，不得将分包工程进行转让或再分包。

（2）承包人应提供总包合同（工程量清单或费率所列承包人的价格细节除外）供分包人查阅。

（3）分包人应当遵守分包合同规定的承包人的工作时间和规定的分包人的设备材料进出场的管理制度。承包人应为分包人提供施工现场及其通道；分包人应允许承包人和监理工程师等在工作时间内合理进入分包工程的现场，并提供方便，做好协助工作。

（4）分包人延长竣工时间应根据下列条件：承包人根据总包合同延长总包合同竣工时间、承包人指示延长、承包人违约。分包人必须在延长开始14天内将延长情况通知承包人，同时提交一份证明或报告，否则分包人无权获得延期。

（5）分包人仅从承包人处接受指示，并应执行其指示。

（6）分包人应根据以下指示变更、增补或删减分包工程：监理工程师根据总包合同作出的指示再由承包人作为指示通知分包人；承包人的指示。

（二）施工分包合同的主要内容

施工分包分为施工专业分包和施工劳务分包。建设部和国家工商行政管理局于2003年颁发了《建设工程施工专业分包合同（示范文本）》（GF—2003—0213）和《建设工程施工劳务分包合同（示范文本）》（GF—2003—0214）。

1. 《建设工程施工专业分包合同（示范文本）》的主要内容

《建设工程施工专业分包合同（示范文本）》由《协议书》、《通用条款》、《专用条款》三部分组成，每个部分各含有10项具体内容。

2. 《建设工程施工劳务分包合同（示范文本）》的主要内容

《建设工程施工劳务分包合同（示范文本）》由《劳务分包合同主要条款》、《工程承包人与劳务分包人的义务》、《安全防护及保险》、《劳动报酬》、《违约责任》五部分组成。在每部分内又有若干条的具体规定。

（三）施工分包合同文件组成及优先顺序

施工分包合同文件组成及优先顺序应符合下列要求：

（1）分包合同协议书。

（2）承包人发出的分包中标书。

（3）分包人的报价书。

（4）分包合同条件。

（5）标准规范、图纸、列有标价的工程量清单。

（6）报价单或施工图预算书。

施工过程中的各种原因造成施工分包合同洽商变更内容，必须以书面形式签认，并作为合同的组成部分。

（四）施工分包单位的评价与选择

承包人在选择施工分包单位时应按质量管理体系的有关文件规定评价和选择施工分包单位。承包人应从以下几方面对施工分包单位进行评价和选择：

（1）根据承包人所承担的施工项目的规模和特征、技术要求、进度要求等选择有相应资质等级的分包单位；

（2）施工分包单位的技术力量、设备能力能满足施工项目的施工要求；

（3）施工分包单位的管理体系能适应所承担的施工项目；

（4）过去曾承担过类似的施工项目，且工程施工质量和服务质量均能满足施工项目及发包人的要求；

（5）在社会上具有一定的信誉。

应保持对施工分包单位的评价和选择记录。

第二节　施工合同的履行

施工合同的履行，是指施工合同的双方当事人根据施工合同的规定在适当的时间、地点，以适当的方式全面完成自己所承担的义务。

当事人应当遵循诚实信用原则，根据合同的性质、目的和交易习惯履行通知、协助、保密等义务。

合同生效后，当事人就质量、价款或者报酬、履行地点等内容没有约定或者约定不明确的，可以协议补充；不能达成补充协议的，按照合同有关条款或者交易习惯确定。

当事人就有关合同内容约定不明确，适用下列规定：

若质量要求不明确的，按照国家标准、行业标准履行；没有国家标准、行业标准的，按照通常标准或者符合合同目的的特定标准履行。

若价款或者报酬不明确的，按照订立合同时履行地的市场价格履行；依法应当执行政府定价或者政府指导价的，按照规定履行。

若履行地点不明确，在给付货币时，在接受货币一方所在地履行；交付不动产的，在不动产所在地履行；其他标的，在履行义务一方所在地履行。

若履行期限不明确的，债务人可以随时履行，债权人也可以随时要求履行，但应当给对方必要的准备时间。

若履行方式不明确的，按照有利于实现合同目的的方式履行。

若履行费用的负担不明确的，由履行义务一方负担。

严格履行施工合同是项目双方当事人的义务。合同履行的方法，应当符合权利人的利益，同时也应当有利于义务人的履行。

一、施工合同的交底

在施工合同正式履行前，通过对合同的分析，由合同管理人员（合同谈判人员）对项目管理的各层次人员做"合同交底"，把合同责任具体落实到各责任人和合同履行的具体工作上。

1. 施工合同交底的要求

在进行施工合同交底时要满足以下几点要求：

（1）合同管理人员向项目管理人员和企业各部门相关人员进行"合同交底"，组织大家学习合同，对合同的主要内容作出解释、说明与强调。

（2）将合同事件的责任分解落实到各工程小组或分包人。

（3）在合同实施过程中还必须进行经常性的检查、监督。

（4）合同责任的完成必须通过其他经济手段来保证。对工程分包方，主要通过分包合同确定双方的责权利关系，保证分包方能及时地按质、按量地完成合同责任。

2. 合同交底的内容

合同交底的内容有以下几方面：

（1）合同交底应体现合同的主要条款，包括：

①明确承包人的主要任务：

a. 明确承包人的责任，即合同标的，也即合同的承包范围。如承包人在设计、采购、生产、试验、运输、土建、安装、验收、试生产、缺陷责任期维修等方面的主要责任。还有附加责任，如给发包人的管理人员提供生活和工作条件等责任。

b. 明确合同中的工程量清单、图纸、工程说明、技术规范的定义。承包工程的范围界限应非常清楚，特别是固定总价合同。还应认真分析投标人采取不平衡报价的项目。因为在合同实施过程中，工程变更和索赔与以上内容关系密切。如工程师指令的工程变更属于合同承包范围，则承包人必须无条件地执行；工程变更超过承包人应承担的风险范围，则可向发包人提出工程变更的补偿要求。

c. 明确工程变更的补偿范围，通常以合同金额一定的百分比表示。这个百分比越大，承包人的风险越大。

d. 明确工程变更的索赔有效期。一般这个时间越短，对承包人管理水平的要求就越高，承包人承担的风险就越大。

②明确发包人责任：

a. 明确发包人雇用工程师并委托他全权履行发包人的合同责任。

b. 发包人和工程师有责任对平行的各承包人和供应商之间的责任界限作出划分，对这方面的争执作出裁决，对他们的工作进行协调，并承担管理和协调失误造成的损失。

c. 及时作出承包人履行合同所必需的决策，如下达指令、履行各种批准手续、作出认可、答复请示，完成各种检查和验收手续等。

d. 提供施工条件，如及时提供设计资料、图纸、施工场地、道路等。

e. 按合同规定及时支付工程款、及时接收已完工程等。

③合同价格分析：

a. 合同所采用的计价方法及合同价格所包括的范围。

b. 工程计量程序、工程款结算（包括进度付款、竣工结算、最终结算）方式和程序。

c. 合同价格的调整，即费用索赔的条件、价格调整的方法，计价依据。

d. 拖欠工程款的合同责任。

④施工工期：

在实际工程中，工期拖延极为常见，原因也非常复杂，且对合同实施和索赔的影响很大，所以要特别重视。

⑤违约责任：如果合同一方未遵守合同规定，造成对方损失的，应受到相应的合同处罚。

a. 承包人不能按合同规定工期完成工程的违约金或承担发包人损失的条款；

b. 由于管理上的疏忽造成对方人员和财产损失的赔偿条款；

c. 由于预谋或故意行为造成对方损失的处罚和赔偿条款等；

d. 由于承包人不履行或不能正确地履行合同责任，或出现严重违约时的处理规定，特别是对发包人不及时支付工程款的处理规定。

⑥验收、移交和保修：验收包括许多内容，如材料和机械设备的现场验收、隐蔽工程验收、单项工程验收、全部工程竣工验收等。

在合同交底时，应对重要的验收要求、时间、程序以及验收所带来的法律后果作出说明。

（2）施工合同签订过程中的特殊问题。

（3）施工合同履行计划的交底。

（4）施工合同履行的责任分配。

（5）施工合同履行的主要风险。

二、施工合同的履行控制

（一）履行施工合同的有关规定

项目经理部在履行施工合同时应遵守下列规定：

（1）遵守《合同法》规定的合同履行的各项原则。包括：

①全面履行合同。包括实际履行原则和适当履行原则。

②诚实信用原则。诚实信用原则是指当事人在履行合同义务时，秉承诚实、守信、善

意、不滥用权利或规避义务的原则。

③协作履行原则。协作履行原则，是要求当事人本着团结协作、互相帮助的精神去完成合同的任务，履行各自应尽的义务。

④遵守法律、行政法规，尊重社会公德，不得扰乱社会经济秩序、损害社会公共利益。

（2）就承包人而言，履行施工合同的主体是项目经理及项目经理部。由项目经理负责组织施工合同的履行。

（3）依法变更、转让、终止和解除合同。所谓合同变更，是指合同成立以后至履行完毕之前由双方当事人依法对原合同的内容所进行的修改和补充的协议。《合同法》规定："当事人协商一致，可以变更合同。法律、行政法规规定变更合同应当办理批准、登记等手续的依照其规定。""当事人对合同变更的内容约定不明确的，推定为未变更。"

所谓合同转让，是指合同当事人依法将合同的全部或者部分权利义务转让给他人的合法行为。合同转让分为合同权利转让，合同义务转让和合同权利义务一并转让。《合同法》规定下列情况不得转让：

①根据合同性质不得转让。如专属自身的权利不得转让。

②按照当事人约定不得转让。

③依照法律规定不得转让。

根据以上规定，承包人不得将施工项目合同进行转让。

（4）依法及时处理不可抗力事件。所谓不可抗力，《合同法》第117条指出："不可抗力，是指不能预见，不能避免并不能克服的客观情况。"《合同法》关于不可抗力的法律规定主要有：

①"因不可抗力不能履行合同的，根据不可抗力的影响，部分或者全部免除责任，但法律另有规定的除外。当事人迟延履行后发生不可抗力的，不能免除责任。"可见，不可抗力不是当然地免除责任的事实。

②当事人一方因不可抗力不能履行合同的，应当及时通知对方，以减轻可能给对方造成的损失，并应当在合理期限内提供证明。这里规定了当事人关于不可抗力方面的义务。

（二）施工合同履行的跟踪与诊断

施工合同履行控制的依据是施工合同和施工合同分析的结果，它们是进行比较的基础。此外，工程管理人员要做好施工现场的书面记录，保存原始记录、各种工程报表、报告、验收结果、计量结果等。进行施工合同履行跟踪和诊断并要符合下列要求：

（1）全面收集并分析施工合同履行情况的有关信息，并将施工合同履行的情况与施工合同、施工合同分析结果和施工合同履行计划进行对比分析，找出其中的偏差。

（2）定期诊断施工合同履行情况，诊断的内容应包括合同履行差异的原因分析、合同履行差异的责任分析、合同履行趋向预测。应及时通报合同履行情况及存在问题，提出合同履行的意见和建议，采取相应的管理措施。施工合同履行要进行动态管理。

（三）施工合同履行的控制措施

对施工合同履行控制的措施有以下四类：

1. 技术措施

技术措施可包括施工工艺的改进，新设备、新技术的采用等。

2. 组织和管理措施

组织和管理措施可考虑合理组织劳动力和施工顺序、采用先进的管理模式等。

3. 经济措施

经济措施可采用奖惩制度、降低成本等办法。

4. 合同措施

合同措施可包括对采购合同、工程分包合同、租赁合同等的控制。

第三节　施工合同的变更、解除、终止和评价

施工合同的变更是指项目合同依法成立后，在尚未履行或尚未完全履行时，当事人双方依法经过协商，对合同的内容进行修订或调整所达成的协议。例如，对合同规定的标的数量、质量标准、履行地点等进行变更。项目合同的变更一般不涉及已履行的部分，而只对未履行的部分发生效力，所以，合同变更只能发生在合同订立之后、尚未完全履行之前。

施工合同的解除，是指经济合同依法成立后，在尚未履行或尚未全部履行时，提前终止合同效力。项目合同的解除，是当事人结束约定的权利、义务关系的一种方式。解除合同一般只是对合同未履行部分不再履行，不涉及已履行的部分。但是，在个别情况下，解除合同的效力也可以溯及到合同订立之时，双方当事人须恢复到合同未订立时的状态。

一、施工合同的变更、解除

（一）施工合同变更和解除的特征

1. 施工合同变更的特征

施工合同的变更通常是指由于一定的法律事实而改变合同的内容和标的的法律行为，其特征如下：

（1）施工合同的双方当事人必须协商一致。

（2）改变合同的内容和标的。

（3）合同变更的法律后果是将产生新的债权和债务关系。

2. 施工合同解除的特征

施工合同的解除是指中止既存的合同效力的法律行动，其主要特征如下：

（1）项目合同的双方当事人必须协商一致。

（2）合同当事人应负恢复原状的义务。

（3）施工合同解除的法律后果是消灭原合同的效力。

合同的变更和解除，属于两种法律行为，但也有其共同之处，即都是经项目合同双方当事人协商一致，改变原合同的法律关系。其不同的地方是，前者产生新法律关系，后果是消灭原合同关系，而不是建立新的法律关系。

（二）引起施工合同变更的因素和施工合同变更的要求

1. 引起施工合同变更的因素

项目经理应随时注意下列情况引起的施工合同变更：

（1）工程量增减。

（2）工程质量及特性的变更。

（3）工程标高、基线、尺寸等变更。

（4）工程的删减。

（5）施工顺序的改变。

（6）永久工程的附加工作，设备、材料和服务的变更等。

2. 施工合同变更的要求

施工合同变更应符合下列要求：

（1）施工合同各方提出的变更要求应由监理工程师进行审查，经监理工程师同意，由监理工程师向项目经理提出施工合同变更的指令。

（2）项目经理可根据接受的权利和施工合同的约定，及时向监理工程师提出变更申请，监理工程师进行审查，并将审查结果通知承包人。

（三）变更价格的原则

施工合同变更引起价格变更，确定变更价格的原则如下：

（1）合同中已有适用于变更的工程价格，按合同已有的价格变更合同价款。

（2）合同中只有类似于变更的工程价格，可以参照类似价格变更合同价款。

（3）合同中没有适用或类似于变更工程的价格，由项目经理部提出适当的变更价格，经监理工程师确认后执行。

（四）项目合同变更或解除的条件

项目合同依法成立后，对双方当事人产生法律约束力，任何一方不得擅自变更或解除合同，只有具备法律规定的条件，当事人方可变更和解除项目合同。根据我国现行的法律、有关的合同法规以及经济生活与司法实践来看，一般须具备下列条件才能变更和解除项目合同：

（1）双方当事人确实自愿协商同意，并且不因此损害国家利益和社会公共利益。

（2）由于不可抵抗力致使项目合同的全部义务不能履行。

（3）由于另一方面在合同约定的期限内没有履行合同，且在被允许的推迟履行的合理期限内仍未履行。

（4）由于项目合同当事人的一方违反合同，以致严重影响订立项目合同时所期望实现的目的或致使项目合同的履行成为不必要。

（5）项目合同约定的解除合同的条件已经出现。

当项目合同的一方当事人要求变更、解除项目合同时，应当及时通知另一方当事人。因变更或解除项目合同使一方当事人遭受损失的，除依法可以免除责任之外，应由责任方负责赔偿。当事人一方发生合并、分立时，由变更后的当事人承担或者分别承担项目合同的义务，并享受相应的权利。

（五）项目合同变更或解除的法律后果

项目合同变更的结果是使双方当事人权利义务发生改变，项目合同解除的结果是双方当事人之间的权利义务关系的终止。根据法律规定，变更或解除合同，除法律另有规定或合同另有约定者外，要求变更或解除合同的一方当事人应对对方因此而遭受的损失承担赔偿责任。具体地讲，变更或解除合同因其原因不同而有不同的法律后果。

（1）一方要求，双方协商同意变更或解除合同的，造成的损失由有过错而造成损失的一方当事人承担责任，但依法可以免责的除外。

（2）因不可抗力的原因发生合同变更或解除的，应及时向对方通报不能履行或者需要延期履行、部分履行经济合同的理由，在取得有关证明以后，允许延期履行、部分履行或者不履行，并可根据情况部分或全部免予承担责任。

（3）因另一方违约而变更或解除合同的，违约方应依照合同规定支付违约金、赔偿金。

（六）合同解除后的善后处理

合同解除后，当事人双方约定的结算和清理条款仍然有效。承包人应当妥善做好已完工程和已购材料、设备的保护和移交工作，按照发包人要求，将自有机械设备和人员撤出施工场地。发包人应为承包人撤出提供必要条件，支付以上所发生的费用，并按合同约定支付已完工程价款。已经订货的材料、设备由订货方负责退货或解除订货合同，不能退还的货款和因退货、解除订货合同发生的费用，由发包人承担。因未及时退货造成的损失由责任方承担。除此之外，有过错的一方应当赔偿因合同解除给对方造成的损失。

二、施工合同的终止和评价

（一）施工合同的终止

项目当事人双方按照合同的规定，履行其全部义务后，项目合同即告终止。合同签订以后，因一方的法律事实的出现而终止合同关系，称为合同的终止。合同签订以后，是不允许随意终止的。根据我国的现行法律和有关司法实践，合同的法律关系可由以下的原因而终止：

（1）合同因履行而终止。合同的履行，就意味着合同规定的义务已经完成，权利已经实现，因而合同的法律关系自行消灭。所以，履行是实现合同、终止合同的法律关系的最基本的方法，也是项目合同终止的最通常的原因。

（2）合同因行政关系而终止。项目合同的双方当事人根据国家计划或行政指令而建立的合同关系，可因国家计划的变更或行政指令的取消而终止。

（3）合同因不可抗力的原因而终止。项目合同不是由于项目合同的当事人的过错而是由于某种不可抗力的原因而致使合同义务不能履行的，应当终止合同。

（4）当事人双方混同一人而终止。法律上对权利人和义务人合为同一人的现象，称为混同。既然要发生项目合同当事人合并为一人的情况，那么原来的合同已无履行的必要或已不需要依靠这种契约关系而维系项目的实施，因而项目合同自行终止。

（5）合同因双方当事人协商同意而终止。项目合同的当事人双方可以通过协议来变更和终止合同关系，所以通过双方当事人协议而解除合同关系或者免除义务人的义务，也是终止项目合同的一种方法。

（6）仲裁机构或者法院判决终止合同。当项目合同的一方当事人不履行或不适当履行合同，另一方当事人可以通过仲裁机构或法院进行裁决以终止合同。

（二）施工合同的评价

施工合同终止后，施工单位应及时进行施工合同的评价，总结合同签订和履行过程中的经验和教训，提出总结报告。

合同终止后，承包人应进行下列评价：

（1）合同订立过程情况评价。

（2）合同条款的评价，特别是对本项目有重大影响的合同条款的评价。

（3）合同履行情况评价。

（4）合同管理工作评价。

（5）其他经验和教训。

第四节　施工合同的违约、索赔、争议

一、施工合同的违约

施工合同当事人任何一方不履行和不适当履行合同义务的行为称为违约。违约行为应当承担的法律责任为违约责任。

（一）承担违约责任的条件

追究不履行合同（违约）行为，须具备以下条件：

1. 要有不履行合同（违约）行为

（1）发包人的违约行为有：

①发包人不按时支付工程预付款。

②发包人不按合同约定支付工程款。

③发包人无正当理由不支付工程竣工结算价款。

④发包人的其他不履行合同义务或者不按合同约定履行义务的情况。

（2）承包人的违约行为有：

①因承包人原因不能按照施工合同约定的竣工日期或者工程师同意顺延的工期竣工；

②因承包人原因工程质量达不到施工合同约定的质量标准；

③承包商其他不履行合同义务或不按合同约定履行义务的情况；

④承包人将其承包的全部工程转包给他人或将其承包的全部工程肢解之后以分包的名义分别转包给他人。

2. 要有不履行合同的过错

过错是指不履行合同一方的主观心理状态，包括故意和过失。故意和过失是承担法律责任的一个必要条件。法律只对故意和过失给予制裁，因此，故意和过失是行为人，即不履行或不适当履行项目合同的当事人承担法律责任的主观条件。根据过错原则，违反合同的不管是谁，合同的一方当事人也好，合同双方当事人也好，或者合同以外的第三方都必须承担赔偿责任。

3. 要有不履行合同造成损失的事实

不履行或不适当履行项目合同必然会给项目合同的另一方当事人造成一定的经济损失。一般来说，经济损失包括直接的经济损失和间接的经济损失两部分。在通常情况下，是通过支付违约金来赔偿直接的经济损失，而间接的经济损失在实际的经济生活中很难计算，多不采用，但是，法律法规另有规定或项目双方当事人另有约定的例外。

（二）违约责任

违约必须承担违约责任，这是我国合同法中规定的一项法律制度。

合同关系是一种法律关系，合同依法成立时，即具有法律上的约束力。因此，当项目合同的一方当事人不履行施工合同时，另一方当事人有权请求他方履行合同，并支付违约金或者赔偿损失。支付违约金或者赔偿损失，是对不履行合同的一方的一种法律制裁。对于施工合同的一方当事人不履行合同，合同的另一方当事人可向仲裁机关和人民法院提出申请和起诉，要求在必要时采取强制措施，强制其履行合同和赔偿损失。

（三）可免除违约责任的条件

在以下情况下，可以免除合同当事人不履行施工合同的赔偿责任：

（1）合同当事人不履行或不适当履行，是由于当事人无法预知或防止的事故所造成时，可免除赔偿责任，这种事由在法律上称为不可抗力，即个人或法人无法抗拒的力量。

（2）法律规定和合同约定有免除责任条件，当发生这些条件时，可不承担责任。

（3）由于一方的故意和过失造成不能履行合同，另一方不仅可以免除责任，而且还有权要求赔偿损失。

二、施工合同的索赔

施工合同当事人的一方在履行合同的实施过程中，根据法律、合同的规定，对不应由自己承担责任造成的损失，向合同当事人的另一方提出给予赔偿或补偿要求的行为索赔，施工阶段的索赔常有发生。

（一）索赔的特征、分类及承包人索赔成立的条件

1. 索赔的特征

从索赔的含义中，可以看出索赔具有以下基本特征。

（1）索赔是双向的。合同的双方都可以向对方提出索赔要求，但在实践中大量发生的、处理比较困难的是承包商向业主的索赔。

（2）只有实际发生了经济损失或权利损害，一方才能向对方索赔。

（3）索赔是因非自身原因导致的，要求索赔一方没有过错。

（4）索赔的依据是法律法规、合同文件及工程建设惯例，但主要是合同文件。

2. 索赔的分类

（1）涉及当事双方分类：①承包人与业主（建设单位）之间的索赔。②承包人与分包方之间的索赔。③承包人与供应商之间的索赔。

（2）按索赔的原因分类：①地质条件变化引起的索赔。②施工中人为障碍引起的索赔。③工程变更命令引起的索赔。④合同条款的模糊和错误引起的索赔。⑤工期延长引起的索赔。⑥设计图纸错误引起的索赔。⑦工期提前引起的索赔。⑧施工图纸拖延引起的索赔。⑨增减工程量引起的索赔。⑩业主（建设单位）拖延付款引起的索赔。⑪货币贬值引起的索赔。⑫价格调整引起的索赔。⑬业主（建设单位）的风险引起的索赔。⑭不可抗拒的自然灾害引起的索赔。⑮暂停施工引起的索赔。⑯终止合同引起的索赔。

（3）按索赔的依据分类：

①合同内索赔，索赔内容可以在合同条款中找到依据，如设计图纸错误、变更工程的计量和价格等。

②合同外索赔，即索赔的内容及权利虽然在合同条款中难以找到依据，但可以从对合同条件的合理推断或同其他的有关条款联系起来论证该索赔是属于合同规定的索赔。

③道义索赔，又称为"额外支付"，指承包商对标价估计不足遇到了巨大的困难而蒙受重大损失时，建设单位会超越合同条款，给承包商以相应的经济补偿。

（4）按索赔的目的分类：

①延长工期索赔，承包商要求业主延长施工时间，拖后竣工日期。

②经济索赔，承包商要求业主付给增加的开支或亏损，弥补承包商的经济损失。

3. 承包人索赔成立的条件

承包人进行索赔时成立的条件如下：

（1）与合同对照，事件已造成了承包人工程项目成本的额外支出或直接工期损失；

（2）造成费用增加或工期损失的原因，按合同约定不属于承包人的行为责任或风险责任；

（3）承包人按合同规定的程序提交索赔意向通知和索赔报告（文件）。

（二）引起索赔的原因及索赔程序

1. 索赔的原因

（1）承包人（施工单位）索赔的原因一般有：

①工程地质条件变化索赔。

②工程变更索赔。

③因业主（发包人）原因引起的工期延长和延误索赔。

④施工费用索赔。

⑤业主（发包人）终止工程施工索赔。

⑥物价上涨引起的索赔。

⑦法规、货币及汇率变化引起的索赔。

⑧拖延支付工程款的索赔。

⑨特殊风险索赔。

（2）建设单位（业主）索赔的原因一般有：

①工程建设失误索赔。

②因承包人拖延施工工期引起的索赔。

a. 增大工程管理费开支。建设单位为监理、咨询机构及其职员由于承包人拖延工期而发生的扩大支付费用；由建设单位提供的施工设备在延长期内的租金支付；建设单位筹资贷款由于承包商延误工期而引起的利息支付。

b. 建设单位盈利和收入损失。

③承包人未履行的保险费用索赔。

④对超额利润的索赔。

⑤对指定分包商的付款索赔。

⑥建设单位合理终止合同或承包人无正当理由放弃工程的索赔。

2. 索赔工作程序

具体工程的索赔工作程序，应根据双方签订的施工合同产生。在工程实践中，比较详细的索赔工作程序的主要步骤如下：

（1）索赔意向的提出。

（2）索赔资料的准备。

（3）索赔文件的编写与提交。

（4）监理工程师（业主）对索赔文件的审核。

（5）索赔的处理与解决。

（三）索赔证据

1. 可以作为索赔证据使用的材料有七种

（1）书证。书证是指以其文字或数字记载的内容能起证明作用的书面文书和其他载体。如合同文本、财务账册、欠据、收据、往来信函以及确定有关权利的判决书、法律文件等。

（2）物证。物证是指以其存在、存放的地点外部特征及物质特性来证明案件事实真相的证据。如购销过程中封存的样品，被损坏的机械、设备，有质量问题的产品等。

（3）证人证言。证人证言是指知道、了解事实真相的人所提供的证词或向司法机关所作的陈述。

（4）视听材料。视听材料是指能够证明案件真实情况的音像资料。如录音带、录像带等。

（5）被告人供述和有关当事人陈述。它包括：犯罪嫌疑人、被告人向司法机关所作的承认犯罪并交代犯罪事实的陈述或否认犯罪或具有从轻、减轻、免除处罚的辩解、申诉。被害人、当事人就案件事实向司法机关所作的陈述。

（6）鉴定结论。鉴定结论是指专业人员就案件有关情况向司法机关提供的专门性的书面鉴定意见。如损伤鉴定、痕迹鉴定、质量责任鉴定等。

（7）勘验、检验笔录。它是指司法人员或行政执法人员对与案件有关的现场物品、人身等进行勘察、试验、实验或检查的文字记载。这项证据也具有专门性。

2. 工程施工的索赔证据

（1）招标文件、合同文本及附件，其他的各种签约（备忘录、修正案等），发包人认可的工程实施计划，各种工程图纸（包括图纸修改指令）、技术规范等；来往信件，如发包人的变更指令，各种认可信件、通知、对承包人问题的答复信等；

（2）各种会谈纪要；

（3）施工进度计划和实际施工进度记录；

（4）施工现场的工程文件；

（5）工程照片；

（6）气候报告；

（7）工程中的各种检查验收报告和各种技术鉴定报告；

（8）工地的交接记录（应注明交接日期，场地平整情况，水、电、路情况等），图纸和各种资料交接记录；

（9）建筑材料和设备的采购、订货、运输、进场、使用方面的记录、凭证和报表等；市场行情资料，包括市场价格、官方的物价指数、工资指数、中央银行的外汇比率等公布材料；

（10）各种会计核算资料；

（11）国家法律、法令、政策文件。

（四）索赔文件的编写

索赔文件应包括以下几部分：

（1）总述部分。总述部分用于概要论述索赔事项发生的日期和过程、承包人为该索赔事项付出的努力和附加开支、承包人的具体索赔要求。

（2）论证部分。论证部分是索赔报告的关键部分，其目的是说明自己有索赔权，是索赔能否成立的关键。

（3）索赔款项（或工期）计算部分。论证部分的任务是解决索赔权能否成立，而款项计算是为解决索赔款项的多少。

（4）证据部分。要注意引起的每个证据的效力或可信程度，对重要的证据资料最好附以文字说明或附以确认件。

三、施工合同的争议

"争议"是指合同当事人对合同规定权利和义务产生了不同理解。

（一）施工合同对争议发生后允许停止履行合同的规定

发生争议后，在一般情况下，双方都应继续履行合同，保持施工连续，保护好已完工程。只有出现下列情况时，当事人方可停止履行施工合同：

（1）单方违约导致合同确已无法履行，双方协议停止施工；

（2）调解要求停止施工，且为双方接受；

（3）仲裁机构要求停止施工；

（4）法院要求停止施工。

（二）施工合同争议解决的方式

基于项目合同的特有属性，发生合同纠纷是比较正常和常见的。如何解决项目合同纠纷对项目合同的双方当事人都极为重要。通常，解决项目合同纠纷主要有四种方式，即协商解决、调解解决、仲裁解决和诉讼解决。

（1）协商解决：也称为友好解决。是指双方当事人进行磋商，在相互谅解的基础上，为了今后双方之间的业务继续往来与发展，相互作出一些有利于纠纷实际解决的让步，并在彼此都认为可以接受的基础上达成和解协议。

（2）调解解决：调解是由第三者从中调停，促进双方当事人和解。调解可以在交付仲裁和诉讼前进行，也可以在仲裁和诉讼过程中进行。通过调解达成和解后，即不可再求助于仲裁和诉讼。

调解不能达成协议的或者达成协议后又反悔的，仲裁机关和人民法院应当尽快作出裁决或判决。

（3）仲裁解决：仲裁是指双方当事人达成仲裁协议，向约定的仲裁委员会申请仲裁。

如果当事人选择仲裁的，应当在专用条款中明确以下内容：

①请求仲裁的意思表示。

②仲裁事项。

③选定的仲裁委员会。

当事人选择仲裁的，仲裁机构作出的裁决具有法律效力，当事人必须执行。如果一方不执行的，另一方可向有管辖权的人民法院申请强制执行。

这里需说明的是，仲裁不是起诉的必需程序，当事人不愿仲裁或对仲裁裁决不服的，可向人民法院提出诉讼。

（4）诉讼解决：诉讼是指司法机关和案件当事人在其他诉讼参与人的配合下，为解决案件依法定诉讼程序所进行的全部活动。基于所要解决案件的不同性质，可分为民事诉讼、刑事诉讼和行政诉讼。

施工合同当事人因合同纠纷而提起的诉讼，一般属于经济合同纠纷的范畴。此类案件一般由各级人民法院的经济审判庭受理，并审判。

复习思考题

1. 施工合同管理有哪些工作？

2. 订立施工合同的条件和原则是什么？

3. 简述订立施工合同的方式和程序。

4. 简述《施工合同文本》的组成。

5. 施工合同有哪些文件组成？其解释顺序如何？

6. 施工合同评审的时机、方式、要求是什么？

7. 工程分包有哪些要求？如何选择分包施工单位？

8. 如何履行施工合同？

9. 有哪些情况会引起施工合同的变更？施工合同变更有何要求？

10. 施工合同的解除有何条件？施工合同解除后有哪些善后处理的工作？

11. 引起合同终止的原因有哪些？

12. 施工合同终止后，应如何进行施工合同的评价？

13. 什么样情况是违约？有哪些违约责任？什么情况可免除违约责任？

14. 什么情况下承包人可要求索赔？对于承包人来讲一般有哪些原因要求索赔？索赔的程序是什么？在工程施工中索赔的证据有哪些？索赔文件应包括哪几部分？

15. 试述施工合同争议的解决方式。

第十二章　资源管理

为了保证施工合同的履行，施工项目能达到施工的质量、进度、安全、成本等要求，要加强对施工项目的管理。为此，施工企业（项目经理部）应建立并持续改进资源管理体系，完善管理制度、确定管理责任、规范管理程序。资源管理包括对人力资源、施工所需要的材料（构配件）、机械设备、测量设备、技术管理和资金管理。

资源管理过程可包括资源计划的编制、资源配置（供应）、控制（采购、保管、使用、检查）、处置（分析、改进）。资源管理有着以下重要的意义：

（1）施工所需资源可得到优化配置：资源配置适时、适量、比例适当、位置适宜，以满足施工的需要。

（2）施工所需资源能优化组合：投入施工项目的资源，在施工过程中搭配合理、适当，能协调地在施工项目中发挥作用。

（3）对施工所需资源进行动态管理：项目的施工过程是一个不断变化的过程，对施工所需的资源也在不断变化，因此，对资源的配置和组合要不断调整，这就需要对资源动态管理。动态管理是资源的优化配置和组合的手段和保证。动态管理的基本内容就是按照施工项目的内在规律，有效地计划、组织、协调、控制施工所需的资源，使之在施工项目中合理流动，在动态中求平衡。

（4）在工程项目的施工过程中，合理、节约地使用资源，以取得节约资源的目的。

第一节　人力资源管理

人力资源管理是将施工单位的目标与员工个人的目标结合起来，注重员工的主观能动性和内在潜能的开发。有效的人力资源管理就应体现满足施工单位的需要与满足个人需要的有机统一。人力资源管理可创造一个理想的工作环境，使员工能发挥自己的能力，并能在工作中满足自己的成长、发展和自我实现的需要，同时还将个人与施工单位牢固地联结起来。

一、施工单位人力资源的构成

随着国家和建筑业用工制度的改革，施工单位现在已有了多种形式的用工，包括固定工、合同工、临时工，而且形成了弹性结构。在施工任务增大时，可以多用合同工或分包公司。施工任务减少时，可以少用合同工或分包公司，以避免"窝工"。

按劳动分工和工作岗位的不同，建筑施工企业人员由下列六类人员构成：

（1）生产工人。指直接从事物质生产活动的人员。例如：瓦工、抹灰工、木工、起重工、施工机械驾驶工、安装工、辅助工以及构件生产、建材加工、机修和运输等工人。

（2）学徒工。指在熟练工人指导下，在生产劳动中学习技术，享受学徒待遇的人员。

（3）工程技术人员。指从事工程技术工作，有工程技术能力和职称的人员以及专业管理人员。

（4）管理人员。指在企业中从事行政管理、技术管理、财务管理等人员，也包括政治工作的管理人员。

（5）服务人员。指服务于员工生活或间接服务于生产的人员。如食堂工作人员、卫生保健人员、门卫人员、勤杂工等。

（6）其他人员。指由企业发给工资，但与企业生产或工作基本无关的人员。如脱产学习、长期休病假、外援、派往外单位工作的人员等。

二、人力资源管理的任务

（一）合理组织劳动力

改善劳动组织，完善劳动定额，编制劳动定员，劳动力的录用和调配，潜在劳动力的挖掘，节约使用劳动力，巩固劳动纪律和开展劳动竞赛等。

（二）努力提高员工的素质

人的素质是企业素质的核心。通过对员工的教育与培训，以全面提高员工的政治和思想水平、质量意识、环境保护意识、安全意识、技术和业务能力及文化素质。

（三）协调企业生产经营过程中人与人之间的关系

企业员工在生产经营过程中必然发生各种关系，这种关系是否协调，决定着施工企业整体功能的优劣。人力资源管理的任务之一，就是要利用各种调节手段，使人与人之间保持协调的关系，充分发挥企业员工在生产活动中的作用，形成良好的整体功能，从而提高劳动生产率。

（四）员工考核和激励

我国当前主要解决"各尽所能，按劳分配"的问题，继续推进劳动用工制度、工资制度和干部制度的改革，科学地对人员进行考核和激励，不断提高员工的物质文化水平，充分发挥分配对生产的促进作用。

（五）不断改善劳动条件

要正确处理安全和生产之间的关系，贯彻安全生产的方针，保护劳动者在生产过程中的安全和健康。

三、人力资源管理的特点

（一）系统性

人力资源管理不单独为某一项工程或某一项业务服务，它面向企业经营管理的所有工作，组织全体员工为一个共同的目标服务，表现出很强的系统性。任何一个方面、任何一个层次工作上的不协调，都会对整个系统产生不良影响，影响企业的经营管理工作。

（二）情感性

人是有感情的动物，他的行为往往受其情感的支配。同是一个人，情绪高涨和低落时的工作效果大不一样。这一点和其他经营管理工作有很大的区别。所以，人力资源管理必须考虑到工作对象的这种特点，采取有针对性的措施去调动人的积极性。

（三）不确定性

人是一种特殊的管理对象，他的心理状态和情绪上的变化往往不是很容易确定的。比如，这个人到底有多大的工作能力，他对某项工作有多大的热情等，都是难以用准确的数据描述的现象，称为不确定性。人的这个特点，决定了人力资源管理工作的灵活性。必须根据具体情况灵活处理，才能很好地解决问题。

（四）主观性

和其他管理内容相比较，人力资源管理受人的主观愿望支配的程度大。虽然企业制定了许多人力资源管理制度，但对于人的思想这一根本的问题，是不可能用规范化的方法解决的。因此在人力资源管理工作中，更多的是借助于人的经验来管理，容易受到管理者主观意识的左右。

（五）矛盾性

在人力资源管理中，充满了各种矛盾。从企业员工的群体方面看，上下级之间、同行之间、个人与集体之间、各部门之间、各管理层之间都可能产生矛盾；从员工个人方面看，感情与理智、能力与资历、愿望与实现也都存在矛盾。这些矛盾是对立统一的。人力资源管理应千方百计促进矛盾统一的一面，避免相互对立排斥的一面，化不利因素为有利因素，调动员工的积极性。

四、人力资源管理的内容

（一）人力资源需用计划编制

应根据施工进度、施工项目的实际情况和施工现场的条件编制人力资源的需求计划、配置计划、培训计划。在本书第四章"施工组织设计"中已对人力资源的需求计划作了介绍，故不再重复叙述。

（二）人力资源的配置及优化组合

1. 人力资源配置的原则

应根据人力资源的需求计划和现有可供安排的人员的数量、工种、技术水平等，进行综合平衡，落实应进入现场的人员。在进行人力资源配置时要考虑以下三个原则：

（1）全局性原则：把施工现场作为一个系统，从整体功能出发，考察人员结构，不单纯安排某一工种或某一工人的具体工作，而是从整个现场需要出发，做到不用多余的人。

（2）互补性原则：对企业来说，人员结构从素质上看可以分为好、中、差，在确定现场人员时，要按照每个人的不同优势与劣势，长处与短处，合理搭配，使其取长补短，充分发挥整体效能。

（3）动态性原则：根据现场施工进展情况和需要的变化而随时进行人员结构、数量的调整。不断达到新的优化，当需要人员时立即组织进场，当出现多余人员时转向其他现场或进行定向培训，使每个岗位负荷饱满。

2. 人力资源配置要点

应根据承包项目的进度计划和人力资源的需求计划及各工种需要量进行人力资源的配置。因此，人力资源管理部门必须了解施工项目的施工进度及其人力资源需求计划。每个施工项目人力资源配置的总量，应按施工企业现有施工人员的能力情况进行控制。配置时应注意：

（1）应根据所承包项目的人力资源的需求计划和承包项目的进度计划及各工种需要

量编制人力资源的配置计划。配置计划应具体，防止漏配。必要时对人力资源的配置计划进行调整。

（2）如果现有的施工人员能满足要求，配置时应贯彻节约原则。如果现有施工人员不能满足要求，工程项目部应向企业申请加配，或在企业经理授权范围内进行招募，也可以把任务包出去。如果在专业技术或其他素质上现有人员或新招收人员不能满足要求，应提前进行培训，再上岗作业。培训任务主要由企业人力资源管理部门负责，工程项目部只能进行辅助培训，即临时性的操作训练或试验性操作练兵，进行劳动纪律、工艺纪律及安全作业教育等。

（3）配置施工人员时应考虑施工人员有超额完成的可能性，以获得奖励，激发劳动热情。

（4）尽量使作业层正在使用的施工作业人员和劳动组织保持稳定，防止频繁调动。但当现有劳动组织不适应任务要求时，应及时进行劳动组织调整，应敢于打乱原建制进行优化组合。

（5）为保证作业需要，在工种组合方面，工种要配套且技术工种与其他工种的配置比例必须适当。

（6）尽量使各类施工人员均衡配置，使人力资源确定适当。

3. 人员优化组合方法

（1）自愿组合：自愿组合可以改善人际关系，消除因感情不和而影响生产的现象，调动施工班组长和施工班组人员的积极性。

（2）招标组合：对某些又脏又累的工种，可实行高于其他工种（或部门）的工资福利待遇而进行公开招标组合，使这样工种的人员配备得以优化，员工的心情比较愉快。

（3）切块组合：对某些专业性强、人员要求相对稳定的作业班组或职能组，采取切块组合。由作业班组或职能组集体向项目经理部提出组合方案，经批准后实施。

（三）人力资源的动态管理

人力资源的动态管理是指根据施工任务和施工条件的变化对施工现场所需的各类施工人员进行跟踪平衡和协调，实现人力资源动态的优化组合，以解决施工现场因所需的施工人员失衡而影响施工进度。

（1）施工单位人力资源管理部门对人力资源进行集中管理，故它在动态管理中起着主导作用。它应做好以下几方面工作：

①根据施工任务的需要和变化，从社会劳务市场中招募和辞退施工人员。

②安排满足项目经理部人力资源需用计划要求的人员与项目经理部签订劳务合同、派往有关的作业队并向其下达的施工生产任务。

③对人力资源进行企业范围内的平衡、调度和统一管理。施工项目中的承包任务完成后收回作业人员，重新进行平衡、派遣。

④负责对企业劳务人员的工资奖金管理，实行按劳分配，兑现合同中的经济利益条款，进行按规章制度及合同约定的奖罚。

（2）项目经理部是项目施工范围内人力资源动态管理的直接责任者，项目经理部人力资源动态管理的责任是：

①按计划要求向企业劳务管理部门申请派遣劳务人员，并签订劳务合同。

②按计划在项目中分配劳务人员，并下达施工任务单或承包任务书。

③在施工中不断进行人力资源平衡、调整，解决施工要求与施工人员数量、工种、技术能力、相互配合中存在的矛盾。在整个施工过程中与企业人力资源管理部门保持信息沟通、人员使用和管理的协调。

④按合同支付劳动报酬。解除劳务合同后，将人员遣归内部劳务市场。

（3）人力资源动态管理的原则是：

①动态管理以进度计划与劳务合同为依据。

②动态管理应始终以企业内部市场为依托，允许人员在市场内作充分的合理流动。

③动态管理应以动态平衡和日常调度为手段。

④动态管理应以达到人力资源优化组合和以作业人员的积极性充分调动为目的。

（四）考核

考核是通过科学的方法和客观的标准，对员工的思想、品德、工作能力、工作成绩、工作态度、业务水平及身体状况等进行评价。

1. 考核的作用

（1）给用人提供了科学依据。通过考核可以全面了解员工的情况，为奖励、晋升、分配报酬等提供了科学依据。否则就不能做到人尽其才，造成人才浪费，影响员工的工作热情。

（2）激励员工上进。实行严格的考核制度，并以考核结果作为分配报酬的依据，必然促使员工认真钻研业务技术，努力勤奋工作，全面提高自己的政治、业务、身体素质。否则就会挫伤努力工作员工的积极性，最终导致人心涣散，效率下降。

（3）便于选拔、培养人才。通过考核，可以发现员工中的优秀人才，注意培养，适时地选拔到更重要的职位上。同时也可能进行各有侧重的培训，否则培训将不会有明确的目标，也不会收到好的效果。

2. 日常考核的重点

（1）工作成绩。重点考核工作的实际成果，不管其经过如何。工作成绩的考核，要以员工工作岗位的责任范围和工作要求为标准，相同职位的员工应以同一标准考核。

（2）工作态度。重点考核工作中的表现，考核员工在日常的工作中是否善于思考、积极主动、吃苦耐劳。

（3）工作能力。考核员工具备的能力。员工的工作能力由于受到岗位、环境或个人主观因素的影响，在现有的工作中不一定显示出来，要求我们通过考核去发现。

对于员工的考核必须抓好以上三个方面，缺一不可。其中应以工作成绩为主，但不能忽视其他两个方面，要进行全面考核。企业考核员工应区别不同对象，采取适当的方法。

（五）奖惩

在人力资源管理中，对人们行为的激励（奖励）与控制（惩罚）是同一问题的两个方面。激励、调动不足，或缺乏应有的控制或约束，都会影响人力资源发挥作用。

奖励与惩罚之间存在效应互补的关系，两者必须同时使用，才能收到好的效果。只奖不惩，消极因素无法得到抵制；只惩不奖，积极因素得不到鼓励，反而会转化为消极因素。一般说来，奖励是件愉快的事，易于被人接受；而惩罚容易损伤人的自尊心，特别是处理不当的惩罚会激发对立情绪。所以，在对员工的奖励与惩罚中应贯彻奖罚结合、以奖为主、以罚为辅的原则。奖惩要坚持制度化，以考核为依据，精神奖励与物质奖励相结合、奖惩及时、惩罚适度。

（六）晋升

晋升是员工工作一定年限后，因成绩优异而提高其工作职位。晋升也是一种奖励手段，运用得当往往会收到很好的效果。晋升应以考核为依据，建立科学的晋升制度，才能调动员工的积极性。

（七）培训

当前，施工企业缺少有知识、有技能、适应现代建筑业发展要求的新型劳动者和经营管理者，而使现有劳动力具有这样的文化水平和技术熟练程度的唯一途径，是全面开展员工培训，通过培训达到预定的目标和水平，并经过一定考核取得相应的技术熟练程度和文化水平的合格证，才能上岗。

1. 培训的原则

（1）理论联系实际，学用一致。培训不同于基础教育，应当有明确的针对性，从实际工作需要出发，与职位特点紧密结合，与培训对象所需求的知识与技能结合，才能收到培训的实效。

（2）专业知识技能培训与组织文化培训兼顾提高员工综合素质。除了安排文化知识、专业知识、专业技能的培训内容外，还应安排理想、信念、价值观、道德观等方面的培训内容。而后者与企业目标、企业精神、企业道德、企业风气、企业制度、企业传统密切结合起来进行教育，更能切合本单位实际。

（3）全员培训和重点提高。全员培训就是有计划、有步骤地对在职的各级各类人员都进行培训，这是提高全员素质的必由之路。但全面并不等于平均使用力量，仍然要有重点，即重点培训技术、管理骨干，特别是培训中上层管理人员。对于年纪较轻、素质较好、有培养前途的第二、第三梯队人员，更应该有计划地进行培训。

（4）严格考核和择优奖励。培训工作与其他工作一样，严格考核和择优奖励是不可缺少的管理环节。严格考核是保证培训质量的必要措施，也是检验培训质量的重要手段。只有培训考核合格，才能择优录用或提拔。鉴于很多培训只是为了提高素质，并不涉及录用、提拔或安排工作问题，因此对受训人员择优奖励就成为调动其积极性的有力杠杆。要根据考核成绩，设不同的奖励等级，还可记入档案，与今后的奖励、晋级等挂钩。

2. 培训工作程序

（1）编制培训计划。员工的培训计划是依据国家对从事建筑业人员培训的要求、施工项目的施工进度情况、企业员工的具体情况等编制员工的培训计划。培训计划的内容可包括以下几项：

①培训的目的。

②培训的内容。内容分为劳动纪律教育、职业道德教育、专业知识教育、操作技能的培训、质量意识的教育、安全施工教育、管理知识的教育、文化知识的教育等。

③培训的方式。可以是集中时间和集中地点讲课、集中地点不集中时间讲课、操作示范、内部培训、外送培训等多种方式。

④培训的具体时间和地点。

⑤在职和脱产培训人数。

⑥培训经费。所需经费数及其来源。

⑦师资保证情况。对培训师的资格要求、能力及其他方面的要求；培训师的来源等。

制订培训计划既要保证当前施工任务完成，又要满足今后施工生产发展的需要。培训计划可分为长期培训计划、年度培训计划、近期（短期）培训计划。

（2）培训计划的实施。要使培训计划真正得到实施，要认真做好以下几项工作：

①向员工进行有关职工教育和培训重要意义的宣传和教育；提高员工对职工教育和培训的认识，克服忽视教育和培训的倾向。

②要有专门的机构和人员从事组织和管理培训计划的实施。小型企业要设专人负责，大、中型企业要设专职机构。

③要落实必要的物质条件、培训教育场地、师资配备、经费来源等。培训时间要得到保证。

④要制订教学计划，明确培养目标与达到目标的标准。制定切实可行的教学大纲。选好和编好教材。

⑤建立培训人员的签到考勤制度，保证培训人员的出勤率。

⑥建立培训的考试和考核制度。将培训的考试和考核结果与提拔、调资、奖励、晋升等结合起来。

（3）培训有效性的检验。根据培训考核和考试制度的有关规定对培训结果进行检验，并对每次培训工作作出评价，便于教育和培训工作以后的改进。

要对每次的培训、考试和考核及其结果做好记录。建立员工培训档案，使之成为对员工评价、提拔、晋升、调资、奖励的依据之一。

第二节 物 资 管 理

物资管理就是对生产资料的管理。生产资料可进一步分为劳动对象和劳动资料。建筑施工企业（单位）的物资管理包括生产建筑产品的全部劳动对象（材料、结构件等）和工具、用具、周转材料等部分劳动资料的管理。物资管理应贯穿于需用物资计划的制订、物资采购、物资的验收、物资的保管、物资的领发及使用等全过程。其中，在对物资验收和使用的过程中，要对物资进行标识和追溯；对验收和使用过程中发现有质量问题的物资应通过制度的建立明确对其处理的原则和要求。

一、物资管理的任务及物资的分类

（一）物资管理的任务

建筑施工企业物资管理是经过计划、采购、供应、保管、领发、使用、损耗、回收等整个流转过程的管理，以便最佳地利用人力、设备和资金，以最低的成本取得最大的经济效益。物资管理的任务是：

（1）物资市场供应情况的预测分析。物资市场供应情况的预测分析是物资管理的首要任务。施工企业（项目经理部）要根据本身的生产能力、施工的进度计划、市场信息等，对市场供求变化、发展趋势、品种的更新换代进行预测和分析，以便预测施工项目所需物资可能满足的情况。

（2）合理制订物资供应计划。为了保证施工生产用料按质、按量、适时、配套、经济合理地供应，必须合理制订物资供应计划，搞好综合平衡。有固定供应渠道的物资要加强平衡调剂；没有固定供应渠道的，要采取多种形式开发货源；长期短线的物资，设法通过横向联营或投资补偿等形式建立长期的供应关系，并按市场供求关系的变化及时调整供应计划，使计划更贴近于实际。

（3）搞好流通，加速周转。缩短物资流通时间，加快周转速度，能相对地减少在途和在库的数量，从而减少储备资金的占用。为此，要搞好供需衔接，严格按计划供应。要组织就地就近采购，选择合理的运输线路和方法，要确定合理的库存储备量，统一设库、统一供料。

（4）降低消耗，监督使用。要合理地节约使用原材料，不断提高物资综合利用率，防止损失浪费。要制定合理的材料消耗定额和节约材料的技术组织措施，严格实行定额供料、包干使用、余料回收、节约奖励。同时要加强仓库和现场材料管理，减少储备过程的损失。

（5）加强核算，降低费用。物资管理全过程，要树立经济核算观点，讲究经济效益，降低采购成本。物资供应部门掌握着企业一半以上的生产经营资金，是企业开展经济核算的重点，要建立健全各项规章制度，以确定经济责任，在不断提高经济效益的基础上，合理地分配经济利益，并不断地提高物资管理水平。

（二）物资分类

按物资在施工生产中的作用分类：

（1）主要材料。指直接用于工程（产品）上，构成工程（产品）实体的各种材料。如砂、石、水泥、钢材、木材等。

（2）结构件。指经过安装后能构成工程实体的各种加工件。如钢构件、混凝土构件、木构件等。结构件由建筑材料加工而成。

（3）监视测量设备、施工机械及其配件。指施工时所需的监视测量设备、机械设备及其维修机械设备所用的各种零件和配件。如曲轴、活塞、轴承等。

（4）周转材料。指在施工生产中能多次反复使用，而又基本保持原有形态并逐渐转移其价值的材料。如脚手架、模板、枕木等。

（5）低值易耗品。指使用期较短或价值较低，不够固定资产标准的各种物品。如用具、工具、劳保用品、玻璃器皿等。

（6）其他材料。指不构成工程（产品）实体，但有助于工程（产品）形成，或便于施工生产进行的各种材料。如燃料、油料等。

二、物资计划的分类与编制

（一）物资计划的分类

物资计划是指根据施工生产对物资供应的要求及市场供应情况而编制的各类计划的总称。

在市场经济条件下，掌握市场供求信息，搞好市场的预测和分析，预测建设物资在一定时期的供求变化及其发展趋势，已成为编制物资计划的重要依据，它可以避免物资采购供应中的盲目性，有利于降低物资采购成本，改善企业经营，提高企业的竞争能力。

1. 按用途分类的物资计划

（1）物资需用计划（简称用料计划）：是指建筑企业根据工程合同、生产任务和设计图纸、技术资料或实际需要编制的计划。

（2）物资供应计划（简称供应计划）：是企业各级材料管理部门，根据单位工程各项物资需要计划，进行汇总，经企业物资供应部门综合平衡后作出申请订货、采购加工、利库挖潜等供应措施和做出进货时间的安排计划。它是组织和指导物资供应与相关管理活动的具体行动计划。

（3）物资申请计划：是企业向国家、地方或业主申请物资而编制的计划。一般在国家预算拨款项目和发包单位自行供料的情况下编制。

（4）物资订货计划（又称订货明细表）：是指为了委托厂矿企业代为加工产品或参加订货会议与生产厂矿签订产品供货合同而编制的计划。在实际工作中，通常以产品供（订）货合同代替订货明细表。

（5）物资采购计划（简称采购计划）：是为了给采购人员向市场有关工商企业、乡镇企业联系，据以进行物资采购而编制的计划。

2. 按计划周期分类的物资计划

（1）年度物资计划：年度物资计划是年度各项物资的全面计划，是全面指导供应工作的主要依据。

年度计划的编制范围：包括全部工程用料、生产设备、施工机械制造和维修及技术改造等用的主要物资。

在实际工作中，一般物资计划编制在前，施工计划安排在后，因此，编制年度物资计划，是十分粗略的。在执行过程中，当施工任务逐步明确，技术资料及条件逐渐完善时，要注意对年度计划的调整。

（2）季度物资计划：是年度物资计划的具体化，也是适应情况变化而进行的一种平衡调整计划。

（3）月度物资计划：月度物资计划是基层单位月内计划施工生产用料的计划，也是物资供应部门组织配套供应，安排运输、控制使用、进行管理的行动计划。它是企业物资供应与管理活动中的重要环节。月计划要求全面、及时、准确，它由基层用料单位根据施工作业计划，以单位工程为对象，对各工程分部分项逐项核算汇总编制。

（4）旬物资计划：旬物资计划是月度物资计划的调整和补充性计划。由基层施工单位编制，上报公司物资供应部门作为直接供料的依据。

各项物资计划的计划周期如表 12-1 所示。

表 12-1　各项物资计划的计划周期

计划种类 ＼ 计划期	年度物资计划	季度物资计划	月度物资计划	旬物资计划
物资需用计划	✓	✓	✓	✓
物资供应计划	✓	✓	✓	
物资申请计划	✓	✓		
物资订货计划	✓	✓		
物资采购计划			✓	

（二）物资需用计划的编制

物资需用计划一般按物资的使用类型分为：建筑工程施工用物资需用计划、经营维修物资需用计划、技术改造物资需用计划、脚手架及工具性物资需用计划等。

建筑工程施工用物资需用计划可采用直接计算法编制。直接计算法的一般公式是：

$$计划需用量 = 计划实物工程量 × 消耗定额$$

式中"消耗定额"是指在既定的工程对象和结构性质的情况下，采用先进合理的施工工艺方法和平均先进的工人操作技术水平及先进合理的组织管理水平，所消耗的物资数量。消耗定额既是编制物资计划，确定物资供应的依据，又是加强经济核算、考核经济效果的重要手段。消耗定额分为预算定额和施工定额。预算定额是用来编制工程预算、施工计划、材料需用、申请和供应计划的依据。施工定额是用来编制作业计划、下达任务书、工料预算、限额领料、考核工料消耗的依据。

式中"计划实物工程量"系按预算方法计算的在计划期应完成的分部分项工程实物工程量；消耗定额应根据计划的用途，分别选用预算定额或施工定额。如果计划用于向上级主管部门（物资主管部门）申请计划分配材料，或甲乙双方结算材料价款，应选用预算定额；如果计划用于企业内部限额领料及承包等，则应用施工定额。

建筑企业物资管理工作中，经常将按预算定额编制的物资需用计划和按施工定额编制的物资需用计划加以对比分析，即"两算"对比，用以掌握企业物资预算收入和计划支出的差异，考核其消耗水平。

物资需用计划编制程序如图12-1所示。

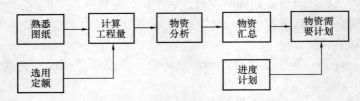

图 12-1　物资需用计划编制程序

由图12-1可以看出，物资需用计划的编制是在计算出工程量后，进行物资分析、物资汇总，最终编制出需用计划，其结果均用表格形式表述，其编制方法为：

（1）物资分析表。根据计算出的工程量，材料消耗定额分析出各分部分项工程的材料用量及规格。表式如表12-2所示。

表12-2　物 资 分 析 表

工程名称：

编制单位：　　　　　　　　　　　　　　　　　　　　　　　　　　　　　年　　月　　日

序号	分部分项工程名　　　　称	工　程　量		物资名称及规格					
		单　位	数　量						

审核　　　　　编制　　　　　　　　　　　　　　　　　　　共　　　页第　　　页

（2）物资汇总表。将物资分析表中的各种材料，按建设项目和单位工程汇总即可。
表式如表 12-3 所示。

表 12-3 物 资 汇 总 表

编制单位：　　　　　　　　　　　　　　　　　　　　　　　　　　　　　　　年　　月　　日

序　号	建设项目	单位工程	物资汇总（名称及规格）		

（3）物资需用量计划表。将物资汇总表中各项目的材料，按进度计划的要求分摊到各使用期。表式如表 12-4 所示。

表 12-4 物资需用量计划表

编制单位：　　　　　　　　　　　　　　　　　　　　　　　　　　　　　　　年　　月　　日

序　号	项目名称	物资计划				各期用量	
		名称	规格	单位	数量		
	××工程						
	××工程						

（三）物资供应计划的编制

物资供应计划是在物资需用计划的基础上，根据库存资源和储备要求，用平衡原理计算物资实际供应量的计划。企业采购物资必须依据物资供应计划进行。

物资供应量按下式计算：

物资供应量 = 物资需用量 + 期末储备量 − 期初库存量 − 计划期内可利用资源

式中　物资需用量——物资需用计划确定的材料数量，采用物资需用量计划中的总量。

期末储备量——指计划期末的物资储备，也就是下一次计划期的期初储备量。它必须保证正常情况下两次进货间隔期的消耗及必要的意外消耗。如果下一次计划期初正好遇上季节性停货，则应建立必要的季节储备。所以，期末储备量可按下面公式计算：

期末储备量 = 经常储备 + 保险储备

或　　　　期末储备量 = 经常储备 + 保险储备 + 季节储备

期初库存量——计划期初仓库实际拥有的储备量。因为计划一般都需提前编制，所以编制计划时期初库存量还是一个未知数，要进行估算。估算公式如下：

期初库存量 = 编制计划时的实际库存 + 至期初的预计到货量 − 至期初的预计消耗量

期初库存量一定要预计准确，否则会影响供应量而给施工生产带来损失。一方面，应深入调查研究，了解订货、发货、在途货物的情况；另一方面，要根据进度计划估计消耗量。

计划期内可利用资源——包括呆滞积压材料的加工改制利用、废旧物资的修复利用、工业废渣利用等可利用资源。

表 12-5 用于各种物资供应量的测算平衡，表 12-6 为物资供应计划表。

表 12-5　物资供应计划平衡表

序号	名称	单位	现有库存	预计期收支		期初库存量	期末储备量			可利用资源	计　划	
				进货	消耗		经常	保险	合计		需用量	供应量

表 12-6　物资供应计划表

编制单位：　　　　　　　　　　　　　　　　　　　　　　　　　　　年　　月　　日

名称	规格型号	计量单位	期初预计库存	计划需用量						期末储备量	计划供应量					供应进度			
				合计	其中						合计	其中				小计	其中		
					工程用料	经营维修	周转材料	…	…			计划分配	市场采购	挖潜改代	加工自制		第一次	第二次	…

物资供应计划编制的过程是一个不断分析研究物资供应情况、使用情况的过程，也是一个不断平衡的过程。通过平衡，保证物资的品种、规格、数量的完整性和齐备性，保证供应的适时性和连续性。通过编制计划，可以明确计划期内物资供应管理工作的主要任务和方向，发现物资供应管理工作中的薄弱环节，从而采取切实可靠的措施，更好地保证正常施工需要和降低物资费用。

三、物资供应计划的实施

物资供应计划的编制仅仅是物资管理工作的开始，更重要更大量的工作是组织计划的实施，即执行计划。在物资计划执行过程中，往往会遇到许多问题，如物资的实际到货数量、品种、规格以及材质都可能与计划不一致，供应时间与需要时间也可能不一致等。这就需要认真做好物资供应的组织管理工作，以保证物资供应计划的实现。主要工作有以下几方面：

（1）做好物资的申请、订货采购工作。使企业所需的全部物资从品种、规格、数量、质量和供应时间上都能按供应计划得到落实，不留缺口。

（2）做好计划执行过程中的检查工作。检查的内容有：订货合同、运输合同的执行情况，物资消耗定额的执行和完成情况，物资库存情况和物资储备资金的执行情况等。检查方法主要是利用各种统计资料，进行对比分析，以及深入现场进行重点检查。通过及时检查，发现问题，找出计划中的薄弱环节，及时采取对策，以保证计划的实现。

（3）加强日常的物资平衡和调剂工作。要相互支援、串换，以便解决急需，调剂余缺，保证施工。

此外，在物资计划执行终了，还应对供应计划执行情况进行全面检查，对计划申请采购量与到货量、计划需要量与实际消耗量、上期库存量与本期库存量进行比较，并对计划执行的准确程度进行全面分析，以便改进供应计划的编制工作。

四、物资采购

（一）物资采购的原则

（1）执行采购计划要加强计划观念，按计划办事，必须消除采购工作中的盲目性。

（2）加强市场调查、收集经济信息，熟悉掌握市场价格、讲求经济效益。每次物资采购，尽量做到货比三家，对批量大、价格高的物资采购，可采用公开招标的办法，降低采购成本。

（3）遵守国家的有关市场管理政策法规，遵守企业采购工作制度，不违反财经纪律。

（4）提高工作效率、及时清理经济手续、不拖欠货款，做到物款两清。

（二）合格供货厂商的评价和选择

为了保证建设项目能符合施工合同中对施工的工期和质量等规定，对施工中所需要的物资必须在合格的供货厂商中采购。通过对供货商的评价和选择，确定合格的供货商。必要时要对供货商进行再评价。

1. 对供货厂商的评价

对供货商可从以下几方面进行评价：

（1）供货厂商必须有合法的法律地位。

（2）提供物资的质量。建筑施工企业（项目经理部）在进行物资采购时，要注重所采购物资的质量，特别是用于构成工程实体的各种建筑材料（如：水泥、钢材、木材等）和结构件（如：钢构件、混凝土构件、木构件等）的质量。因为这些物资质量的好坏，直接影响建筑施工企业的工程质量。因此，建筑施工企业（项目经理部）应选择那些能持续稳定地提供满足质量要求且质量稳定的产品的供应厂商签订购销合同，进行物资采购。并与他们保持长期的合作关系。

（3）供货厂商的技术、设备及环境情况。供货厂商的技术先进、设备可靠、环境良好，才能持续稳定地提供优质产品。

（4）供货厂商的内部管理情况。供货厂商内部的科学管理才能保证提供优质的产品和优质的服务。

（5）价格。建筑施工企业应调查提供同等质量物资的供应商的报价情况，尽量以适宜的价格买到符合需要规格和质量的物资。

（6）物资的交货期。建筑施工企业应选择信誉好、能保证稳定按期如数交货的供应商。因为供应商如果不能稳定按期如数交货，势必会影响建筑施工企业的正常施工进度，从而给施工企业造成巨大损失。

（7）物资的运输距离。尽量考虑选择离施工现场较近的供货厂商，以降低运输费用和物资采购成本。

（8）售后服务能力。包括售后服务的态度、手段、措施、效果以及供货厂商的质量追踪能力。

（9）供货厂商的社会信誉。要了解曾与供货厂商合作过的客户的反映。只有广大客户信得过的供货厂商才可赢得好的社会信誉。

为选择供货厂商，应建立供货厂商的资料档案，从以上各方面以及技术水平、财务状况、创新能力、质量观念各方面按严格标准选择优秀的供货厂商，成为自己的合作者。当情况发生变化时，资料档案要及时更改，以便为今后选择供货厂商提供更可靠的资料。

2. 合格供货厂商的选择

通过对供货厂商的评价，从中选择合格的供货商。建立合格的供货商的档案资料。必要时对这些合格的供应商进行再评价，以保证采购的物资持续稳定地满足建设项目的施工要求。

（三）物资采购（购销）合同及其管理

1. 签订购销合同的基本原则

材料采购除现货供应、货款两清外，如采取订货方式采购材料，供需双方必须依法签订购销合同，以确定采购供应职责。签订合同应遵循平等、自愿、诚实、协商一致的原则。

购销合同是指物资供需双方为实现购销业务，明确相互权利义务关系的协议。根据合同，供应方将物资出售给需方、接收货款；需方支付货款，接收物资。

签订购销合同的基本原则是：

（1）符合法律规定。购销合同是一种经济合同，必须符合《合同法》、《工矿产品购销合同条例》等法律、法规和政策的要求。

（2）主体合法。合同当事人必须符合有关法律的规定。比如，有法人地位的单位、有营业执照的个体经营户、合法的代理人等。

（3）内容合法。不得违反国家的政策、法规，损害国家及他人利益。物资经营单位，其购销的物资，不得超过工商行政管理部门核准登记的经营范围。

（4）形式合法。购销合同一般应采用书面形式，由法定代表人或法定代表人授权代理人签字，并加盖单位公章或合同专用章。

（5）内容准确。合同条款力求准确、清楚，避免遗漏、错误、含糊不清的现象。

2. 购销合同的内容

购销合同的基本内容是：

（1）采购物资的信息：包括采购物资的名称、品种、规格型号、数量、计量单位、质量、包装等要求。

（2）采购物资的交接：包括交货期限、交货地点、交货方式、运输方式、验收方式等。

（3）货款结算条件：包括材料的结算价格、结算金额、结算方式、结算银行及账号、拒付条件和拒付手续等。

（4）履行合同的经济责任：包括违约赔偿办法等。

（5）合同附则条件：包括合同的有效期限、合同份数、未尽事宜及合同变更修改办法、合同签订单位及法人代表的签章等。

物资购销合同文件格式如表12-7所示。

表12-7 物资购销合同文件格式

供方＿＿＿＿＿＿＿＿＿　　　　　合同编号：

需方＿＿＿＿＿＿＿＿＿　　　　　签订时间：

　　　　　　　　　　　　　　　　签订地点：

物资名称	牌号商标	规格型号	生产厂家	计量单位	数量	单价	金额	交（提）货时间及数量			
								合计			

合计人民币金额（大写）：

一、物资名称、商标、型号、厂家、数量、金额、供货时间及数量；

二、质量要求及技术标准，供方对质量负责的条件和期限；

三、交（提）货地点、方式；

四、运输方式及到达站（港）和费用负担；

五、合理损耗计算方法；

六、包装标准、包装物的供应与回收，以及费用负担；

七、验收标准、方法及提出异议期限；

八、随机备品、配件工具数量及供应办法；

九、结算方式及期限；

十、如需提供担保，另立合同担保书，作为本合同附件；

十一、违约责任；

十二、解决合同纠纷的方式；

十三、其他约定事项：

供方	需方	鉴（公）证意见：
单位名称（章）	单位名称（章）	
单位地址	单位地址	
法定代表人	法定代表人	
委托代理人	委托代理人	
电话	电话	
传真	传真	
开户银行	开户银行	
账号	账号	经办人：
邮政编码	邮政编码	鉴（公）证机关（章）

有效期限：　　年　　月　　日至　　年　　月　　日

3. 物资采购（购销）合同管理

企业物资采购（购销）合同管理主要应做好下列工作：

（1）组织企业有关成员认真学习合同法及有关法律，普及物资采购（购销）合同的有关知识，提高广大业务人员的认识，加强物资采购（购销）合同的法制观念。

（2）建立健全企业内部物资采购（购销）合同管理机构，为管理好物资采购（购销）合同提供组织保证。企业内可设专门机构或配备专门人员对物资采购（购销）合同的订立、履行设专人管理，随时检查、监督，随时落实。实践证明，凡是建立了物资采购（购销）合同管理机构的，物资采购（购销）合同管理就比较好，物资采购（购销）合同的纠纷就比较少。

（3）建立健全物资采购（购销）合同的管理制度。企业建立哪些管理制度，应从企业的实际情况出发，逐步建立起一套适合本企业情况的比较完善的物资采购（购销）合同管理制度。一般应包括物资采购（购销）合同订立审批制度、物资采购（购销）合同的统计制度、合同清理和备案达标制度等。

（4）与合同管理机构密切合作，共同做好物资采购（购销）合同管理工作。企业在管理物资采购（购销）合同时，一方面要服从工商行政管理机关、行业主管部门的管理，提供与物资采购（购销）合同有关的会计政策、档案等资料，以便这些单位能及时发现问题，帮助企业改进物资采购（购销）合同管理制度。另一方面在物资采购（购销）合同管理中遇到问题时，应向上述单位及时、如实反映，主动争取他们的指导帮助，以加强企业的物资采购（购销）合同管理。

（5）履行合同中应抓好以下几项具体工作：

①已签订的合同，应及时分类整理，装订归档，由专人管理。

②随时检查合同的履行情况，建立合同登记台账，记录应交、已交、欠交、超交的数量和时间，已交物资的检查验收情况。根据记录分析问题，提出处理意见。

③对到期、误期合同，应组织催交催运，追究对方的违约责任。

④将合同附本或抄件分送有关业务部门，以便做好履行合同的各项工作。

五、物资验收

（一）物资验收的原则

物资验收是一项技术工作，同时也是一项组织工作，物资验收应遵循的原则是：

（1）准确。物资验收的目的就是准确掌握入库物资的数量和质量的真实情况。验收的结果必须客观地反映物资的实际情况，这就要求物资验收首先应具有准确性、正确性。不准确的验收结果不仅不能正确反映物资的客观实际情况，反而会造成假象，导致错误判断，造成不良后果。所以保证验收的准确性，是衡量验收质量的重要方面。为提高物资验收的准确性，必须加强对物资验收的管理，加强对检验设备的控制，提高验收人员的责任心和技术业务水平。

（2）及时。及时性原则也称迅速性原则，对于物资验收极为重要。一批物资到货后必须在规定时间内验收完毕，并尽可能缩短验收时间。因为一批进货只有在规定时间内完成验收，才能及时发现问题，及时处理。没有经过验收或未验收完毕的进货，就不能发料，不能加工使用，所以只有快收才能快发，才能保证及时供应，加速物资和资金的周转。此外，由于未经验收的物资不能入库，有时也会影响物资的质量。

（3）公正。物资验收涉及供需双方的利益。无论由哪一方（有时尚有第三方）实施检验，都应站在公正立场上，秉公检验，实事求是。验收人员应廉洁自律、不徇私情、抵制不正之风。

（二）物资验收的准备及验收内容

1. 物资验收的准备

在组织验收之前一定要做好充分的准备工作，这是确保验收准确性、及时性的前提。物资验收主管人员应根据物资进料计划，制订相应的物资验收计划，明确验收的目的、要求、方式、方法、程序、步骤等。验收前应做好以下准备工作：

（1）确定验收人员。物资仓库的验收，主要是进行有关物资质量证明、数量和外观质量检验，一般多由仓库管理人员或仓库技术人员承担。一定要明确验收责任人，对该项验收负全面责任。验收人员必须具备一定的技术业务水平和工作经验，应经过必要的培训，合格后方能上岗。

（2）准备并熟悉有关资料。负责验收的人员对一批物资验收之前必须收集、查阅、学习和熟悉有关资料。如订货或加工合同，有关的技术资料、质量标准、图纸、检验规程等。

（3）准备并校准计量器具。应准备好物资数量检验所需的计量器具，其精度应符合有关规定。对计量器具要进行校验，校准后备用。

（4）配备辅助人员和设备。物资的数量检验，一般需要装卸搬运人员与设备的配合，所以验收前应做好安排。有时还要开箱检验，检验完毕恢复原包装，这就需要包装人员的配合。

（5）准备库房或材料堆放场地。安排库内堆放位置，准备支垫材料；安排好场地、准备搬运工具及人员、危险品的防护措施等。

2. 物资验收的内容

（1）大件点检、包装外观检查。火车运输要铅封好，有包装的物资包装要完好，大件数量与货票相符。如铁路运输有问题，应做好商务记录，属其他方面的问题，做好普通记录，以备事后索赔。

（2）核对凭证。包括核对发票、货票、合同、质量证明书、说明书、化验单、装箱单、磅码单、发票明细表、运单、货运记录等。必须做到准确、齐全，否则不予验收。所谓核对凭证，就是确认各种凭证之间的相符性。例如发货票要与订货合同相对照，核对其生产厂家、品种、规格、等级、数量、交货时间等是否相符；技术证件所列技术指标值与合同规定的国标或部标相对照，看其是否相符；货运单据中的运输方式和交货地点等要与订货合同中的有关规定对照看其是否一致；装箱单、磅码单需与发票相对照，看其是否一致等，只有相符合时方可开始验收。

（3）数量检验。数量检验主要是对实物的实际数量进行计量，并与发货凭证相对照，检查其相符程度。数量检验包括检斤、检尺和计数。有些物资以重量为计量单位，必须进行检斤过磅，最后累计总的重量。重量有毛重、皮重、净重之分，应以净重为准。检斤时允许有一定的误差，但不得超过国家规定的误差标准（钢材 ±3‰，金属制品、电解铜等 ±2‰，有色金属锭块 ±1‰，生铁、废钢铁 ±5‰）。有些物资以体积、面积或长度计量，数量检验需经过检尺。如原木和锯材应严格按照有关规定进行检尺求积。对于定尺的大中型钢材，可通过理论换算计重，对标准箱平板玻璃也可通过换算求其数量（平方米）。

数量检验可分为全检和抽检两种方式：

①全检，即对到货的数量全部进行检尺、过磅、点数、量方。

②抽检，对那些产品协作关系比较稳定，证件齐全，包装完好的材料；包装严密，拆包有损于质量或不易恢复的材料；数量大、件数多的材料；规格整齐划一，可实行理论换算的材料等可抽查到货的一部分，一般抽查5%～15%，抽查发现问题时，可扩大范围或全部重新检验。

对于进口材料的验收，要严格、细致、迅速、准确，不误索赔期限。

（4）质量检验。质量检验分为包装质量检验、物资（材料）外观质量检验和物资（材料）内在质量检验。

质量检验首先要有检验标准和检验规程及必要的质量检验的管理制度。其次检验人员要经过严格培训合格后上岗，甚至要持有一定的资格证书后才可上岗。只有这样才可保证物资（材料）检验的质量。使工程项目的质量、进度、安全、成本得到控制和保证。

物资（材料）的外观及其包装的质量检验一般由仓库的验收人员负责。物资（材料）的内在质量，应抽样并送到有检验资格的专门部门检验。特别是对工程项目质量、安全有重要影响的材料，如水泥、钢材、预搅拌混凝土等的检验更要严肃和认真。被检验的物资应有质量合格的证明书。

（三）验收中问题的处理

验收中可能会发现各种不符合规定的问题，此时应根据问题的性质分别处理。

（1）如检查出数量不足、规格型号不符，质量不合格等问题，应拒绝验收。验收人员要做好记录，及时报送业务主管部门处理。验收记录是办理退货、掉换、赔偿、追究责任的主要依据，应严肃对待。做好记录的同时，应及时向供方提出书面异议，对于未验收的物资，要妥善保存，不得动用。

（2）凡证件不全的到库物资，应作待验收处理，临时保管，并及时与有关部门联系催办，等证件齐全后再验收。

（3）凡质量证明书或技术标准与合同规定不符，应报业务主管部门处理。

（4）物资运输损耗在规定损耗率以内的，应按数验收入库，损耗部分填报运输损耗单冲销；损耗超过规定损耗率的，应填写运输损耗报告单，经业务主管批准后再办理验收入库手续。

（四）办理入库手续

到货物资经验查、验收合格后，按实收数及时办理入库手续，填写物资入库验收单。办理入库手续，是采购工作和仓库保管工作的界限，入库验收单是报销及记账的依据。

六、物资的运输

物资运输是物资管理中的重要环节。经济、合理地组织物资运输，对及时保证施工生产的需要、降低物资成本有着重要的意义。

（一）合理组织运输

组织合理运输要遵循以下原则：

1. 避免不合理的运输

不合理的运输表现为：对流运输（相向运输）、交叉运输、过远运输、迂回运输（绕道运输）、重复运输、弃水走陆路运输、无效运输等。

2. 选择合理的运输方式

我国的运输方式主要有铁路运输、水路运输、公路运输、航空运输和管道运输。各种运输方式各有不同的特点，选择运输方式时应充分发挥各自的优势。如大量远距离的物资（钢材、木材、水泥等）运输，应选择铁路，在有条件的地方也可选择水路；对本地区的短途运输，如砖、石、砂、瓦等，应选择公路。选择运输方式时考虑经济性的同时，还要考虑迅速性、方便性和安全性。

3. 采用集装化运输

集装化运输是将一定数量的货物，按其性质、形态和包装情况，利用专用器具汇集成一个单元，以单元方式进行的运输。集装化运输所使用的器具有：集装箱、集装器、集装笼、集装袋、托盘、托架等。广泛采用的是集装箱和托盘，而集装箱优越性最大。

集装箱是用钢板焊接而成的、封闭性能良好、强度高、容积大、作业方便、周转使用的刚性容器。其主要优点是：保证货物安全，减少物资损失；节省包装材料，降低包装费用；简化运输手续，提高工作效率；实现快装快卸，加速车船周转；运价率较低，节约运输费用等。所以一切适于装箱的货物，尽量采用集装箱运输。

4. 安排好物资调运计划

要事先掌握物资的供应单位及其供应量、供应仓库或车站到各工地的运距、各种物资的运输单位及各工地需要量等，为调运计划做准备。再应用线性规划理论，合理安排运输路线，使总运输费用最小。并综合考虑各实际影响因素，确定运输及调运计划。

5. 做好物资运输全过程的管理

物资运输过程包括选择运输方式、编制运输计划、办理托运、接货验收、运输结算等全部工作。在运输过程中要加强管理，保证物资安全，及时到达。要具体做好以下几项工作。

（1）做好运输过程的记录。将各种资料、证件分类整理、登记、装订成册，以备检查、考核用。

（2）检查运输计划执行情况。根据运输记录，随时检查计划的执行情况，采取措施纠正偏差，保证计划全面实施。

（3）事故原因分析。运输过程中一旦发生事故，要查明原因、采取措施、杜绝类似事故再次发生。

（二）重视物资的装卸

为了做好物资的装卸，要做好以下几项工作：

1. 做好装卸的准备工作

物资装卸前要准备好必要的装卸和运输的设备、机具、人员及堆场等。要做好与计划分配人员和仓库保管人员的联系。

2. 尽量减少装卸次数

为了减少装卸次数，必须合理组织调度。

3. 组织文明装卸

文明装卸就要加强劳动保护、确保生产安全、保证产品质量、注意环境保护、爱护运输及装卸设备和工具。组织文明装卸的主要措施是全面提高装卸人员的素质、提供必要的物资技术条件、建立健全各项规章制度。

4. 提高物料的活性

物料放置被移动的难易程度称为活载程度，简称为活性。采用集装单元，特别是广泛使用集装箱和托盘可提高物料的活性，能快速实现机械化作业，能大大提高装卸效率和质量。

5. 实现装卸省力化

在装卸不便采用机械化作业的情况下，可利用斜面原理，使用滑板、滑槽；利用杠杆原理，使用撬杆、千斤顶；利用滑轮原理，使用手拉提升葫芦；利用势能原理，采用高站台低货位等。

6. 减少运输中的损失

为解决运输中的损失，施工企业应与专业运输单位签订运输合同，明确双方的责任和义务及有关约定。

七、物资的仓库保管与物资发放

（一）物资的仓库保管及仓库安全

1. 库存物资保管的基本要求

物资保管是仓库的中心任务。库存物资应堆放合理、质量完好、库容整洁美观，并应满足以下基本要求。

（1）全面规划：根据物资性能、搬运、装卸、保管条件、吞吐量和流转情况，合理安排货位。同类物资应安排在一处；性能上互有影响或灭火方法不同的物资，严禁安排在同一处储存。实行的"四号定位"：库内保管划定库号、架号、层号、位号；库外保管划定区号、点号、排号、位号，对号入座，合理布局。现场临时储存的零星物资可不实行"四号定位"。

（2）科学管理：必须按类分库、新旧分堆、规格排列、上轻下重、危险专放、上盖下垫、定量保管、五五堆放、标记鲜明、质量分清、过目知数、定期盘点、便于收发保管。

（3）整齐清洁：码垛要牢固、定量、整齐、方便，料架、料垛要成排成线。要经常保持仓库和周围环境的清洁卫生，无尘土、无垃圾、无杂草、无虫兽害，做到仓库整洁、文明。

（4）制度严密：要建立健全保管、领发等管理制度，并严格执行，使各项工作井然有序。

（5）防火、防盗，确保仓库安全。

（6）勤于盘点：做到日清、月结、季盘点，年终清仓；平常收发料时，随时盘点，发现问题，及时解决；发现盈亏，查明原因，上报处理。

256

（7）在退料方面，将退回的物资先列出清单，然后再办理退库手续。库房管理人员要核对名称、规格、数量、质量，及时入库记账，积压、报废物资应专门放置。

（8）及时记账：要健全卡与账的管理制度，收发、盘点情况及时登卡记账，做到账、卡、物三相符。健全原始记录制度，为物资统计与成本核算提供资料。

（9）度量衡器要按规定经常校验。

2. 物资的科学养护

对库存物资进行科学养护的重点是控制仓库的温度和湿度。

（1）温度和湿度的控制。适当的温度是物资发生物理、化学和生态变化的必要条件。温度过高、过低或急剧变化，都会对某些物资产生不良影响，使其质量劣化、数量减少。如在高温下容易使橡胶塑料制品老化，使油毡软化粘结；汽油、柴油等在高温下易挥发；乳胶在低温下发生冻结失效；精密仪器在高温和低温下都会影响精密度等。

湿度对库存物质的变化影响最大，大部分物资都怕潮湿，但也有少数物资怕干燥。如水泥、电石、石棉粉等受潮后易变质失效；金属制品受潮后易腐蚀生锈；玻璃、木竹制品受潮后易发霉；竹木及其制品在干燥的环境下易变形等。

由于不适宜的温度和湿度对库存物资产生不利的影响，所以有效地控制温度和湿度，可创造一个物资保管的适宜环境，对防止物资质量劣化和数量减少具有综合效用，可以起到防锈、防霉、防腐、防老化、防变形、防火、防爆等作用。

控制温度和湿度的简单办法有：通风、密封、吸潮等措施。

（2）防锈。在周围介质的电化学作用下，金属及其制品极易被腐蚀。防锈的措施就是防止电化学的作用，例如金属及其制品储存环境不能太潮湿；严禁金属与酸、碱、盐类化学品存放在一起；在金属表面涂防锈油或防锈漆等。

（3）防止兽害。库区要搞好卫生，灭鼠灭虫，防虫害、兽害。

3. 确保仓库安全

仓库管理人员必须有高度的工作责任感，要提高警惕性，确保仓库和在库材料的安全。

（1）仓库设备要经常检查修理，要保持库区整洁，道路畅通，无杂草，排水沟道要畅通、无积水。

（2）严格执行门卫制度，严禁闲杂人员入库。危险品要专人负责，非本库管理人员不得随便入库。库区严禁烟火。

（3）建立安全检查制度，定时进行认真的安全检查。下班要关锁库房门窗、清理库内杂物，切断电源。节、假日要有人值班。

（4）仓库要采取通风、密封、降温、防冻、防火、防潮、防毒、防盗等措施，严格管理火源、电源、水源，以保障仓库的安全。

（二）物资的发放

物资的发放是划清仓库与使用单位的经济责任界限，要防止错发影响施工生产和造成经济损失，它是仓库为施工生产服务的关键一环。

（1）出库原则："先进先出，推陈储新"。有保管期限的物资，要在期限内发出；零星用料，要做到破斤破两，方便施工。

（2）出库凭证：包括发料通知、提料单、拨料单等，凭证填制必须准确无误，印鉴齐全，无涂改现象。

（3）发料工作：有提料制和发料制两种方法，准确、及时、尽可能一次性完成。物资包装要符合运输要求，要向需用单位进行点交。

（4）点交：出库物资和单据、证件要向收料人当面点交清楚，办清手续，由收料人签章。

八、物资的施工现场管理

（一）施工现场物资管理的任务

施工现场是建筑施工企业从事施工生产，最后形成建筑产品的场所。占工程直接费85%以上的材料成品、半成品都通过施工现场消耗掉，施工现场的物资管理属于生产过程的管理，也是消耗过程的管理。

现场物资管理是指施工期间及其前后的全部物资管理工作，包括施工前物资的准备；施工中组织供应，工程竣工后的盘点回收、报耗、物资转移等内容。

现场管理的好坏是衡量建筑安装企业管理水平和实现文明施工的重要标志。同时，它对于保证工程进度、提高工程质量、合理使用原材料、降低工程成本、提高劳动生产率乃至安全生产，都有着十分重要的意义。

施工现场物资管理任务可归纳为：全面规划，计划进场，严格验收，合理存放，妥善保管，控制领发，监督使用，准确核算。

施工现场物资管理的任务具体如下：

（1）做好施工现场物资管理规划，设计好总平面图，做好预算，提出现场物资管理目标。

（2）按施工进度计划组织物资分期分批进场，既要保证需要，又要防止过多占用存储场地，更不能形成大批工程剩余。

（3）按照各种物资的品种、规格、质量、数量要求，对进场物资进行严格检查、验收，并按规定办理验收手续。

（4）按施工总平面图要求存放物资，既要方便施工，又要保证道路畅通，在安全可靠的前提下，尽量减少二次搬运。

（5）按照各种物资的自然属性进行合理码放和储存，采取有效的措施进行保护，数量上不减少，质量上不降低使用价值。要明确保管责任。

（6）按操作者所承担的任务对领料数量进行严格控制。

（7）按规范要求和施工使用要求，对操作者手中的物资进行检查，监督班组合理使用，厉行节约。

（8）用实物量指标对消耗物资进行记录、计算、分析和考核，以反映实际消耗水平，改进物资管理。

（二）施工现场的物资保管

1. 施工前现场的物资保管的准备工作

（1）调查现场环境，包括：工程合同的有关现场规定，工程概况，工程地点及周围已有建筑、交通道路、运输条件，主要材料、机具、构件需用量，施工方案、施工进度计划、需用人数、临时建筑及其用料情况，等等。

（2）参与施工平面使用规划。

物资管理部门要参与施工平面使用规划，并注意以下问题：

尽量使物资存放场地接近使用地点，以减少二次搬运和提高劳动效率；存料场地及道路的选择不能影响施工用地，避免倒运；存料场地应能满足最大存放量；露天料场要平整、夯实、有排水设施；现场临时仓库要符合防火、防雨、防潮、防盗的要求；现场运输道路要符合道路修筑要求，循环畅通，有周转余地，有排水措施。

2. 施工过程中的现场物资保管

（1）建立健全现场物资管理责任制。项目经理全面负责，划区划片，包干到人，定期组织检查和考核。

（2）加强现场平面管理。要根据不同施工阶段物资供应品种和数量的变化，调整存料场地，减少搬运，方便施工。

（3）有计划地组织物资进场。要掌握施工进度，搞好平衡，及时提供用料信息，按计划组织材料进场，保证施工需要。

（4）保持存料场地整齐清洁。各种进场物资构件要按照施工总平面图堆放整齐，做到成行、成线、成垛、成堆，经常清理、检查。

（5）认真执行现场物资收、发、领、退、回收管理标准，建立健全原始记录及台账，定期组织盘点，抓好业务核算。

（6）严格进行使用中的物资管理。采取承包和限额领料等形式，监督和控制班组合理用料，加强检查，定期考核，努力降低物资消耗。

3. 竣工阶段现场物资保管

这一阶段的工作主要是保证施工材料的顺利转移，其主要工作有：

（1）严格控制进料，防止大量剩余。在工程主要部位（结构、装修）接近完成70%时，检查现场存料，估算未完工程用料量，调整原用料计划，削减多余，补充不足，以防止剩料，为工完、场清创造条件。

（2）对不再使用的临时设施提前拆除，并充分考虑这部分材料的利用，直运新使用地点，避免二次搬运。

（3）对施工中产生的垃圾、筛漏、砖渣等及时过筛复用，随时处理不能利用的垃圾。

（4）工程完工后，及时核算材料消耗，分析节、超原因，总结经验。

4. 几种主要物资的保管

现场物资要妥善保管，减少损耗。下面介绍几种主要物资的保管要求。

（1）水泥是水硬性材料，怕水怕潮，具有时效性（三个月），有条件的都应建库保管。露天存放必须上盖下垫，做到防雨防潮。水泥应按品种、标号、出厂批号分别码放，垛高以10袋为宜。落地灰要随时过筛串袋。坚持先进先出，专人管理。

（2）石灰是气硬性材料，生石灰在空气中吸收湿气而变成粉末状熟石灰，当熟石灰与空气中二氧化碳发生作用时又还原为石灰石，因而失去胶凝作用。因此，生石灰不宜露天长期存放，应随到随用水淋化在石灰池内，用水封存，以供随时使用。

（3）成型钢筋应会同生产班组按加工计划验收后，交班组使用，按进度耗料。存放场地要平整，垫起30cm，分品种规格码放，及时除草、防止水汽腐蚀。

（4）大堆材料要按品种规格分别存放，场地要平整，地面软的要夯实，防止倒垛损失，要清底使用。砖一般每垛码 200 块，砂、石尽量高堆，方格砖和各种瓦不得平放，耐火砖不得淋雨受潮，色石渣要下垫上苫分档保管。

（5）板、方等木材要按树种、规格、长短、新旧分别码垛。堆垛保持一定空隙、稀疏堆放，注意通风、防火、防潮、防止霉烂，避免暴晒开裂翘曲。

（6）现场存放的爆炸品（如雷管、炸药）、腐蚀品（如硫酸、盐酸）、有毒品（如亚硝酸钠）、易燃品（如油料）等危险物品，应标有明显的有关危险物品标志，并有专人专库保管，以防发生意外。

（7）混凝土预制构件存放的场地必须平整夯实，垫木规格一致，位置上下垂直，和垫楞成一直线，垛位码放整齐，垛位做到一头齐，各垛形成一条线。同时要注意正反方向和安装的顺序，把先用的堆在上面。

（8）门窗应注意配套，分品种、规格、型号堆放。木门窗口及存放时间短的钢门窗，可露天存放、用垫楞垫高 30cm，苫好，防止雨淋日晒。木门窗扇、木附件及存放时间较长的钢门窗，要存入库棚内，挂牌标明品名、规格、数量。

5. 工具及周转物资的管理

（1）工具的管理。为了管好施工工具，延长寿命，降低消耗，在工具的使用过程中，按工具的性质，建立租赁、定包和个人工具费办法三种经济责任制。

①大型工具的租赁办法。就是将大型工具集中一个部门经营管理，对基层施工单位实行内部租赁，并独立核算。基层施工单位在使用前要提出计划，主管部门经平衡后，双方签订租赁合同，明确双方权利、义务和经济责任，规定奖罚界限。

②小型生产工具"定包"办法。小型工具是指不同工种班组配备使用的低值易耗工具和消耗工具。这部分工具对班组实行定包，就是根据现行的劳动组织和工具配备，在总结历史消费水平的基础上，以价值形式制定分工种的日作业工具消费定额，班组在定额内向企业领用，凡实际领用数低于定额者，在其差额中提取一定比例的奖金，超支部分酌情罚款，或移作下月抵补。

③个人工具费津贴办法。就是个人随手使用的工具，由个人自备，企业按其实际作业工日，发给工具磨损费的办法，工具磨损津贴标准，是根据一定时期的施工方法、工艺要求确定随手工具配备品种、数量，在采用经验统计法测算该工种工具的历史消耗水平的基础上制定的。

（2）周转物资的管理。周转物资是指在施工过程中，能反复多次周转使用，而又基本上保持其原有形态的工具性物资。

随着施工技术工艺的不断发展，施工质量对周转物资的应用提出了更高的要求，传统非金属有机周转物资如木材、竹材的用量逐步减少，取而代之的是新型金属周转物资，如组合型钢模、滑升钢模、钢脚手架、轻型门式金属架等在施工中广泛应用。由于新型金属周转物资单位价值高，使用时间长，一次性投资较大，一些中小企业经济上很难做到周转物资品种配套齐全，由此带来了周转物资管理模式的更新，由传统的施工班组管理周转物资向社会化专业周转物资经营者租赁经营发展。一些大型建筑企业也相继成立公司内部的专业周转物资施工队伍，向租赁经营方向发展。

目前除传统木模班组管理外，金属周转物资管理主要有以下几种形式：

①模板工程公司。施工单位按施工生产计划将模板的分部分项工程分包给模板工程公

司、双方以合同方式确定分包工程量，按商定的单价计费。

②周转物资租赁公司。施工单位与租赁公司签订周转物资租赁合同，按租用时间长短和规定的租赁单位计算收取租费。

③施工单位内部周转物资专业租赁站。租赁站服务对象主要是施工单位（企业）内部施工工程。一般由项目经理部提出申请周转物资租赁，并根据企业内部租赁办法签订内部租赁合同。

第三节　施工机械设备的管理

建筑施工企业的机械设备是进行施工生产必不可少的物质技术基础，是构成生产力的重要因素，也是企业固定资产的重要组成部分。它在施工中起着十分重要的作用，诸如减轻工人劳动强度、保证工程质量、提高劳动生产率、加快施工进度、改善劳动环境与安全条件等。因此，加强机械设备管理，正确选择机械设备，合理使用，及时维修，不断提高机械设备的完好率、利用率，并及时对现有设备进行技术改造和更新，保证施工质量、完成施工任务和提高企业经济效益都具有十分重要的意义。

建筑施工企业的机械设备，通常是指企业自有的、为施工服务的各种生产性机械设备，包括起重机械、挖掘机械、土方铲运机械、桩工机械、钢筋混凝土机械、木工机械以及各类汽车、动力设备、焊接切割机械等。要充分发挥施工机械的优越性，就必须加强机械设备管理，合理配备机械，采用先进的施工技术和科学的管理方法，不断提高机械化施工水平。

一、施工机械设备管理的内容

施工机械管理的主要内容有：

（1）对机械设备从选型购置、安装调试、试验投产、使用维修、更新改造直到报废，建立相应的规章制度和技术经济定额指标。

（2）根据生产需要，在认真进行技术经济论证的基础上选购先进适用的机械设备，保持合理的装备结构。

（3）组织机械化施工，合理配置和及时调度机械设备，充分发挥其效能，提高机械设备的利用率。

（4）对机械设备有计划地进行定期维护和检查修理，使机械设备经常处于良好的技术状态，提高机械设备的完好率。

（5）采用先进的修理方法和技术组织措施，提高修理质量，缩短工期，降低费用。及时消除机械设备的缺陷和隐患，防止损坏事故的发生。

（6）有计划地对现有机械设备进行技术改造和更新，挖掘设备潜力，提高企业施工能力和装备水平。

（7）组织对机械设备使用状况的检查分析并反馈于机械管理全过程。不断提高机械的利用率和效率。

（8）实行机械租赁，用经济手段管理机械设备，提高机械设备的经济效益。

（9）做好技术培训工作。

二、施工机械设备的配备

过去的施工机械管理只着眼于施工机械设备的使用管理，忽视了施工机械设备配备的全部环节，做好施工机械设备的配备是做好施工机械设备管理所必需的。

（一）施工机械设备配备的原则

1. 施工单位自购（有）施工机械设备配备的原则

施工单位应根据自身的性质、任务类型、施工工艺特点和技术发展趋势自购配备施工机械设备。自购（有）的施工机械设备应当是企业常年大量使用的施工机械设备，这样才能达到较高的机械利用率和经济效果。于是，企业自购（有）配备施工机械设备的总的原则是既要满足施工的需要（包括预测发展的需要），又要保证所有的机械设备都能发挥最大效果，即既要满足技术要求，又要满足经济要求。

自购（有）施工机械设备配备具体原则有以下几点：

（1）贯彻机械化、半机械化和改良工具相结合的方针，因时因地制宜地采用先进技术和适用技术，以适用技术为主，形成多层次的技术装备结构。

（2）有重点、有步骤地优先装备非用机械不可的工程（起重、吊装、打桩等）、不用机械难以保证质量和工期的工程（混凝土搅拌、捣固、大量土石方等），以及其他笨重劳动工种（装卸、运输等）。对于消耗大量手工劳动的零星分散作业，宜于发展机动工具。

（3）注意机械的配套。配套有两个含义：其一是一个工种的全部过程和环节配套，如混凝土工程，搅拌要做到上料、称量、搅拌与出料的所有过程配套，运输要做到水平运输、垂直运输与布料的各个过程以及浇灌、振捣等环节都实现机械化而不致形成"瓶颈"环节；其二是主导机械与辅助机械在规格、数量和生产能力上配套，如挖土机的斗容量，要求与运土汽车的载重量和数量之间相配套等。

（4）以经济效益为机械设备配备的依据，讲求实效。克服"大而全"、"小而全"的思想，使机械设备的选型和数量按任务类型和规模，通过技术经济分析来确定，以保证机械设备的适用性，并能得到充分利用。同时，要做好任务预测和技术发展的预测，使机械设备既能满足当前施工任务的需要，又能适合长远要求。

2. 配备施工机械设备的其他方法和原则

除自用机械设备外，企业也可根据实际情况，选用其他方式满足自己对建筑机械设备的需要，即：

（1）租赁。某些大型、专用的特殊建筑机械，一般土建企业自行装备在经济上不合理时，就由专门的机械供应站（租赁站）装备，以租赁方式供建筑施工企业使用。

（2）机械施工承包。某些操作复杂的机械，由专业机械化施工公司装备，组织专业工程队组承包。如构件吊装、大型土方工程等。

（二）施工机械设备的选择

1. 施工机械设备选择应考虑的因素

施工机械设备选择时要考虑的因素有设备本身的技术条件和经济条件及环保、节能与安全的条件。

（1）设备的技术条件。设备的技术条件是指机械设备对企业生产经营的适宜性。设备的技术条件主要有：

①生产效率。一般以单位时间内完成的产量来表示（也可用速度、功率等技术参数表示）。原则上，设备的生产效率越高越好，但也要考虑企业的生产任务，避免设备负荷过低，造成浪费。

②耐用程度及可靠性。指机械设备在使用中是否坚固，零部件是否耐用，安全可靠以及机械设备的精度、准确度的保持性。可靠性用可靠度表示，即在规定的时间内，在规定的使用条件下，无故障地发挥规定性能的概率。

③维修性能。指维修的难易程度，一般应结构简单，零部件组合合理、通用化和标准化程度高、有互换性，维修时易于拆卸检查等。

④能耗。能源（及材料）消耗的程度，指同一产出条件的能耗数量。

⑤灵活性。指机械设备在运输、装拆、操作时的灵活程度。轻便、紧凑、多功能、拼装性强的机械，其工作效率就高。

（2）设备的经济条件。设备的经济条件是指技术达到的指标同经济耗费的关系。经济条件主要有：

①原始价值。即最初的一次性投资，是最主要的指标。购置的机械除购置价格外，还应包括运费、安装费等；企业自行研制的机械应包括研究、设计、试制、制造、安装、试验以及资料制作费等。

②使用寿命。即机械设备的有效使用期限。

③使用费用。即机械设备在使用过程中发生的经常性费用，包括使用时装拆、运输、保管、人工、能源消耗费、经常性的维护保养和修理费等。

（3）环保、节能与安全条件。包括：

①环保、节能。指机械设备对环境保护的影响，包括有害物质排放对环境污染的程度，噪声对周围环境的影响以及能源、用水量等方面的消耗等均应作为考虑因素。

②安全。指生产时对安全的保证程度，对易发生人身事故的机械设备在选择确定时尤应慎重。

2. 施工机械设备选择的方法

施工机械设备选择的方法有单目标决策法和综合评分法两种。

（1）单目标决策法。所谓单目标决策，就是假定在其他条件相同的条件下，选择其中一个标准作为决策目标的方法。这样可以使问题简单化，计算简便。例如，假定其他条件相同，仅比较生产效率，则以生产效率为选择对象。在设备购置中，常以经济为决策目标进行选择，其方法有如下几种：

①投资回收期法：首先计算不同机械设备的一次性投资，其中最主要的部分是机械设备的价格。然后计算由于采用新设备而带来的劳动生产率的提高，能源消耗的节约，产品质量的保证，劳动力的节省等方面的节约额。依据投资费与节约额计算投资回收期。在其他条件相同的情况下，投资回收期最短的为最优设备。

②年费用法：将机械设备的最初一次性投资费用依据设备的寿命期和复利利率，换算成相当于每年的费用支出，再加上每年的维持费用，得出不同设备的年总费用，据此进行比较、分析，选择年总费用最小的为最优设备。

③界限使用时间比较法：单位工程量成本受使用时间的制约。如果我们能将两种机械单位工程量成本相等时的使用时间计算出来，则决策工作会更简便，也更可靠，我们把这

个时间称为"界限使用时间"。一部设备看来固定费用比较高，但由于有效作业时间长，分摊到单位工程量的成本反而低；反之如果有效作业时间短，单位工程量成本就会增高。但各种设备的单位工程量成本随操作时间变化的幅度不一样，因此，我们可以求出两种设备单位工程量成本相等的界限使用时间，用界限使用时间决策应选用的设备。

（2）综合评分法。单目标决策法虽然有的方法可以综合考虑部分机械设备的性能指标，但是不够全面。机械设备的优劣，表现为综合性能的高低，所以决策时应该全面评价各项性能指标，以综合性能的优劣作为选择的标准。

综合评分法就是一种全面评价机械设备性能的决策方法。基本做法是：选出机械设备的主要性能指标作为评价的范围，并根据多项指标对设备综合性能的影响程度分别确定其等级系数；对每项指标进行评分，然后以等级系数为各项指标的权数计算设备的综合得分；以综合分数的高低决策出应购置的设备。

三、施工机械设备的使用管理

施工机械设备的使用是施工机械设备管理的基本环节。加强对施工机械设备的使用管理，可以促使正确、合理地使用设备，减轻机械磨损，保持良好的工作性能，延长设备的使用寿命，充分发挥设备的效率，提高设备使用的经济效益。

施工机械设备的使用管理主要包括以下几方面的工作：

（一）遵守有关的法律法规和建立健全规章制度

1. 遵守有关的法律法规

在施工机械设备的使用管理中要严格遵守并执行国家和行业的相关法律法规；特别是对起重机械设备和施工现场内的运输设备等特种设备的管理规定，如：《特种设备安全监察条例》、《建筑起重机械安全监察管理条例》。

2. 正确使用机械设备应建立以下几项规章制度：

（1）定机、定人、定岗位责任的三定制度：三定制度即人机固定，就是由谁操作哪台机械设备固定下来不能随意变动，岗位固定，责任分明。

（2）《操作证》制度：凡施工机械操作人员必须进行技术培训，经过考试合格，取得《操作证》方可持证上岗。

（3）机械设备交接制度：新购入或新调入机械设备向使用单位或向操作人员交机时，或机械使用过程中操作人员发生变动时，或机械送厂大修及修好出厂时以及设备出、入库时，均应办理交接手续，以明确责任。

（4）机械设备大检查和奖惩制度：要定期对设备的管理工作和设备的使用、保养状态，进行检查、评比，通过评比、交流经验，表彰先进，发现问题，限期改进。

（二）施工机械设备的合理部署及为其创造良好的工作条件和环境

1. 合理部署施工机械设备

在建筑施工中，合理的部署施工机械设备，是发挥其效能的关键，因此，在编制施工组织设计时，要根据工程量、施工方法、工程特点的需要，正确选用施工机械设备，同时要做好机械设备配套工作。按工程、工序配套，使上下工序都有相应的机械去完成。另外，要给机械施工创造良好的条件，在安排施工生产计划时，要给机械设备留有维修保养时间。在施工过程中，要布置好机械施工工作面及运行路线。排除妨碍施工的障碍物。

2. 为施工机械设备创造良好的工作条件和环境

要为机械设备的使用创造良好的工作条件，工作场地要宽敞、明亮、整洁，夜晚施工时要保证现场照明。水、电、动力的供应要充足。要配备必要的保护、安全、防潮装置，有些设备还需配备降温、保暖、通风装置。配备必要的测量、控制和保险用的仪表或仪器装置。对冬季施工中使用的机械设备要考虑机械的保温、预热等。

（三）严格执行技术规定

机械设备的技术规定主要包括：

（1）技术试验规定：新购置或经过大修、改装的机械设备，必须进行技术试验，以测定机械设备的技术性能、工作性能和安全性能。确认合格后才能验收，投入使用。

（2）磨合期规定：新购置或经过大修的机械设备，在初期使用时，工作负荷或行驶速度要逐渐由小到大，使机械设备达到完善磨合状态。

（3）寒冷地区使用机械设备的规定：建筑机械设备多数都是在露天作业，在寒冷地区如何使用好机械设备是一个重要课题。因为气温低、风雪大，给使用机械设备带来很多困难和麻烦，如启动困难，磨损加剧，燃料润滑油料消耗增加等。如果防冻措施不当，不仅不能保证正常运转，而且还会冻坏机械，影响使用寿命，造成经济损失。

（4）保养规程和安全操作规程：任何机械设备都有它特定的使用要求，操作方法和保养程序，只有遵守它才能发挥其效能，减少损坏，延长寿命。反之，轻者机械出故障，效率降低；重者机械设备损坏，影响施工生产，甚至还会发生人身伤亡事故。

（四）加强机械人员的业务培训

机械设备使用质量的关键，在于机械人员的业务素质。所以必须加强机械人员的业务培训，提高他们的技术水平，满足使用的要求。

机械人员的业务培训要分类进行：

1. 机械管理人员的业务培训

机械管理人员包括主管机械的各级领导和机械部门的管理人员。对他们的培训，要求掌握机械设备管理的系统知识，包括选购机械设备，贯彻使用过程中的各项制度，机械设备正确使用的一般知识，日常管理工作等。

2. 机械技术人员的培训

企业的机械技术人员大多数都接受过工程机械知识的系统教育，对他们的培训要抓住知识更新这个环节，帮助他们不断掌握新的知识，开发新技术，推动企业机械设备的技术改造，充分挖掘设备潜力。

3. 机械操作和维修人员的培训

对于机械操作人员的培训要求是，基本技术理论和基本操作技能达到本工种、本等级相应的水平，熟悉操作规程和操作技术，能正确地操作机械和排除故障；对于维修人员的培训要求是，基本维修知识和技能达到本工种、本等级相应的水平，熟悉机械设备的构造原理、维修技术和质量标准，能正确维修设备。

（五）机械设备更新

设备更新是指用技术性能更完善，效率更高，经济效益更显著的新型设备替换原有技术上不能继续使用，或经济上不合算的陈旧设备。进行设备更新是为了提高企业技术装备现代化水平，以提高工程质量和生产效率，降低消耗，提高企业竞争力。机械设备更新的形式分为原型更新和技术更新。

原型更新又称简单更新，是指同型号的机械设备以新换旧。机械设备经过多次大修，已无修复价值，但尚无新型设备可替代，只能选用原型号新设备更换已陈旧的设备以保持原有生产能力，保证设备安全运行。

技术更新是指以结构更先进、技术更完善、效率更高、性能更好、能源消耗更少的设备来代替落后陈旧的设备。它是企业实现技术进步的重要途径。

（六）建立机械设备技术档案

机械设备技术档案是机械设备使用过程的技术性历史记录，它提供了机械设备出厂、使用、维修、事故等全面情况，是使用、维修设备的重要依据。因此，在机械设备使用中必须逐台建立技术档案。

机械设备技术档案的主要内容有：

（1）机械设备的原始技术文件，如出厂合格证、使用保养说明书、附属装置、易损零件、图册等；

（2）机械设备的技术试验记录；

（3）机械设备的验收交接手续；

（4）机械设备的运转记录、消耗记录；

（5）机械设备的维修记录；

（6）机械设备的事故分析记录；

（7）机械设备的技术改造等有关资料。

四、施工机械设备的保养与维修

（一）机械设备的磨损

机械设备的磨损可分为三个阶段：

第一阶段：磨合磨损。是初期磨损，包括制造或大修中的磨合磨损和使用初期的走合磨损，这段时间较短。此时，只要执行适当的走合期使用规定就可降低初期磨损，延长机械使用寿命。

第二阶段：正常工作磨损。这一阶段零件经过走合磨损，光洁度提高了，磨损较少，在较长时间内基本处于稳定的均匀磨损状态。这个阶段后期，条件逐渐变坏，磨损就逐渐加快，进入第三阶段。

第三阶段：事故性磨损。此时，由于零件配合的间隙扩展而负荷加大，磨损激增，可能很快磨损。如果磨损程度超过了极限不及时修理，就会引起事故性损坏，造成修理困难和经济损失。

（二）机械设备的保养

机械设备的保养是指为了保持机械设备的良好技术状态，对机械设备进行的清洁、紧固、润滑、调整、防腐、检查磨损情况、更换已磨损的零件等一系列活动。

机械设备的保养通常分为例行保养（每班保养）和定期保养两种：

1. 例行保养

机械操作人员或使用人员在上下班和交接班时间进行的保养工作称为例行保养，其基本内容是：

（1）清洁：消除机械设备上的污垢，洗擦机械设备上的灰尘，保持机械设备整洁。

（2）调整：检查动力部分和传动部分运转情况，有否异常现象；行走部分和工作装置工作情况，是否有变形、脱焊、裂纹和松动；操作系统、安全装置和仪表工作情况，是否有失灵现象；油、水、电、气容量情况，有无不足或泄漏；各处配合间隙及连接情况，有无异变或松动。发现不正常时应及时调整。

（3）紧固：紧固各处松动的螺栓。

（4）润滑：按规定做好润滑注油工作。

（5）防腐：采取适当措施做好机身防腐工作。

2. 定期保养

机械设备定期保养，是根据技术保养规程规定的保养周期，当机械设备运转到规定的工作台班或台时，就要停机进行保养，这种保养称为定期保养。

定期保养，是根据机械设备构造复杂程度和特性等因素，来划分保养等级和保养内容。常见一级至四级保养的机械设备有：挖掘机、起重机（轮胎式起重机、履带式起重机）、推土机、压路机、自行式铲运机等。一级至三级保养的机械设备有：汽车式起重机、汽车、塔式起重机、内燃机、空气压缩机等。一级至二级保养的机械设备有：电动机、发电机（不包括内燃机）、拖车、柴油打桩机、机动翻斗车、混凝土搅拌机、电焊设备等。

各级保养，应根据本地区、本部门制定的技术保养规程的内容来进行，其主要内容是：

（1）一级保养以润滑、紧固为中心，通过检查、紧固外部紧固件，并按本机润滑周期图表加注、添润滑油、清洗滤清器或更换滤芯等。

（2）二级保养以紧固、调整为中心，除执行一级保养作业项目外，对发动机、电气设备、操作、传动、转向、制动、变速和行走机构等进行检查、调整、紧固内外所有紧固件。

（3）三、四级保养以消除隐患为目的。作业内容除执行一、二级保养作业项目外，可对部分总成进行解体检查，对调整后不符合性能要求的零部件，可酌情更换。并对机身进行必要的除锈、补漆等整容作业，但作业范围不宜任意扩大，以免形成变相的大修。

除了上述的保养外，机械设备还有几种特殊的保养，如停放保养：指机械设备停用超过1个月以上，在使用前，必须进行1次相当于一级保养作业内容的检查、保养。走合期保养：新机械或经过大修的机械，按照机械设备走合期规定进行，由操作人员进行。换季保养：机械设备在入冬、入夏前进行的季节性保养，主要内容是更换适宜的润滑油和采取防寒降温措施。这次保养尽可能结合定期保养进行。

（三）机械设备的修理

机械设备的修理，是对设备因正常的或不正常的原因造成的损坏或精度劣化的修复工作，通过修理更换已经磨损、老化、腐蚀的零部件，使设备性能得到恢复。

按照机械设备磨损规律，预防性地、分期分批地把已消耗、磨损、变形、损坏、松动的零件进行更换和调整，排除故障，使机械设备整旧如新的一系列作业活动称为修理。修理按作业范围可分为：

（1）日常修理：是以保养检查中发现的设备缺陷或劣化症状，采取及时排除在故障之前的修理。

（2）小修：是属于无法预料或控制的，通常发生在设备使用和运行中突然发生的故障性损坏或临时故障的修理，属于局部修理，亦称故障修理。

（3）中修：在两次大修中间为解决主要部件的不平衡磨损而采取的修理措施，以使机械设备能运转到大修周期。中修时除了对主要部件进行彻底修理之外，还要对其他部分进行检查保养和必要的修理。若机械的各个主要部件磨损程度相似，可以延长使用到下次大修，则可取消中修这一级。小型、简单的机械设备也可以取消中修这一级。

（4）大修：是指机械设备的多数部件即将达到极限磨损的程度，经过技术鉴定需要进行一次全面、彻底的恢复性修理。使机械设备的技术状况和使用性能达到规定的技术要求。

第四节　测量设备的管理

一、测量设备的配备与采购

建筑施工过程的所有组成部分，如"三通一平"、基础施工、主体施工、装修、竣工验收都需要使用测量设备（也称检测设备）。由于测量设备使用范围广，而且使用条件、环境也不同。因此，对测量设备的计量特性如：准确度、稳定性、分辨率、测量范围以及抗干扰的能力等的要求也不一样。选择配备测量设备首先要保证其计量性能能满足预期的使用要求，然后考虑其经济性及选用是否方便。测量设备配备时，要避免求大求洋，求高精度，甚至无法检定（高等级）、无法校准（自校水平不等），以免造成不必要的浪费。

（一）选择配备测量设备的注意事项

选择配备测量设备应注意以下几点：

（1）选择测量设备应选择有生产许可证的产品，如 CMC 标志产品，不采购"三无"产品。

（2）根据施工企业的特点，选择符合工程所需要的准确度的测量设备，即所配备的测量设备的计量特性，如：准确度、稳定性、量程、分辨率等，能满足被检参数的要求。

（3）工艺过程控制、产品质量控制、经营管理、能源管理、安全环保的测量设备配备应满足有关规定检测点的需要。

（二）测量设备的采购

测量设备的采购指的是外购的测量设备，及与其配套的辅助设备、零部件和软件等。采购测量设备及配套的辅助设备的质量控制应制定相应的管理程序或管理办法。其主要内容为：

（1）采购测量设备及对采购后的测量设备质量控制，即验证，应确定由某个部门统一管理。

（2）各部门、各施工项目部将所需采购的测量设备定期或不定期地填写测量设备配备申请、验证表报归口部门请求配备。所报内容应足以表明测量设备的性能、用途及有关技术指标和数量、价格，便于管理部门审查、决策，在经费落实的情况下列入采购计划。

（3）归口管理部门根据所报的测量设备申请、验证表审查和调查，审查所提出采购测量设备技术指标、规格型号等是否满足检测、测量的要求，即配置的合理性。调查了解需采购测量设备的先进性，调查其是否有政府计量行政部门颁布的《制造计量器具许可证》，是否有 CMC 标记。

（4）采购中，如是大型的，或价格较高的设备，应与供方签订供货合同。明确供货时间、规格型号、供货数量、质量要求、相关技术资料、包装及运输要求，以及检验不合格后的退货要求等。

（5）对采购到货的测量设备必须进行验证（也称验收）。验证包括两个方面：一是验证购进测量设备的合格证书，制造许可证编号、技术资料、厂名、厂址等，同时还需验证应配带的专用工具、附件等，还要对产品的外观进行检查，看有无变形，碰损或因包装、运输不当造成的损失。二是对采购测量设备的确认。能送政府计量行政部门规定法定计量检定机构的尽可能送检。确认合格后贴上合格标记，验证通过。否则，进行退货或修理处置。

二、测量设备的检定和校准

施工过程中常用的测量设备有经纬仪、水准仪、测距仪、坍落筒及各种尺具等。为了保证测量设备的准确性，要按有关规定和要求对测量设备开展计量检定、校准和维修等计量技术工作。

（一）测量设备的检定

检定是查明和确认计量器具是否符合法定要求的程序，它包括检查、加标记和（或）出具检定证书。

测量设备的检定可以送有检定资格的单位检定（送检），也可以由施工单位（企业）建标检定（建标自检），这是由施工单位自行决定采用送检还是建标自检。如需建标，施工单位应从以下两方面来考虑：

（1）应以企业的生产、经营、产品质量保证等实际需要来确定，同时兼顾及时、方便适用等因素。

（2）应进行必要的经济分析。将送检所需的费用与建标自检费用进行比较。如有可能对外承担任务，也可把对外创收的可能性估计进去。

为保证企业在用和流转的测量设备量值的准确一致，实施周期检定和修理的需要，企业建立的计量标准必须做到准确、可靠和完善。而对于企业最高计量标准器必须经过政府计量部门考核并合格，才能开展计量检定工作。

《计量法》规定了对不同的计量器具实行区别管理，即对社会公用计量标准器具，部门和企业、事业单位使用的最高计量标准器具和用于贸易结算，安全防护、医疗卫生、环境监测方面的列入强制检定计量器具目录的工作计量器具，实行强制检定，除此之外的计量器具实行非强制检定。

强制检定的计量器具的检定周期，由计量检定单位，根据计量器具的检定规程，在法定最长周期内确定。一般确定的主要依据是：

（1）工作计量器具的性能，特别是长期稳定性和可靠性的水平；

（2）使用条件；

（3）使用的频繁程度；

（4）使用单位的维护保养能力；

（5）已使用的工作计量器具历年周检检定合格的情况；

（6）影响计量准确度和长期稳定度的其他因素。

对于不需进行周期检定的强制检定的工作计量器具，如玻璃量器等，由政府计量行政部门所属或授权的检定机构执行使用前一次性检定。

（二）测量设备的校准

校准是在规定的条件下，为确定测量仪器或测量系统所指的量值，或实物量具或参考物质所代表的量值，与对应的由标准所复现的量值之间关系的一组操作。

对于国家、上级部门没有制定规程，没有开展计量检定的项目，企业应根据有关规定要求，结合实际情况，制定相应的校准依据和校准规程，按规定对测量设备进行校准。

三、测量设备的标志与编号

（一）测量设备的标志

测量设备的标志管理是计量确认的重要一环。它是确认结果的简单明了的体现，也是保证测量设备正确使用的一种手段。测量设备标志的作用主要有两个：一是表明测量设备所处的状态，是确认了还是未经确认，确认了哪些项目；二是防止错用，便于对测量设备的管理。应根据不同的需要，在标志上标注一些重要的项目。如：有效日期、标准日期、封存日期、禁用日期、使用人、检定员、批准人、限用条件、限用范围等。标志应置于测量设备的明显部位，并防止标志被损坏和脱落。

彩色标记是用不同颜色和文字表示测量设备被确认的状态。它最显著的特点是简洁、鲜明，易于普通工作人员识别使用，是防止乱用、误用、错用最有效的方法。

目前一般的企业主要采用以下几种标志：

《计量标准》也可称为《测量标准》标志：表示是企业内最高计量标准器（装置），一般设置在企业计量室内。它是按我国计量法要求，由政府计量行政部门考核与更高标准器建立相应的量值溯源关系，或者是企业特别是土建施工企业作为校准质量检测器具的最高标准器。

《合格》标志：该标志表明经国家、地方和部门检定规程的测量设备按规程检定后处于合格状态。该标志采用绿色，是惯用的可行通行的颜色，并有清晰的"合格"字样。使用时需填写下一次按检定规程要求确认的时间及检定人员姓名或代号。

《准用》标志：该标志表明未经计量检定规程规定检定的测量设备，是按有关规定进行校准并处于校准合格状态。该标志一般采用黄色，有清晰的"准用"字样，也可采用绿色。使用时填写的内容与《合格》标记基本相同。

《限用》标志：该标志表明测量设备的部分功能或量限得到确认，处于合格的状态。经确认的部分可以是用检定形式，也可以用校准方式。使用时除填写下一次确认时间及确认人员外，还应填写已被确认的功能或量限。这种管理方法可以节约确认费用和减少确认工作量。还能提醒工作人员不能像通常的测量设备那样随意使用。

《禁用》标志：贴有该标志的测量设备，任何人都不得使用。这是对发现故障、超差、超周期及停用测量设备采取的强制管理措施。对于那些经校准、检定或无法修复的测量设备，以及国家明令淘汰的计量器具也应列入禁用标志管理范围之内。该标志采用红色，是惯用的停止进行的颜色，并有清楚的"禁用"字样。使用时只需填写当时确认的时间及实施确认人员即可。

《封存》标志：贴有该类型标志的测量设备，是指那些暂不投入使用，或者上个工程项目延续到在建工程，而在建工程测量设备又饱和状态的测量设备，暂予封存。封存的测量设备虽不属受控范围，也不受国家监督，但欲投入使用前必须进行检定或校准确认，方可使用。

（二）测量设备的编号

企业的测量设备应规定统一编号的方法，按统一编号建立测量设备管理台账。测量设备编号的表示方法参照图12-2。

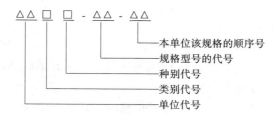

图12-2　测量设备的编号

测量设备的类别、种别代号表示如表12-10所示（限于篇幅，仅列举三项）。

测量设备的型号，由企业或行业主管部门规定。

表12-10　测量设备的类别、种别代号（部分）

测量设备类别	测量设备种别	
1. 长度　　L	（1）线纹仪器	S
	（2）端度仪器（高度厚度）	G
	（3）角度仪器	A
2. 热学　　T	（1）温度仪器	T
	（2）湿度仪器	K
	（3）热量仪器	Q
	（4）热流量仪器	F
	（5）热辐射仪器	R
3. 力学　　F	（1）质量仪器（包括测力仪器）	M
	（2）重量仪器	W
	（3）容量仪器	C
	（4）压力仪器	P
	（5）转速仪器	N
	（6）速度仪器	S
	（7）流量仪器	F
	（8）加速仪器	A
	（9）密度仪器	D
	（10）真空仪器	T
	（11）硬度仪器	H
	（12）振动仪器	O
（下略）		

四、不合格测量设备的处理

（一）不合格测量设备

当测量设备出现以下情况之一者，为不合格测量设备：

（1）已经损坏。

（2）过载或误操作。

（3）显示不正常。

（4）功能出现了可疑。

（5）超过了规定的确认间隔。

（6）封缄的完整性已损坏。

遇到以上情况之一者，应立即停止使用该测量设备，并采取适当措施加以处理。

（二）不合格测量设备处理措施

对不合格测量设备应按规定做好标志，单独存放并做好记录。对可进行维修、调试的设备要重新校准。对不可进行维修和调试的设备做报废处理。

复习思考题

1. 简述资源管理的重要意义。

2. 施工单位人力资源是由哪几部分构成的？

3. 施工单位人力资源管理的任务和内容是什么？人力资源培训应如何开展？

4. 物资管理的任务是什么？

5. 按物资在施工生产中的作用应如何分类？

6. 物资计划有几种分类法？每种分类法中又可分几种物资计划？

7. 试述如何编制物资需用计划和物资供应计划。

8. 物资采购的原则有哪些？

9. 如何评价和选择供货商？

10. 签订物资采购合同（购销合同）的基本原则有哪些？

11. 物资合同管理应做好哪些工作？

12. 物资验收应遵循哪些原则？物资验收前应做哪些准备工作？物资验收主要有哪些内容？验收中的问题应如何处理？

13. 合理组织运输应遵循的原则是什么？物资装卸时应注意什么？

14. 库存物资保管有何基本要求？如何对库存物资进行科学养护？如何确保仓库的安全？

15. 物资发放时有哪些要求？

16. 施工现场物资管理的具体任务是什么？施工现场在各阶段物资保管主要有哪些工作？

17. 施工机械设备管理主要的内容是什么？

18. 施工机械设备配备应遵循哪些原则？

19. 施工机械设备选择应考虑哪些因素？有哪些选择的方法？

20. 施工机械设备使用的管理应有哪些工作？

21. 简述如何进行施工机械设备的保养和维修。

22. 选择配备测量设备应注意哪些事项？

23. 如何控制采购测量设备及配套辅助设备的质量？

24. 测量设备的检定和校准有何不同？测量设备的检定有何规定？

25. 简述测量设备的标志方法及编号方法。

26. 不合格的测量设备应如何处理？对不合格测量设备的测量结果应如何处置？

第十三章　施工项目成本管理

第一节　施工项目成本管理概述

施工项目成本是指在建设工程项目的施工过程中发生的全部生产费用总和，包括所消耗的主辅材料、构配件、周转材料的摊销费或租赁费、施工机械的台班费、支付给生产施工人员的工资和奖金（直接成本），以及项目经理部为组织和管理工程施工所发生的全部费用支出（间接成本）。

施工项目成本管理就是在要保证施工项目工期和质量满足要求的情况下，采取相关的管理措施，包括组织措施、经济措施、技术措施、合同措施，把成本控制在计划范围内，并进一步寻求最大限度的成本节约。

一、施工项目成本的划分

根据管理的需要，可将成本划分为不同的形式。

（一）按成本发生的时间划分

1. 预算成本

工程预算成本反映各地区建筑业的平均成本水平。它根据由施工图、全国统一的工程量计算规则计算出来的工程量，全国统一的建筑、安装基础定额和由各地区的市场劳务价格、材料价格信息及价差系数，并按有关取费的指导性费率进行计算。

2. 合同价

合同价是业主在分析众多投标书的基础上，最终与一家承包商确定的工程价格，最终在双方签订的合同文件中确认，作为工程结算的依据。对承包商来说是通过报价竞争获得承包资格而确定的工程价格。合同价是项目经理部确定成本计划和目标成本的主要依据。

3. 计划成本

计划成本是在项目经理领导下组织施工、充分挖掘潜力、采取有效的技术措施和加强管理与经济核算的基础上，预先确定的工程项目的成本目标。它是根据合同价以及企业下达的成本降低指标，在成本发生前预先计算的。它对于企业和项目经理部的经济核算，建立和健全成本管理责任制，控制施工过程中生产费用，降低项目成本具有十分重要的作用。

4. 实际成本

实际成本是施工项目在施工期内实际发生的各项生产费用的总和。实际成本与计划成本比较，可反映节约或超支；实际成本与合同价比较，可反映项目盈亏情况。计划成本和实际成本都反映施工企业成本管理水平，它受企业本身的生产技术、施工条件、项目经理部组织管理水平以及企业生产经营管理水平所制约。

（二）按施工费用计入成本的方法划分

1. 直接成本

直接成本是指直接耗用于工程并能直接计入工程对象的费用。

2. 间接成本

间接成本是指非直接用于也无法直接计入工程对象，但为进行工程施工所必须发生的费用，包括管理人员工资、办公费用、差旅交通费用等。通常是按照直接成本的比例进行计算。

（三）按成本习性来划分

1. 固定成本

固定成本是指在一定期间和一定的工程范围内，发生的成本额不受工程量增减变动的影响而相对固定的成本，如折旧费、管理人员工资等。固定成本是为了保持企业一定的生产经营条件而发生的。

2. 变动成本

变动成本是指发生额随着工程量的增加而成正比例变动的费用，如用于工程的材料费、工人工资等。

二、施工项目成本管理的工作任务

施工项目成本管理的工作内容包括成本预测、成本计划、成本控制、成本核算。成本分析和成本考核等。施工项目经理部在项目施工过程中，对所发生的各种成本信息通过有组织、有系统的预测、计划、控制、核算和分析等一系列工作，促使施工项目系统内各种要素按照一定的目标运行。使施工项目的实际成本能够控制在预定的计划成本范围内。

（一）施工项目成本预测

施工项目成本预测是通过成本信息和施工项目的具体情况，采用一定的预测方法，对未来的成本水平及其可能发展趋势作出科学的估计。它可以使项目经理部在满足业主和企业要求的前提下，选择成本低、效益好的最佳方案；并能在施工项目成本形成过程中，针对薄弱环节，加强成本控制，克服盲目性，提高预见性。

（二）施工项目成本计划

施工项目成本计划是以货币形成编制的施工项目在计划期内的生产费用、成本水平、成本降低率以及为降低成本所采取的主要措施和规划的书面方案，它是建立施工项目成本管理责任制、开展成本控制和核算的基础，是施工项目降低成本的指导文件，是建立目标成本的依据。可以说，成本计划是目标成本的一种形式。

施工项目成本计划应满足施工承包合同规定的工程质量和工期的要求、施工企业对施工成本管理目标的要求、项目实施方案中合理的经济要求及有关的定额和市场价格的要求。

（三）施工项目成本控制

施工项目成本控制是指项目在施工过程中，对影响施工项目成本的各种因素加强管理，并采取各种有效措施，将施工实际发生的各种消耗和支出严格控制在成本计划范围内，严格审查各项费用是否符合标准，计算实际成本和计划成本之间的差异并进行分析，消除施工中的浪费现象。

施工项目成本控制应贯穿于施工项目从投标阶段开始直到项目竣工验收的全过程，它是企业全面成本管理的重要环节。施工成本控制可分为事先控制、事中控制（过程控制）和事后控制。在项目的施工过程中，需按动态控制原理对实际施工成本的发生过程进行有效控制。

合同文件和成本计划是成本控制的目标，进度报告和工程变更与索赔资料是成本控制过程中的动态资料。

成本控制的程序体现了动态跟踪控制的原理。成本控制报告可单独编制，也可以根据需要与进度、质量、安全和其他进展报告结合，提出综合进展报告。

（四）施工项目成本核算

施工项目成本核算是对项目施工过程中所发生的各种费用和形成的施工项目成本进行的核算。施工项目成本核算所提供的各种成本信息，是成本预测、成本计划、成本控制、成本分析和成本考核等各个环节的依据。

（五）施工项目成本分析

施工项目成本分析是在成本形成过程中，根据成本核算资料和其他有关资料，对施工项目成本进行的对比评价和总结，将实际成本与目标成本、预算成本以及类似施工项目实际成本等进行比较，了解成本的变动情况，检查成本计划的合理性，并通过成本分析，深入揭示成本变动的规律，寻找降低施工项目成本的途径和潜力。

（六）施工项目成本考核

施工项目成本考核是在施工项目完成后，对施工项目成本形成中的各责任者，按施工项目成本目标责任制的有关规定，评定施工项目成本计划的完成情况和各责任者的业绩，并给予相应的奖励和处罚。

三、施工项目成本管理的措施

为了取得施工成本管理的理想成效，应当从多方面采取措施实施管理，通常可以将这些措施归纳为四个方面：组织措施、技术措施、经济措施和合同措施。

（一）施工成本管理的组织措施

组织措施的一方面是从施工成本管理的组织方面采取的措施。施工成本控制是全员的活动，如实行项目经理责任制，落实施工成本管理的组织机构和人员，明确各级施工成本管理人员的任务和职能分工、权利和责任。施工成本管理不仅是专业成本管理人员的工作，各级项目管理人员都负有成本控制责任。

组织措施的另一方面是编制施工成本控制工作计划、确定合理详细的工作流程。要做好施工采购规划，通过生产要素的优化配置、合理使用、动态管理，有效控制实际成本；加强施工定额管理和施工任务单管理，控制活劳动和物化劳动的消耗；加强施工调度，避免因施工计划不周和盲目调度造成窝工损失、机械利用率降低、物料积压等而使施工成本增加。成本控制工作只有建立在科学管理的基础之上，具备合理的管理体制，完善的规章制度，稳定的作业秩序，完整准确的信息传递，才能取得成效。组织措施是其他各类措施的前提和保障，而且一般不需要增加什么费用，运用得当可以收到良好的效果。

（二）施工成本管理的技术措施

技术措施不仅对解决施工成本管理过程中的技术问题是不可缺少的，而且对纠正施工成本管理目标偏差也有相当重要的作用。因此，运用技术纠偏措施的关键，一是要能提出多个不同的技术方案，二是要对不同的技术方案进行技术经济分析。

施工过程中降低成本的技术措施，包括如进行技术经济分析，确定最佳的施工方案；结合施工方法，进行材料使用的比选，在满足功能要求的前提下，通过代用、改变配合比、使用添加剂等方法降低材料消耗的费用；确定最合适的施工机械、设备使用方案；结合项目的施工组织设计及自然地理条件，降低材料的库存成本和运输成本；采用施工新技术，运用新材料，使用新机械设备等。在实践中，也要避免仅从技术角度选定方案而忽视对其经济效果的分析论证。

（三）施工成本管理的经济措施

经济措施是最易为人们所接受和采用的措施。管理人员应编制资金使用计划，确定、分解施工成本管理目标。对施工成本管理目标进行风险分析，并制定防范性对策。对各种支出，应认真做好资金的使用计划，并在施工中严格控制各项开支。及时准确地记录、收集、整理、核算实际发生的成本。对各种变更，及时做好增减账，及时落实业主签证，及时结算工程款。通过偏差分析和对未完工程的预测，可发现一些潜在的问题将引起未完工程施工成本增加，对这些问题应以主动控制为出发点，及时采取预防措施。由此可见，经济措施的运用绝不仅仅是财务人员的事情。

（四）施工成本管理的合同措施

采用合同措施控制施工成本，应贯穿整个合同周期，包括从合同谈判开始到合同终结的全过程。首先，选用合适的合同结构，对各种合同结构模式进行分析、比较，在合同谈判时，要争取选用适合于工程规模、性质和特点的合同结构模式；其次，在合同的条款中应仔细考虑一切影响成本和效益的因素，特别是潜在的风险因素。通过对引起成本变动的风险因素的识别和分析，采取必要的风险对策，如通过合理的方式，增加承担风险的个体数量，降低损失发生的比例，并最终使这些策略反映在合同的具体条款中。在合同执行期间，合同管理的措施既要密切注视对方合同执行的情况，以寻求合同索赔的机会；同时也要密切关注自己履行合同的情况，以防止被对方索赔。

第二节　施工项目成本预测和计划

一、施工项目成本预测

（一）施工项目成本预测的作用

成本预测是对施工活动实行事前控制的重要手段。成本预测是根据施工项目的具体情况及成本信息，按照程序，运用一定的方法、对未来的成本水平及其可能发展的趋势做出科学的估算。它是在工程施工前对成本进行的估算。

成本预测主要有以下几个方面的作用：

1. 成本预测是进行成本决策和编制成本计划的基础

施工单位在进行成本预测时，首先要广泛收集经济信息资料，进行全面的、系统的分析研究，并通过以现代数学方法为基础的预测方法体系和电子计算机，对未来施工经营活动进行定性研究和定量分析，并作出科学判断，预测成本降低率和降低额，从而为成本决策和制订成本计划提供客观的、可靠的依据。

2. 成本预测为选择最佳成本方案提供科学依据

通过成本预测，对未来施工经营活动中可能出现的影响成本升降的各种因素进行科学分析，比较各种方案的经济效果，作为选择最佳成本方案和最优成本决策的依据。目前，我国实行招标、投标制度，建筑企业在选择投标项目时，就要进行成本预测，以便选定成本预测值最低、利润最大、经济效益最好的项目。此外，在施工过程中，由于施工方案、组织方式以及材料代用等方面不同，成本预测值也有所不同，通过成本预测，可以找出成本预测值最小的那种方案进行施工。

3. 成本预测是挖掘内部潜力，加强成本控制的重要手段

成本预测是对施工活动实行事前控制的一种手段，其最终目的是降低项目成本，提高经济效益。为了达到预定成本目标，就要切实做好成本预测工作，指明降低成本的方向，提出具体的施工技术组织措施。

（二）施工项目成本预测的种类

1. 投标决策的成本预测

施工单位在选择投标工程项目时，首先要对其成本进行预测，确定成本数值，作为是否投标承包决策的依据。

2. 编制成本计划前的成本预测

在编制施工项目成本计划之前，应细致、准确地对施工项目成本进行预测，以便作为编制成本计划的依据。

3. 成本计划执行中的成本预测

在施工活动过程中，施工单位对成本计划的完成情况要及时检查、预测、分析、研究成本升降的原因和今后的发展趋势，从中总结经验、发现薄弱环节，并及时采取有效措施，保证成本计划的实现。

通过以上各方面的成本预测，就可以为制定决策方案、编制和实施成本计划提供科学依据，从而加强对成本的控制力度，完成或超额完成降低成本的任务。

（三）施工项目成本预测的要求

成本预测是一项十分复杂的工作，它涉及面广，需要的数据资料多。为了做好成本预测工作，一般应遵循以下各项要求：

1. 成本预测要全面考虑经济效益

在施工经营活动中，全面讲求经济效益，是企业进行经营管理的重要原则。因此，进行成本预测不仅要考虑降低成本，而且还要研究和正确处理工作量、竣工面积、工程质量、资金占用和工程成本的关系，全面考虑经济效益，确定最优成本方案。

2. 成本预测要与改进施工技术组织措施相结合

工程成本是综合反映施工经营管理活动的质量指标。对成本进行预测、确定最优的成本，必须同时研究如何改进施工技术和提高经营管理水平，提出各项施工技术组织措施，使降低成本有可靠的保证。所以，成本预测与改进施工技术组织措施相结合，是做好成本预测的重要原则。

3. 成本预测要准确可靠

成本预测的准确可靠，是对成本事前控制和事中控制的必要条件。因此，要求成本预

测应尽可能准确可靠，接近客观实际。否则，靠"拍脑袋"，主观估计、测算的成本数值就会脱离客观实际，这样的数据就不能用于控制成本和调动职工降低成本的积极性。所以，必须广泛调查研究，收集资料，了解和掌握市场情况、同行业的成本水平以及计划期内可能发生的情况等，这是保证成本预测准确性的基础。

（四）施工项目成本预测的方法

1. 施工项目成本预测的基本方法

根据成本预测的内容和期限不同，成本预测的方法有所不同，但基本上可以归纳为以下两类：

（1）定性分析法。定性分析法是指通过调查研究，利用直观的有关资料，个人经验和综合分析能力进行主观判断，对未来成本进行预测的方法，因而也称为直观判断预测法，或简称为直观法。这种方法使用起来比较简便，一般是在资料不多，或难以进行定量分析时采用，适用于中、长期预测。常用的定性预测方法有：管理人员判断法、专业人员意见法、专家意见法及市场调查法等。具体的方式有开座谈会、访问、现场观察、函调等。

（2）定量分析法。定量分析法是根据历史数据资料，应用数理统计的方法来预测事物的发展状况，或者利用事物内部因素发展的因果关系，来预测未来变化趋势的方法。这类方法又可分为下列两种：

①外推法。外推法是利用过去的历史数据来预测未来成本的方法。常用的是时间序列分析法，它是按时间（年或月）顺序排列历史数据，承认事物发展的连续性，从这种排列的数据中推测出成本降低的趋势。外推法的优点是简单易行，只要有过去的成本资料，就可以进行成本预测；缺点是撇开了成本各因素之间的因果关系。因为未来成本不可能是过去成本按某一模式的翻版，所以，用于长期预测时准确性较差，一般适用于短期预测。

②因果法。因果法是按照影响成本的诸因素变化的原因，找出原因与结果之间的联系，并利用这些因果关系来预测未来成本的方法。因果法的优点是测算的数值比较准确，缺点是计算比较复杂。

2. 两点法

两点法，是一种较为简便的统计方法。按照选点的不同，可分为高低点法和近期费用法。所谓高低点法，是指选取的两点是一系列相关值域的最高点和最低点，即以某一时期内的最高工作量与最低工作量的成本进行对比，借以推算成本中的变动与固定费用各占多少的一种简便方法。如果选取的两点是近期的相关值域，则称为近期费用法。

例如，某单位历年工作量和成本资料如表 13-1 所示。

表 13-1 某单位历年工作量和成本资料 单位：万元

年　份	1992	1993	1994	1995	1996
工作量	1 100	1 200	1 300	1 350	1 402
总费用	1 050	1 150	1 250	1 300	1 320

（1）高低点法的计算方法如下：

如果 1997 年的预测工作量为 1 500 万元，运用高低点法预测它的总费用和单位成本。在 1992 年至 1996 年的相关值域中，选出最低点为 1992 年的数值，最高点为 1996 年的数值。则：

$$费用变动率 = \frac{最高点总费用 - 最低点总费用}{最高点工作量 - 最低点工作量}$$

$$= \frac{1\ 320\ 万元 - 1\ 050\ 万元}{1\ 402\ 万元 - 1\ 100\ 万元}$$

$$= 0.894$$

$$固定费用 = 最高点总费用 - 最高点工作量 \times 费用变动率$$

$$= 1\ 320\ 万元 - 1\ 402\ 万元 \times 0.894$$

$$= 666\ 120\ 元$$

$$预测\ 1997\ 年度总费用 = 1997\ 年度工作量 \times 费用变动率 + 固定费用$$

$$= 1\ 500\ 万元 \times 0.894 + 666\ 120\ 元$$

$$= 14\ 076\ 120\ 元$$

$$预测\ 1997\ 年度单位成本 = 1997\ 年度总费用 / 1997\ 年度工作量$$

$$= 14\ 076\ 120\ 元 / 1\ 500\ 万元$$

$$= 0.938\ 4$$

（2）近期费用法的计算方法如下：

设：V 表示费用变动率，F 表示固定费用总额，X 表示工作量，Y 表示总费用（总成本），U 表示单位成本。

仍以上例为例，如果采用近期费用法（即选取 1995 年和 1996 年的数值），则：

$$V = \frac{Y_{1996} - Y_{1995}}{X_{1996} - X_{1995}}$$

$$= \frac{1\ 320\ 万元 - 1\ 300\ 万元}{1\ 402\ 万元 - 1\ 350\ 万元}$$

$$= 0.384\ 6$$

$$F = Y_{1996} - VX_{1996}$$

$$= 1\ 320\ 万元 - 0.3\ 846 \times 1\ 402\ 万元$$

$$= 7\ 807\ 908\ 元$$

$$Y_{1997} = VX_{1997} + F$$

$$= 0.384\ 6 \times 1\ 500\ 万元 + 7\ 807\ 908\ 元$$

$$= 5\ 769\ 000\ 元 + 7\ 807\ 908\ 元$$

$$= 13\ 576\ 908\ 元$$

$$U_{1997} = \frac{Y_{1997}}{X_{1997}}$$

$$= \frac{13\ 576\ 908\ 元}{1\ 500\ 万元}$$

$$= 0.905\ 1$$

通过以上两种方法对 1997 年成本预测的例子，可以看出，两点法的优点在于简便易算，缺点是有一定的误差，预测值不够精确。

3. 最小二乘法

最小二乘法是采用线性回归分析，寻找一条直线，使该直线比较接近约束条件，用于预测总成本和单位成本的一种方法。

仍以上例数字编制最小二乘法计算表，如表 13-2 所示。

表 13-2　最小二乘法计算表　　　　　　　　　　　　　　　单位：万元

年　份	工作量 （X）	总费用 （Y）	x 离差 （$X-\overline{X}$）	y 离差 （$Y-\overline{Y}$）	$(X-\overline{X})^2$	$(X-\overline{X})\times(Y-\overline{Y})$
①	②	③	④	⑤	⑥	⑦
1992	1 100	1 050	−170.4	−164	29 036.16	27 945.6
1993	1 200	1 150	−70.4	−64	4 956.16	4 505.6
1994	1 300	1 250	29.6	36	876.16	1 065.6
1995	1 350	1 300	79.6	86	6 336.16	6 845.6
1996	1 402	1 320	131.6	106	17 318.56	13 949.6
总　计	6 352	6 070	—	—	58 523.2	54 312
平均值	1 270.4	1 214	—	—	—	—

最小二乘法计算表的填列方法如下：

（1）工作量和总费用，按年度填入第②③栏；

（2）将各年度的工作量、总费用分别汇总；

（3）总计后，求得每个变量和平均值；

$$\overline{X}=1\,270.4\ \text{万元}$$
$$\overline{Y}=1\,214\ \text{万元}$$

（4）将第②栏各数同该栏平均值的离差，填入第④栏；

（5）将第③栏各数同该栏平均值的离差，填入第⑤栏；

（6）将第④栏自乘，即 $(X-\overline{X})^2$，填入第⑥栏，并加总；

（7）将第④栏和第⑤栏相乘，即 $(X-\overline{X})(Y-\overline{Y})$，填入第⑦栏，并加总。

将第⑦栏总计数除以第⑥栏总计数，求得倾向变动线的斜率（b）：

$$b=\frac{\sum_{i=1}^{n}(X_i-\overline{X})(Y_i-\overline{Y})}{\sum_{i=1}^{n}(X_i-\overline{X})^2}=\frac{54\,312}{58\,523.2}=0.928$$

y 对 x 的线性回归方程：

$$\overline{Y}=a+b\,\overline{X}$$

已知：$\overline{X}=1\,270.4$，$\overline{Y}=1\,214$，$b=0.928$，将它们代入线性回归方程式：

$$a=\overline{Y}-b\,\overline{X}$$
$$=1\,214-0.928\times1\,270.4$$
$$=35.07$$

y 对 x 的线性回归方程 $\overline{Y}=a+b\,\overline{X}$，就是施工费用曲线方程 $Y=F+VX$，所以，通过最小二乘法分解，在所要分析的相关值域中，$F=35.07$，$V=0.928$。

根据上述施工费用曲线方程，可以预测 1997 年该企业的总成本 y 和单位成本 U 如下：

$$Y_{1997}=F+VX_{1997}$$

$$= 35.07 + 0.928 \times 1\ 500$$
$$= 1\ 427.07\ （万元）$$

$$U_{1997} = \frac{Y_{1997}}{X_{1997}} = \frac{1\ 427.07}{1\ 500} = 0.951\ 4$$

4. 专家预测法

专家预测法是依靠专家来预测未来成本的方法。这种预测值的准确性，取决于专家知识和经验的广度和深度。采用专家预测法，一般要事先向专家提供成本信息资料，由专家经过研究分析，根据自己的知识和经验，对未来成本作出个人的判断，然后再综合分析各专家的意见，形成预测的结论。

专家预测的方式一般有个人预测和会议预测两种。个人预测的优点能够最大限度地利用个人的能力，意见易于集中；缺点是受专家的业务水平、工作经验和成本信息的限制，有一定的局限性。会议预测的优点是经过充分讨论，所测数值比较准确；缺点是有时可能出现会议准备不周，走过场，或者屈从于领导意见的情况。

现举例说明专家预测的方法。假设某企业要预测 1997 年的成本降低率，可以将 1997 年预计的施工任务、1995 年和 1996 年 1 月至 10 月的成本报表、公司对降低成本的要求，以及在计划年度将采取的主要技术组织措施，告诉各专家，请他们提出预测意见。假定专家预测的结果为：有 4 名专家提出成本降低 4%，6 名专家提出成本降低 5%，6 名专家提出成本降低 6%，3 名专家提出成本降低 7%，1 名专家提出成本降低 2%，则把这些数字进行加权平均：

$$\overline{X} = \frac{\sum xf}{\sum}$$

$$= \frac{4 \times 4\% + 6 \times 5\% + 6 \times 6\% + 3 \times 7\% + 1 \times 2\%}{4 + 6 + 6 + 3 + 1}$$

$$= 5.25\%$$

这些平均数据，经过研究、修正后，就可以作为施工单位成本降低率的预测值。

二、施工项目成本计划

（一）施工项目成本计划概念及内容

1. 施工项目成本计划概念

项目成本计划是项目成本管理的一个重要的环节，是实现降低项目成本任务的指导性文件，也是项目成本预测的继续。

项目成本计划是在多种成本预测的基础上，经过分析、比较、论证、判断之后，以货币形式预先规定计划期内项目施工的耗费和成本所要达到的水平，并且确定各个成本项目要达到的降低额和降低率，提出保证成本计划实施所需要的主要措施。

项目成本计划是对生产耗费进行控制、分析和考核的重要依据，是建立企业成本管理责任制、开展经济核算和控制生产费用的基础。

2. 施工项目成本计划的内容

施工项目成本计划一般由施工项目降低直接成本计划、间接成本计划及技术组织措施组成，如果项目设有附属生产单位，如加工厂、预制厂等，则成本计划还包括产品成本计划和作业成本计划。

施工项目降低直接成本计划主要反映工程成本的预算价值、计划降低额和计划降低率。间接成本计划主要反映施工现场管理费用的计划数、预算收入数及降低额。技术组织措施主要是从技术、组织、管理方面采取措施，如推广新技术、新材料、新结构、新工艺，加强材料、机械管理，采用现代化管理技术等来降低成本，对所采取的技术组织措施预测其经济效益，编制降低成本的技术组织措施表。

（二）施工项目成本计划编制的原则

1. 从实际出发的原则

编制成本计划必须从企业的实际情况出发，充分挖掘企业内部潜力，正确选择施工方案，合理组织施工，提高劳动生产率；改善材料供应，降低材料消耗，提高机械利用率；节约施工管理费用等。使降低成本指标既积极可靠，又切实可行。

2. 与其他计划结合的原则

一方面成本计划要根据施工项目的生产和技术组织措施、劳动工资、材料供应等计划来编制；另一方面编制其他各种计划都应考虑适应降低成本的要求。因此，编制成本计划，必须与施工项目的其他各项计划如施工方案、生产进度、财务计划、材料供应及耗费计划等密切结合，保持平衡。

3. 采用先进的技术经济定额的原则

编制成本计划，必须以各种先进的技术经济定额为依据，并针对工程的具体特点，采取切实可行的技术组织措施。只有这样，才能编制出既有科学根据，又有实现可能的、起到促进和激励作用的成本计划。

4. 统一领导、分级管理的原则

编制成本计划，应实行统一领导、分级管理的原则，应在项目经理的领导下，以财务、计划部门为中心，发动全体职工共同进行，总结降低成本的经验，找出降低成本的正确途径，使成本计划的制订和执行具有广泛的群众基础。

5. 弹性原则

在项目施工过程中很可能发生一些在编制计划时所未预料的变化，尤其是材料供应、市场价格，因此，在编制计划时应充分考虑各种变化因素，留有余地，使计划保持一定的适应能力。

（三）施工项目成本计划编制的依据

编制施工项目成本计划的主要依据如下：

（1）项目经理部与企业签订的承包合同及企业下达的成本降低额、降低率及其他有关技术经济指标。

（2）有关成本预测、决策的资料。

（3）施工项目的施工图预算、施工预算。

（4）施工组织设计。

（5）施工项目使用的机械设备生产能力及其利用情况。

（6）施工项目的材料消耗、物资供应、劳动工资及劳动效率等计划资料。

（7）计划期内的物资消耗定额、劳动定额、费用定额等资料。

（8）以往同类项目成本计划的实际执行情况及有关技术经济指标完成情况的分析

资料。

（9）同行业同类项目的成本、定额、技术经济指标资料及增产节约的经验和有效措施。

（10）其他相关资料。

（四）施工项目成本计划编制程序和方法

1. 施工项目成本计划编制程序

编制成本计划的程序，因项目的规模大小、管理要求不同而不同，大中型项目一般采用分级编制的方式，即先由各部门提出部门成本计划，再由项目经理部汇总编制全项目的成本计划；小型项目一般采用集中编制方式，即由项目经理部先编制各部门成本计划，再汇总编制全项目的成本计划。无论采用哪种方式，其编制的基本程序如下：

（1）收集和整理资料。广泛收集资料并进行归纳整理是编制成本计划的必要步骤。所收集的资料，应满足编制施工项目成本计划的要求。

此外，还应深入分析当前情况和未来的发展趋势，了解影响成本升降的各种有利和不利因素，研究克服不利因素和降低成本的具体措施，为编制成本计划提供丰富、具体和可靠的资料。

（2）估算计划成本，确定目标成本。对所收集到的各种资料进行整理分析，根据有关的设计、施工等计划，按照工程项目应投入的物资、材料、劳动力、机械、能源及各种设施等，结合计划期内各种因素的变化和准备采取的各种增产节约措施，进行反复测算、修订、平衡后，估算生产费用支出的总水平，进而提出全项目的成本计划控制指标，最终确定目标成本。

目标成本即是项目（或企业）对未来期产品成本规定的奋斗目标。目标成本有很多形式，在制定目标成本作为编制施工项目成本计划和预算的依据时，可能以计划成本或标准成本为目标成本，这将随成本计划编制方法的不同而变化。

目标成本的计算公式为

$$项目目标成本 = 预计结算收入 - 税金 - 项目目标利润 \tag{13-1}$$

$$目标成本降低额 = 项目的预算成本 - 项目的目标成本 \tag{13-2}$$

$$目标成本降低率 = \frac{目标成本降低额}{项目的预算成本} \times 100\% \tag{13-3}$$

（3）编制成本计划草案。对大中型项目，各职能部门根据项目经理下达的成本计划指标，结合计划期的实际情况，挖掘潜力，提出降低成本的具体措施，编制各部门的成本计划和费用预算。

（4）综合平衡，编制正式的成本计划。在各职能部门上报了部门成本计划和费用预算后，项目经理部首先应结合各项技术组织措施，检查各计划和费用预算是否合理可行，并进行综合平衡，使各部门计划和费用预算之间相互协调、衔接；要从全局出发，在保证企业下达的成本降低任务或本项目目标成本实现的情况下，分析研究成本计划与生产计划、劳动力计划、材料成本与物资供应计划、工资成本与工资基金计划、资金计划等的相互协调平衡。经反复讨论多次综合平衡，最后确定的成本计划指标，即可作为编制成本计划的依据。项目经理部正式编制的成本计划，上报企业有关部门后即可正式下达至各职能部门执行。

2. 施工项目成本计划编制的方法

（1）施工预算法。施工预算法是指以施工图中的工程实物量，套以施工工料消耗定额，计算工料消耗量，并进行工料汇总，然后统一以货币形式反映其施工生产耗费水平。

以施工工料消耗定额所计算的施工生产耗费水平，基本是一个不变的常数。一个施工项目要实现较高的经济效益（即提高降低成本的水平），就必须在这个常数基础上采取技术节约的措施，以降低消耗定额的单位消耗量和降低价格等，达到成本计划目标成本的水平。因此，采用施工预算法编制成本计划时，必须考虑结合技术节约措施计划，以进一步降低施工生产耗费水平。

①施工预算法的计划成本公式为

$$\begin{matrix}\text{施工预算法的} \\ \text{计划成本（目标成本）}\end{matrix} = \begin{matrix}\text{施工预算施工生产耗费水平} \\ \text{（工料消耗费用）}\end{matrix} - \begin{matrix}\text{技术节约措施} \\ \text{计划节约额}\end{matrix} \qquad (13\text{-}4)$$

【例 13-1】　某工程项目按照施工预算的工程量，套用施工工料消耗定额所计算的消耗费用为 1 164.70 万元，技术节约措施计划的节约额为 41.23 万元，试计算计划成本。

解：工程项目计划成本 =（1 164.70 - 41.23）万元 = 1 123.47 万元

②施工图预算和施工预算的区别。施工图预算是以施工图为依据，按照预算定额和规定的取费标准以及施工图工程量计算出项目成本，反映为完成施工项目建筑安装任务所需要的直接成本和间接成本。它是招标投标中计算标底的依据，评标的尺度；是控制项目成本支出、衡量成本节约或超支的标准，也是施工项目考核经营成果的基础。施工预算是施工单位（各项目经理部）根据施工定额编制的，作为施工单位内部经济核算的依据。两预算对比差额的实质是反映两种定额——施工定额和预算定额产生的差额，因此又称为定额差。

（2）技术节约措施法。技术节约措施法是指以工程项目计划采取的技术组织措施和节约措施所能取得的经济效果为项目成本降低额，然后计算工程项目的计划成本的方法。

工程项目计划成本计算公式为

$$\text{工程项目计划成本} = \text{工程项目预算成本} - \begin{matrix}\text{技术节约措施} \\ \text{计划节约额（成本降低额）}\end{matrix} \qquad (13\text{-}5)$$

$$\text{计划成本降低率} = \frac{\text{计划成本降低额}}{\text{工程项目预算成本}} \times 100\% \qquad (13\text{-}6)$$

采用这种计算方法，首先确定的是降低成本指标，确定降低成本技术节约措施，然后再编制成本计划。

【例 13-2】　某工程项目造价 819.25 万元，扣除计划利润和税金以及企业管理费，经计算，该项目的预算成本为 663.46 万元，该项目的技术节约措施节约额为 42.13 万元。计算计划成本和计划成本降低率。

解：工程项目计划成本 =（663.46 - 42.13）万元 = 621.33 万元

工程项目计划成本降低率 =（42.13 ÷ 663.46）× 100% = 6.35%

【例 13-3】　某工程项目造价为 2 330.26 万元，扣除计划利润和税金以及企业管理费，经计算，该项目的预算成本总额为 1 853.5 万元，其中，人工费为 196.7 万元，材料费为 1 413.2 万元，机械使用费为 124.2 万元，措施费为 30.8 万元，施工管理费为 88.6 万元。项目部综合各部门做出该项目技术节约措施，各项成本降低指标分别为人工费

0.28%，材料费 1.54%，机械使用费 3.52%，措施费 1.50%，施工管理费 13.91%。计算计划成本降低额和计划成本，并编制项目成本计划表。

解： 计划成本、计划成本降低额、计划成本降低率的计算过程见表 13-3。

表 13-3　项目成本计划表

工程名称：　　　　　工程项目：　　　　　项目经理：　　　　　日期：　　　　　单位：

项　目	预算成本/万元	计划成本/万元	计划成本降低额/万元	计划成本降低率（%）
1. 直接费用	1 764.9	1 737.6	27.3	1.55
人工费	196.7	196.1	0.6	0.28
材料费	1 413.2	1 391.4	21.8	1.54
机械使用费	124.2	119.8	4.4	3.52
措施费	30.8	30.3	0.5	1.50
2. 间接费用	88.6	76.3	12.3	13.90
施工管理费	88.6	76.3	12.3	13.90
合　计	1 853.5	1 813.9	39.6	2.14

$$工程项目计划成本 = （1\ 853.5 - 39.6）万元 = 1\ 813.9\ 万元$$
$$计划成本降低率 = （39.6 \div 1\ 853.5）\times 100\% = 2.14\%$$

（3）成本习性法。所谓成本习性，是指成本总额与业务量之间在数量上的依存关系。

成本习性法是固定成本和变动成本在编制成本计划中的应用，主要是按照成本习性，将成本分成固定成本和变动成本两类，以此计算计划成本。具体划分可采用按费用分解的方法。

1）材料费：与产量有直接关系，属于变动成本。

2）人工费：在采用计件超额工资的情况下，其计件工资部分属于变动成本，奖金、效益工资和浮动工资部分，亦应计入变动成本。如果是计时工资情况下，则生产工人的工资属于固定成本，因为，不管生产任务完成与否，工资照发，与产量增减无直接联系。

3）机械使用费：其中，有些费用随产量增减而变动，如燃料费、动力费等，属于变动成本。有些费用不随产量变动，如机械折旧费、大修理费、机修工和操作工的工资等，属于固定成本。此外，还有机械的场外运输费和机械组装拆卸、替换配件、润滑擦拭等经常修理费；由于不直接用于生产，也不随产量增减成正比例变动，而是在生产能力得到充分利用，产量增长时，所分摊的费用就少些；在产量下降时，所分摊的费用就要大一些；所以，这部分费用为介于固定成本和变动成本之间的半变动成本，可按一定比例划为固定成本和变动成本。

4）措施费：水、电、风、气等费用以及现场发生的其他费用，多数与产量发生联系，属于变动成本。

5）施工管理费：其中大部分费用在一定产量范围内，与产量的增减没有直接联系，如工作人员工资、生产工人辅助工资、工资附加费、办公费、差旅交通费、固定资产使用费、职工教育经费、上级管理费等，基本上属于固定成本。检验试验费、外单位管理费等与产量增减有直接联系，则属于变动成本范围。此外，劳动保护费中的劳保服装费、防暑降温费、防寒用品费，劳动部门都有规定的领用标准和使用年限，基本上属于固定成本范围。技术安全措施费、保健费，大部分与产量有关，属于变动成本。工具用具使用费中，行政使用的家具费属固定成本。工人领用工具，随管理制度不同而不同，有些企业对机修工、电工、钢筋工、车工、刨工的工具按定额配备，规定使用年限，定期以旧换新，属于固定成本；而对民工、木工、抹灰工、油漆工的工具采取定额人工数、定价包干，则又属于变动成本。

在成本按习性划分为固定成本和变动成本后，工程项目计划成本计算公式为

$$工程项目计划成本 = 项目变动成本总额 + 项目固定成本总额 \qquad (13\text{-}7)$$

【例 13-4】 某工程项目，经过分部分项测算，测得其变动成本总额为 1 950.71 万元，固定成本总额为 234.11 万元，计算其计划成本。

解： 工程项目计划成本 = （1 950.71 + 234.11）万元 = 2 184.82 万元

（4）按实计算法。按实计算法就是工程项目经理部有关职能部门（人员），以该项目施工图预算的工料分析资料作为控制计划成本的依据，根据项目经理部执行施工定额的实际水平和要求，由各职能部门归口计算各项计划成本。

1）人工费的计划成本，由项目管理班子的劳资部门（人员）计算。人工费的计划成本计算公式为

$$人工费计划成本 = 计划用工量 \times 实际水平的工资率 \qquad (13\text{-}8)$$

式中 计划用工量 = Σ （分项工程量 × 工日定额）；工日定额根据实际水平，考虑先进性，适当提高定额。

2）材料费的计划成本，由项目管理班子的材料部门（人员）计算。材料费的计划成本计算公式为

$$材料费计划成本 = 各种材料的计划用量 \times 实际价格 + 工程用水的水费 \qquad (13\text{-}9)$$

3）机械使用费的计划成本，由项目管理班子的机管部门（人员）计算。机械使用费的计划成本计算公式为

$$机械使用费的计划成本 = 机械计划台班数 \times 规定单价 + 机械用电的电费 \qquad (13\text{-}10)$$

4）措施费的计划成本，由项目管理班子的施工生产部门和材料部门（人员）共同计算。计算的内容包括现场二次搬运费、临时设施摊销费、生产工具用具使用费、工程定位复测费、工程交点费以及场地清理费等费用的测算。

5）间接费用的计划成本，由工程项目经理部的财务成本人员计算。一般根据工程项目管理部内的计划职工平均人数，按历史成本的间接费用以及压缩费用的人均支出数进行测算。

（5）定率估算法。当工程项目过于庞大或复杂时，可采用定率估算法计算施工项目的计划成本。即先将工程项目划分为少数几个子项，然后参照同类项目的历史数据，估算出各子项的成本降低额，汇总可得出整个项目的成本降低额。

第三节 施工项目成本控制

一、施工项目成本控制的对象和内容

（一）以施工项目成本形成的过程作为控制对象

根据对项目成本实行全面、全过程控制要求、具体的控制内容如下。

（1）在工程投标阶段，应根据工程概况和招标文件，进行施工项目成本的预测，提出投标决策意见。

（2）施工准备阶段，应结合设计图纸的自审、会审和其他资料（如地质勘探资料等）编制实施性施工组织设计，通过多方案的技术经济比较，从中选择经济合理、先进可行的施工方案，编制详细而具体的成本计划，对项目成本进行事前控制。

（3）施工阶段，以施工图预算、施工预算、劳动定额、材料消耗定额和费用开支标准等，对实际发生的成本费用进行控制。

（4）竣工交付使用及保修期阶段，应对竣工验收过程发生的费用和保修费用进行控制。

（二）以施工项目的职能部门、施工队和施工班组作为成本控制的对象

项目的职能部门、施工队和班组进行的项目成本控制是最直接、最有效的成本控制。成本控制的具体内容是日常发生的各种费用和损失，而这些费用和损失，都发生在各个部门、施工队和生产班组。因此，也应以职能部门、施工队和班组作为成本控制对象，接受项目经理和企业有关部门的指导、监督、检查和考评。

（三）以分部分项工程作为项目成本的控制对象

为了把成本控制工作做得扎实、细致，落到实处，还应以分部分项工程作为项目成本的控制对象。在正常情况下，项目应该根据分部分项工程的实物量，参照施工预算定额，联系项目经理的技术素质、业务素质和技术组织措施的节约计划，编制包括工、料、机消耗数量、单价、金额在内的施工预算，作为对分部分项工程成本进行控制的依据。

（四）以对外经济合同作为成本控制对象

施工项目的对外经济业务，都要以经济合同为纽带建立合约关系，以明确双方的权利和义务。在签订各项对外经济合同时，要将合同的数量、单价、金额控制在预算收入之内，如合同金额超过预算收入，就意味着成本亏损。

二、施工项目成本控制的原则

（一）开源与节流相结合的原则

在成本控制中，坚持开源与节流相结合的原则，要求做到：每发生一笔金额较大的成本费用，都要查一查有无与其相对应的预算收入，是否支大于收；在经常性的分部分项工程成本核算和月度成本核算中，也要进行实际成本与预算收入的对比分析，以便从中探索成本节约或超支的原因，纠正项目成本的不利偏差，实现降低成本的目标。

（二）全面控制原则

1. 项目成本的全员控制。施工项目成本控制是一项综合性很强的工作，它涉及项目组织中各个部门、单位和班组的工作业绩，仅靠项目经理和专业成本管理人员及少数人的努力是无法收到预期效果的，应形成全员参与项目成本控制的成本责任体系，明确项目内部各职能部门、班组和个人应承担的成本控制责任，其中包括各部门、各单位的责任网络和班组经济核算等。

2. 项目成本的全过程控制。施工项目成本的全过程控制是在工程项目确定以后，从施工准备到竣工交付使用的施工全过程中，对每项经济业务，都要纳入成本控制的轨道，使成本控制工作随着项目施工进展的各个阶段连续进行，既不能疏漏，又不能时紧时松，

自始至终使施工项目成本置于有效的控制之下。

（三）中间控制原则

又称动态控制原则。由于施工项目具有一次性的特点，应特别强调项目成本的中间控制。

计划阶段的成本控制，只是确定成本目标、编制成本计划、制订成本控制方案，为今后的成本控制做好准备，只有通过施工过程的实际成本控制，才能达到降低成本的目标。而竣工阶段的成本控制，由于成本盈亏已经基本定局，即使发生了偏差，也来不及纠正了。因此，成本控制的重心应放在施工过程中，坚持中间控制。

（四）节约原则

节约人力、物力、财力的消耗，是提高经济效益的核心，也是成本控制的一项最主要的基本原则。节约要从三方面入手：一是严格执行成本开支范围、费用开支标准和有关财务制度，对各项成本费用的支出进行限制和监督；二是提高施工项目的科学管理水平，优化施工方案，提高生产效率，节约人、财、物的消耗；三是采取预防成本失控的技术组织措施，制止可能发生的浪费。做到以上三点，成本目标就能实现。

（五）例外管理原则

在工程项目施工过程中，对一些不经常出现的问题，称为"例外"问题。这些"例外"问题，往往是关键性问题，对成本目标的顺利完成影响很大，必须予以高度重视。如在成本管理中常见的成本盈亏异常现象，即盈余或亏损超过了正常的比例，本来是可以控制的成本，突然发生失控现象；某些暂时的节约，但有可能对今后的成本带来隐患（如由于平时机械维修费的节约，可能会造成未来的停工修理和更大的经济损失）等，都应视为"例外"问题，进行重点检查，深入分析，并采取相应的积极措施加以纠正。

（六）责、权、利相结合的原则

要使成本控制真正发挥及时有效的作用，必须严格按照经济责任制的要求，贯彻责、权、利相结合的原则。在项目施工过程中，项目经理、工程技术人员、业务管理人员以及各单位和生产班组都负有一定的成本控制责任，从而形成整个项目的成本控制责任网络。另外，各部门、各单位、各班组在肩负成本控制责任的同时，还应享有成本控制的权力，即在规定的权力范围内可以决定某项费用能否开支、如何开支和开支多少，以行使对项目成本的实质性控制。最后，项目经理还要对各部门、各单位、各班组在成本控制中的业绩进行定期检查和考评，并与工资分配紧密挂钩，实行有奖有罚。实践证明，只有责、权、利相结合的成本控制，才能收到预期的效果。

三、施工项目成本控制的依据和步骤

（一）施工项目成本控制的依据

施工项目成本控制的依据包括以下内容：

（1）工程承包合同：施工项目成本控制要以工程承包合同为依据，围绕降低工程成本这个目标，从预算收入和实际成本两方面，努力挖掘增收节支潜力，以求获得最大的经济效益。

（2）施工项目成本计划：施工成本计划是根据施工项目的具体情况制订的施工成本控制方案，既包括预定的具体成本控制目标，又包括实现控制目标的措施和规划，是施工成本控制的指导文件。

（3）进度报告：进度报告提供了每一时刻工程实际完成量，工程施工成本实际支付情况等重要信息。施工成本控制工作正是通过实际情况与施工成本计划相比较，找出二者之间的差别，分析偏差产生的原因，从而采取措施改进以后的工作。此外，进度报告还有助于管理者及时发现工程实施中存在的隐患，并在事态还未造成重大损失之前采取有效措施，尽量避免损失。

（4）工程变更：在项目的实施过程中，由于各方面的原因，工程变更是很难避免的。工程变更一般包括设计变更、进度计划变更、施工条件变更、技术规范与标准变更、施工次序变更、工程数量变更等。一旦出现变更，工程量、工期、成本都必将发生变化，从而使得施工成本控制工作变得更加复杂和困难。因此，施工成本管理人员就应当通过对变更要求当中各类数据的计算、分析，随时掌握变更情况，包括已发生工程量、将要发生工程量、工期是否拖延、支付情况等重要信息，判断变更以及变更可能带来的索赔额度等。

除了上述几种施工成本控制工作的主要依据以外，有关施工组织设计、分包合同文本等也都是施工成本控制的依据。

（二）施工项目成本控制的步骤

在确定了施工成本计划之后，必须定期地进行施工成本计划值与实际值的比较，当实际值偏离计划值时，分析产生偏差的原因，采取适当的纠偏措施，以确保施工成本控制目标的实现。其步骤如下：

（1）比较：按照某种确定的方式将施工成本计划值与实际值逐项进行比较，以发现施工成本是否已超支。

（2）分析：在比较的基础上，对比较的结果进行分析，以确定偏差的严重性及偏差产生的原因。这一步是施工成本控制工作的核心，其主要目的在于找出产生偏差的原因，从而采取有针对性的措施，减少或避免相同原因的再次发生或减少由此造成的损失。

（3）预测：根据项目实施情况估算整个项目完成时的施工成本。预测的目的在于为决策提供支持。

（4）纠偏：当工程项目的实际施工成本出现了偏差，应当根据工程的具体情况、偏差分析和预测的结果，采取适当的措施，以期达到使施工成本偏差尽可能小的目的。纠偏是施工成本控制中最具实质性的一步。只有通过纠偏，才能最终达到有效控制施工项目成本的目的。

（5）检查：它是指对工程的进展进行跟踪和检查，及时了解工程进展状况以及纠偏措施的执行情况和效果，为今后的工作积累经验。

四、施工项目成本控制的方法

现按施工项目成本计划预控、施工过程消耗控制及事后纠正偏差控制来介绍施工项目成本控制的方法。

（一）成本计划预控

1. 建立成本管理责任体系

为使成本控制落到实处，项目经理部应将成本责任分解落实到各个岗位，落实到专人，对成本进行全员管理、动态管理，形成一个分工明确、责任到人的成本管理责任体系。施工项目管理人员成本责任如表 13-4 所示。

表 13-4 施工项目管理人员成本责任

责任人	主要职责
预算员	编制两算、办理项目增减、负责外包和对外结算，进行工程变更的成本控制
技术员	参与编制施工组织设计，优化施工方案，负责各项技术节约措施
质量员	质量检查验收，控制质量成本
成本核算员	编制项目目标成本（计划成本），及时核算项目实际成本，作两算对比，进行分部、分阶段的三算分析
计划员	编制各类施工进度计划、控制施工工期
统计员	及时做好形象进度，施工产值统计
材料员	编制材料使用计划、负责限额发料、进料验收及台账记录，负责提供材料耗用月报，控制材料采购成本
安全员	负责安全教育、安全检查工作，落实安全措施，预防事故发生
场容管理员	负责保持场容容整洁、坚持各项工作工完料尽场地清，落实修旧利废节约代用等降低成本措施
机管员	编制机械台班使用计划，提供项目实际使用机械台班资料，提高机械完好率、利用率，负责机械租赁费的控制

2. 建立成本考核体系

建立从公司、项目经理到班组的成本考核体系，促进成本责任制的落实。施工项目成本考核内容如表 13-5 所示。

表 13-5 施工项目成本考核内容

考核对象	考核内容
公司对项目经理的考核	①项目成本目标和阶段成本目标的完成情况 ②成本控制责任制的落实情况 ③计划成本的编制和落实情况 ④对各部门和施工队、班组责任成本的检查落实情况 ⑤在成本控制中贯彻责权利相结合原则的执行情况
项目经理对各部门的考核	①本部门、本岗位责任成本的完成情况 ②本部门、本岗位成本控制责任的执行情况
项目经理对施工队（或分包）的考核	①对合同规定的承包范围和承包内容的执行情况 ②合同以外的补充收费情况 ③对班组施工任务单的管理情况 ④对班组完成施工任务后的成本考核情况
对生产班组的考核	①平时由施工队（或分包）对生产班组考核 ②考核班组责任成本（以分部分项工程为责任成本）完成情况

3. "两算"对比

"两算"对比是指施工图预算成本与施工预算成本的比较。施工图预算成本反映生产建筑产品平均社会劳动消耗水平，是建筑产品价格的基础。施工预算成本则是反映具体施工企业根据自身的技术和管理水平，在最经济合理的施工方案下，计划完成的劳动消耗。

两者都是工程项目的事前成本，但两者的工程量计算规则不同，使用的定额不同，计费的单价不同，就产生了"两算"的定额差。各个施工企业由于劳动生产率、技术装备、施工工艺水平不同，在施工预算上存在差异。施工图预算与施工预算之差，反映施工企业进行成本预控的计划成果，即计划施工盈利。

如果把各种消耗都控制在"两算"的定额差以内，计划成本就低于预算成本，施工项目就取得了一定的经济效益。

在投标承包制的条件下，由于市场竞争，施工图预算成本往往因压价而降低，因此，施工企业必须根据压价情况和中标的合同价格，调整施工图预算（或投标预算）成本，形成反映工程承包价格的合同预算文件。从而使两算对比建立在合同预算成本与施工预算成本的对比上，前者为预算成本收入，后者为计划成本支出，两者差反映项目成本预控的成果，即项目施工计划盈利。

（二）过程消耗控制

工程实施过程中，各生产要素逐渐被消耗掉，工程成本逐渐发生。由于施工生产对要素的消耗巨大，对它们的消耗量进行控制，对降低工程成本有着明显的意义。

1. 定额管理

定额管理一方面可以为项目核算、签订分包合同、统计实物工程量提供依据；另一方面它也是签发任务单、限额领料的依据。定额管理是消耗控制的基础，要求准确及时、真实可靠。

在计划预控阶段，预算员已经做了施工图预算和施工预算，并进行了"两算"对比等预控工作，但这只是成本管理工作的开始，当项目开始实施，预算员还应做好以下几项工作。

（1）施工中出现设计修改、施工方案改变、施工返工等情况是不可避免的，由此会引起原预算费用的增减，项目预算员应根据设计变更单或新的施工方案、返工记录及时编制增减账，并在相应的台账中进行登记。

（2）为控制分包费用，避免效益流失，项目预算人员要协助项目经理审核和控制分包单位的预（结）算，避免"低进高出"，保证项目获得预期的效益。

（3）竣工决算的编制质量，直接影响到企业的收入和项目的经济效益，必须准确编制竣工结算书，按时结算的费用要凭证齐全，对与实际成本差异较大的，要进行分析、核实，避免遗漏。

（4）随着大量新材料、新工艺问世，简单地套用现有定额编制工程预算显然不行。预算人员还要及时了解新材料的市场价格，熟悉新工艺、新的施工方法，测算单位消耗，自编估价表或补充定额。

（5）项目预算人员应经常深入到现场了解施工情况，熟悉施工过程，不断提高业务素质。对由于设计考虑不周，导致施工现场进行技术处理、返工等，可以随时发现并督促有关人员及时办妥签证，作为追加预算的依据。

2. 材料费的控制

在建筑安装工程成本中，材料费约占70%，因此，材料成本是成本控制的重点。控制材料消耗费主要包括材料消耗数量的控制和材料价格的控制两个方面。为此要做好以下工作。

（1）主要材料消耗定额的制定。材料消耗数量主要是按照材料消耗定额来控制。为此，制定合理的材料消耗定额是控制原材料消耗的关键。消耗定额，是指在一定的生产、技术、组织条件下，企业生产单位产品或完成单位工作量所必须消耗的物资数量的标准，它是合理使用和节约物资的重要手段。材料消耗定额也是企业编制施工预算、施工组织设计和作业计划的依据，是限额领料和工程用料的标准。严格按定额控制领发和使用材料，是施工过程中成本控制的重要内容，也是保证降低工程成本的重要手段。

（2）材料供应计划管理。及时制订材料供应计划是在施工过程中做好材料管理的首要环节。项目的材料计划主要有以下几种。

①单位工程材料总计划：是项目材料员运用材料预算定额编制的单位工程施工预算材料计划，用来预测材料需求总量和控制材料消耗，一般要求在项目单位工程开工前编制完毕。

②材料季度计划：是根据季度计划期内的工程实物量和施工预算定额编制的预控和实施性计划。

③材料月度计划：是根据月度计划期内的工程实物量和施工预算定额编制的材料计划，是组织材料供应和控制用料的执行性计划。

④周用料计划：是月度计划的分阶段计划，由项目材料员根据项目实际施工进度与现场材料的储存情况编制。

（3）材料领发的控制。严格的材料领发制度，是控制材料成本的关键。控制材料领发的办法主要是实行限额领料制度，用限额领料来控制工程用料。

限额领料单一般由项目分管人员签发。签发时，必须按照限额领料单上的规定栏目要求填写，不可缺项；同时分清分部分项工程的施工部位，实行一个分项一个领料单制度，不能多项一单。

项目材料员收到限额领料单后，应根据预算人员提供的实物工程量与项目施工员提供的实物工程量进行对照复核，主要复核限额领料单上的工程量、套用定额、计算单位是否正确，并与单位工程的材料施工预算进行核对，如有差异，应分析原因，及时反馈。签发限额领料单的项目分管人员应根据进度的要求，下达施工任务，签发任务单，组织施工。

3. 分包控制

在总分包制组织模式下，总承包公司必须善于组织和管理分包商。要选择企业信誉好、质量保证能力强、施工技术有保证、符合资质条件的分包商。如果其中一家分包商拖延工期或者因质量低劣而返工，则可能引起连锁反应，影响与之相关的其他分包商的工作进程。特别是因分包商违约而中途解除分包合同，承包商将会碰到难以预料的困难。

应善于用合同条款和经济手段防止分包商违约。还要做好各项协调和管理工作，使多家公司紧密配合，协同完成全部工程任务。在签订的合同条款中，要特别避免主从合同的矛盾，即总承包商与业主签订的合同与总承包商与分包商签订的合同之间产生矛盾。专项工程分包单位与总承包单位签订了合同后，应严格按照合同的有关条款，约束自己的行为，配合总承包单位的施工进度，接受总承包单位的管理。总承包单位亦应在材料供应、进度、工期、安全等方面对所有分包单位进行协调。

4. 施工管理费控制

施工管理费包括现场管理费和企业管理费，是按一定费率提取的，在工程成本中占的比重较大。在成本预控中，管理费应依据费用项目及其分配率按部门进行拆分。项目实施后，将计划值与实际发生的费用进行对比，对差异较大者给予重点分析。

应采取以下措施控制施工管理费的支出。

（1）提高劳动生产率，采取各种技术组织措施以缩短工期，减少施工管理费的支出。

（2）编制施工管理费用支出预算，严格控制其支出。按计划控制资金支出的用量和投入的时间，使每一笔开支在金额上最合理、在时间上最恰当，并控制在计划之内。

（3）项目经理在组建项目经理班子时，要本着"精简、高效"的原则，防止人浮于事。

（4）对于计划外的一切开支必须严格审查，除应由成本控制工程师签署意见外，还应由相应的领导人员审批。

（5）对于虽有计划但超出计划数额的开支，也应由相应的领导人员审查和核定。

总之，精简管理机构，减少层次，提高工作质量和效率，实行费用定额管理，才能把施工管理费用的支出真正降下来。

5. 制度控制

成本控制是企业的一项重要的管理工作，因此，必须建立和健全成本管理制度，作为成本控制的一种手段。

在企业中，一般有以下几种制度：基本制度、工作制度、责任制度、工程技术标准和技术规程、奖惩制度。

以上各种管理制度，有的规定了成本开支的标准和范围，有的规定了费用开支的审批手续。它们对成本能起到直接控制的作用，如成本管理制度、财务管理制度、费用开支标准等。有的制度是对劳动管理、定额管理、仓库管理工作做了系统规定，这些规定对成本控制也能起到控制作用；有的制度是对生产技术操作做了具体规定，生产工作人员按照这些技术规范进行操作，就能保证正常生产、顺利完成生产任务，同时也能保证工时定额和材料消耗定额的完成，从而起到控制成本的作用；另外，还有一些制度，如责任制度和奖惩制度，也有利于促使职工努力增产节约，更好地控制成本。总之，通过各项制度，都能对成本起到控制作用。

（三）事后纠偏控制

1. 找出偏差

由于施工过程中存在各种可变因素，即使做好了事前计划预控、事中动态控制，也无法避免出现偏差。通常寻找偏差可用成本对比的方法进行，即将施工中不断记录的实际成本与计划成本进行对比，从而找出偏差。

（1）偏差的概念：在施工成本控制中，把施工成本的实际值与计划值的差异叫做施工成本偏差，即：

$$施工成本偏差 = 已完工程实际施工成本 - 已完工程计划施工成本 \quad (13-11)$$

式中

$$已完工程实际施工成本 = 已完工程量 \times 实际单位成本 \quad (13-12)$$

$$已完工程计划施工成本 = 已完工程量 \times 计划单位成本 \quad (13-13)$$

结果为正表示施工成本超支，结果为负表示施工成本节约。但是，必须特别指出，进度偏差对施工成本偏差分析的结果有重要影响，如果不加考虑就不能正确反映施工成本偏差的实际情况。如：某一阶段的施工成本超支，可能是由于进度超前导致的，也可能由于物价上涨导致。所以，必须引入进度偏差的概念。

$$进度偏差（Ⅰ）= 已完工程实际时间 - 已完工程计划时间 \qquad (13-14)$$

为了与施工成本偏差联系起来，进度偏差也可表示为：

$$进度偏差（Ⅱ）= 拟完工程计划施工成本 - 已完工程计划施工成本 \qquad (13-15)$$

所谓拟完工程计划施工成本，是指根据进度计划安排在某一确定时间内所应完成的工程内容的计划施工成本。即：

$$拟完工程计划施工成本 = 拟完工程量（计划工程量）× 计划单位成本 \qquad (13-16)$$

进度偏差为正值，表示工期拖延；结果为负值表示工期提前。

另外，在进行成本偏差分时，还要考虑以下几组成本偏差参数。

①局部偏差和累计偏差：所谓局部偏差，有两层含义：一是对于整个项目而言，指各单项工程、单位工程及分部分项工程的成本偏差；另一含义是对于整个项目已经实施的时间而言，是指每一控制周期所发生的成本偏差。累计偏差是一个动态的概念，其数值总是与具体的时间联系在一起，第一个累计偏差在数值上等于局部偏差，最终的累计偏差就是整个项目的成本偏差。

一方面，局部偏差的引入，可使项目成本管理人员清楚地了解偏差发生的时间、所在的单项工程，这有利于分析其发生的原因。而累计偏差所涉及的工程内容较多、范围较大，且原因也较复杂，因而累计偏差分析必须以局部偏差分析为基础。从另一方面来看，因为累计偏差分析是建立在对局部偏差进行综合分析的基础上，所以其结果更能显示出代表性和规律性，对成本控制工作在较大范围内具有指导作用。

②绝对偏差和相对偏差：绝对偏差是指成本实际值与计划值比较所得到的差额，绝对偏差的结果很直观，有助于成本管理人员了解项目成本出现偏差的绝对数额，并依此采取一定措施，制订或调整成本支付计划和资金筹措计划。但是，绝对偏差有其不容忽视的局限性。如同样是 1 万元的成本偏差，对于总成本 1 000 万元的项目和总成本 10 万元的项目而言，其严重性显然是不同的。因此又引入相对偏差这一参数。

$$相对偏差 = \frac{绝对偏差}{成本计划值} = \frac{成本实际值 - 成本计划值}{成本计划值} \qquad (13-17)$$

与绝对偏差一样，相对偏差可正可负，且二者同号。正值表示成本超支，反之表示成本节约。二者都只涉及成本的计划值和实际值，既不受项目层次的限制，也不受项目实施时间的限制，因而在各种成本比较中均可采用。

③偏差程度：偏差程度是指成本实际值对计划值的偏离程度，其表达式为：

$$成本偏差程度 = \frac{成本实际值}{成本计划值} \qquad (13-18)$$

偏差程度可参照局部偏差和累计偏差分为局部偏差程度和累计偏差程度。注意累计偏差程度并不等于局部偏差程度的简单相加。以月为一控制周期，则二者公式为：

$$成本局部偏差程度 = \frac{当月成本实际值}{当月成本计划值} \qquad (13-19)$$

$$成本累计偏差程度 = \frac{累计成本实际值}{累计成本计划值} \qquad (13\text{-}20)$$

将偏差程度与进度结合起来，引入进度偏差程度的概念，则可得出以下公式：

$$进度偏差程度 = \frac{已完工程实际时间}{已完工程计划时间} \qquad (13\text{-}21)$$

或

$$进度偏差程度 = \frac{拟完工程计划成本}{已完工程计划成本} \qquad (13\text{-}22)$$

上述各组偏差和偏差程度变量都是成本比较的基本内容和主要参数。成本比较的程度越深，为下一步的偏差分析提供的支持就越有力。

（2）偏差分析的方法：偏差分析可采用不同的方法，常用的有横道图法、表格法和曲线法。

①横道图法：用横道图法进行施工成本偏差分析，是用不同的横道标识已完工程计划施工成本、拟完工程计划施工成本和已完工程实际施工成本，横道的长度与其金额成正比例，如图 13-1 所示。

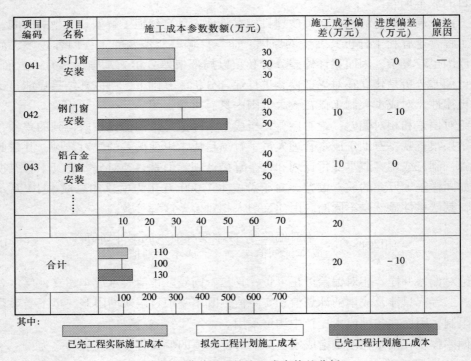

图 13-1　横道图法的施工成本偏差分析

横道图法具有形象、直观、一目了然等优点，它能够准确表达出施工成本的绝对偏差，而且能一眼感受到偏差的严重性。但这种方法反映的信息量少，一般在项目的较高管理层应用。

②表格法：表格法是进行偏差分析最常用的一种方法。它将项目编号、名称、各施工成本参数以及施工成本偏差数综合归纳入一张表格中，并且直接在表格中进行比较。由于

各偏差参数都在表中列出，使得施工成本管理者能够综合地了解并处理这些数据。用表格法进行偏差分析具有如下优点：

a. 灵活、适用性强，可根据实际需要设计表格，进行增减项。

b. 信息量大，可以反映偏差分析所需的资料，从而有利于施工成本控制人员及时采取针对性措施，加强控制。

c. 表格处理可借助于计算机，从而节约大量数据处理所需的人力，并大大提高速度。

表 13-6 是用表格法进行偏差分析的例子。

表 13-6　施工成本偏差分析表

(1)	项 目 编 码	计 算 方 法	041	042	043
(2)	项 目 名 称		木门窗安装	钢门窗安装	铝合金门窗安装
(3)	单　　　位				
(4)	计划单位成本				
(5)	拟完工程量				
(6)	拟完工程计划施工成本	(5) × (4)	30	30	40
(7)	已完工程量				
(8)	已完工程计划施工成本	(7) × (4)	30	40	40
(9)	实际单位成本				
(10)	其 他 款 项				
(11)	已完工程实际施工成本	(7) × (9) + (10)	30	50	50
(12)	施工成本局部偏差	(11) － (8)	0	10	10
(13)	施工成本局部偏差程度	(11) ÷ (8)	1	1.25	1.25
(14)	施工成本累计偏差	Σ (12)			
(15)	施工成本累计偏差程度	Σ (11) ÷ Σ (8)			
(16)	进度局部偏差	(6) － (8)	0	－ 10	0
(17)	进度局部偏差程度	(6) ÷ (8)	1	0.75	1
(18)	进度累计偏差	Σ (16)			
(19)	进度累计偏差程度	Σ (6) ÷ Σ (8)			

③曲线法：曲线法是用施工成本累计曲线（S形曲线）来进行施工成本偏差分析的一种方法，见图 13-2。其中 a 表示施工成本实际值曲线，p 表示施工成本计划值曲线，两条曲线之间的竖向距离表示施工成本偏差。

在用曲线法进行施工成本偏差分析时，首先要确定施工成本计划值曲线。施工成本计划值曲线是与确定的进度计划联系在一起的。同时，也应考虑实际进度的影响，应当引入三条施工成本参数曲线，即已完工程实际施工成本曲线 a，已完

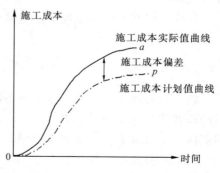

图 13-2　施工成本计划值与实际值曲线

工程计划施工成本曲线 b 和拟完工程计划施工成本曲线 p（见图 13-3）。图中曲线 a 与曲线 b 的竖向距离表示施工成本偏差，曲线 b 与曲线 p 的水平距离表示进度偏差。图 13-3 反映的偏差为累计偏差。用曲线法进行偏差分析同样具有形象、直观的特点，但这种方法很难直接用于定量分析，只能对定量分析起一定的指导作用。

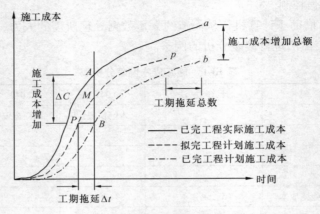

图 13-3　三种施工成本参数曲线

2. 分析偏差产生的原因

对成本偏差必须分析寻找出其发生的原因，才能有的放矢地采取措施纠偏改正，当费用偏差出现以后，成本控制人员要从各个方面分析偏差是由何原因造成的。通常造成成本偏差的原因有：

（1）设计变更和修改的原因。

（2）施工技术和组织原因：如施工顺序不当、施工方案不佳、技术能力不足等。

（3）业主提高了建筑功能要求、质量要求或装饰标准等业主的原因。

（4）外界客观条件的变化：如地基变形、材料涨价、停水、停电等客观条件的变化。

（5）不可抗拒的原因：如地震、暴雨、战争等。

3. 采取切实纠偏措施

要针对分析得出的偏差发生原因，采取切实纠偏措施，加以纠正。由于偏差已发生，纠正偏差的重点应放在今后的施工过程中，成本纠偏的措施包括组织措施、技术措施、经济措施和合同措施等。

在成本偏差的控制过程中，分析是关键，纠偏是核心。

第四节　施工项目成本核算

施工项目成本核算是对施工中各种费用支出和成本的形成进行审核、汇总、计算。项目经理部作为施工项目的成本中心，做好项目的成本核算，为成本管理各环节提供了必要的资料，所以成本核算是成本管理的一个重要环节，应贯穿于成本管理的全过程。

施工项目成本核算包括两个基本环节：一是按照规定的成本开支范围对施工费用进行归集和分配，计算出施工费用的实际发生额；二是根据成本核算对象，采用适当的方法，计算出该施工项目的总成本和单位成本。施工成本管理需要正确及时地核算施工过程中发生的各项费用，计算施工项目的实际成本。施工项目成本核算所提供的各种成本信息，是成本预测、成本计划、成本控制、成本分析和成本考核等各环节的依据。

施工项目成本核算的基本内容包括：

（1）人工费核算；

（2）材料费核算；

（3）周转材料费核算；

（4）结构件费核算；

（5）机械使用费核算；

（6）其他措施费核算；

（7）分包工程成本核算；

（8）间接费核算；

（9）项目月度施工成本报告编制。

一、施工项目成本核算的任务和要求

（一）施工项目成本核算的任务

施工项目成本核算的任务，主要有以下几方面：

（1）执行国家有关成本的开支范围、开支标准、工程预算定额和企业施工预算、成本计划的有关规定，控制费用，促使项目合理、节约地使用人力、物力和财力。这是施工项目成本核算的先决前提和首要任务。

（2）正确及时地核算施工过程中发生的各项费用，计算施工项目的实际成本。这是施工项目成本核算的主体和中心任务。

（3）反映和监督施工项目成本计划的完成情况，为项目成本预测、参与项目施工生产、技术和经营决策提供可靠的成本报告和有关资料，促使项目改善经营管理，降低成本，提高经济效益。这是施工项目成本核算的根本目的。

（二）施工项目成本核算的要求

为了顺利完成施工项目成本核算和成本控制的目的，提高施工项目成本管理水平，在施工项目成本核算中要遵守以下基本要求：

（1）划清成本、费用支出和非成本费用支出的界限。这是指划清不同性质的支出，即划清资本性支出和收益性支出与其他支出、营业支出与营业外支出的界限。这个界限也就是成本开支范围的界限。

（2）正确划分各种成本、费用的界限。这是指对允许列入成本、费用开支范围的费用支出。在核算上应划清的几个界限为：划清施工项目工程成本和期间费用的界限；划清本期工程成本与下期工程成本的界限；划清不同成本核算对象之间的成本界限；划清未完工程成本与已完工程成本的界限。

（3）加强施工项目成本核算的基础工作。包括建立各种财产物资的收发、领退、转移、报废、清查、盘点、索赔制度；建立健全与成本核算有关的各种原始记录和工作量统计制度，制定和修订工时、材料、费用等各项内部消耗定额以及材料、结构件、作业、劳务的内部结算指导价；完善各种计量检测设施，严格计量检验制度，使项目成本核算具有可靠的基础。

（4）施工项目成本核算必须有账有据。成本核算中运用的大量数据资料，其来源必须真实可靠、准确、完整、及时，要以审核无误、手续齐备的原始凭证为依据。设置必要的生产费用账册进行登记，建立必要的成本辅助台账。

（5）要求具备以下成本核算内部条件，包括组织形式适应项目需要，管理层要与作业层分开，建立起企业内部市场等。要具备定价方式、承包方式、价格状况、经济法规等外部条件。

二、施工项目成本核算的对象、组织和程序

（一）施工项目成本核算的对象

建筑安装工程成本核算的对象，是指工程成本核算时，应选择什么样的工程为对象，以此来归集施工费用和确定实际成本。

工程成本核算的对象，一般不宜划分得过粗，如果将所有工程合并为一个成本核算对象，就不能正确反映出各个工程的实际成本水平，不利于考核和分析工程成本的升降情况，也不利于贯彻成本管理责任制。反之，如果把工程成本核算对象划分得过细，就会出现许多费用需要分配或者出现一些费用难以划分的现象，不但增加了核算的工作量，也不能及时正确地计算出各项工程的实际成本。

一般来说，项目经理部应以每一个单位工程作为成本核算对象。这是因为施工图预算是按单位工程编制的，所以按单位工程来核算实际成本，便于与工程的预算成本进行比较，便于成本控制，便于检查工程预算成本的执行情况、评价施工方案的经济效果、查明成本升降原因。但是，一个项目经理部并不是承担一个单位工程的施工任务，往往在一个施工小区内承建多项建设项目（即多项单位工程），每个建设项目的具体情况可能大不相同。有的工程规模很大，工期比较长；有的只是一些规模小、工期短的零星改建、扩建工程等。因此，确定工程成本核算对象的原则，一般应以每一独立施工图预算所列的单位工程为依据，并结合施工现场的条件和施工管理的要求来确定。

项目经理部工程成本核算的对象，一般有以下几种：

（1）在一般情况下，应以每一独立编制施工图预算的单位工程为成本核算对象。

（2）一个单位工程由几个施工单位共同承担施工任务时，也以单位工程为成本核算对象，各按其分包部分进行核算。

（3）对于个别规模大、工期长的工程，可以结合经济责任制的需要，按一定的工程部位划分成本核算对象。

（4）对于同一建设项目、同一施工地点、结构类型相同、开竣工时间相接近的若干单位工程，可以合并为一个成本核算对象。

（5）改建、扩建的零星工程，可以将开竣工时间相接近，属于同一建设项目的几个单位工程合并为一个成本核算对象。

（6）独立竣工的装饰工程的成本核算对象，应与土建工程成本核算对象一致。

（7）工业设备安装工程，可按单位工程或专业项目，如机械设备、管道、通风的安装、工业筑炉等作为成本核算对象。变电所、配电站、锅炉房等可按所、站、房等安装工程作为成本核算对象。

（8）大型土石方工程、打桩工程，可以根据实际情况和管理需要，确定成本核算对象。

工程成本核算对象确定后，项目经理部各有关部门必须共同执行，不得任意变更。所有原始记录和核算资料，都必须按照确定的成本核算对象填写清楚，以便归集和分配施工费用，保证成本核算的正确性。财会部门要根据成本核算对象，分别设置明细账，以反映各个成本核算对象的施工费用和计算施工项目成本。

（二）施工项目成本核算的组织

科学地组织企业的成本核算工作，是正确及时地计算工程成本和有效地管理成本的重要条件。由于工程成本核算是施工经营管理的一个重要组成部分，具体核算工作是由各级、各部门分工协作共同完成的。因此，工程成本核算的组织，应与企业的施工经营管理体制相适应。目前，成本核算的组织，一般实行公司和项目经理部分别核算体制，而以项目经理部核算为主。

实行两级核算的建筑企业，公司是独立经济核算单位，负责全面领导所属单位的工程成本核算和成本控制工作，指导所属单位建立和健全成本管理制度，对工程成本进行预测和编制成本计划，控制和核算公司本身的管理费用，审核、汇总整个企业的施工、生产成本，编报成本报表、竣工成本决算，全面进行企业成本分析，考核和检查各单位成本降低任务的完成情况。公司所属分公司、项目经理部和附属生产单位是内部核算单位，负责本单位的成本预测并编制年度、季度成本计划及降低成本的技术组织措施计划；单位工程开工之前，要编制施工预算和施工图预算；设置成本账卡对成本进行核算，对施工费用进行控制，计算工程成本，编制成本报表和竣工成本结算；对工程成本进行分析，考核和检查所属施工队成本降低任务的完成情况。

（三）施工项目成本核算的程序

施工项目成本核算的程序，是指建筑企业及其所属项目经理部，在成本核算工程中应遵循的一般次序和步骤。按照成本核算内容的详细程度，可分为工程成本的总分类核算程序和工程成本的明细分类核算程序两个方面。

1. 工程成本的总分类核算程序

公司一级由于不直接进行施工，所以一般只核算公司本身所发生的管理费用。工程成本的总分类核算，主要在项目经理部一级进行。

（1）项目经理部应设"工程施工"、"辅助生产"、"待摊费用"和"预提费用"等账户。下面分别说明这些账户的核算内容。

①"工程施工"账户，是成本类账户，用来核算进行建筑安装工程施工所发生的各项费用支出。借方登记施工过程中发生的直接计入各成本核算对象的人工费、材料费、机械使用费、其他直接费，以及间接成本；贷方登记按月或竣工结转完工工程的实际成本；月末借方余额，表示未完工程的实际成本。

②"辅助生产"账户，是成本类账户，用来核算非独立核算的辅助生产部门为工程施工、产品生产、机械作业、专项工程等生产材料、构件和提供劳务（如设备维修，构件的现场制作，铁木件加工，固定资产清理，供应水、电、气，施工机械的安装、拆卸，辅助设备的搭建工程等）所发生的各项费用。借方登记发生的各项费用；贷方登记期末结转完工产品或劳务的实际成本；月末借方余额，表示辅助生产部门在制产品的实际成本。

③"待摊费用"账户,是资产账户,用来核算已经支出但应由本期和以后各期分别负担的各项费用。如低值易耗品摊销,一次性支付的数额较大的财产保险费、排污费、技术转让费及施工机械安装、拆卸、辅助设施和进出场费等。借方登记发生的各项待摊费用;贷方登记按规定的分摊方法分摊的各成本核算对象的待摊费用;借方余额表示已经支付或发生、尚待摊入以后各期工程成本的费用。

④"预提费用"账户,是负债类账户,用来核算预先提取但尚未实际支出的各项费用。如预提收尾工程费用、预提固定资产修理费用等;贷方登记预先提取计入工程成本的各项预提费用;借方登记实际发生或支付的预提费用;期末贷方余额反映已经提取计入工程成本但尚未支付的预提费用。

(2)现以项目经理部为例,说明工程成本的总分类核算程序如下:

①将本期发生的各项施工费用,按其用途和发生地点,归集到有关成本、资产、负债类账户。

②将归集在"辅助生产"账户中的辅助生产费用,按照各受益对象的受益数量,分配记入"工程施工"账户。

③月末,将归集在"待摊费用"账户的各项费用,按照其性质和分摊方法,分摊记入"工程施工"、"机械作业"等账户。

④按规定预提计入工程成本的费用,分别预提记入"工程施工"账户。

⑤工程竣工或报告期末,将计算出来的竣工工程实际成本或已完工程实际成本,从"工程施工"账户的贷方,结转到"工程结算成本"账户的借方。

2. 工程成本的明细分类核算程序

工程成本的明细分类核算程序,应与工程成本总分类核算的程序相适应。在实行公司与项目经理部分别核算的企业,公司只对其本身发生的管理费进行明细核算,并汇总编制"工程成本表"。项目经理部则应进行全面的工程成本明细分类核算。

项目经理部的工程成本明细分类核算,一般应按工程成本核算对象设置"工程成本明细账(卡)",归集工程发生的各项施工费用;按产品或劳务类别设置"辅助生产明细账";按费用的种类或项目,设置"待摊费用明细账"、"预提费用明细账";按每一施工机械或类别设置"机械作业明细账"。通过这些明细账来归集和分配各项施工费用。

现以项目经理部为例说明工程成本明细分类核算的程序如下:

(1)根据各项费用的原始凭证和有关费用明细表,分别记入"工程成本明细账(卡)"、"辅助生产明细账"、"待摊费用明细账"、"预提费用明细账"。

(2)根据"辅助生产明细账",按各受益对象的受益数量分配费用,编制"辅助生产分配表",并据以记入"工程成本明细账(卡)"等有关明细账。

(3)根据"待摊费用明细账"编制"待摊费用计算表",将应由本月成本负担的费用分配记入"工程成本明细账(卡)"等有关明细账。

(4)根据"预提费用明细账",编制"预提费用计算表"。

(5)根据"预提费用计算表",预提本月成本应负担的费用,记入"工程成本明细账(卡)"等有关明细账。

(6)月末,各项费用都记入"工程成本明细账(卡)"后,计算出各成本核算对象的已完工程实际成本或竣工成本，从"工程成本明细账（卡）"转出，并据以编制"工程成本表"，报送公司财务会计部门，作为汇总编制整个企业"工程成本表"的依据。

上述项目经理部总成本明细分类核算的程序，用图式表示如下，见图13-4。

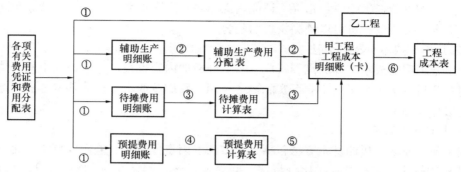

图13-4 项目经理部工程成本明细分类核算程序图

第五节 施工项目成本分析和考核

一、施工项目成本分析

（一）施工成本分析的依据

施工成本分析，就是根据会计核算、业务核算和统计核算提供的资料，对施工成本的形成过程和影响成本升降的因素进行分析，以寻求进一步降低成本的途径；另外，通过成本分析，可从账簿、报表反映的成本现象看清成本的实质，从而增强项目成本的透明度和可控性，为加强成本控制，实现项目成本目标创造条件。

（1）会计核算：会计核算主要是价值核算。会计是对一定单位的经济业务进行计量、记录、分析和检查，作出预测，参与决策，实行监督，旨在实现最优经济效益的一种管理活动。它通过设置账户、复式记账、填制和审核凭证、登记账簿、成本计算、财产清查和编制会计报表等一系列有组织有系统的方法，来记录企业的一切生产经营活动，然后据以提出一些用货币来反映的有关各种综合性经济指标的数据。资产、负债、所有者权益、营业收入、成本、利润会计6要素指标，主要是通过会计来核算。由于会计记录具有连续性、系统性、综合性等特点，所以它是施工成本分析的重要依据。

（2）业务核算：业务核算是各业务部门根据业务工作的需要而建立的核算制度，它包括原始记录和计算登记表，如单位工程及分部分项工程进度登记，质量登记，工效、定额计算登记，物资消耗定额记录，测试记录等。业务核算的范围比会计、统计核算要广，会计和统计核算一般是对已经发生的经济活动进行核算，而业务核算，不但可以对已经发生的，而且还可以对尚未发生的或正在发生的经济活动进行核算，看是否可以做，是否有经济效果。它的特点是，对个别的经济业务进行单项核算。例如各种技术措施、新工艺等项目，可以核算已经完成的项目是否达到原定的目的，取得预期的效果，也可以对准备采取措施的项目进行核算和审查，看是否有效果，值不值得采纳，随时都可以进行。业务核算的目的，在于迅速取得资料，在经济活动中及时采取措施进行调整。

（3）统计核算：统计核算是利用会计核算资料和业务核算资料，把企业生产经营活动客观现状的大量数据，按统计方法加以系统整理，表明其规律性。它的计量尺度比会计核算宽，可以用货币计算，也可以用实物或劳动量计量。它通过全面调查和抽样调查等特有的方法，不仅能提供绝对数指标，还能提供相对数和平均数指标，可以计算当前的实际水平，确定变动速度，也可以预测发展的趋势。

（二）施工成本分析的方法

由于施工项目成本涉及的范围很广，需要分析的内容也很多，应该在不同的情况下采取不同的分析方法。为了便于联系实际参考应用，我们按成本分析的基本方法、综合成本的分析法介绍如下：

1. 成本分析的基本方法

施工项目成本分析的基本方法包括，比较法、因素分析法、差额计算法、比率法等。

（1）比较法，又称指标对比分析法。就是通过技术经济指标的对比，检查目标的完成情况，分析产生差异的原因，进而挖掘内部潜力的方法。这种方法，具有通俗易懂、简单易行、便于掌握的特点，因而得到了广泛的应用，但在应用时必须注意各技术经济指标的可比性。比较法的应用，通常有下列形式：

①将实际指标与目标指标对比。以此检查目标完成情况，分析影响目标完成的积极因素和消极因素，以便及时采取措施，保证成本目标的实现。在进行实际指标与目标指标对比时，还应注意目标本身有无问题。如果目标本身出现问题，则应调整目标，重新正确评价实际工作的成绩。

②本期实际指标与上期实际指标对比。通过这种对比，可以看出各项技术经济指标的变动情况，反映施工管理水平的提高程度。

③与本行业平均水平、先进水平对比。通过这种对比，可以反映本项目的技术管理和经济管理与行业的平均水平和先进水平的差距，进而采取措施赶超先进水平。

（2）因素分析法，又称连环置换法。这种方法可用来分析各种因素对成本的影响程度。在进行分析时，首先要假定众多因素中的一个因素发生了变化，而其他因素则不变，然后逐个替换，分别比较其计算结果，以确定各个因素的变化对成本的影响程度。因素分析法的计算步骤如下：

①确定分析对象，并计算出实际与目标数的差异；

②确定该指标是由哪几个因素组成的，并按其相互关系进行排序（排序规则是：先实物量，后价值量；先绝对值，后相对值）；

③以目标数为基础，将各因素的目标数相乘，作为分析替代的基数；

④将各个因素的实际数按照上面的排列顺序进行替换计算，并将替换后的实际数保留下来；

⑤将每次替换计算所得的结果，与前一次的计算结果相比较，两者的差异即为该因素对成本的影响程度；

⑥各个因素的影响程度之和，应与分析对象的总差异相等。

【例】 商品混凝土目标成本为 443 040 元，实际成本为 473 697 元，比目标成本增加 30 657 元，资料如表 13-7 所示。

304

表 13-7　商品混凝土目标成本与实际成本对比表

项　　目	单　位	目　标	实　际	差　　额
产　　量	m³	600	630	+30
单　　价	元	710	730	+20
损 耗 率	%	4	3	−1
成　　本	元	443 040	473 697	+30 657

分析成本增加的原因：

①分析对象是商品混凝土的成本，实际成本与目标成本的差额为 30 657 元。该指标是由产量、单价、损耗率三个因素组成的，其排序见表 13-7。

②以目标数 443 040 元（600×710×1.04）为分析替代的基础：

第一次替代产量因素，以 630 替代 600

$$630 \times 710 \times 1.04 = 465\ 192\ 元$$

第二次替代单价因素，以 730 替代 710，并保留上次替代后的值

$$630 \times 730 \times 1.04 = 478\ 296\ 元$$

第三次替代损耗率因素，以 1.03 替代 1.04，并保留上两次替代后的值

$$630 \times 730 \times 1.03 = 473\ 697\ 元$$

③计算差额：

第一次替代与目标数的差额 = 465 192 − 443 040 = 22 152 元

第二次替代与第一次替代的差额 = 478 296 − 465 192 = 13 104 元

第三次替代与第二次替代的差额 = 473 697 − 478 296 = − 4 599 元

④产量增加使成本增加了 22 152 元，单价提高使成本增加了 13 104 元，而损耗率下降使成本减少了 4 599 元。

⑤各因素的影响程度之和 = 22 152 + 13 104 − 4 599 = 30 657 元，与实际成本与目标成本的总差额相等。

为了使用方便，企业也可以通过运用因素分析表来求出各因素变动对实际成本的影响程度，其具体形式如表 13-8 所示。

表 13-8　商品混凝土成本变动因素分析表

顺　　序	连环替代计算	差异/元	因 素 分 析
目标数	600×710×1.04		
第一次替代	630×710×1.04	22 152	由于产量增加 30m³ 成本增加 22 152 元
第二次替代	630×730×1.04	13 104	由于单价提高 20 元成本增加 13 104 元
第三次替代	630×730×1.03	− 4 599	由于损耗率下降 1% 成本减少 4 599 元
合　　计	22 152 + 13 104 − 4 599 = 30 657	30 657	

（3）差额计算法。是因素分析法的一种简化形式，它利用各个因素的目标值与实际值的差额来计算其对成本的影响程度。

（4）比率法。是指用两个以上的指标的比例进行分析的方法。它的基本特点是先把

对比分析的数值变成相对数，再观察其相互之间的关系。常用的比率法有以下几种：

①相关比率法。由于项目经济活动的各个方面是相互联系，相互依存，又相互影响的，因而可以将两个性质不同而又相关的指标加以对比，求出比率，并以此来考察经营成果的好坏。例如：产值和工资是两个不同的概念，但它们的关系又是投入与产出的关系。在一般情况下，都希望以最少的工资支出完成最大的产值。因此，用产值工资率指标来考核人工费的支出水平，就很能说明问题。

②构成比率法。又称比重分析法或结构对比分析法。通过构成比率，可以考察成本总量的构成情况及各成本项目占成本总量的比重，同时也可看出量、本、利的比例关系（即预算成本、实际成本和降低成本的比例关系），从而为寻求降低成本的途径指明方向。

③动态比率法。动态比率法，就是将同类指标不同时期的数值进行对比，求出比率，以分析该项指标的发展方向和发展速度。动态比率的计算，通常采用基期指数和环比指数两种方法。

2. 综合成本的分析方法

所谓综合成本，是指涉及多种生产要素，并受多种因素影响的成本费用，如分部分项工程成本，月（季）度成本、年度成本等。由于这些成本都是随着项目施工的进展而逐步形成的，与生产经营有着密切的关系。因此，做好上述成本的分析工作，无疑将促进项目的生产经营管理，提高项目的经济效益。

（1）分部分项工程成本分析。分部分项工程成本分析是施工项目成本分析的基础。分部分项工程成本分析的对象为已完成分部分项工程。分析的方法是，进行预算成本、目标成本和实际成本的"三算"对比，分别计算实际偏差和目标偏差，分析偏差产生的原因，为今后的分部分项工程成本寻求节约途径。

分部分项工程成本分析的资料来源是：预算成本来自投标报价成本，目标成本来自施工预算，实际成本来自施工任务单的实际工程量、实耗人工和限额领料单的实耗材料。

由于施工项目包括很多分部分项工程，不可能也没有必要对每一个分部分项工程都进行成本分析，特别是一些工程量小、成本费用微不足道的零星工程。但是，对于那些主要分部分项工程则必须进行成本分析，而且要做到从开工到竣工进行系统的成本分析。这是一项很有意义的工作，因为通过主要分部分项工程成本的系统分析，可以基本上了解项目成本形成的全过程，为竣工成本分析和今后的项目成本管理提供一份宝贵的参考资料。

分部分项工程成本分析表的格式如表13-9所示。

（2）月（季）度成本分析。月（季）度成本分析，是施工项目定期的、经常性的中间成本分析。对于具有一次性特点的施工项目来说，有着特别重要的意义。因为通过月（季）度成本分析，可以及时发现问题，以便按照成本目标指定的方向进行监督和控制，保证项目成本目标的实现。

月（季）度成本分析的依据是当月（季）的成本报表。分析的方法，通常有以下几个方面。

①通过实际成本与预算成本的对比，分析当月（季）的成本降低水平；通过累计实际成本与累计预算成本的对比，分析累计的成本降低水平，预测实现项目成本目标的前景。

表 13-9　分部分项工程成本分析表

单位工程：_____

分部分项工程名称：____工程量：____施工班组：____施工日期：____

工料名称	规格	单位	单价	预算成本		计划成本		实际成本		实际与预算比较		实际与计划比较	
				数量	金额	数量	金额	数量	金额	数量	金额	数量	金额
合计													
实际与预算比较%（预算＝100）													
实际与计划比较%（计划＝100）													
节超原因说明													

编制单位：　　　　　　　成本员：　　　　　　　填表日期：

②通过实际成本与目标成本的对比，分析目标成本的落实情况，以及目标管理中的问题和不足，进而采取措施，加强成本管理，保证成本目标的落实。

③通过对各成本项目的成本分析，可以了解成本总量的构成比例和成本管理的薄弱环节。例如：在成本分析中，发现人工费、机械费和间接费等项目大幅度超支，就应该对这些费用的收支配比关系认真研究，并采取对应的增收节支措施，防止今后再超支。如果是属于规定的"政策性"亏损，则应从控制支出着手，把超支额压缩到最低限度。

④通过主要技术经济指标的实际与目标对比，分析产量、工期、质量、"三材"节约率、机械利用率等对成本的影响。

⑤通过对技术组织措施执行效果的分析，寻求更加有效的节约途径。

⑥分析其他有利条件和不利条件对成本的影响。

（3）年度成本分析。企业成本要求一年结算一次，不得将本年成本转入下一年度。而项目成本则以项目的寿命周期为结算期，要求从开工到竣工到保修期结束连续计算，最后结算出成本总量及其盈亏。由于项目的施工周期一般较长，除进行月（季）度成本核算和分析外，还要进行年度成本的核算和分析。这不仅是为了满足企业汇编年度成本报表的需要，同时也是项目成本管理的需要。因为通过年度成本的综合分析，可以总结一年来成本管理的成绩和不足，为今后的成本管理提供经验和教训，从而可对项目成本进行更有效的管理。

年度成本分析的依据是年度成本报表。年度成本分析的内容，除了月（季）度成本分析的六个方面以外，重点是针对下一年度的施工进展情况规划切实可行的成本管理措施，以保证施工项目成本目标的实现。

（4）竣工成本的综合分析。凡是有几个单位工程而且是单独进行成本核算（即成本核算对象）的施工项目，其竣工成本分析应以各单位工程竣工成本分析资料为基础，再加上项目经理部的经营效益（如资金调度、对外分包等所产生的效益）进行综合分析。如果施工项目只有一个成本核算对象（单位工程），就以该成本核算对象的竣工成本资料作为成本分析的依据。

单位工程竣工成本分析，应包括以下三方面内容：

①竣工成本分析；

②主要资源节超对比分析；

③主要技术节约措施及经济效果分析。

通过以上分析，可以全面了解单位工程的成本构成和降低成本的来源，对今后同类工程的成本管理很有参考价值。

二、施工项目成本考核

施工项目成本考核应包括两方面的考核，即项目成本目标（降低成本目标）完成情况的考核和成本管理工作业绩的考核。这两方面都属于施工企业对施工项目经理部成本监督的范畴。成本降低水平与成本管理工作之间有着必然的联系，又同时受偶然因素的影响，但都是对项目成本评价的一方面，其水平高低都是企业对项目成本进行考核和奖罚的依据。

（一）施工项目成本考核的内容

1. 企业对项目经理考核的内容

（1）项目成本目标和阶段成本目标的完成情况。

（2）以项目经理为核心的成本管理责任制的落实情况。

（3）成本计划的编制和落实情况。

（4）对各部门、各作业队和班组责任成本的检查和考核情况。

（5）在成本管理中贯彻责、权、利相结合原则的执行情况。

2. 项目经理对所属各部门、各作业队和班组考核的内容

（1）对各部门的考核内容：本部门、本岗位责任成本的完成情况；本部门、本岗位成本管理责任的执行情况。

（2）对各作业队的考核内容：对劳务合同规定的承包范围和承包内容的执行情况；劳务合同以外的补充收费情况；对班组施工任务单的管理情况，以及班组完成施工任务后的考核情况。

（3）对生产班组的考核内容（平时由作业队考核）：以分部分项工程成本作为班组的责任成本，以施工任务单和限额领料单的结算资料为依据，与施工预算进行对比，考核班组责任成本的完成情况。

（二）施工项目成本考核的实施

1. 施工项目成本考核采取评分制

具体方法为：先按考核内容评分，然后按七与三的比例加权平均，即责任成本完成情况的评分为七，成本管理工作业绩的评分为三。这是一个假设的比例，施工项目可以根据自己的具体情况进行调整。

2. 施工项目成本考核要与相关指标的完成情况相结合

具体方法为：成本考核的评分是奖罚的依据，相关指标的完成情况为奖罚的条件。也

就是说，在根据评分计奖的同时，还要参考相关指标的完成情况加奖或扣罚。

与成本考核相结合的相关指标，一般有进度、质量、安全和现场标准化管理。以质量指标的完成情况为例说明如下：质量达到优良，按应得奖金加奖 20%；质量合格，奖金不加不扣；质量不合格，扣除应得奖金的 50%。

（三）强调项目成本的中间考核

项目成本的中间考核，可从两方面考虑：

（1）月度成本考核。一般是在月度成本报表编制以后，根据月度成本报表的内容进行考核。在进行月度成本考核的时候，不能单凭报表数据，还要结合成本分析资料和施工生产、成本管理的实际情况，然后才能作出正确的评价，带动今后的成本管理工作，保证项目成本目标的实现。

（2）阶段成本考核。项目的施工阶段，一般可分为基础、结构、装饰、总体四个阶段。如果是高层建筑，可对结构阶段的成本进行分层考核。

阶段成本考核的优点，在于能对施工告一段落后的成本进行考核，可与施工阶段其他指标（如进度、质量等）的考核结合得更好，也更能反映施工项目的管理水平。

（四）正确考核施工项目的竣工成本

施工项目的竣工成本，是在工程竣工和工程款结算的基础上编制的，它是竣工成本考核的依据。真正能够反映全貌而又正确的项目成本，是在工程竣工和工程款结算的基础上编制的。

施工项目的竣工成本是项目经济效益的最终反映。它既是上缴利税的依据，又是进行分配的依据。由于施工项目的竣工成本关系到国家、企业、职工的利益，必须做到核算正确，考核正确。

（五）施工项目成本的奖罚

施工项目成本考核，可分为月度考核、阶段考核和竣工考核三种。对成本完成情况的经济奖罚，也应分别在上述三种成本考核的基础上立即兑现，不能只考核不奖罚，或者考核后拖了很久才奖罚。因为职工所担心的，就是领导贯彻责、权、利相结合原则不力，忽视群众利益。

由于月度成本和阶段成本都是假设性的，正确程度有高有低。因此，在进行月度成本和阶段成本奖罚的时候不妨留有余地，然后再按照竣工成本结算的奖金总额进行调整。

施工项目成本奖罚的标准，应通过经济合同的形式明确规定。

此外，企业领导和项目经理还可对完成项目成本目标有突出贡献的部门、作业队、班组和个人进行随机奖励。这是项目成本奖励的另一种形式，不属于上述成本奖罚的范围。而这种奖励形式，往往能起到立竿见影的效果。

复 习 思 考 题

1. 什么是施工项目成本？施工项目成本管理有何作用？

2. 按施工费用计入成本方法划分，施工项目成本可分为哪些形式？各由哪些费用组成？

3. 施工项目成本管理的工作内容是什么？

4. 施工项目成本管理的措施包括哪些方面？

5. 施工项目成本预测有哪些要求？

6. 施工项目成本预测有哪些方法？简述它们的应用。

7. 施工项目成本计划由哪些内容组成？其编制的原则是什么？依据是什么？

8. 编制施工项目成本计划的程序是什么？有哪些编制方法？

9. 施工项目成本控制的对象和内容是什么？

10. 施工项目成本控制的原则有哪些？有哪些控制的依据？

11. 施工项目成本控制的步骤是什么？

12. 施工项目成本控制的内容一般包括哪些环节？

13. 什么是施工项目成本核算？其包括哪些基本内容？

14. 施工项目成本核算有何具体要求？

15. 什么是施工项目成本核算的对象？

16. 施工项目成本核算有哪些程序？

17. 施工项目成本核算有哪些方法？

18. 施工项目成本分析的依据是什么？有哪些分析方法？

19. 施工项目成本考核包括哪些内容？如何进行考核？

第十四章　施工项目后期管理

第一节　施工项目竣工前的工作

一、施工项目的收尾工作

施工项目的收尾工作是指工程施工临近竣工的一段时间内的施工活动。此时大工程量的施工活动已经完成，所剩只是一些工程量不大，但头绪很多，又影响竣工验收进行的工作。要做好这个阶段工作，应执行以下要求：

（1）项目经理要组织有关人员逐层、逐部位、逐房间地进行查项，检查施工中有无丢项、漏项，一旦发现，必须立即确定专人定期解决，并在事后按期进行检查。

（2）保护成品和进行封闭。对已经全部完成的部位或查项后修补完成的部位，要立即组织清理，保护好成品，依可能和需要，按房间或层段锁门封闭，严禁无关人员进入，防止损坏成品或丢失零件（实际上从装修工程完毕之时即应进行）。尤其是高标准、高级装修的建筑工程（如高级宾馆、饭店、医院、使馆、公共建筑等），每一个房间的装修和设备安装一旦完毕，就要立即严加封闭，乃至派专人按层段加以看管。

（3）有计划地拆除施工现场的各种临时设施和暂设工程，拆除各种临时管线，清扫施工现场，组织清运垃圾和杂物。

（4）有步骤地组织材料、工具以及各种物资的回收、退库，向其他施工现场转移和进行处理工作。

（5）做好电气线路和各种管线的交工前检查，进行电气工程的全负荷试验。

（6）有生产工艺设备的工程项目，要进行设备的单体试车、无负荷联动试车和有负荷联动试车。

二、文件、资料准备

文件、资料的准备包括以下几方面工作：

（1）组织工程技术人员绘制竣工图，清理和准备各项需向建设单位移交的工程档案资料，并编制工程档案资料移交清单。

（2）组织以预算人员为主，生产、管理、技术、财务、材料、劳资等人员参加或提供资料，编制竣工结算表。

（3）准备工程竣工通知书、工程竣工报告、工程竣工验收证明书、工程保修书等。

（4）准备好工程质量评定的各项资料。主要按结构性能、使用功能、外观效果等方面，对工程的地基基础、结构、装修以及水、暖、电、卫、设备安装等各个施工阶段所有质量检查资料，进行系统地整理，包括：分项工程质量检验评定、分部工程质量检验评定、单位工程质量检验评定、隐蔽工程验收记录、生产工艺设备调试及运转记录、吊装及试压记录以及工程质量事故发生情况和处理结果等方面的资料，为正式评定工程质量提供资料和依据，亦为技术档案资料移交归档做准备。

三、竣工验收资料

竣工验收资料是指随工程竣工交付时施工单位应提交的工程档案资料。交工验收资料应包括能证明有关建筑物工程质量或可靠程度及其设备管理、使用、维护、改建、扩建所必需的技术文件材料。工程档案是建设项目的永久性技术文件，是建设单位使用或生产、改造、维修、扩建的重要依据，也是对建设项目进行复查的依据。竣工验收（工程档案）资料的主要内容如下：

（1）施工许可证。

（2）施工图设计文件审查意见。

（3）施工单位提出的工程竣工报告。

（4）监理单位提出的工程质量评估报告。

（5）勘察、设计单位提出的质量检验报告。

（6）城乡规划部门提出的符合规划设计要求的确认文件。

（7）公安消防、环保部门认可文件和准许使用文件。

（8）验收组人员签署的工程竣工验收意见。

（9）单位工程质量验收文件：

①地基验收记录及桩基检测认证报告；

②地基、主体、关键部位验收记录；

③单位工程质量验收记录。

（10）市政工程质量检查和功能性能试验质量。

（11）建设工程档案验证许可证。

（12）施工单位签署的质量保证书。

（13）工程竣工验收备案表。

（14）其他资料，如：法律法规要求的资料、向建设单位提交的有关资料（含实物影像资料）等。

凡是移交的工程档案和技术资料，必须做到真实、完整、有代表性，能如实地反映工程和施工中的情况。这些档案资料不得擅自修改，更不得伪造。同时，凡移交的档案资料，必须按照技术管理权限，经过技术负责人审查签认。对曾存在的问题，评语要确切，经过认真地复查，并做出处理结论。

工程档案移交时，要编制《工程档案资料移交清单》，双方按清单查阅清楚。移交后，双方在移交清单上签字盖章。移交清单一式两份，双方各保存一份，以备查对。

四、竣工图

竣工图是真实地记录建筑工程情况的重要技术资料，是建筑工程进行交工验收、维护修理、改建扩建的主要依据，是工程使用单位长期保存的技术档案，也是国家的重要技术档案。因此，竣工图必须做到准确、完整、真实，必须符合长期保存的归案要求。

对竣工图的主要要求有以下四种情况：

第一种情况：在施工过程中未发生设计变更，按图施工的建筑工程，可在原施工图纸（须是新图纸）上注明"竣工图"标志，即可作为竣工图使用。

第二种情况：在施工中虽然有一般性的设计变更，但没有较大的结构性的或重要管线等方面的设计变更，而且可以在原施工图纸上修改或补充，也可以不再绘制新图纸，可由施工单位在原施工图纸（须是新图纸）上，清楚地说明修改后的实际情况，并附以设计变更通知书、设计变更记录及施工说明，然后注明"竣工图"标志（加盖"竣工图"章），亦可作为竣工图使用。

第三种情况：建筑工程结构形式、标高、施工工艺、平面布置等有更大变更，原施工图不再适于应用，应重新绘制新图纸，加盖"竣工图"章。新绘制的竣工图必须真实地反映出变更后的工程情况。

第四种情况：改建或扩建的工程，如果涉及原有建筑工程并使原有工种的某些部分发生工程变更者，应把与原工程有关的竣工图资料加以整理，并在原图档案的"竣工图"上增补变更情况和必要的说明。

除以上四种情况外，竣工图必须做到：

（1）竣工图必须与竣工工程的实际情况完全符合。

（2）竣工图必须保证绘制质量，做到规格统一，字迹清晰，符合技术档案的各种要求。

（3）竣工图必须经过施工单位技术负责人审核、签认。

第二节　施工项目竣工结算与决算

一、施工项目的竣工结算

施工项目的竣工结算是指承包人（施工项目经理部）与发包人（建设单位）进行的工程竣工验收后的最终结算。"工程竣工验收报告"完成后，承包人应在规定的时间内向发包人（建设单位）递交工程竣工结算报告及完整的结算资料。

（一）编制竣工结算报告和结算资料的原则

在编制竣工结算报告和结算资料时，应遵循以下原则：

（1）以单位工程或合同约定的专业项目为基础，应对原报价单的主要内容进行检查和核对。

（2）发现有漏算、多算或计算误差的，应及时进行调整。

（3）多个单位工程构成的施工项目，应将各单位工程竣工结算书汇总，编制单项工程竣工综合结算书。

（4）多个单项工程构成的建设项目，应将各单项工程综合结算书汇总编制建设项目总结算书，并撰写编制说明。

（二）编制竣工结算的依据

编制竣工结算应依据以下资料：

（1）施工合同。

（2）中标投标书的报价单。

（3）施工图及设计变更通知单、施工变更记录、技术经济签证。

（4）工程预算定额、取费定额及调价规定。

（5）有关施工技术资料。

（6）工程竣工验收报告。

（7）工程质量保修书。

（8）工程计价、工程量清单、工程索赔资料。

（9）其他有关资料。

（三）竣工结算的程序

（1）工程竣工结算报告和结算资料，应按规定报施工企业的主管部门审定及有关人员批准、加盖专用章，在竣工验收报告认可后，在规定的期限内（一般是竣工验收报告认可后 28 天内）递交发包人（建设单位）或其他委托的咨询单位审查。承发包双方应按约定的工程款及调价内容进行竣工结算。若有修改意见，要及时协商达成共识。对结算价款有争议的，应按约定的解决方式处理。

（2）项目经理应按"项目管理目标责任书"的承诺，根据工程竣工结算报告，向发包人催收工程结算价款。

预算主管部门应将结算报告及资料送交财务部门，以进行工程款的最终结算和收款。

发包人在规定期限未支付工程结算价款且无正当理由的，应承担违约责任。

（3）办完工程竣工结算手续，承包人应在合同约定的期限内进行工程项目移交。承包人和发包人按国家有关竣工验收规定，将竣工结算报告及结算资料纳入工程竣工资料进行汇总，作为承包人的工程技术经济档案资料存档。发包人应按规定及时向建设行政主管部门或其他有关部门移交档案资料备案。

二、施工项目的竣工决算

竣工决算是指建筑工程项目竣工后，由业主按照国家有关规定编制的综合反映该工程从筹建到竣工投产全过程中各项资金的实际运用情况、建设成果及全部建设费用的总结性经济文件。竣工决算是竣工验收报告的重要组成部分，是正确核定新增固定资产价值，考核分析投资效果，建立健全经济责任制的依据，是反映建筑工程项目实际造价和投资效果的文件。

（一）竣工决算的内容

竣工决算由编制说明和竣工财务决算报表两部分组成。编制说明主要包括：工程概况、设计概算和项目计划的执行情况，各项技术经济指标完成情况，各项投资资金使用情况，建设成本的投资效益分析，以及建设过程中的主要经验、存在问题和解决意见等。竣工财务决算报表要根据大、中型项目和小型项目分别制定。大、中型工程项目竣工决算报表包括：工程项目竣工财务决算审批表，大、中型工程项目概况表，大、中型工程项目竣工财务决算表，大、中型工程项目交付使用资产总表。小型工程项目竣工财务决算报表包括：工程项目竣工财务决算审批表，竣工财务决算总表，工程项目交付使用资产明细表。

（二）竣工决算的编制依据和程序

1. 竣工决算的编制依据

（1）建设工程项目计划任务书和有关文件；

（2）建设工程项目总概算和单项工程综合概算书；

（3）建设工程项目设计图纸及说明书；

（4）设计交底和图纸会审纪要；

（5）合同文件；

（6）设计更改记录、施工记录或施工签证单及其他施工发生的费用记录；

（7）经批准的施工图预算或标底造价；

（8）工程竣工结算书及工程竣工文件档案资料；

（9）历年基建计划、历年财务决算及批复文件；

（10）设备、材料调价文件和调价记录；

（11）其他有关资料。

2. 竣工决算的编制程序

（1）收集、整理和分析有关数据资料。完整、齐全的资料，是准确而迅速编制竣工决算的必要条件。在编制竣工决算文件之前，就应系统地整理所有的技术资料、工料结算的经济文件、施工图纸和各种变更与签证资料，并检查其准确性。

（2）清理各项财务、债务和结余物资。在收集、整理和分析有关资料中，要特别注意建筑工程从筹建到竣工投产或使用的全部费用的各项账务、债权和债务的清理，做到工程完毕账目清晰，既要核对账目，又要查点库存实物的数量，做到账与物相符，账与账相符，对结余的各种材料、工器具和设备，要逐项清点核实，妥善管理，并按规定及时处理，收回资金。对各种往来款项要及时进行全面清理，为编制竣工决算提供准确的数据和结果。

（3）填写竣工决算报表。按照建设工程决算表格中的内容，根据编制依据中的有关资料进行统计或计算各个项目和数量，并将其结果填到相应表格的栏目内，完成所有报表的填写。

（4）编制竣工决算说明。按照建设工程竣工决算说明的内容要求，根据编制依据材料填写在报表中的结果，编写文字说明。

（5）做好工程造价对比分析。

（6）清理、装订好竣工图。

（7）上报主管部门审查。将上述编写的文字说明和填写的表格经核对无误，装订成册，即为建设工程竣工决算文件。将其上报主管部门审查，并把其中财务成本部分送交开户银行签证。竣工决算在上报主管部门的同时，抄送有关设计单位。大、中型建设项目的竣工决算还应抄送财政部、建设银行总行和省、市、自治区的财政局和建设银行分行各一份。建设工程竣工决算的文件，由业主负责组织人员编写，在竣工建设项目办理验收使用一个月之内完成。

（三）新增资产价值的确定

按照现行财务制度和企业会计准则，新增资产按其性质可分为固定资产、无形资产、流动资产和其他资产四类。

1. 新增固定资产

（1）新增固定资产价值的构成包括：

① 工程费用。包括设备及工器具费用、建筑工程费、安装工程费。

② 固定资产其他费用。主要包括建设单位管理费、勘察设计费、研究试验费、工程监理费、工程保险费、联合试运转费、办公和生活家具购置费及引进技术和进口设备的其他费用等。

③ 预备费。

④ 融资费用。包括建设期利息及其他融资费用。

（2）新增固定资产价值的确定。新增固定资产价值是以独立发挥生产能力的单项工程为对象的。单项工程建成经有关部门验收鉴定合格，正式移交生产或使用，即应计算新增固定资产价值。一次交付生产或使用的工程一次计算新增固定资产价值；分期分批交付生产或使用的工程，应分期分批计算新增固定资产价值。在计算时应注意以下几种情况：

① 对于为了提高产品质量、改善劳动条件、节约材料消耗、保护环境而建设的附属辅助工程，只要全部建成，正式验收交付使用后就要计入新增固定资产价值。

② 对于单项工程中不构成生产系统，但能独立发挥效益的非生产性项目，如住宅、食堂、医务所、托儿所、生活服务网点等，在建成并交付使用后，也要计算新增固定资产价值。

③ 凡购置达到固定资产标准不需安装的设备、工具、器具，应在交付使用后计入新增固定资产价值。

④ 属于新增固定资产价值的其他投资，应随同受益工程交付使用的同时一并计入。

⑤ 交付使用财产的成本，应按下列内容计算：

a. 房屋、建筑物、管道、线路等固定资产的成本包括建筑工程成本和应分摊的待摊投资；

b. 动力设备和生产设备等固定资产的成本包括需要安装设备的采购成本、安装工程成本、设备基础支柱等建筑工程成本或砌筑锅炉及各种特殊炉的建筑工程成本、应分摊的待摊投资；

c. 运输设备及其他不需要安装的设备、工具、器具、家具等固定资产一般仅计算采购成本，不计分摊的"待摊投资"。

⑥ 共同费用的分摊方法。新增固定资产的其他费用，如果是属于整个建筑工程项目或两个以上单项工程的，在计算新增固定资产价值时，应在各单项工程中按比例分摊。一般情况下，建设单位管理费按建筑工程、安装工程、需安装设备价值总额按比例分摊，而土地征用费、勘察设计费等费用则按建筑工程造价分摊。

2. 新增无形资产

无形资产是指特定主体所控制的，不具有实物形态，对生产经营长期发挥作用且能带来经济利益的资产。主要包括专利权、商标权、专有技术、著作权、土地使用权、商誉等。

新增无形资产的计价原则如下：

（1）投资者按无形资产作为资本金或者合作条件投入时，按评估确认或合同协议约定的金额计价；

（2）购入的无形资产，按照实际支付的价款计价；

（3）企业自创并依法申请取得的，按开发过程中的实际支出计价；

316

（4）企业接受捐赠的无形资产，按照发票账单所持金额或者同类无形资产市价作价。无形资产计价入账后，应在其有效使用期内分期摊销。

3. 新增流动资产

依据投资概算核拨的项目铺底流动资金，由建设单位直接移交使用单位。

4. 新增其他资产

其他资产是指除固定资产、无形资产、流动资产以外的资产。形成其他资产原值的费用主要是生产准备费（含职工提前进厂费和培训费），样品样机购置费等。

第三节　施工项目的回访与保修

一、施工项目的回访

为了能了解和掌握已交工程项目投入使用和运行后所反映的工程施工质量及建设单位（发包方）对已交工程的意见和要求，工程承建（施工）单位应组织对已交工程的回访。通过工程回访，工程承包人也可寻求改进和提高工程项目施工质量的途径。

（一）工程回访工作的要求

为做好工程回访工作，应满足以下要求：

1. 制定工程回访制度

工程回访制度中应对回访的要求、职责、程序及回访的实施等作出规定。

2. 编制回访工作计划

工程回访前要做好计划安排。计划的内容可包括回访的工程名称和回访的对象（发包人或使用人）；回访的时间；回访的内容及方式；回访的责任部门和责任人等。回访工作计划推荐采用表 14-1 格式。

表 14-1　回访工作计划

序号	回访工程名	回访内容	保修期	被访人	时间安排	回访方式	执行回访部门和人员	参与回访部门和人员

3. 要做好工程回访记录

工程回访记录应包括以下主要内容：参与回访的人员；回访发现的质量问题；发包人或使用人的意见；对质量问题的处理意见；主管部门对执行单位回访工作的验证签

证等。

4. 编写"回访服务报告"

在全部回访结束后，执行回访的部门应编写"回访服务报告"。主管部门应依据回访记录对回访服务的实施效果进行验证。

（二）工程回访的方式

工程回访的方式一般有以下几种：

1. 例行性回访

根据年度回访工作计划安排，对已交付竣工验收并在保修期内的工程统一组织回访。可用电话询问、会议座谈、登门拜访等行之有效的方式进行。

2. 季节性回访

季节性回访可在夏季访问屋面及防水、空调、墙面防水。在冬季可访问采暖系统的运行状况等。

3. 技术性回访

技术性回访主要了解施工中采用的新材料、新技术、新工艺、新设备的技术性能，使用后的效果、设备安装后的技术状态。

4. 特殊性回访

特殊性回访是对某一特殊工程进行回访，做好记录，包括交工前的访问和交工后的回访。对重点工程和实行保修保险方式的工程，应组织专访。

无论是以上哪种方式进行回访，都要听取使用者对已交工程的使用情况和意见；要察看现场，了解由于施工造成质量问题的情况；分析存在问题产生的原因；商讨处理问题的意见和措施，并做好回访记录。

二、施工项目的保修

在《中华人民共和国建筑法》中规定了建筑工程实行质量保修制度。在《建设工程质量管理条例》中对建设工程质量保修也作了有关规定。这使得建设工程的质量保修有了法律依据。

建设工程承包单位在向建设单位提交工程竣工验收报告时，应当向建设单位出具质量保修书。质量保修书中应当明确建设工程的保修范围、保修期限和保修责任等。

建设工程保修制度是指建设工程在办理交工验收手续后，在规定的保修期限内，因勘察设计、施工、材料等原因造成工程质量不符合国家或现行的有关技术标准、设计文件以及合同中对质量的要求，应当由责任单位负责维修。质量缺陷是指工程不符合国家或行业现行的有关技术标准、设计文件以及合同中对质量的要求。

对于建筑工程的质量保修，建设部专门颁发了《房屋建筑工程质量保修办法》。建设部与国家工商行政管理局还颁发了《房屋建筑工程质量保修书》（示范文本）。

（一）保修范围及保修期

根据前述法律、法规，在正常使用条件下，建设工程的保修范围和最低保修期限为：

（1）基础设施工程、房屋建筑的地基基础工程和主体结构工程，为设计文件规定的该工程的合理使用年限；

（2）屋面防水工程、有防水要求的卫生间、房间和外墙面的防渗漏，为5年；

（3）供热与供冷系统，为2个采暖期、供冷期；

（4）电气系统、给排水管道、设备安装2年；

（5）装修工程为2年。

其他项目的保修期限由发包方与承包方约定。

建设工程的保修期，自竣工验收合格之日起计算。

因使用不当或第三方造成的质量缺陷不属于保修范围。

因地震、洪水、台风等不可抗拒原因造成的损坏不属于保修范围。

（二）保修责任

（1）房屋建筑工程在保修期限内出现工程质量不符合国家或现行的有关技术标准、设计文件以及合同中对质量的要求时，建设单位或房屋建筑所有人应当向施工单位发出保修通知。

施工单位接到保修通知后，应当到现场核查情况，在保修书约定的时间内予以保修。发生涉及结构安全或者严重影响使用功能的紧急抢修事故，施工单位接到保修通知后，应当立即到达现场抢修。

（2）发生涉及结构安全的质量问题，建设单位或房屋建筑所有人应当立即向当地建设行政主管部门报告，采取安全防范措施，由原设计单位或具有相应资质等级的设计单位提出保修方案，施工单位实施保修。原工程质量监督机构负责监督。

（3）保修完后，由建设单位或房屋建筑所有人组织验收，涉及结构安全的，应当报当地建设行政主管部门备案。

（4）施工单位不按工程质量保修书约定保修的，建设单位可以另行委托其他单位保修，由原施工单位承担相应责任。

（5）保修费用由质量问题的责任方承担。

（6）工程竣工验收后，不向建设单位出具质量保修书的，质量保修的内容、期限违反规定的以及施工单位不履行保修义务或者拖延履行保修义务的，由建设行政主管部门责令改正并处罚款。

（三）保险经济责任

保修经济责任应按下列方式处理：

（1）由于承包人未按照国家标准、规范和设计要求施工造成的质量问题，应由承包人负责修理并承担经济责任。

（2）由于设计人造成的质量问题，应由设计人承担经济责任。当由承包人修理时，费用数额应按合同约定，不足部分应由发包人补偿。

（3）由于发包人供应的材料、构配件或设备不合格造成的质量问题，应由发包人自行承担经济责任。

（4）由发包人指定的分包人造成的质量问题，应由发包人自行承担经济责任。

（5）因使用人未经许可自行改建造成的质量问题，应由使用人自行承担经济责任。

（6）因地震、洪水、台风等不可抗力原因造成损坏或非施工原因造成的事故，承包人不承担经济责任。

（7）当使用人需要责任以外的修理维护服务时，承包人应提供相应的服务，并在双方协议中明确服务的内容和质量要求，费用由使用人支付。

（四）保修的实施

（1）在保修期内发生的非使用原因的质量问题，使用人应填写"工程质量修理通知书"告知承包人，并注明质量问题及部位。联系维修方式，如表14-2所示。

（2）承包人应按"工程质量保修书"的承诺向发包人或使用人提供服务。保修业务应列入施工生产计划，并按约定的内容承担保修责任。

表14-2　工程质量修理通知单

质量问题及部位：

承修单位验收：

年　　月　　日

使用单位（用户）意见：

年　　月　　日

使用单位（用户）地址：

电　话：

联系人：　　　　　　　　　　　　　　　　　通知发出日期：　　年　　月　　日

第四节　施工项目的考核评价

一、施工项目考核评价概述

对施工项目的考核评价可鉴定项目的管理水平，确认项目管理成果，也是对项目管理的规范。

施工项目考核评价的主体应是派出项目经理的单位。这个单位可能是企业，也可能是事业部，但这并不排除派出项目经理单位的上级企业对该单位项目管理进行统一的考核评价。

考核评价的对象是项目经理部，而且要突出对项目经理的管理工作进行考核评价。小型项目只能考核评价项目经理；大型项目除对项目经理进行考核评价外，还要对项目经理部的各专业管理部门进行考核评价。施工项目考核评价不进行单项的，而是全面的考核评价；包括经营管理理念、项目管理策划、管理基础及管理方法，"四新"的推广应用情况、社会效益、外界对项目的评价等定性的考核评价，还包括工期、质量、成本、职业健康安全、环境保护等定量的考核评价。对施工项目管理的考核评价，不能只是项目全部结束以后进行一次总的考核。为了加强对施工项目管理的过程控制，可实行阶段考核。考核阶段的划分，可以根据工程的规模和企业对项目管理的方式来定。使用网络计划时，尽量按网络计划关键节点进行考核评价。工期超过2年以上的大型项目，可以实行年度考核评价，但为了加强过程控制，避免考核期过长，应当在年度考核之中加入网络计划关键节点进行的阶段考核；同样，为使项目管理的考核与企业管理按自然时间划分阶段的考核接轨，按网络计划关键节点进行考核项目，也应当同时按自然时间划分阶段进行季度、年度考核。工程完工后，必须对施工项目管理进行全面的一次性考核，而不能以其他考核评价方式代替。

施工项目经理与承包人签订的"项目管理目标责任书"是考核评价的依据，内容应包括完成工程施工合同、经济效益、回收工程款、执行承包人的各项管理制度、各种资料归档等情况，以及"项目管理目标责任书"中其他要求内容的完成情况。施工项目考核评价后必须得出项目的全面考核评价结论。

二、施工项目考核评价的组织、要求和程序

（一）施工项目考核评价的组织

企业可组织"项目考核评价委员会"对施工项目进行考核评价。"项目考核评价委员会"可以是常设机构，也可以是临时组织。"项目考核评价委员会"的主任应由企业法定代表人或主管经营工作的领导担任；委员由企业机关中与项目管理有密切的业务关系并对项目管理有具体要求的业务部门选派人员组成。在新开发的地区承担的第一个工程或承担技术先进、结构新颖的工程，由于总结其经验教训对企业今后发展有好处，当企业认为有必要时，可以聘请与此项目有关的企业（单位）人员参加；如聘请社团组织或大专院校的专家、学者参加。

（二）施工项目考核评价的要求

施工项目考核评价时对项目经理部和项目考核评价委员会有以下要求：

（1）项目经理部应向项目考核评价委员会提供下列资料：

①"项目管理实施规划"、各种计划、方案及其完成情况。

②项目所发生的全部来往文件、函件、签证、记录、鉴定、证明。

③各项技术经济指标的完成情况及分析资料。

④项目管理的总结报告，其内容包括技术、质量、成本、安全、分配、物资、设备、合同履约及思想工作等各项管理的总结。

⑤使用的各种合同、管理制度、工资发放标准。

（2）项目考核评价委员会应向项目经理部提供项目考核评价资料如下：

①考核评价方案与程序。

②考核评价指标、计分办法及有关说明。

③考核评价的依据。

④考核评价的结果。

（三）施工项目考核评价的程序

施工项目考核评价应按下列程序进行：

（1）制定项目考核评价的办法。

（2）编制项目考核的方案，经企业法定代表人审批后实施。

（3）听取项目经理的汇报、查看项目经理部的有关资料，对项目管理层和劳务作业层进行调查。

（4）考察已完工程。

（5）对施工项目管理的实际运作水平进行考核评价。

（6）提出施工项目考核评价报告。

（7）向被考核评价的项目经理部公布评价意见。

三、施工项目考核评价指标

施工项目考核评价的指标有定性和定量两种指标。

（一）考核评价的定量指标

考核评价的定量指标一般包括下列内容：

（1）工程质量等级。

（2）工程成本降低率。

（3）工期及提前工期率。

（4）安全考核指标。

以上指标的计算应按有关统计指标计算方法由"项目考核评价委员会"选择。对比的标准应主要是"项目管理目标责任书"中所要求的指标。

（二）考核评价的定性指标

考核评价的定性指标一般包括以下内容：

（1）执行企业各项制度的情况。

（2）施工项目管理资料的收集、整理情况。

（3）思想工作方法与效果。

（4）发包人与用户的评价。

（5）在施工项目管理中应用的新技术、新材料、新设备、新工艺情况。

（6）在施工项目管理中采用的现代化管理方法和手段。

（7）对环境保护的情况。

定性指标反映了项目管理的全面水平，虽无指标定量，但应该比定量指标占有较大权数，而且必须有可靠的根据，有合理可行的办法并形成分数值，用数据说话。

复 习 思 考 题

1. 施工项目竣工前有哪些工作？如何做好施工项目的收尾工作？

2. 编制施工项目结算应遵循哪些原则？应依据什么？主要的程序是什么？

3. 施工项目竣工决算由哪几部分组成？每部分的主要内容有哪些？

4. 编制竣工决算的依据是什么？如何编制竣工决算？编制竣工决算有何意义？

5. 施工项目回访有何意义？回访有哪些方式？如何才能做好回访？

6. 为何要做好施工项目的保修？有关法律、法规、条例对保修作了哪些规定？如何实施项目的保修？

7. 施工项目考核评价有何意义？如何进行施工项目的考核评价？考核评价的指标是什么？

第十五章　施工项目信息管理

第一节　施工项目信息管理概述

一、信息和信息管理

信息是指用口头方式、书面方式或电子方式传输（传达、传递）的知识、新闻，或可靠或不可靠的情报。声音、文字、数字和图像等都是信息表达的方式。

信息管理是指信息传输的合理组织和控制。

施工项目的信息管理是指通过对各系统、各项工作和各项数据的管理，使施工项目信息能方便和有效地获取、整理、存储、存档、传递和应用。施工项目信息管理的目的是通过有效的施工项目信息传输的组织和控制为项目建设的增值服务。

二、施工项目信息管理的任务

项目经理部各个工作部门的管理工作都与信息处理有关，而信息管理部门的主要工作任务是：

（1）负责编制信息管理手册，在项目实施过程中进行信息管理手册的必要的修改和补充，并检查和督促其执行；

（2）负责协调和组织项目管理班子中各个工作部门的信息处理工作；

（3）负责信息处理工作平台的建立和运行维护；

（4）与其他工作部门协同组织收集信息、处理信息和形成各种反映项目进展和项目目标控制的报表和报告；

（5）负责工程档案管理等。

各项信息管理任务的工作流程是：

（1）信息管理手册编制和修订的工作流程；

（2）为形成各类报表和报告，收集信息、录入信息、审核信息、加工信息、信息传输和发布的工作流程；

（3）工程档案管理的工作流程等。

由于建设工程项目大量数据处理的需要，当今时代应重视利用信息技术的手段进行信息管理。其核心的手段是基于网络的信息处理平台。

三、施工项目信息管理的基本环节

施工项目信息管理的基本环节如下：

（1）了解和掌握信息来源，对信息进行分类编码。

（2）建立信息管理系统。信息管理系统包括信息流导向的设计，信息管理制度、信息管理机构等。

（3）正确掌握应用信息管理手段。手段是指信息收集、加工整理、存储、传递的工具和方法，在做好基础工作的同时，应推广使用计算机系统。

（4）掌握信息流程的不同环节：

①信息的收集。对文字图形信息、语言信息、新技术信息收集要及时准确，不漏不滥。对信息的选择、鉴别、分类、编码应做到规范科学。

②信息的加工整理。对收集到的信息，要进行判断、演绎、汇总、归类。加工整理是一个逻辑判断的推理过程，应借助计算机系统完成这一工作。

③信息的存储。是指不断积累信息并把它存储。用计算机存储节约空间，调用方便效率高，使用人工存储，要做好档案管理。

④信息的传递。设计信息的流向要合理、快捷，尽量避免信息的扭曲或损耗。

⑤信息的应用。应注重把信息变成财富，把信息转化为生产力，争取获得更大的经济效益和社会效益。应用是信息管理最终的目的。

四、施工项目信息管理工作的主要内容

施工项目信息管理工作的主要内容有项目的信息收集、传递、加工、储存、维护和使用等。

（1）信息的收集。明确各类项目的收集部门、收集者、信息的来源、信息收集的方法和时间，所收集的信息的规格、形式等。所收集的信息必须要准确、完整、可靠和及时。

（2）信息的传递。信息的传递应建立信息传递的渠道，明确各类信息应传递到何地、何人、何时传递、传递的方式等。应将信息在项目管理的各有关方、各部门之间及时传递。信息传递者应保持原始信息的完整和清楚，使接收者能准确地理解所接收的信息。

（3）信息的加工。应明确信息加工和处理的部门和责任人，并明确各类信息加工、处理和解释的要求及其方式、信息报告的格式、信息报告的周期等。

（4）信息的储存。信息的储存应明确部门和人员；信息储存在什么介质上；怎样分类、储存什么信息、储存信息的方式及信息储存的时间等。

（5）信息的维护和使用。信息的维护是保证项目信息处于准确、及时、安全和保密状态，能为各类决策提供帮助。

第二节　施工项目信息的分类及施工项目管理信息系统

一、施工项目信息的分类

施工项目的信息分类可从不同角度进行分类，如：

（1）按施工项目管理工作的对象，即按施工项目分解结构，如：子项目1、子项目2等进行信息分类。

（2）按施工项目实施的工作过程，如施工准备过程、施工过程、竣工验收过程等进行信息分类。

（3）按施工项目管理工作的任务，如进度控制、质量控制、成本控制等进行信息分类。

（4）按信息的内容属性，如组织类信息、管理类信息、经济类信息、技术类信息、法规类信息等进行信息分类。

为满足施工项目管理工作要求，往往需要对施工项目信息进行综合分类，即按多维进行信息分类，如：

第一维：按施工项目的分解结构；

第二维：按施工项目实施的工作过程；

第三维：按施工项目管理工作的任务。

二、施工项目管理信息系统的意义

施工项目管理信息系统主要是用计算机的手段进行项目管理有关数据的收集、记录、存储、过滤和把数据处理的结果提供给施工项目管理班子的成员。它是项目进展的跟踪和控制系统，也是信息流的跟踪系统。

应用项目管理信息系统的主要意义是：

（1）实现项目管理数据的集中存储；

（2）有利于项目管理数据的检索和查询；

（3）提高项目管理数据处理的效率；

（4）确保项目管理数据处理的准确性；

（5）可方便地形成各种项目管理需要的报表。

三、施工项目管理信息系统的功能

施工项目管理信息系统的功能包括成本控制、进度控制、合同管理。

有些施工项目信息系统还包括质量控制和一些办公自动化的功能。

（一）成本控制的功能

（1）投标估算的数据计算和分析；

（2）计划施工成本；

（3）计算实际成本；

（4）计划成本与实际成本的比较分析；

（5）根据工程的进展进行施工成本预测等。

（二）进度控制的功能

（1）计算工程网络计划的时间参数，确定关键工作和关键路线；

（2）绘制网络图和计划横道图；

（3）编制资源需求量计划；

（4）进度计划执行情况的比较分析；

（5）根据工程的进展进行工程进度预测。

（三）合同管理的功能

（1）合同基本数据查询；

（2）合同执行情况的查询和统计分析；

（3）标准合同文本查询和合同辅助起草等。

四、施工项目管理软件的介绍

施工项目管理软件很多，有国内开发的，也有国外引进的，它们各有自己的特点。现介绍下面几种施工项目管理信息系统的管理软件：

（一）Microsoft Project 2002 工程项目管理软件

Microsoft Project 2002 是美国 Microsoft 公司开发的施工项目管理系统。

Microsopt Project 2002 便于提高在施工项目中进行日程安排、跟踪进度和交流的能力，可适应各种类型的施工项目的管理。

与 Microsoft Project 2000 比它的系统功能大、界面易懂、图形直观。其主要的功能包括范围管理、时间管理、人力资源管理、风险管理、质量管理、沟通管理、采购管理、整合管理等多个方面。突出的有以下几方面：

（1）范围管理：为用户提供了能方便地对项目进行分解的功能，并可在任何层次上进行各种信息的汇总。

（2）时间管理：提供了多种方法在已分解的工作任务之间建立相关性。按 CPM 计算规则计算每个任务和项目的开始及完成时间、每个任务的时差、自动计算和识别关键路线。此外，还有网络图、日历图等多种时间管理方法，并能实现项目的动态跟踪。

（3）费用管理：使项目的费用估算得更为准确。

（4）人力资源的管理：不仅能管理人力资源，也可以管理项目中所需的其他资源，如：设备、材料资金等。

（5）沟通管理：可为项目的不同层次和类别的相关者提供所需要的资源。

（6）整合管理：对整个项目的范围、时间、费用、资金进行综合性管理和协调。

（二）Primavera Project Planner（P3）工程项目管理软件

P3（工程项目管理软件）是美国 Primavera 公司的产品。它适用于任何类型的项目，特别是对大型复杂的项目和多项目并行管理更能发挥其独特的优越性。

P3 是用于项目的进度计划、项目的动态控制、资源管理和成本控制的工程项目管理软件。在编制进度计划、优化进度计划、计划的跟踪、计划的反馈和分析等方面起到方法论的作用。

P3 的主要功能有：在多用户环境中管理多个项目、有效地控制大而复杂的项目、平衡资源、利用网络进行信息交换、进行项目计划的跟踪和项目计划的优化、工作分解、优化目标、资源共享、对工作进行处理、数据接口等功能。

（三）清华斯维尔智能项目管理软件

清华斯维尔智能项目管理软件是深圳清华斯维尔软件科技有限公司研制开发的项目管理软件。该系统将网络计划技术、网络优化技术应用于建设工程项目的进度管理中。它的主要特点是：

（1）软件设计符合国内项目管理行业特点和操作惯例，严格遵循《工程网络计划技术规程》（JGJ/T121—1999）的行业规范以及《网络计划技术》的三个国家标准。提供单起单终、过桥线、时间参数双代号网络图等重要功能。

（2）智能流水、搭接、冬歇期、逻辑网络图等功能更好地满足实际绘图与管理的需要。

（3）图表类型丰富实用、制造快速精美，满足工程项目投标与施工控制的各类需求。

（4）方便快捷地进行工程项目的分解，建立完整大纲任务结构和子网络，实现项目计划分级控制和管理。

（5）兼容微软 PROJECT2000 项目数据，智能生成双代号网络图，最大程度地利用用户已有资源，真正实现项目数据的完全共享。

（6）满足单机、网络用户的项目管理需求，适应大、中、小型施工企业的实际应用。

该软件的主要功能有项目管理、数据录入、视图切换（可随意选择横道图、双代号、单代号、资源曲线等视图界面间进行切换，从不同角度观察、分析实际项目）、数据管理与导入、图形处理等。

此外，还有梦龙智能项目管理软件、企管家建筑施工企业（ERP/项目）管理软件、珠海人龙软件施工企业 ERP 系统等，在此不做一一介绍。

复 习 思 考 题

1. 简述信息、信息管理及施工项目信息管理的概念。

2. 施工项目信息管理的任务和基本环节是什么？施工项目信息管理工作的内容有哪些？

3. 简述如何进行施工项目信息分类及编码。

4. 施工项目信息处理的方法是什么？

5. 简述施工项目管理信息系统的意义。

6. 施工项目管理信息系统有哪些功能？

7. 施工项目常用的管理软件有哪些？

参 考 文 献

［1］ 黄展东．建筑施工组织与管理．北京：中国环境科学出版社，2005．

［2］ 孙加保．建筑施工组织（技术标）．哈尔滨：黑龙江科学技术出版社，2005．

［3］ 宫立鸣，孙正茂．工程项目管理．北京：化学工业出版社，2005．

［4］ 吕宣照，李京杰．建筑施工组织．北京：化学工业出版社，2005．

［5］ 于立君，孙宝庆．建筑工程施工组织．北京：高等教育出版社，2005．

［6］ 李忠富．建筑施工组织与管理．北京：机械工业出版社，2005．

［7］ 赵正印，张迪．建筑施工组织设计与管理．郑州：黄河水利出版社，2003．

［8］ 王洪建．施工组织设计．北京：高等教育出版社，2005．

［9］ 林知炎，黄志鸣．工程施工组织与管理．上海：同济大学出版社，2002．

［10］ 危道军．建筑施工组织．北京：中国建筑出版社，2004．

［11］ 山东建筑工程学院．建筑工程施工管理．北京：中国环境科学出版社，2005．

［12］ 赵志缙，应惠清．建筑施工．上海：同济大学出版社，2004．

［13］ 丛培经．建筑施工项目管理．北京：中国环境科学出版社，2003．

［14］ 宋德耀．建设工程项目管理．武汉：武汉工业大学出版社，2005．

［15］ 张贵良．施工项目管理．北京：科学出版社，2005．

［16］ 韩国平．施工项目管理．南京：东南大学出版社，2005．

［17］ 黄淑森，程建伟．建筑施工组织与项目管理．北京：机械工业出版社，2012．